中国大豆品种SSR指纹图谱

（一）

李冬梅　唐　浩　孙连发　著

中国农业出版社

前 言

作物是人类生存重要的物质基础。作物资源是作物创新发展的基础，丰富的作物资源是培育更多良种的种质来源。对作物资源进行评价和分析，既可挖掘和创造有特殊利用价值的新种质、拓展作物品种的遗传基础，又可以有效地指导作物育种和生产。近年来，我国作物育种和新品种保护事业发展迅速，在农业生产和品种确权中发挥着重要作用。品种权同专利、商标、著作权一样，是知识产权的重要类型，它保护拥有品种权的单位和个人在生产、销售和使用授权品种繁殖材料时的专有权利。新品种保护制度除了保护育种者利益之外，也有利于促进育种创新、提升中国种业竞争力。1997 年，中国公布了《中华人民共和国植物新品种保护条例》，建立了中国自己的新品种保护制度。2008 年，中国制定和颁布的《国家知识产权战略纲要》，将植物新品种保护作为七大专项任务之一，从国家战略高度规划了植物新品种保护事业的未来发展。在技术层面，新品种保护最重要的环节之一就是近似品种筛选。为了有效区分作物品种，需要收集大量已知品种，构建用于近似品种筛选的品种资源数据库，而以 DNA 为依托的分子标记技术是利用数据库实现快速高效筛选近似品种的最优选择。目前，分子标记技术正渐渐成为世界各国构建品种资源分子数据库、筛选近似品种的辅助技术手段，也将成为推动作物育种事业和新品种保护事业快速发展的重要技术支撑。

本书第一部分提供了国家种质资源库中用于新品种保护的 165 份大豆品种的 SSR 指纹图谱。第二部分给出了与指纹图谱制作相关的品种数据信息、引物信息、所使用的荧光引物组合、品种信息来源及保藏编号、获得 SSR 数据所使用的主要仪器设备及方法。

本书内容可作为筛选近似品种使用，为各级种子管理与监督部门以及作物育种家、作物种质资源的科研工作者提供理论参考，也可为 SSR 分子标记技术应用于其他类似研究提供有益的思路和技术指导。本书所收录的大豆品种仅是全部修订完成的品种资源数据库所收录品种的小部分，本书对这些品种的真实性鉴定和纯度鉴定工作的开展具有重要参考价值。但由于一些品种本身存在一定程度的个体差异，也存在同一品种不同保藏编号的样本结果不完全一致等情况，而且并没有验证这种品种本身的变异幅度，因此，本书仅作为参考使用，不作为大豆品种鉴定的法律依据。要想科学准确地鉴定大豆品种及种质资源材料，还需要结合田间鉴定结果，经专业人员判断给出。本书内容涉及大量 SSR 片段长度，虽经反复核对，或许仍有疏漏之处，敬请读者批评指正。

本书的出版得到了农业部科技发展中心测试处的大力支持，在此表示诚挚、由衷的感谢！同时，感谢农业部科技发展中心韩瑞玺、邓超博士对本书出版提供的帮助和支持，感谢李科宏、刘景梅在实验上的辛勤付出，感谢黑龙江省农业科学院杨雪峰、严洪东、孙丹、王翔宇在本书图片截取上花费的宝贵时间，感谢为本书付出的每一个人！

著　者

2017年6月

目 录

第一部分 165份大豆品种SSR指纹图谱

第二部分　指纹数据表及实验相关信息

第一部分
165 份大豆品种 SSR 指纹图谱

1 科龙 188

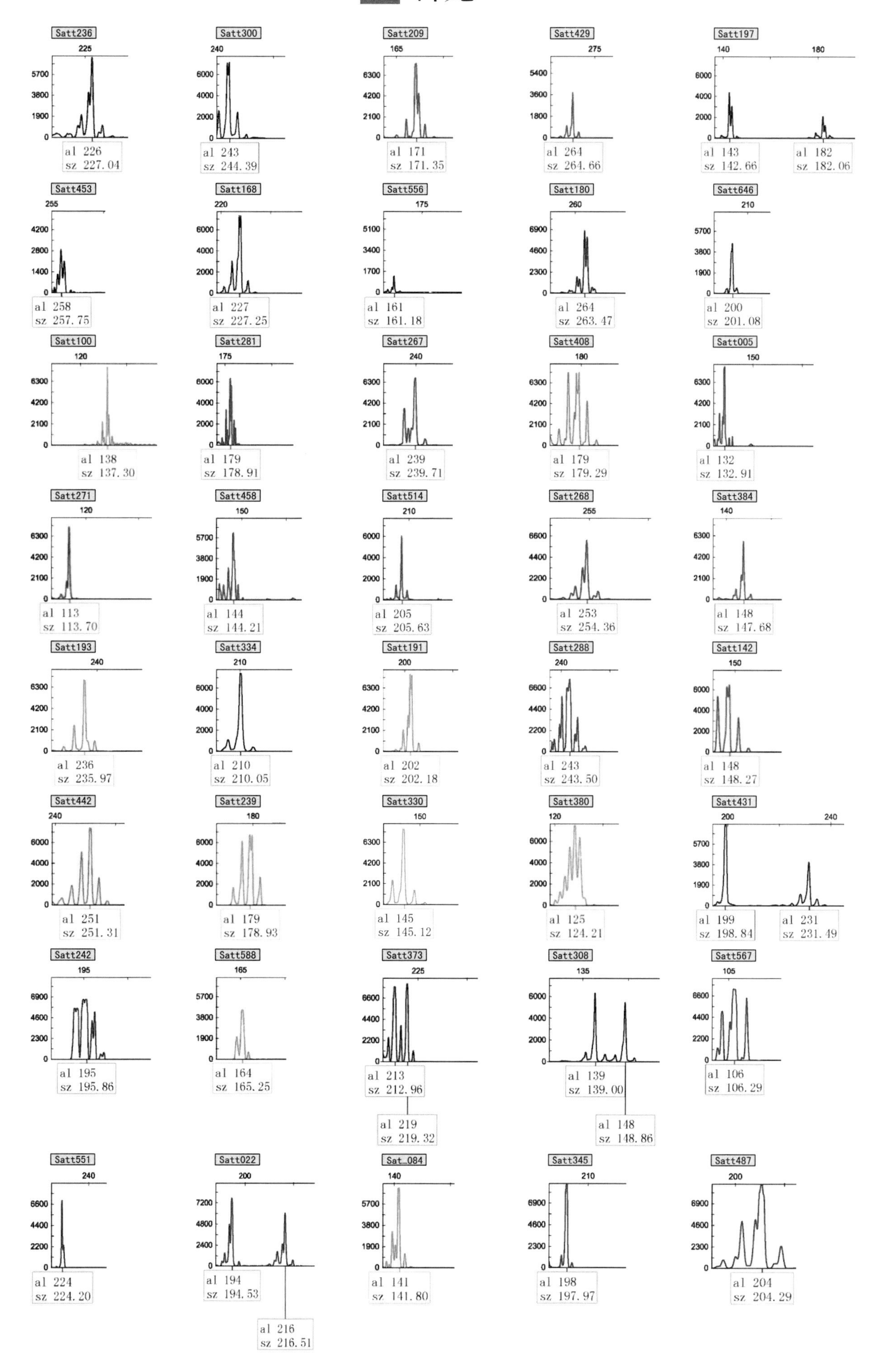

Satt236 al 226 sz 227.04
Satt300 al 243 sz 244.39
Satt209 al 171 sz 171.35
Satt429 al 264 sz 264.66
Satt197 al 143 sz 142.66 al 182 sz 182.06
Satt453 al 258 sz 257.75
Satt168 al 227 sz 227.25
Satt556 al 161 sz 161.18
Satt180 al 264 sz 263.47
Satt646 al 200 sz 201.08
Satt100 al 138 sz 137.30
Satt281 al 179 sz 178.91
Satt267 al 239 sz 239.71
Satt408 al 179 sz 179.29
Satt005 al 132 sz 132.91
Satt271 al 113 sz 113.70
Satt458 al 144 sz 144.21
Satt514 al 205 sz 205.63
Satt268 al 253 sz 254.36
Satt384 al 148 sz 147.68
Satt193 al 236 sz 235.97
Satt334 al 210 sz 210.05
Satt191 al 202 sz 202.18
Satt288 al 243 sz 243.50
Satt142 al 148 sz 148.27
Satt442 al 251 sz 251.31
Satt239 al 179 sz 178.93
Satt330 al 145 sz 145.12
Satt380 al 125 sz 124.21
Satt431 al 199 sz 198.84 al 231 sz 231.49
Satt242 al 195 sz 195.86
Satt588 al 164 sz 165.25
Satt373 al 213 sz 212.96 al 219 sz 219.32
Satt308 al 139 sz 139.00 al 148 sz 148.86
Satt567 al 106 sz 106.29
Satt551 al 224 sz 224.20
Satt022 al 194 sz 194.53 al 216 sz 216.51
Sat_084 al 141 sz 141.80
Satt345 al 198 sz 197.97
Satt487 al 204 sz 204.29

2 蒙 1001

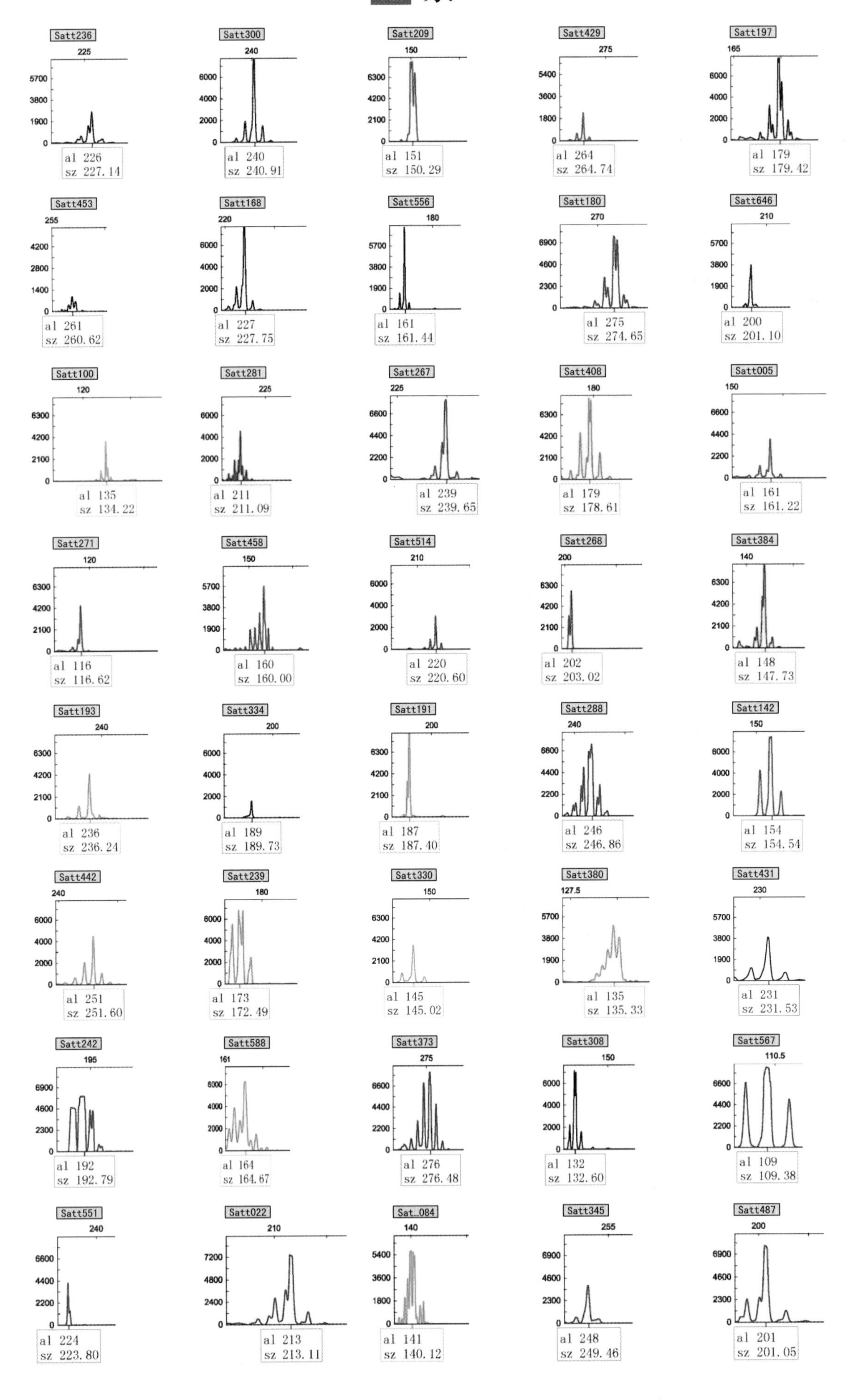

Satt236
al 226
sz 227.14
Satt300
al 240
sz 240.91
Satt209
al 151
sz 150.29
Satt429
al 264
sz 264.74
Satt197
al 179
sz 179.42
Satt453
al 261
sz 260.62
Satt168
al 227
sz 227.75
Satt556
al 161
sz 161.44
Satt180
al 275
sz 274.65
Satt646
al 200
sz 201.10
Satt100
al 135
sz 134.22
Satt281
al 211
sz 211.09
Satt267
al 239
sz 239.65
Satt408
al 179
sz 178.61
Satt005
al 161
sz 161.22
Satt271
al 116
sz 116.62
Satt458
al 160
sz 160.00
Satt514
al 220
sz 220.60
Satt268
al 202
sz 203.02
Satt384
al 148
sz 147.73
Satt193
al 236
sz 236.24
Satt334
al 189
sz 189.73
Satt191
al 187
sz 187.40
Satt288
al 246
sz 246.86
Satt142
al 154
sz 154.54
Satt442
al 251
sz 251.60
Satt239
al 173
sz 172.49
Satt330
al 145
sz 145.02
Satt380
al 135
sz 135.33
Satt431
al 231
sz 231.53
Satt242
al 192
sz 192.79
Satt588
al 164
sz 164.67
Satt373
al 276
sz 276.48
Satt308
al 132
sz 132.60
Satt567
al 109
sz 109.38
Satt551
al 224
sz 223.80
Satt022
al 213
sz 213.11
Sat_084
al 141
sz 140.12
Satt345
al 248
sz 249.46
Satt487
al 201
sz 201.05

3 蒙 1101

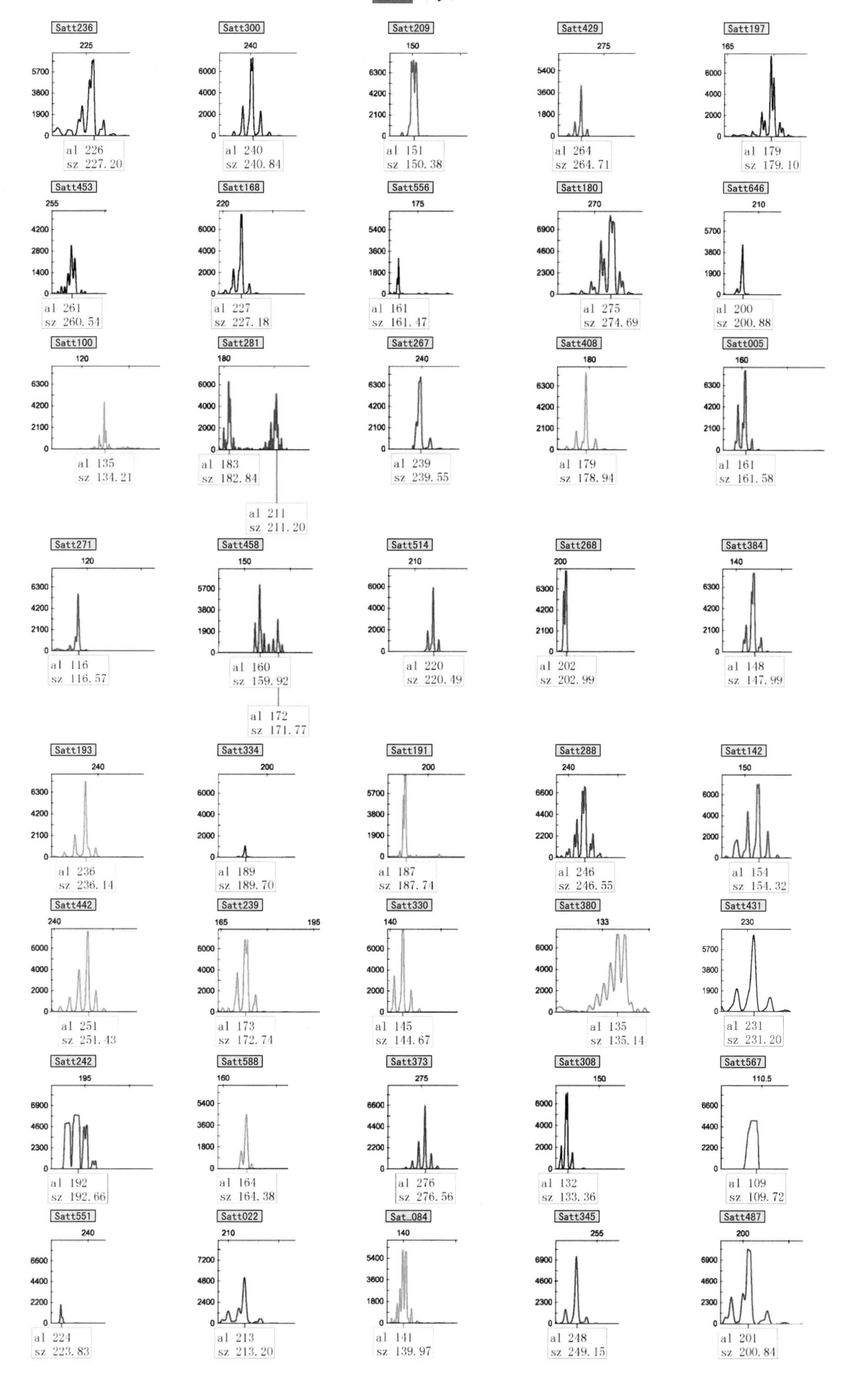
Satt236
225
al 226
sz 227.20
Satt300
240
al 240
sz 240.84
Satt209
150
al 151
sz 150.38
Satt429
275
al 264
sz 264.71
Satt197
165
al 179
sz 179.10
Satt453
255
al 261
sz 260.54
Satt168
220
al 227
sz 227.18
Satt556
175
al 161
sz 161.47
Satt180
270
al 275
sz 274.69
Satt646
210
al 200
sz 200.88
Satt100
120
al 135
sz 134.21
Satt281
180
al 183
sz 182.84
al 211
sz 211.20
Satt267
240
al 239
sz 239.55
Satt408
180
al 179
sz 178.94
Satt005
160
al 161
sz 161.58
Satt271
120
al 116
sz 116.57
Satt458
150
al 160
sz 159.92
al 172
sz 171.77
Satt514
210
al 220
sz 220.49
Satt268
200
al 202
sz 202.99
Satt384
140
al 148
sz 147.99
Satt193
240
al 236
sz 236.14
Satt334
200
al 189
sz 189.70
Satt191
200
al 187
sz 187.74
Satt288
240
al 246
sz 246.55
Satt142
150
al 154
sz 154.32
Satt442
240
al 251
sz 251.43
Satt239
165
195
al 173
sz 172.74
Satt330
140
al 145
sz 144.67
Satt380
133
al 135
sz 135.14
Satt431
230
al 231
sz 231.20
Satt242
195
al 192
sz 192.66
Satt588
160
al 164
sz 164.38
Satt373
275
al 276
sz 276.56
Satt308
150
al 132
sz 133.36
Satt567
110.5
al 109
sz 109.72
Satt551
240
al 224
sz 223.83
Satt022
210
al 213
sz 213.20
Sat_084
140
al 141
sz 139.97
Satt345
255
al 248
sz 249.15
Satt487
200
al 201
sz 200.84

4 蒙 1102

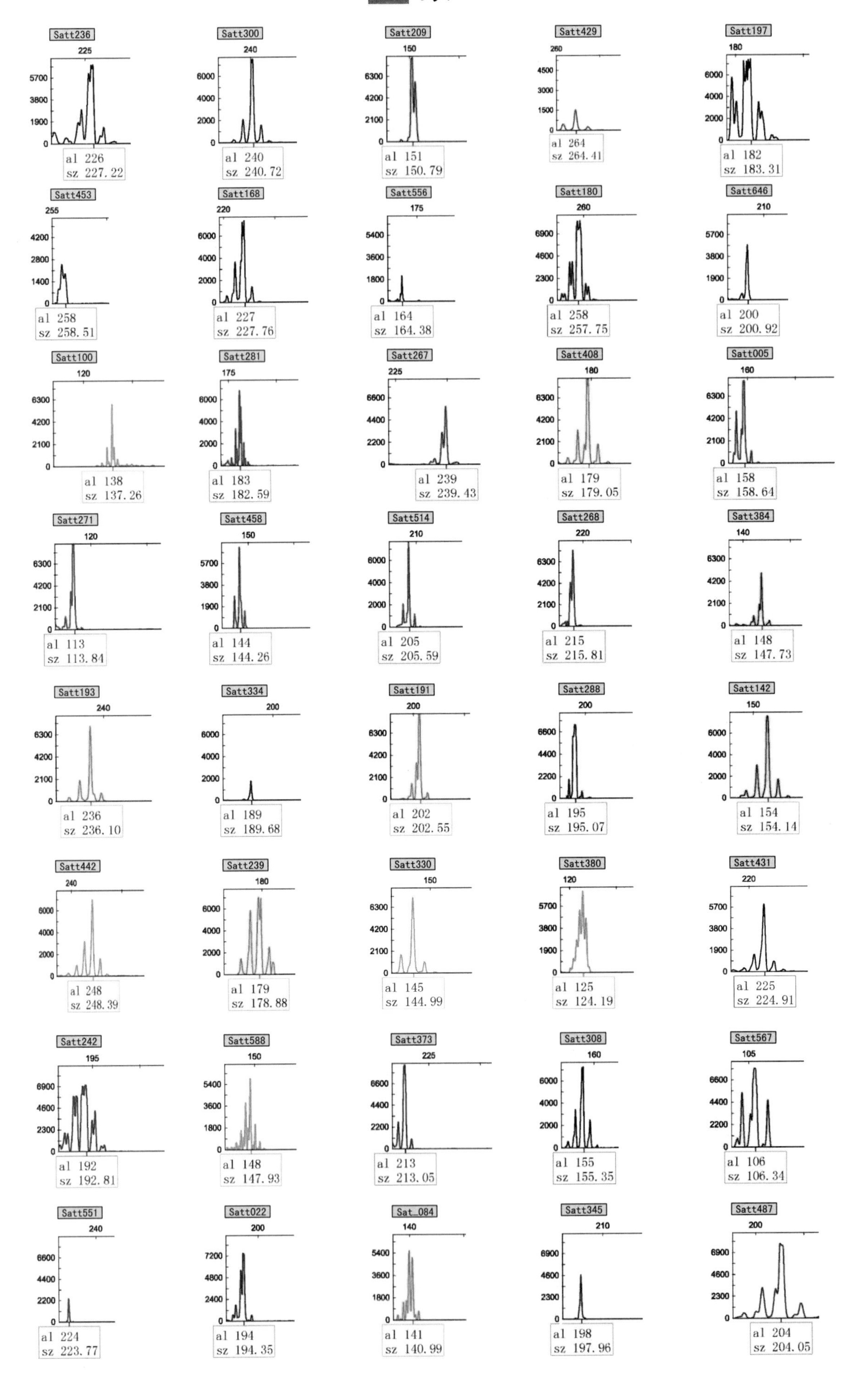
Satt236
al 226
sz 227.22
Satt300
al 240
sz 240.72
Satt209
al 151
sz 150.79
Satt429
al 264
sz 264.41
Satt197
al 182
sz 183.31
Satt453
al 258
sz 258.51
Satt168
al 227
sz 227.76
Satt556
al 164
sz 164.38
Satt180
al 258
sz 257.75
Satt646
al 200
sz 200.92
Satt100
al 138
sz 137.26
Satt281
al 183
sz 182.59
Satt267
al 239
sz 239.43
Satt408
al 179
sz 179.05
Satt005
al 158
sz 158.64
Satt271
al 113
sz 113.84
Satt458
al 144
sz 144.26
Satt514
al 205
sz 205.59
Satt268
al 215
sz 215.81
Satt384
al 148
sz 147.73
Satt193
al 236
sz 236.10
Satt334
al 189
sz 189.68
Satt191
al 202
sz 202.55
Satt288
al 195
sz 195.07
Satt142
al 154
sz 154.14
Satt442
al 248
sz 248.39
Satt239
al 179
sz 178.88
Satt330
al 145
sz 144.99
Satt380
al 125
sz 124.19
Satt431
al 225
sz 224.91
Satt242
al 192
sz 192.81
Satt588
al 148
sz 147.93
Satt373
al 213
sz 213.05
Satt308
al 155
sz 155.35
Satt567
al 106
sz 106.34
Satt551
al 224
sz 223.77
Satt022
al 194
sz 194.35
Sat_084
al 141
sz 140.99
Satt345
al 198
sz 197.96
Satt487
al 204
sz 204.05

5 皖豆31

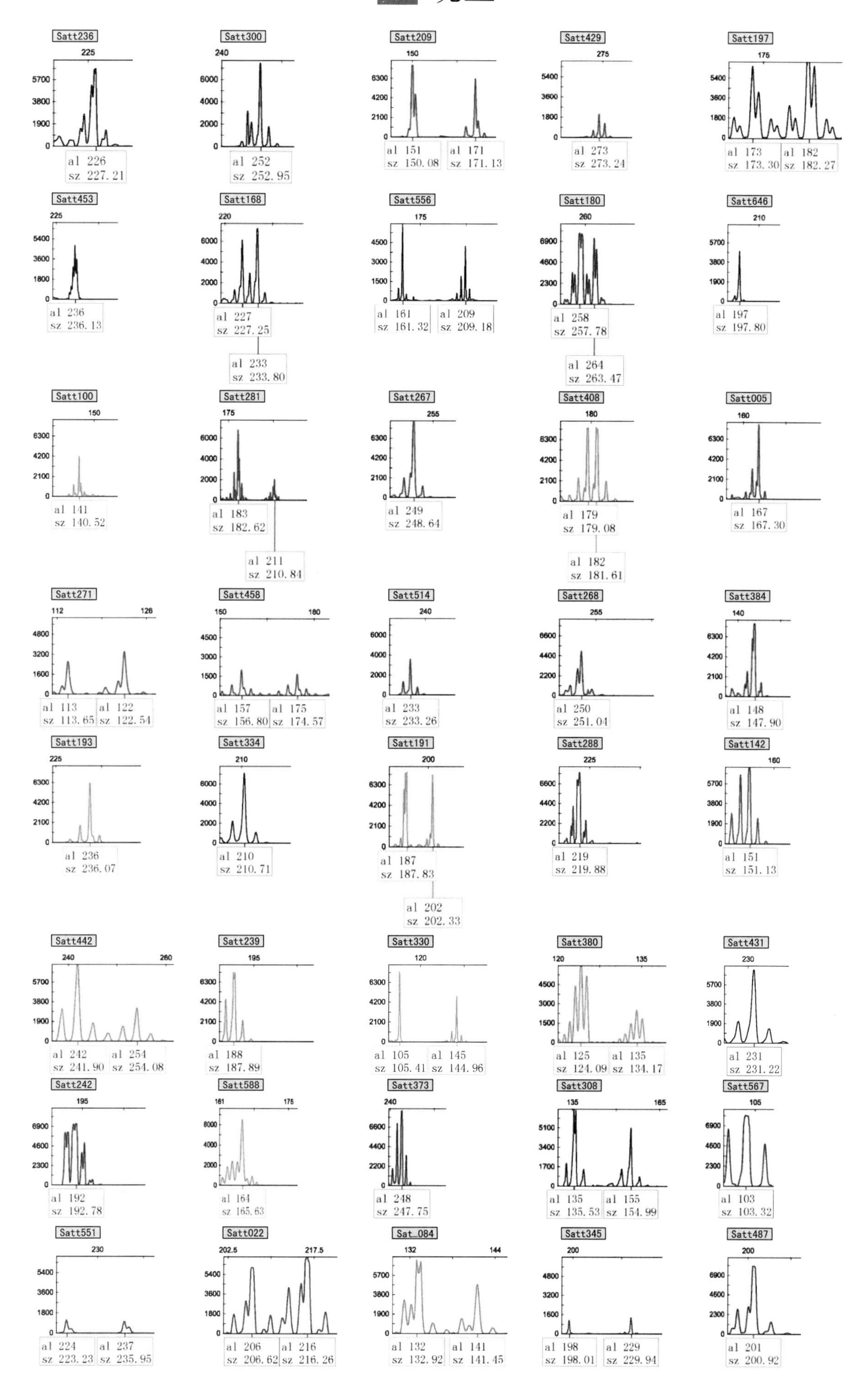

Satt236
al 226 sz 227.21
Satt300
al 252 sz 252.95
Satt209
al 151 sz 150.08
al 171 sz 171.13
Satt429
al 273 sz 273.24
Satt197
al 173 sz 173.30
al 182 sz 182.27
Satt453
al 236 sz 236.13
Satt168
al 227 sz 227.25
al 233 sz 233.80
Satt556
al 161 sz 161.32
al 209 sz 209.18
Satt180
al 258 sz 257.78
al 264 sz 263.47
Satt646
al 197 sz 197.80
Satt100
al 141 sz 140.52
Satt281
al 183 sz 182.62
al 211 sz 210.84
Satt267
al 249 sz 248.64
Satt408
al 179 sz 179.08
al 182 sz 181.61
Satt005
al 167 sz 167.30
Satt271
al 113 sz 113.65
al 122 sz 122.54
Satt458
al 157 sz 156.80
al 175 sz 174.57
Satt514
al 233 sz 233.26
Satt268
al 250 sz 251.04
Satt384
al 148 sz 147.90
Satt193
al 236 sz 236.07
Satt334
al 210 sz 210.71
Satt191
al 187 sz 187.83
al 202 sz 202.33
Satt288
al 219 sz 219.88
Satt142
al 151 sz 151.13
Satt442
al 242 sz 241.90
al 254 sz 254.08
Satt239
al 188 sz 187.89
Satt330
al 105 sz 105.41
al 145 sz 144.96
Satt380
al 125 sz 124.09
al 135 sz 134.17
Satt431
al 231 sz 231.22
Satt242
al 192 sz 192.78
Satt588
al 164 sz 165.63
Satt373
al 248 sz 247.75
Satt308
al 135 sz 135.53
al 155 sz 154.99
Satt567
al 103 sz 103.32
Satt551
al 224 sz 223.23
al 237 sz 235.95
Satt022
al 206 sz 206.62
al 216 sz 216.26
Sat_084
al 132 sz 132.92
al 141 sz 141.45
Satt345
al 198 sz 198.01
al 229 sz 229.94
Satt487
al 201 sz 200.92

6 皖豆 33

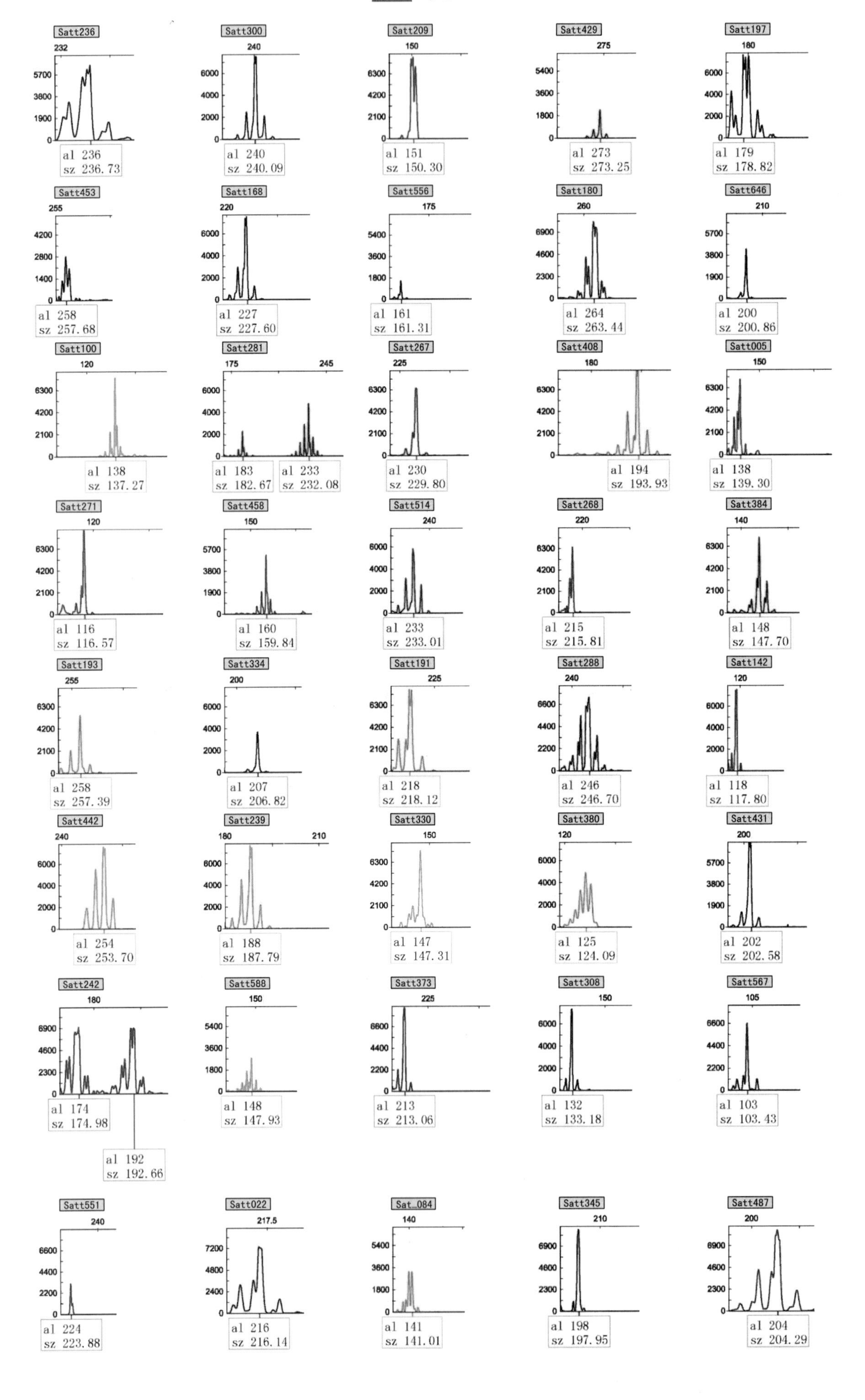
Satt236
al 236
sz 236.73
Satt300
al 240
sz 240.09
Satt209
al 151
sz 150.30
Satt429
al 273
sz 273.25
Satt197
al 179
sz 178.82
Satt453
al 258
sz 257.68
Satt168
al 227
sz 227.60
Satt556
al 161
sz 161.31
Satt180
al 264
sz 263.44
Satt646
al 200
sz 200.86
Satt100
al 138
sz 137.27
Satt281
al 183
sz 182.67
al 233
sz 232.08
Satt267
al 230
sz 229.80
Satt408
al 194
sz 193.93
Satt005
al 138
sz 139.30
Satt271
al 116
sz 116.57
Satt458
al 160
sz 159.84
Satt514
al 233
sz 233.01
Satt268
al 215
sz 215.81
Satt384
al 148
sz 147.70
Satt193
al 258
sz 257.39
Satt334
al 207
sz 206.82
Satt191
al 218
sz 218.12
Satt288
al 246
sz 246.70
Satt142
al 118
sz 117.80
Satt442
al 254
sz 253.70
Satt239
al 188
sz 187.79
Satt330
al 147
sz 147.31
Satt380
al 125
sz 124.09
Satt431
al 202
sz 202.58
Satt242
al 174
sz 174.98
al 192
sz 192.66
Satt588
al 148
sz 147.93
Satt373
al 213
sz 213.06
Satt308
al 132
sz 133.18
Satt567
al 103
sz 103.43
Satt551
al 224
sz 223.88
Satt022
al 216
sz 216.14
Sat_084
al 141
sz 141.01
Satt345
al 198
sz 197.95
Satt487
al 204
sz 204.29

7 皖豆 34

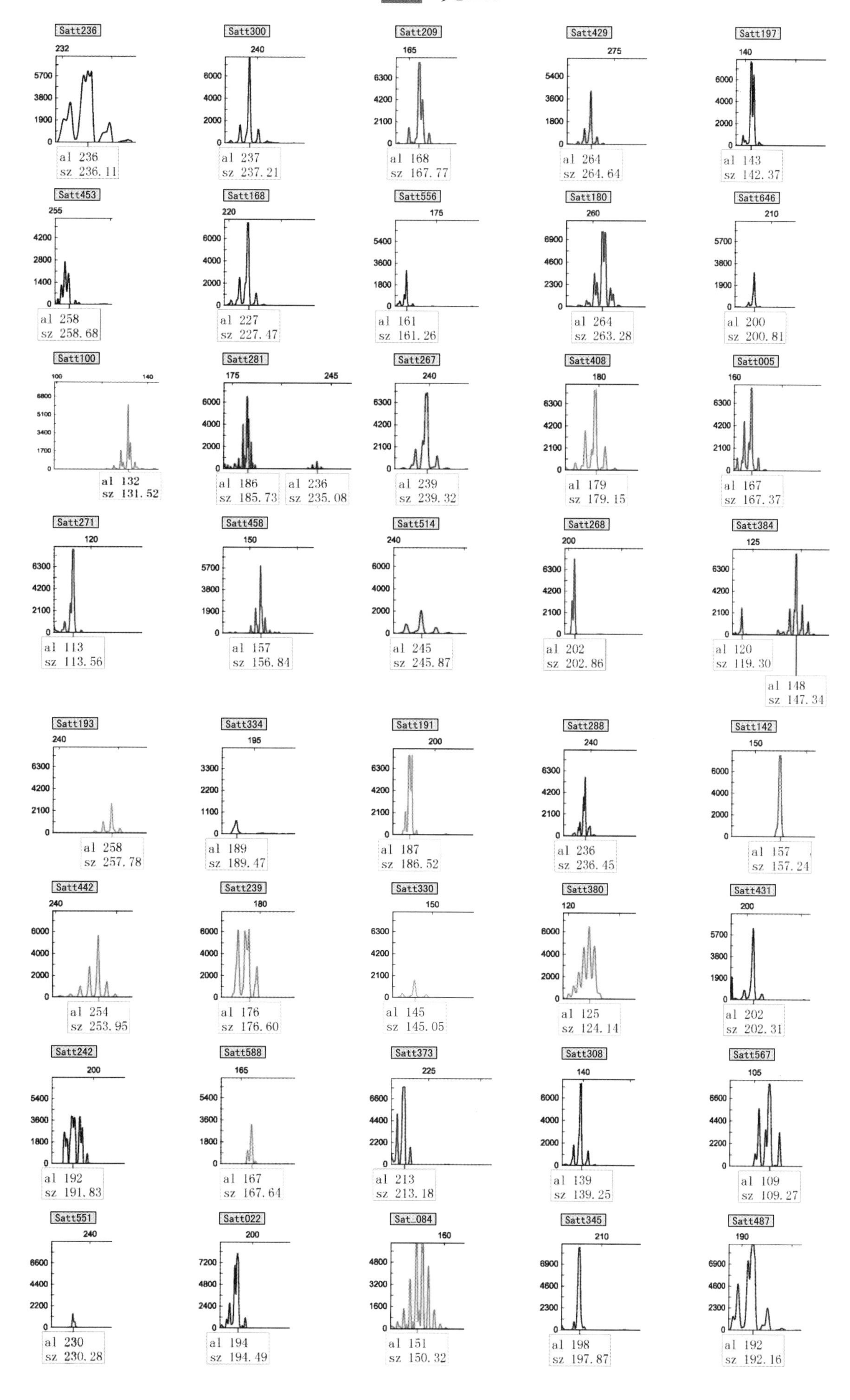

Satt236
al 236
sz 236.11
Satt300
al 237
sz 237.21
Satt209
al 168
sz 167.77
Satt429
al 264
sz 264.64
Satt197
al 143
sz 142.37
Satt453
al 258
sz 258.68
Satt168
al 227
sz 227.47
Satt556
al 161
sz 161.26
Satt180
al 264
sz 263.28
Satt646
al 200
sz 200.81
Satt100
al 132
sz 131.52
Satt281
al 186
sz 185.73
al 236
sz 235.08
Satt267
al 239
sz 239.32
Satt408
al 179
sz 179.15
Satt005
al 167
sz 167.37
Satt271
al 113
sz 113.56
Satt458
al 157
sz 156.84
Satt514
al 245
sz 245.87
Satt268
al 202
sz 202.86
Satt384
al 120
sz 119.30
al 148
sz 147.34
Satt193
al 258
sz 257.78
Satt334
al 189
sz 189.47
Satt191
al 187
sz 186.52
Satt288
al 236
sz 236.45
Satt142
al 157
sz 157.24
Satt442
al 254
sz 253.95
Satt239
al 176
sz 176.60
Satt330
al 145
sz 145.05
Satt380
al 125
sz 124.14
Satt431
al 202
sz 202.31
Satt242
al 192
sz 191.83
Satt588
al 167
sz 167.64
Satt373
al 213
sz 213.18
Satt308
al 139
sz 139.25
Satt567
al 109
sz 109.27
Satt551
al 230
sz 230.28
Satt022
al 194
sz 194.49
Sat_084
al 151
sz 150.32
Satt345
al 198
sz 197.87
Satt487
al 192
sz 192.16

8 皖豆 35

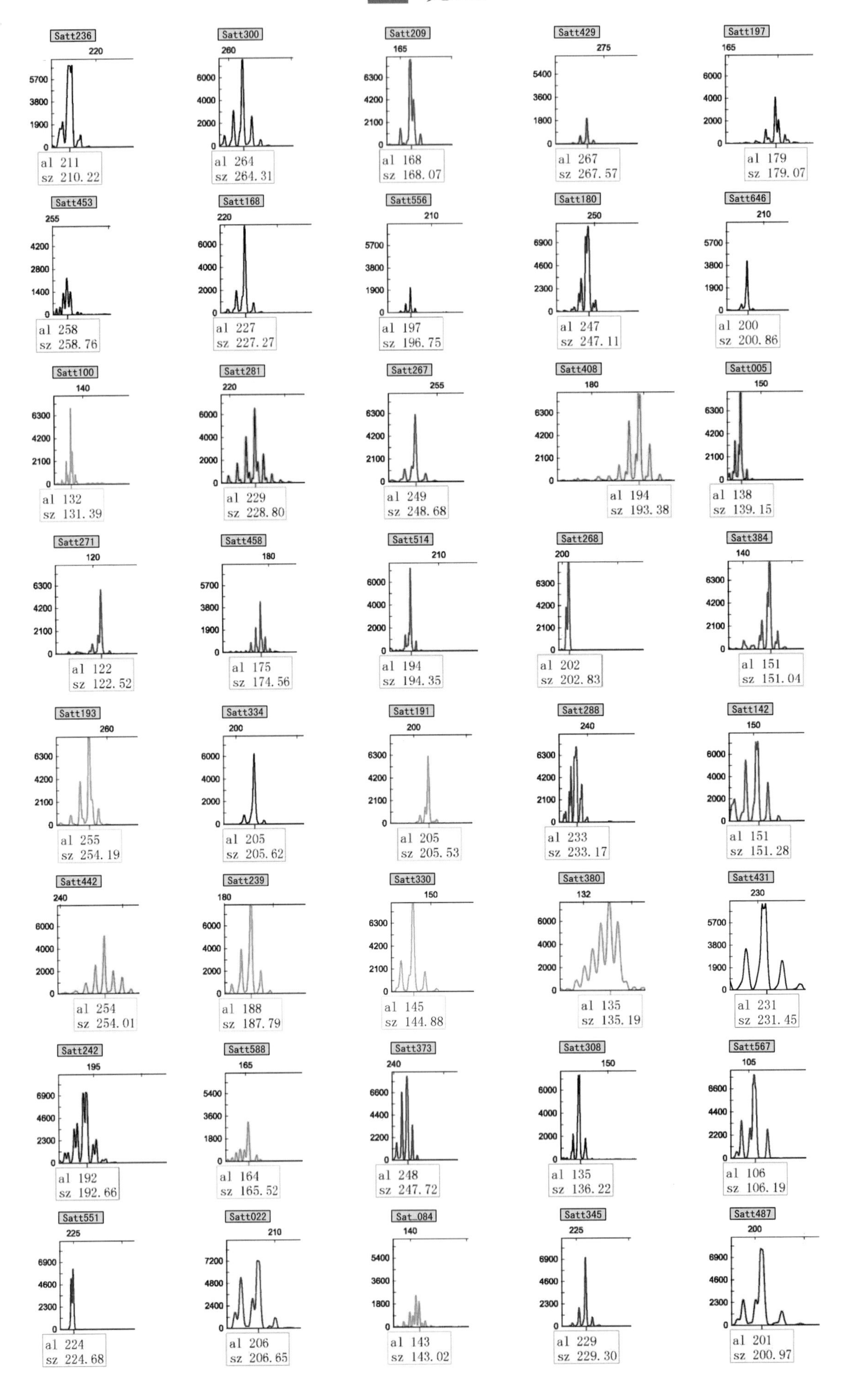
Satt236
al 211
sz 210.22
Satt300
al 264
sz 264.31
Satt209
al 168
sz 168.07
Satt429
al 267
sz 267.57
Satt197
al 179
sz 179.07
Satt453
al 258
sz 258.76
Satt168
al 227
sz 227.27
Satt556
al 197
sz 196.75
Satt180
al 247
sz 247.11
Satt646
al 200
sz 200.86
Satt100
al 132
sz 131.39
Satt281
al 229
sz 228.80
Satt267
al 249
sz 248.68
Satt408
al 194
sz 193.38
Satt005
al 138
sz 139.15
Satt271
al 122
sz 122.52
Satt458
al 175
sz 174.56
Satt514
al 194
sz 194.35
Satt268
al 202
sz 202.83
Satt384
al 151
sz 151.04
Satt193
al 255
sz 254.19
Satt334
al 205
sz 205.62
Satt191
al 205
sz 205.53
Satt288
al 233
sz 233.17
Satt142
al 151
sz 151.28
Satt442
al 254
sz 254.01
Satt239
al 188
sz 187.79
Satt330
al 145
sz 144.88
Satt380
al 135
sz 135.19
Satt431
al 231
sz 231.45
Satt242
al 192
sz 192.66
Satt588
al 164
sz 165.52
Satt373
al 248
sz 247.72
Satt308
al 135
sz 136.22
Satt567
al 106
sz 106.19
Satt551
al 224
sz 224.68
Satt022
al 206
sz 206.65
Sat_084
al 143
sz 143.02
Satt345
al 229
sz 229.30
Satt487
al 201
sz 200.97

9 皖宿 2156

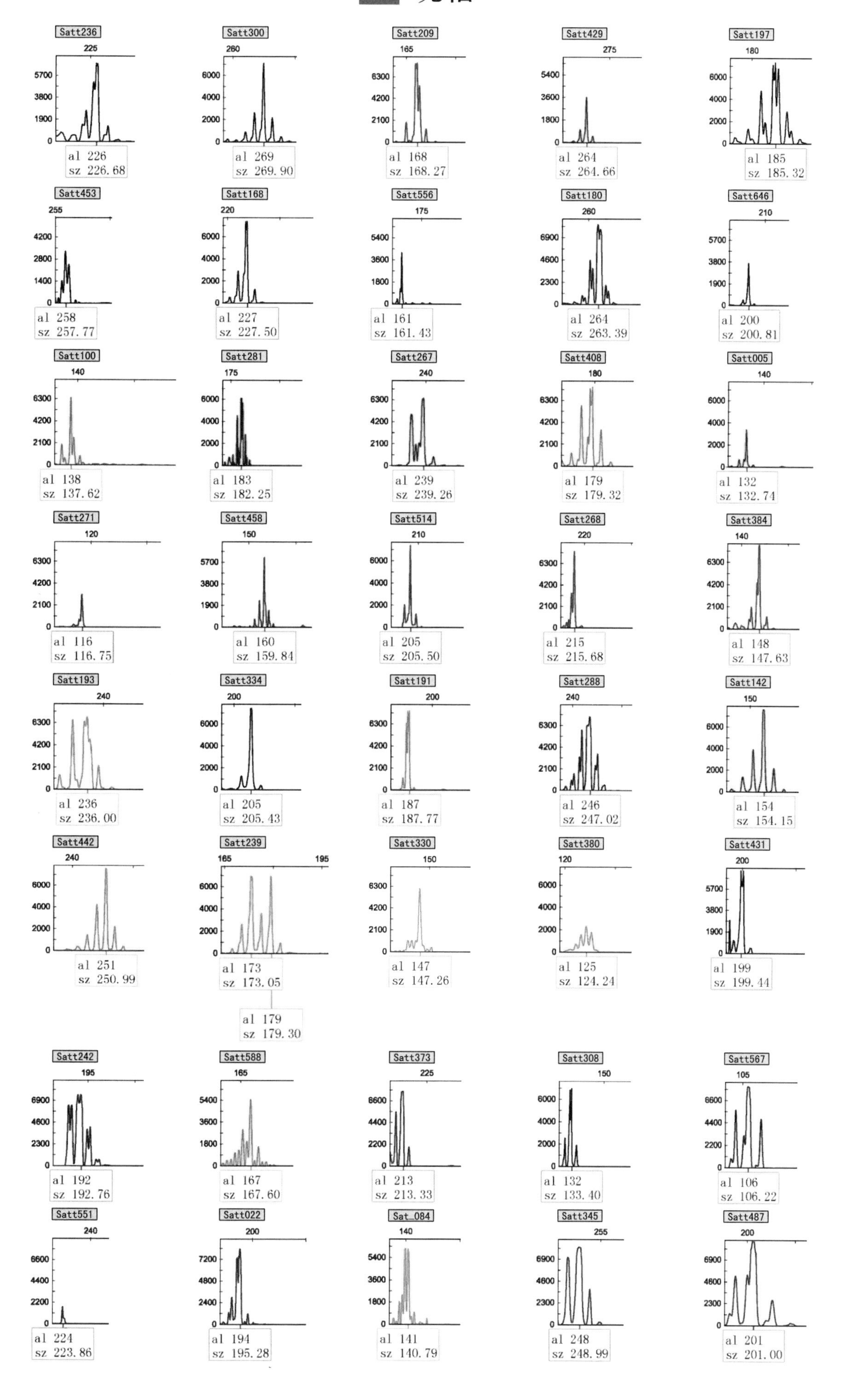

Satt236
al 226
sz 226.68
Satt300
al 269
sz 269.90
Satt209
al 168
sz 168.27
Satt429
al 264
sz 264.66
Satt197
al 185
sz 185.32
Satt453
al 258
sz 257.77
Satt168
al 227
sz 227.50
Satt556
al 161
sz 161.43
Satt180
al 264
sz 263.39
Satt646
al 200
sz 200.81
Satt100
al 138
sz 137.62
Satt281
al 183
sz 182.25
Satt267
al 239
sz 239.26
Satt408
al 179
sz 179.32
Satt005
al 132
sz 132.74
Satt271
al 116
sz 116.75
Satt458
al 160
sz 159.84
Satt514
al 205
sz 205.50
Satt268
al 215
sz 215.68
Satt384
al 148
sz 147.63
Satt193
al 236
sz 236.00
Satt334
al 205
sz 205.43
Satt191
al 187
sz 187.77
Satt288
al 246
sz 247.02
Satt142
al 154
sz 154.15
Satt442
al 251
sz 250.99
Satt239
al 173
sz 173.05
al 179
sz 179.30
Satt330
al 147
sz 147.26
Satt380
al 125
sz 124.24
Satt431
al 199
sz 199.44
Satt242
al 192
sz 192.76
Satt588
al 167
sz 167.60
Satt373
al 213
sz 213.33
Satt308
al 132
sz 133.40
Satt567
al 106
sz 106.22
Satt551
al 224
sz 223.86
Satt022
al 194
sz 195.28
Sat_084
al 141
sz 140.79
Satt345
al 248
sz 248.99
Satt487
al 201
sz 201.00

10 皖宿 5717

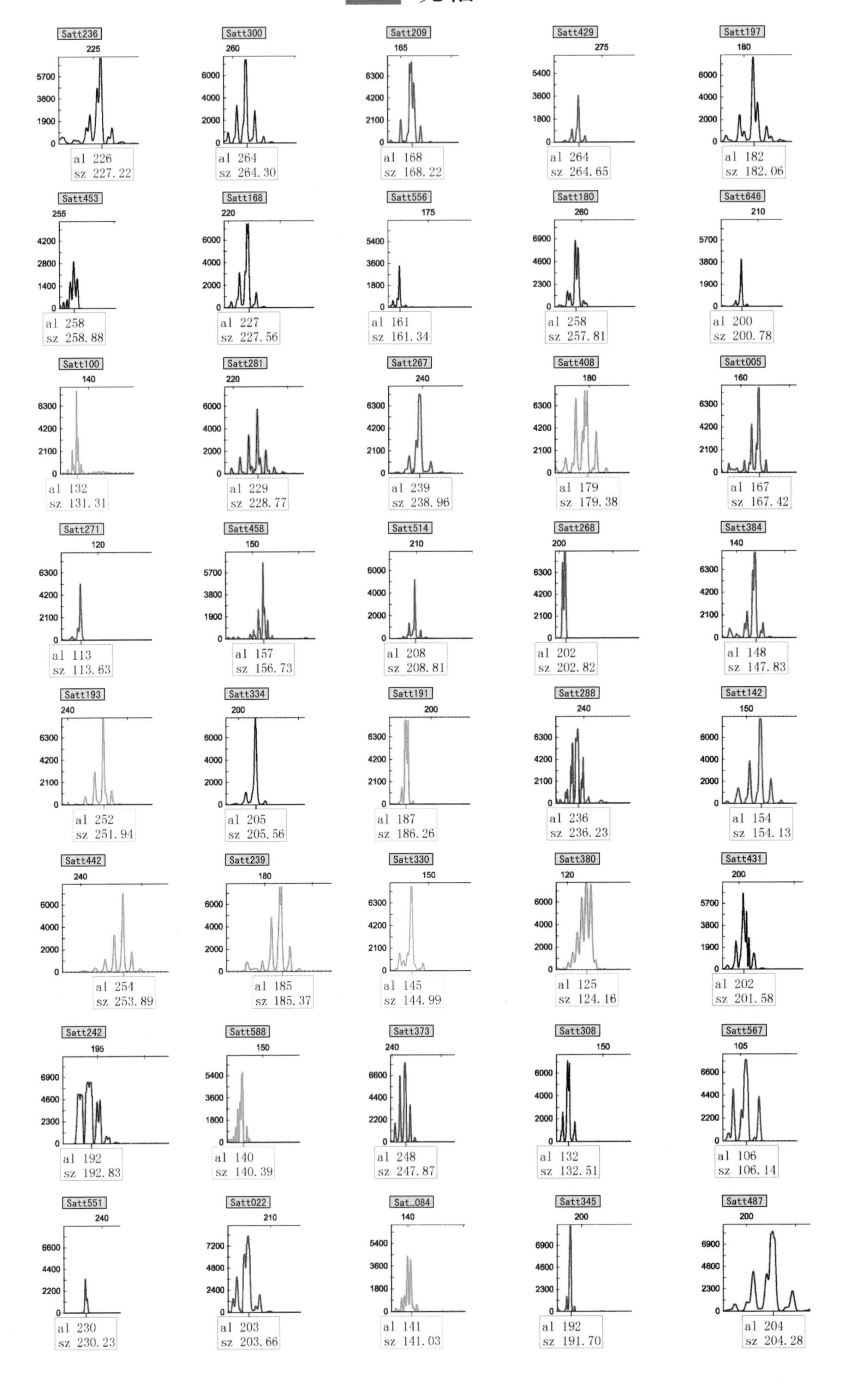
Satt236
al 226
sz 227.22
Satt300
al 264
sz 264.30
Satt209
al 168
sz 168.22
Satt429
al 264
sz 264.65
Satt197
al 182
sz 182.06
Satt453
al 258
sz 258.88
Satt168
al 227
sz 227.56
Satt556
al 161
sz 161.34
Satt180
al 258
sz 257.81
Satt646
al 200
sz 200.78
Satt100
al 132
sz 131.31
Satt281
al 229
sz 228.77
Satt267
al 239
sz 238.96
Satt408
al 179
sz 179.38
Satt005
al 167
sz 167.42
Satt271
al 113
sz 113.63
Satt458
al 157
sz 156.73
Satt514
al 208
sz 208.81
Satt268
al 202
sz 202.82
Satt384
al 148
sz 147.83
Satt193
al 252
sz 251.94
Satt334
al 205
sz 205.56
Satt191
al 187
sz 186.26
Satt288
al 236
sz 236.23
Satt142
al 154
sz 154.13
Satt442
al 254
sz 253.89
Satt239
al 185
sz 185.37
Satt330
al 145
sz 144.99
Satt380
al 125
sz 124.16
Satt431
al 202
sz 201.58
Satt242
al 192
sz 192.83
Satt588
al 140
sz 140.39
Satt373
al 248
sz 247.87
Satt308
al 132
sz 132.51
Satt567
al 106
sz 106.14
Satt551
al 230
sz 230.23
Satt022
al 203
sz 203.66
Sat_084
al 141
sz 141.03
Satt345
al 192
sz 191.70
Satt487
al 204
sz 204.28

11 益科豆 112

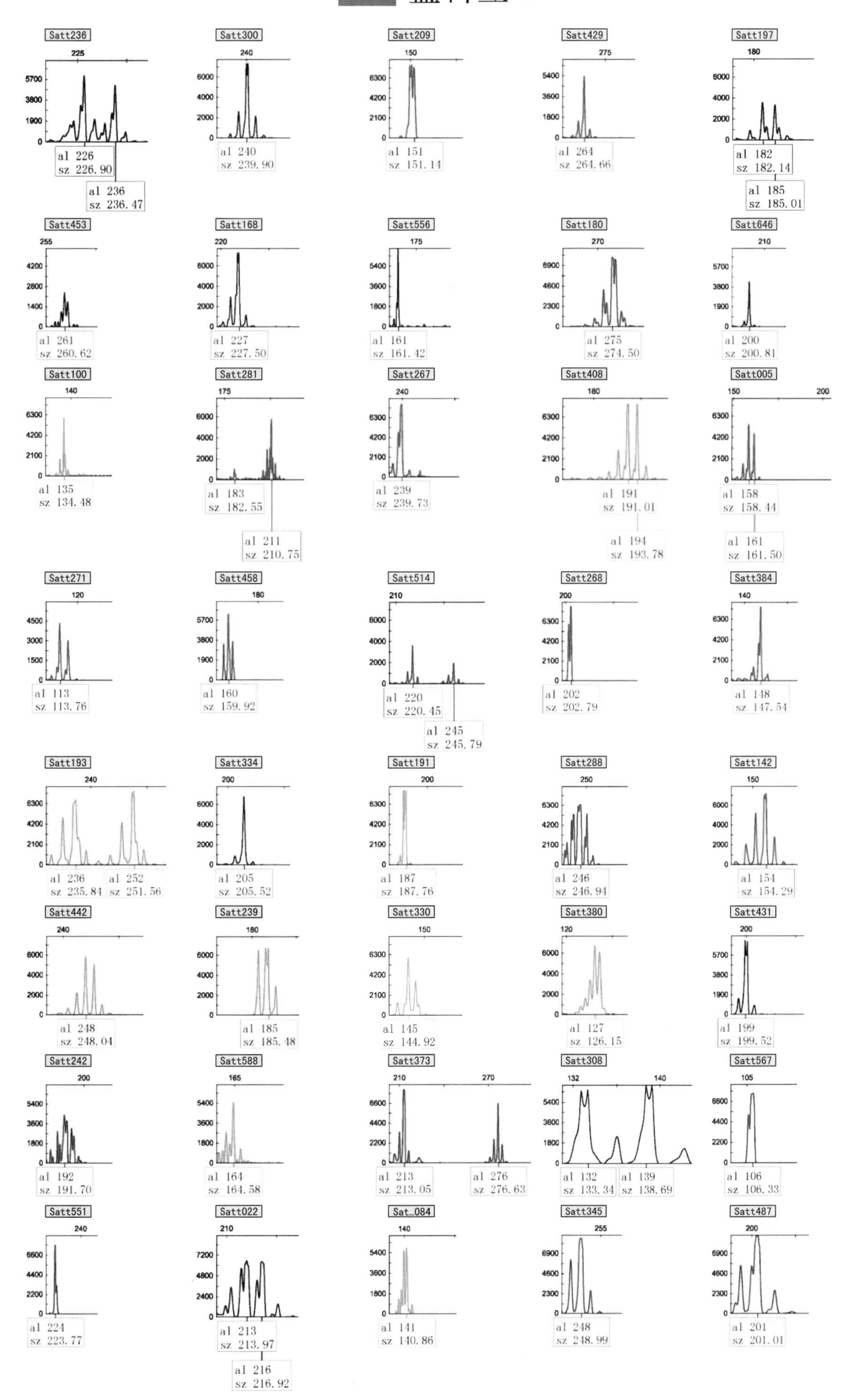
Satt236
al 226 sz 226.90
al 236 sz 236.47
Satt300
al 240 sz 239.90
Satt209
al 151 sz 151.14
Satt429
al 264 sz 264.66
Satt197
al 182 sz 182.14
al 185 sz 185.01
Satt453
al 261 sz 260.62
Satt168
al 227 sz 227.50
Satt556
al 161 sz 161.42
Satt180
al 275 sz 274.50
Satt646
al 200 sz 200.81
Satt100
al 135 sz 134.48
Satt281
al 183 sz 182.55
al 211 sz 210.75
Satt267
al 239 sz 239.73
Satt408
al 191 sz 191.01
al 194 sz 193.78
Satt005
al 158 sz 158.44
al 161 sz 161.50
Satt271
al 113 sz 113.76
Satt458
al 160 sz 159.92
Satt514
al 220 sz 220.45
al 245 sz 245.79
Satt268
al 202 sz 202.79
Satt384
al 148 sz 147.54
Satt193
al 236 sz 235.84
al 252 sz 251.56
Satt334
al 205 sz 205.52
Satt191
al 187 sz 187.76
Satt288
al 246 sz 246.94
Satt142
al 154 sz 154.29
Satt442
al 248 sz 248.04
Satt239
al 185 sz 185.48
Satt330
al 145 sz 144.92
Satt380
al 127 sz 126.15
Satt431
al 199 sz 199.52
Satt242
al 192 sz 191.70
Satt588
al 164 sz 164.58
Satt373
al 213 sz 213.05
al 276 sz 276.63
Satt308
al 132 sz 133.34
al 139 sz 138.69
Satt567
al 106 sz 106.33
Satt551
al 224 sz 223.77
Satt022
al 213 sz 213.97
al 216 sz 216.92
Sat_084
al 141 sz 140.86
Satt345
al 248 sz 248.99
Satt487
al 201 sz 201.01

12 保豆3号

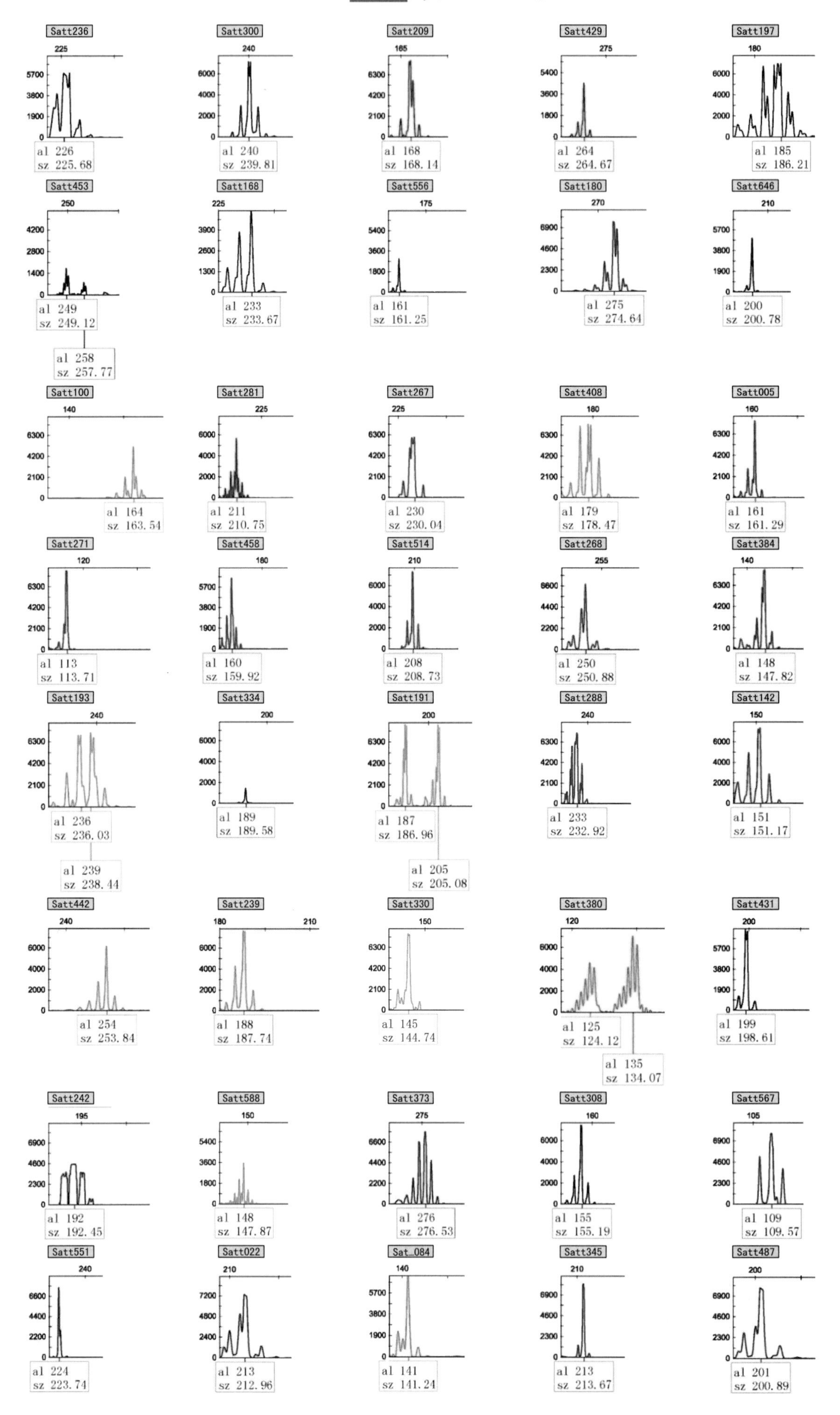

Satt236
al 226
sz 225.68
Satt300
al 240
sz 239.81
Satt209
al 168
sz 168.14
Satt429
al 264
sz 264.67
Satt197
al 185
sz 186.21
Satt453
al 249
sz 249.12
al 258
sz 257.77
Satt168
al 233
sz 233.67
Satt556
al 161
sz 161.25
Satt180
al 275
sz 274.64
Satt646
al 200
sz 200.78
Satt100
al 164
sz 163.54
Satt281
al 211
sz 210.75
Satt267
al 230
sz 230.04
Satt408
al 179
sz 178.47
Satt005
al 161
sz 161.29
Satt271
al 113
sz 113.71
Satt458
al 160
sz 159.92
Satt514
al 208
sz 208.73
Satt268
al 250
sz 250.88
Satt384
al 148
sz 147.82
Satt193
al 236
sz 236.03
al 239
sz 238.44
Satt334
al 189
sz 189.58
Satt191
al 187
sz 186.96
al 205
sz 205.08
Satt288
al 233
sz 232.92
Satt142
al 151
sz 151.17
Satt442
al 254
sz 253.84
Satt239
al 188
sz 187.74
Satt330
al 145
sz 144.74
Satt380
al 125
sz 124.12
al 135
sz 134.07
Satt431
al 199
sz 198.61
Satt242
al 192
sz 192.45
Satt588
al 148
sz 147.87
Satt373
al 276
sz 276.53
Satt308
al 155
sz 155.19
Satt567
al 109
sz 109.57
Satt551
al 224
sz 223.74
Satt022
al 213
sz 212.96
Sat_084
al 141
sz 141.24
Satt345
al 213
sz 213.67
Satt487
al 201
sz 200.89

13 冀豆 22

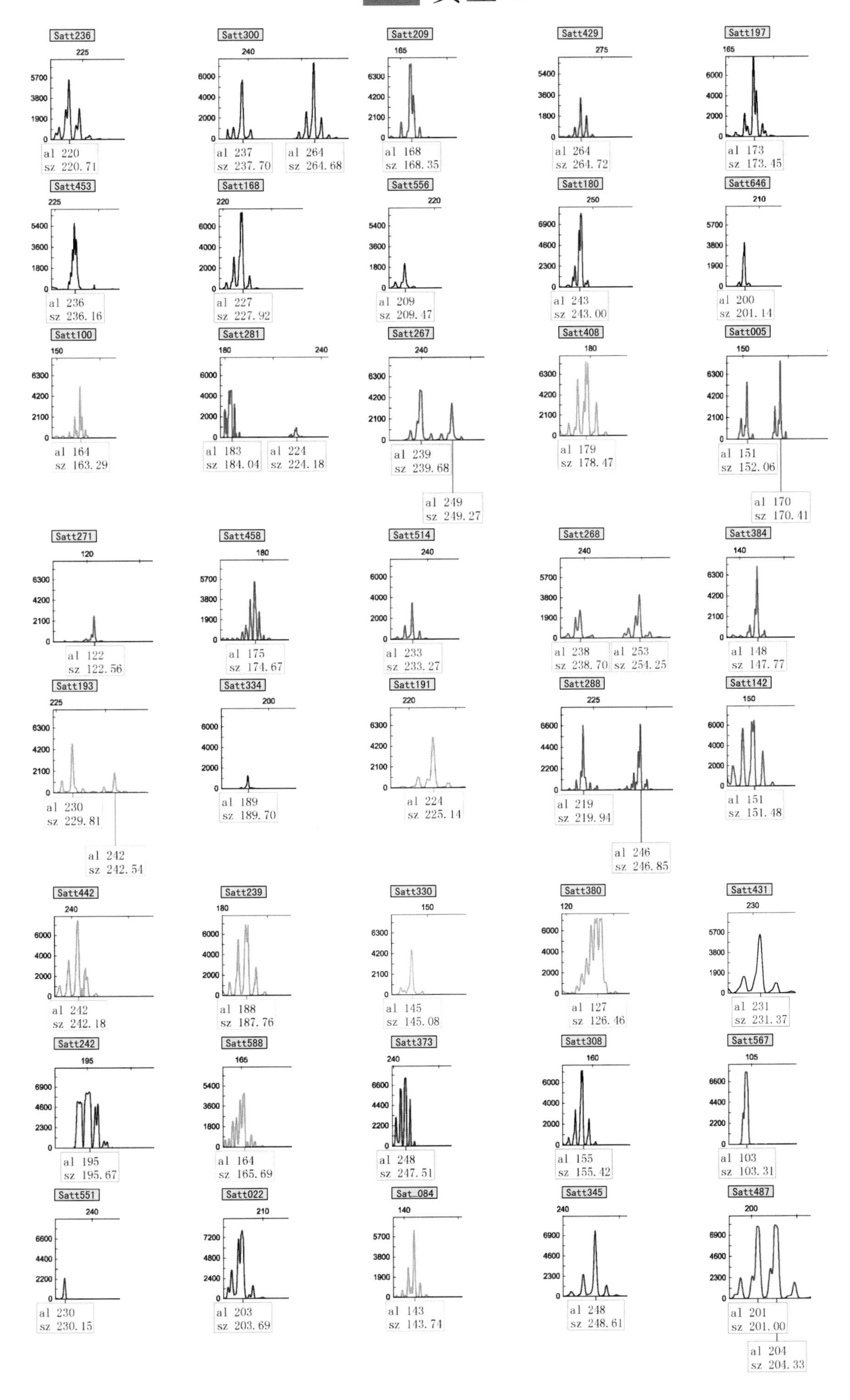

Satt236 225 al 220 sz 220.71
Satt300 240 al 237 sz 237.70 al 264 sz 264.68
Satt209 165 al 168 sz 168.35
Satt429 275 al 264 sz 264.72
Satt197 165 al 173 sz 173.45
Satt453 225 al 236 sz 236.16
Satt168 220 al 227 sz 227.92
Satt556 220 al 209 sz 209.47
Satt180 250 al 243 sz 243.00
Satt646 210 al 200 sz 201.14
Satt100 150 al 164 sz 163.29
Satt281 180 240 al 183 sz 184.04 al 224 sz 224.18
Satt267 240 al 239 sz 239.68 al 249 sz 249.27
Satt408 180 al 179 sz 178.47
Satt005 150 al 151 sz 152.06 al 170 sz 170.41
Satt271 120 al 122 sz 122.56
Satt458 180 al 175 sz 174.67
Satt514 240 al 233 sz 233.27
Satt268 240 al 238 sz 238.70 al 253 sz 254.25
Satt384 140 al 148 sz 147.77
Satt193 225 al 230 sz 229.81 al 242 sz 242.54
Satt334 200 al 189 sz 189.70
Satt191 220 al 224 sz 225.14
Satt288 225 al 219 sz 219.94 al 246 sz 246.85
Satt142 150 al 151 sz 151.48
Satt442 240 al 242 sz 242.18
Satt239 180 al 188 sz 187.76
Satt330 150 al 145 sz 145.08
Satt380 120 al 127 sz 126.46
Satt431 230 al 231 sz 231.37
Satt242 195 al 195 sz 195.67
Satt588 165 al 164 sz 165.69
Satt373 240 al 248 sz 247.51
Satt308 160 al 155 sz 155.42
Satt567 105 al 103 sz 103.31
Satt551 240 al 230 sz 230.15
Satt022 210 al 203 sz 203.69
Sat_084 140 al 143 sz 143.74
Satt345 240 al 248 sz 248.61
Satt487 200 al 201 sz 201.00 al 204 sz 204.33

14 北农 106

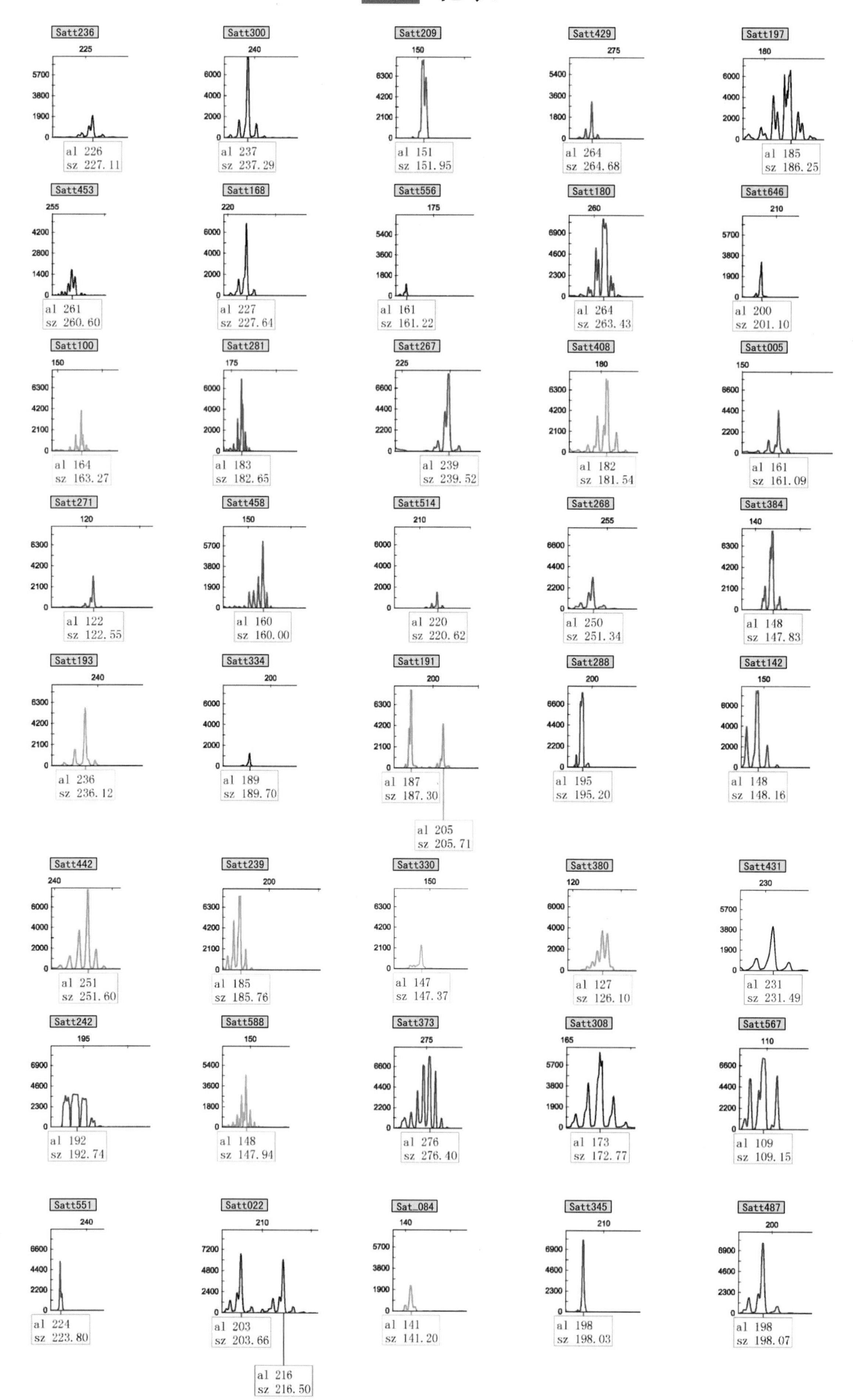

Satt236
al 226
sz 227.11
Satt300
al 237
sz 237.29
Satt209
al 151
sz 151.95
Satt429
al 264
sz 264.68
Satt197
al 185
sz 186.25
Satt453
al 261
sz 260.60
Satt168
al 227
sz 227.64
Satt556
al 161
sz 161.22
Satt180
al 264
sz 263.43
Satt646
al 200
sz 201.10
Satt100
al 164
sz 163.27
Satt281
al 183
sz 182.65
Satt267
al 239
sz 239.52
Satt408
al 182
sz 181.54
Satt005
al 161
sz 161.09
Satt271
al 122
sz 122.55
Satt458
al 160
sz 160.00
Satt514
al 220
sz 220.62
Satt268
al 250
sz 251.34
Satt384
al 148
sz 147.83
Satt193
al 236
sz 236.12
Satt334
al 189
sz 189.70
Satt191
al 187
sz 187.30
al 205
sz 205.71
Satt288
al 195
sz 195.20
Satt142
al 148
sz 148.16
Satt442
al 251
sz 251.60
Satt239
al 185
sz 185.76
Satt330
al 147
sz 147.37
Satt380
al 127
sz 126.10
Satt431
al 231
sz 231.49
Satt242
al 192
sz 192.74
Satt588
al 148
sz 147.94
Satt373
al 276
sz 276.40
Satt308
al 173
sz 172.77
Satt567
al 109
sz 109.15
Satt551
al 224
sz 223.80
Satt022
al 203
sz 203.66
al 216
sz 216.50
Sat_084
al 141
sz 141.20
Satt345
al 198
sz 198.03
Satt487
al 198
sz 198.07

15 北农 107

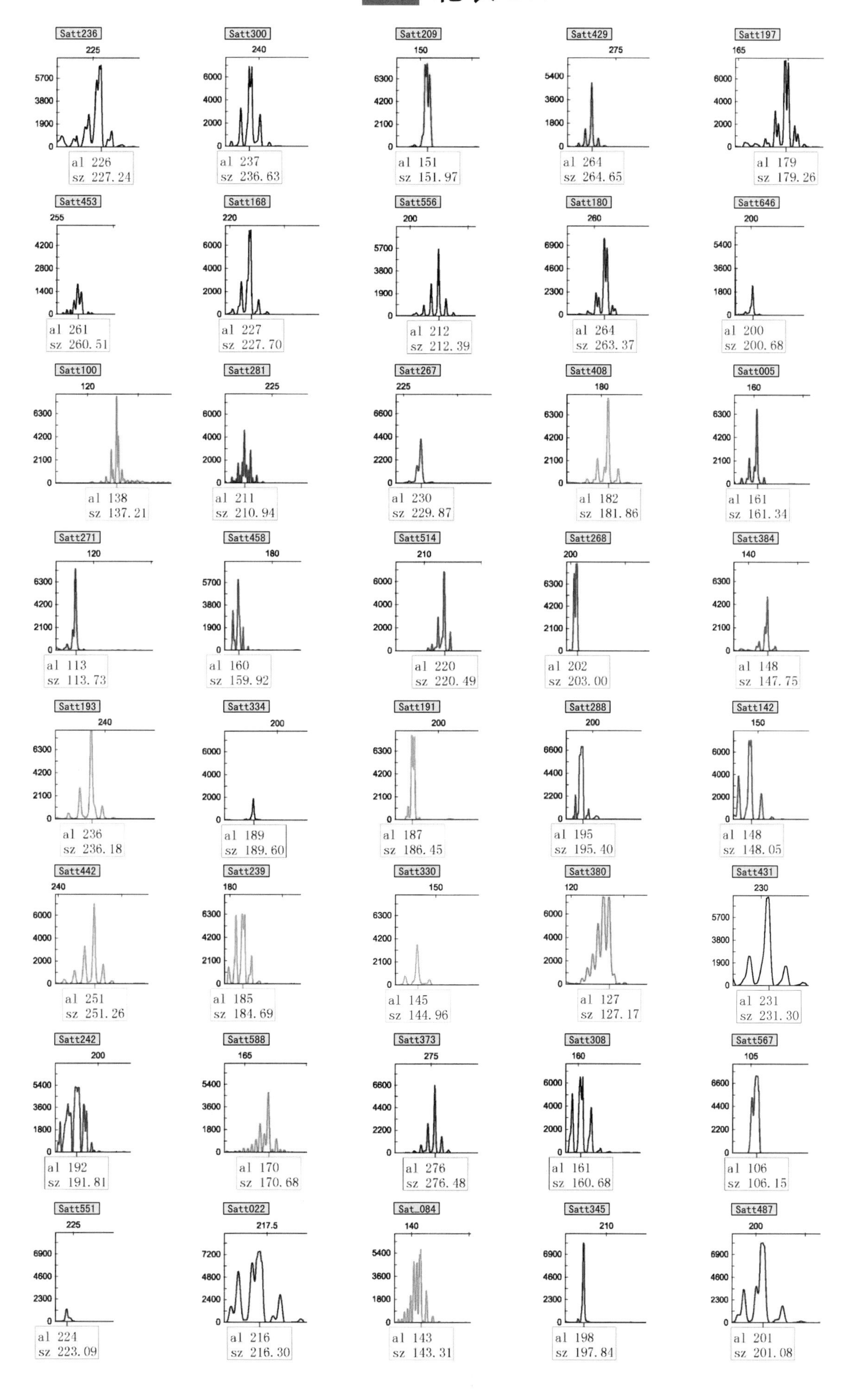
Satt236
225
al 226
sz 227.24
Satt300
240
al 237
sz 236.63
Satt209
150
al 151
sz 151.97
Satt429
275
al 264
sz 264.65
Satt197
165
al 179
sz 179.26
Satt453
255
al 261
sz 260.51
Satt168
220
al 227
sz 227.70
Satt556
200
al 212
sz 212.39
Satt180
260
al 264
sz 263.37
Satt646
200
al 200
sz 200.68
Satt100
120
al 138
sz 137.21
Satt281
225
al 211
sz 210.94
Satt267
225
al 230
sz 229.87
Satt408
180
al 182
sz 181.86
Satt005
160
al 161
sz 161.34
Satt271
120
al 113
sz 113.73
Satt458
180
al 160
sz 159.92
Satt514
210
al 220
sz 220.49
Satt268
200
al 202
sz 203.00
Satt384
140
al 148
sz 147.75
Satt193
240
al 236
sz 236.18
Satt334
200
al 189
sz 189.60
Satt191
200
al 187
sz 186.45
Satt288
200
al 195
sz 195.40
Satt142
150
al 148
sz 148.05
Satt442
240
al 251
sz 251.26
Satt239
180
al 185
sz 184.69
Satt330
150
al 145
sz 144.96
Satt380
120
al 127
sz 127.17
Satt431
230
al 231
sz 231.30
Satt242
200
al 192
sz 191.81
Satt588
165
al 170
sz 170.68
Satt373
275
al 276
sz 276.48
Satt308
160
al 161
sz 160.68
Satt567
105
al 106
sz 106.15
Satt551
225
al 224
sz 223.09
Satt022
217.5
al 216
sz 216.30
Sat_084
140
al 143
sz 143.31
Satt345
210
al 198
sz 197.84
Satt487
200
al 201
sz 201.08

16 北农 108

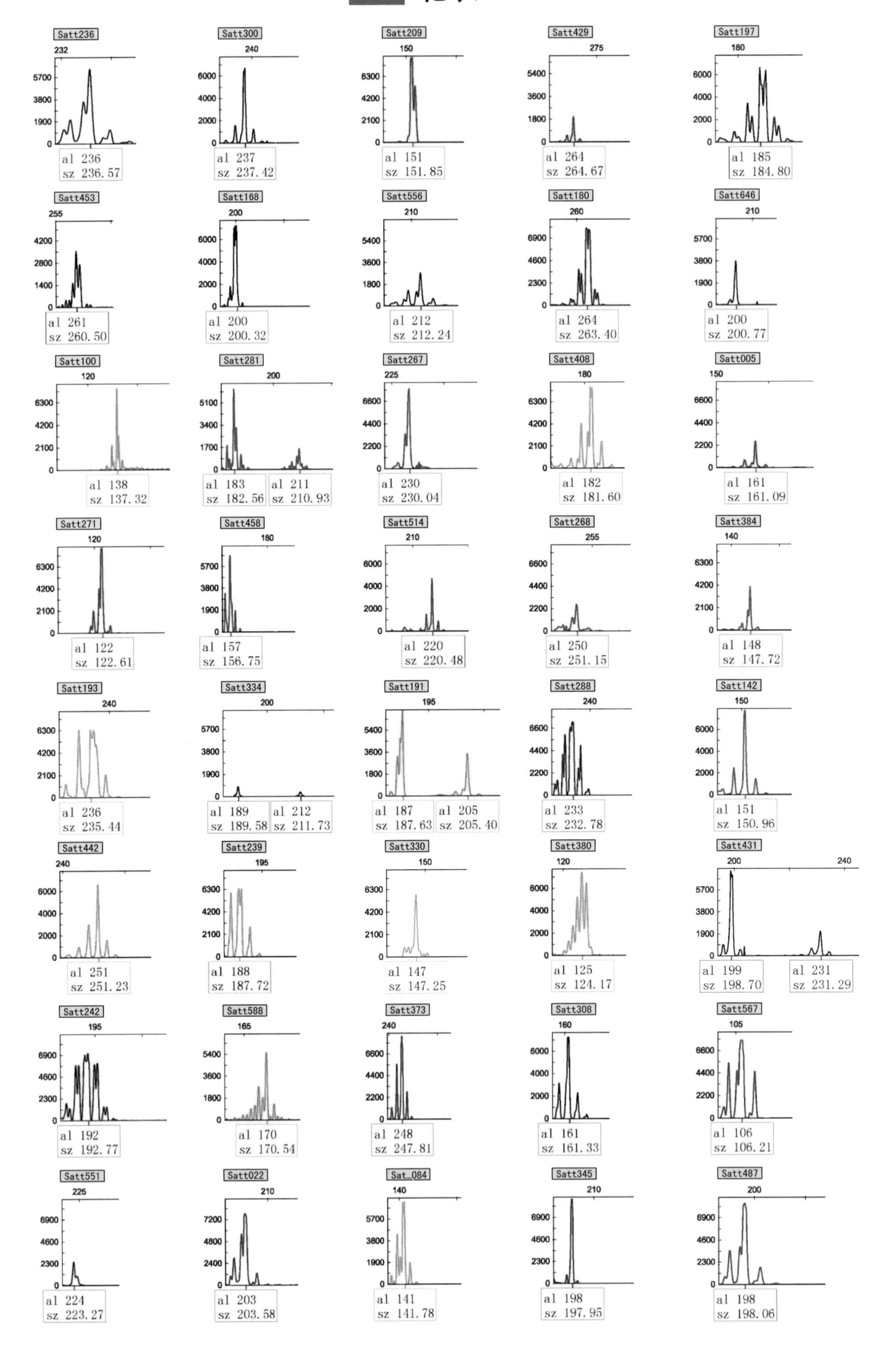
Satt236
al 236
sz 236.57
Satt300
al 237
sz 237.42
Satt209
al 151
sz 151.85
Satt429
al 264
sz 264.67
Satt197
al 185
sz 184.80
Satt453
al 261
sz 260.50
Satt168
al 200
sz 200.32
Satt556
al 212
sz 212.24
Satt180
al 264
sz 263.40
Satt646
al 200
sz 200.77
Satt100
al 138
sz 137.32
Satt281
al 183
sz 182.56
al 211
sz 210.93
Satt267
al 230
sz 230.04
Satt408
al 182
sz 181.60
Satt005
al 161
sz 161.09
Satt271
al 122
sz 122.61
Satt458
al 157
sz 156.75
Satt514
al 220
sz 220.48
Satt268
al 250
sz 251.15
Satt384
al 148
sz 147.72
Satt193
al 236
sz 235.44
Satt334
al 189
sz 189.58
al 212
sz 211.73
Satt191
al 187
sz 187.63
al 205
sz 205.40
Satt288
al 233
sz 232.78
Satt142
al 151
sz 150.96
Satt442
al 251
sz 251.23
Satt239
al 188
sz 187.72
Satt330
al 147
sz 147.25
Satt380
al 125
sz 124.17
Satt431
al 199
sz 198.70
al 231
sz 231.29
Satt242
al 192
sz 192.77
Satt588
al 170
sz 170.54
Satt373
al 248
sz 247.81
Satt308
al 161
sz 161.33
Satt567
al 106
sz 106.21
Satt551
al 224
sz 223.27
Satt022
al 203
sz 203.58
Sat_084
al 141
sz 141.78
Satt345
al 198
sz 197.95
Satt487
al 198
sz 198.06

17 中黄 66

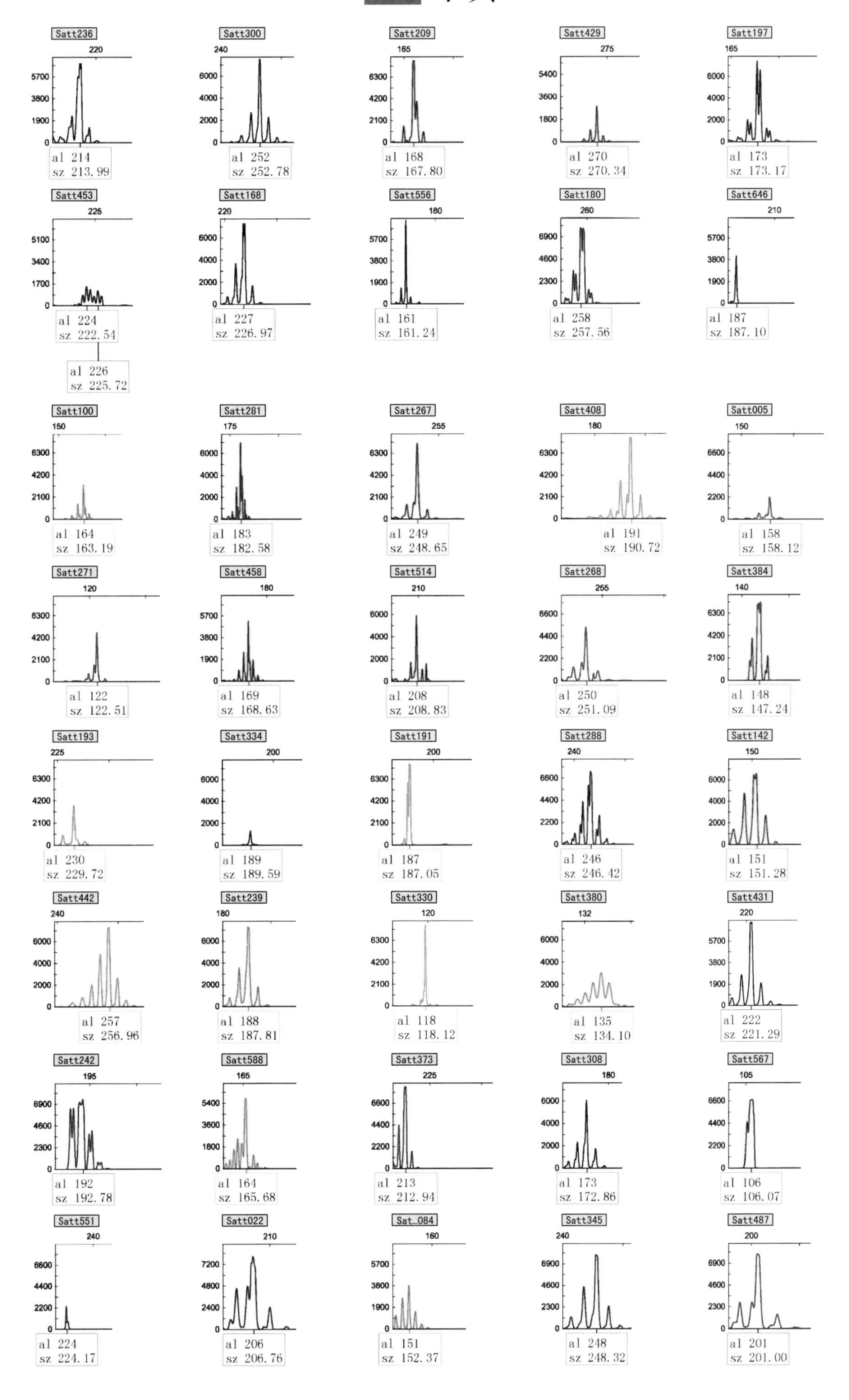

Satt236
al 214
sz 213.99
Satt300
al 252
sz 252.78
Satt209
al 168
sz 167.80
Satt429
al 270
sz 270.34
Satt197
al 173
sz 173.17
Satt453
al 224
sz 222.54
al 226
sz 225.72
Satt168
al 227
sz 226.97
Satt556
al 161
sz 161.24
Satt180
al 258
sz 257.56
Satt646
al 187
sz 187.10
Satt100
al 164
sz 163.19
Satt281
al 183
sz 182.58
Satt267
al 249
sz 248.65
Satt408
al 191
sz 190.72
Satt005
al 158
sz 158.12
Satt271
al 122
sz 122.51
Satt458
al 169
sz 168.63
Satt514
al 208
sz 208.83
Satt268
al 250
sz 251.09
Satt384
al 148
sz 147.24
Satt193
al 230
sz 229.72
Satt334
al 189
sz 189.59
Satt191
al 187
sz 187.05
Satt288
al 246
sz 246.42
Satt142
al 151
sz 151.28
Satt442
al 257
sz 256.96
Satt239
al 188
sz 187.81
Satt330
al 118
sz 118.12
Satt380
al 135
sz 134.10
Satt431
al 222
sz 221.29
Satt242
al 192
sz 192.78
Satt588
al 164
sz 165.68
Satt373
al 213
sz 212.94
Satt308
al 173
sz 172.86
Satt567
al 106
sz 106.07
Satt551
al 224
sz 224.17
Satt022
al 206
sz 206.76
Sat_084
al 151
sz 152.37
Satt345
al 248
sz 248.32
Satt487
al 201
sz 201.00

18 中黄 68

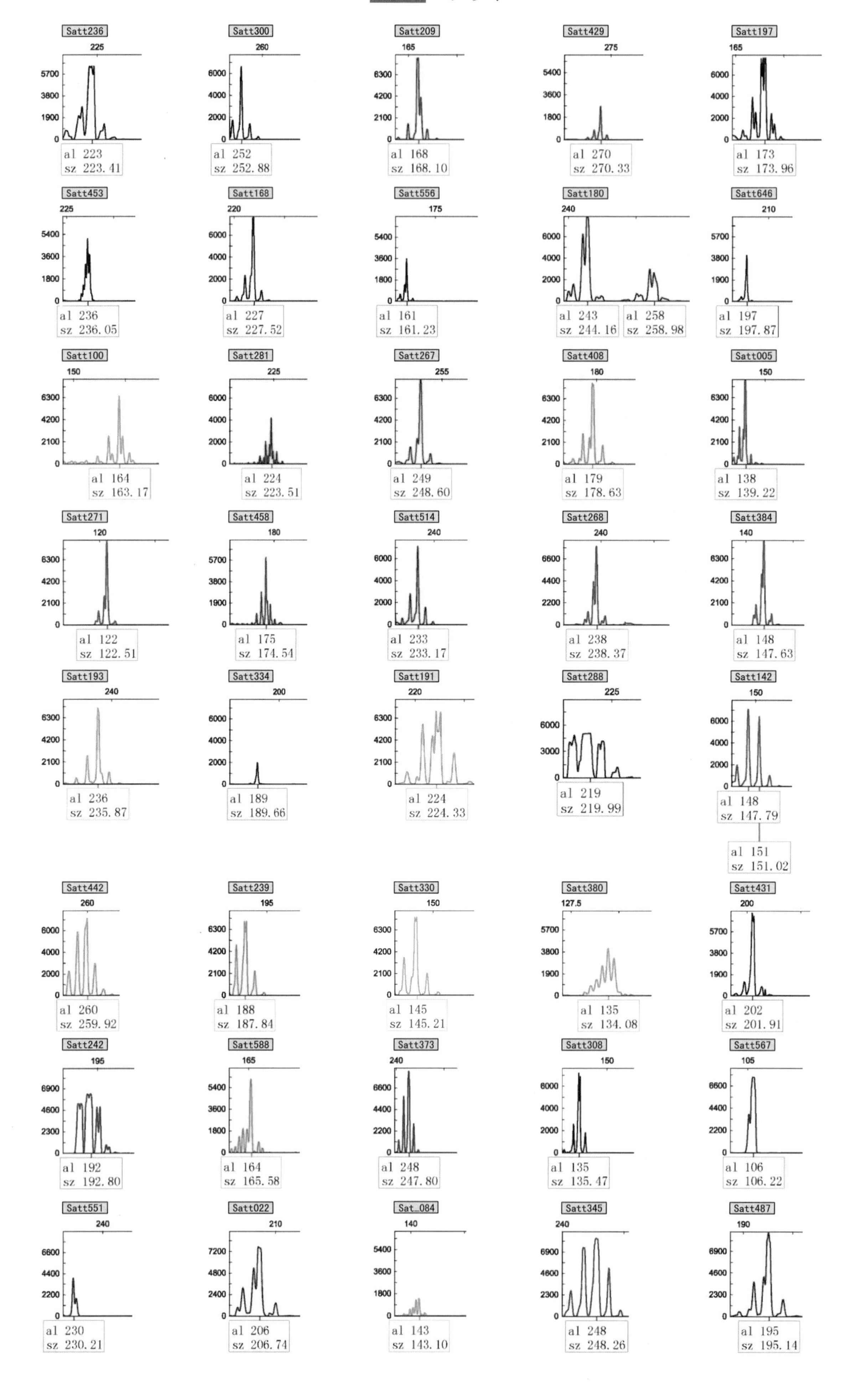

Satt236 225 al 223 sz 223.41
Satt300 260 al 252 sz 252.88
Satt209 165 al 168 sz 168.10
Satt429 275 al 270 sz 270.33
Satt197 165 al 173 sz 173.96
Satt453 225 al 236 sz 236.05
Satt168 220 al 227 sz 227.52
Satt556 175 al 161 sz 161.23
Satt180 240 al 243 sz 244.16 al 258 sz 258.98
Satt646 210 al 197 sz 197.87
Satt100 150 al 164 sz 163.17
Satt281 225 al 224 sz 223.51
Satt267 255 al 249 sz 248.60
Satt408 180 al 179 sz 178.63
Satt005 150 al 138 sz 139.22
Satt271 120 al 122 sz 122.51
Satt458 180 al 175 sz 174.54
Satt514 240 al 233 sz 233.17
Satt268 240 al 238 sz 238.37
Satt384 140 al 148 sz 147.63
Satt193 240 al 236 sz 235.87
Satt334 200 al 189 sz 189.66
Satt191 220 al 224 sz 224.33
Satt288 225 al 219 sz 219.99
Satt142 150 al 148 sz 147.79 al 151 sz 151.02
Satt442 260 al 260 sz 259.92
Satt239 195 al 188 sz 187.84
Satt330 150 al 145 sz 145.21
Satt380 127.5 al 135 sz 134.08
Satt431 200 al 202 sz 201.91
Satt242 195 al 192 sz 192.80
Satt588 165 al 164 sz 165.58
Satt373 240 al 248 sz 247.80
Satt308 150 al 135 sz 135.47
Satt567 105 al 106 sz 106.22
Satt551 240 al 230 sz 230.21
Satt022 210 al 206 sz 206.74
Sat_084 140 al 143 sz 143.10
Satt345 240 al 248 sz 248.26
Satt487 190 al 195 sz 195.14

19 中黄 688

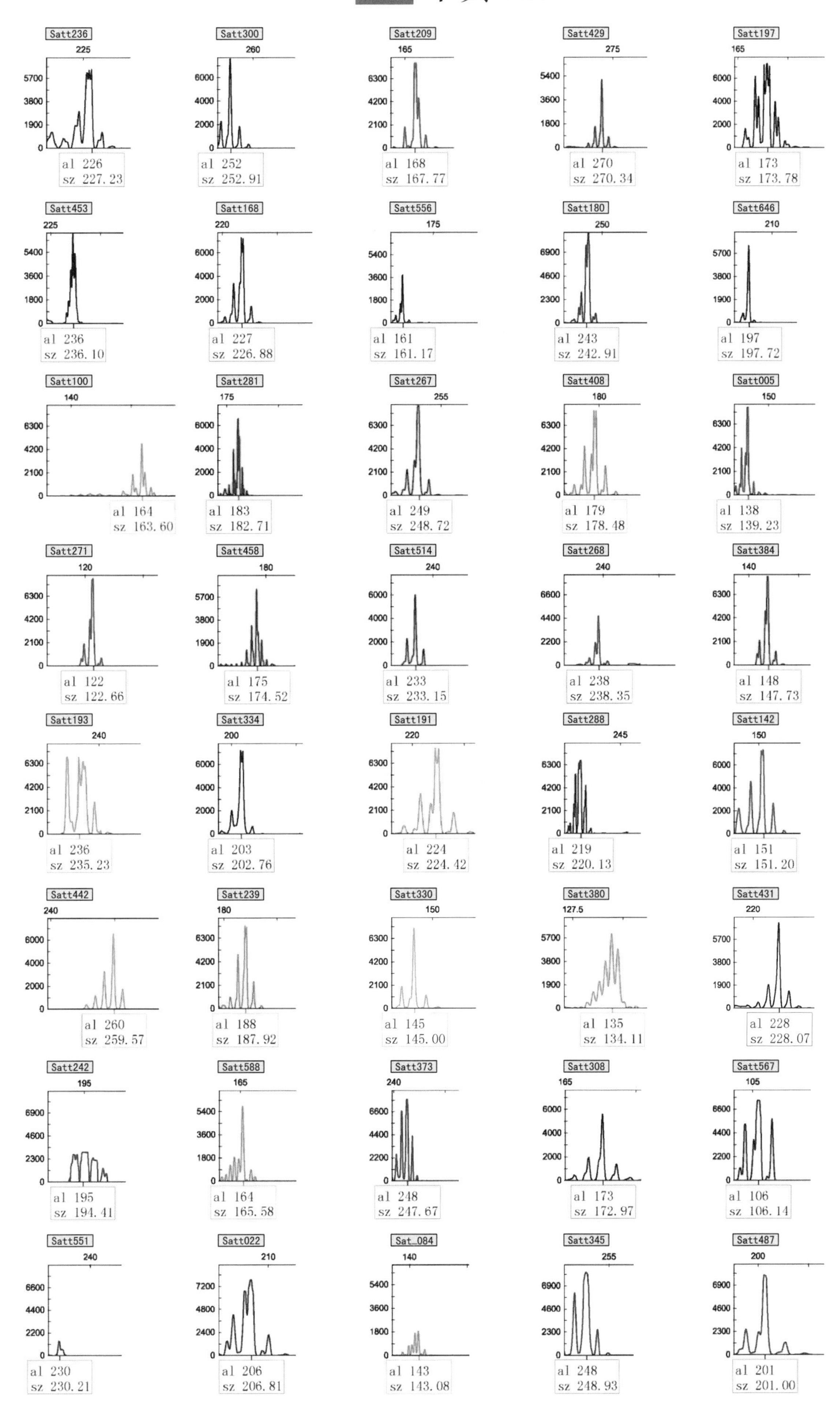
Satt236
al 226
sz 227.23
Satt300
al 252
sz 252.91
Satt209
al 168
sz 167.77
Satt429
al 270
sz 270.34
Satt197
al 173
sz 173.78
Satt453
al 236
sz 236.10
Satt168
al 227
sz 226.88
Satt556
al 161
sz 161.17
Satt180
al 243
sz 242.91
Satt646
al 197
sz 197.72
Satt100
al 164
sz 163.60
Satt281
al 183
sz 182.71
Satt267
al 249
sz 248.72
Satt408
al 179
sz 178.48
Satt005
al 138
sz 139.23
Satt271
al 122
sz 122.66
Satt458
al 175
sz 174.52
Satt514
al 233
sz 233.15
Satt268
al 238
sz 238.35
Satt384
al 148
sz 147.73
Satt193
al 236
sz 235.23
Satt334
al 203
sz 202.76
Satt191
al 224
sz 224.42
Satt288
al 219
sz 220.13
Satt142
al 151
sz 151.20
Satt442
al 260
sz 259.57
Satt239
al 188
sz 187.92
Satt330
al 145
sz 145.00
Satt380
al 135
sz 134.11
Satt431
al 228
sz 228.07
Satt242
al 195
sz 194.41
Satt588
al 164
sz 165.58
Satt373
al 248
sz 247.67
Satt308
al 173
sz 172.97
Satt567
al 106
sz 106.14
Satt551
al 230
sz 230.21
Satt022
al 206
sz 206.81
Sat_084
al 143
sz 143.08
Satt345
al 248
sz 248.93
Satt487
al 201
sz 201.00

20 中黄 70

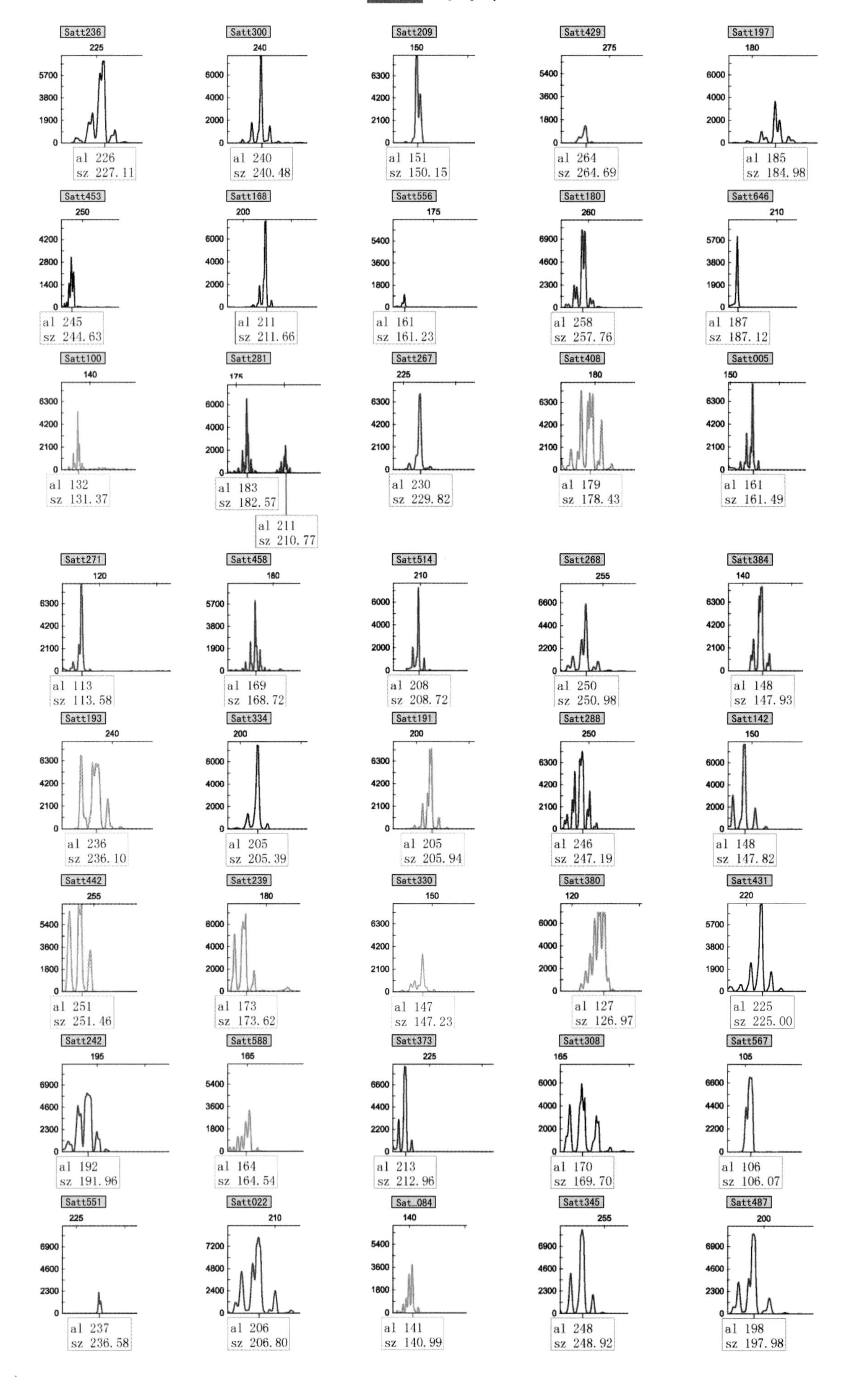
Satt236 225 al 226 sz 227.11
Satt300 240 al 240 sz 240.48
Satt209 150 al 151 sz 150.15
Satt429 275 al 264 sz 264.69
Satt197 180 al 185 sz 184.98
Satt453 250 al 245 sz 244.63
Satt168 200 al 211 sz 211.66
Satt556 175 al 161 sz 161.23
Satt180 260 al 258 sz 257.76
Satt646 210 al 187 sz 187.12
Satt100 140 al 132 sz 131.37
Satt281 175 al 183 sz 182.57 al 211 sz 210.77
Satt267 225 al 230 sz 229.82
Satt408 180 al 179 sz 178.43
Satt005 150 al 161 sz 161.49
Satt271 120 al 113 sz 113.58
Satt458 180 al 169 sz 168.72
Satt514 210 al 208 sz 208.72
Satt268 255 al 250 sz 250.98
Satt384 140 al 148 sz 147.93
Satt193 240 al 236 sz 236.10
Satt334 200 al 205 sz 205.39
Satt191 200 al 205 sz 205.94
Satt288 250 al 246 sz 247.19
Satt142 150 al 148 sz 147.82
Satt442 255 al 251 sz 251.46
Satt239 180 al 173 sz 173.62
Satt330 150 al 147 sz 147.23
Satt380 120 al 127 sz 126.97
Satt431 220 al 225 sz 225.00
Satt242 195 al 192 sz 191.96
Satt588 165 al 164 sz 164.54
Satt373 225 al 213 sz 212.96
Satt308 165 al 170 sz 169.70
Satt567 105 al 106 sz 106.07
Satt551 225 al 237 sz 236.58
Satt022 210 al 206 sz 206.80
Sat_084 140 al 141 sz 140.99
Satt345 255 al 248 sz 248.92
Satt487 200 al 198 sz 197.98

21 中黄 74

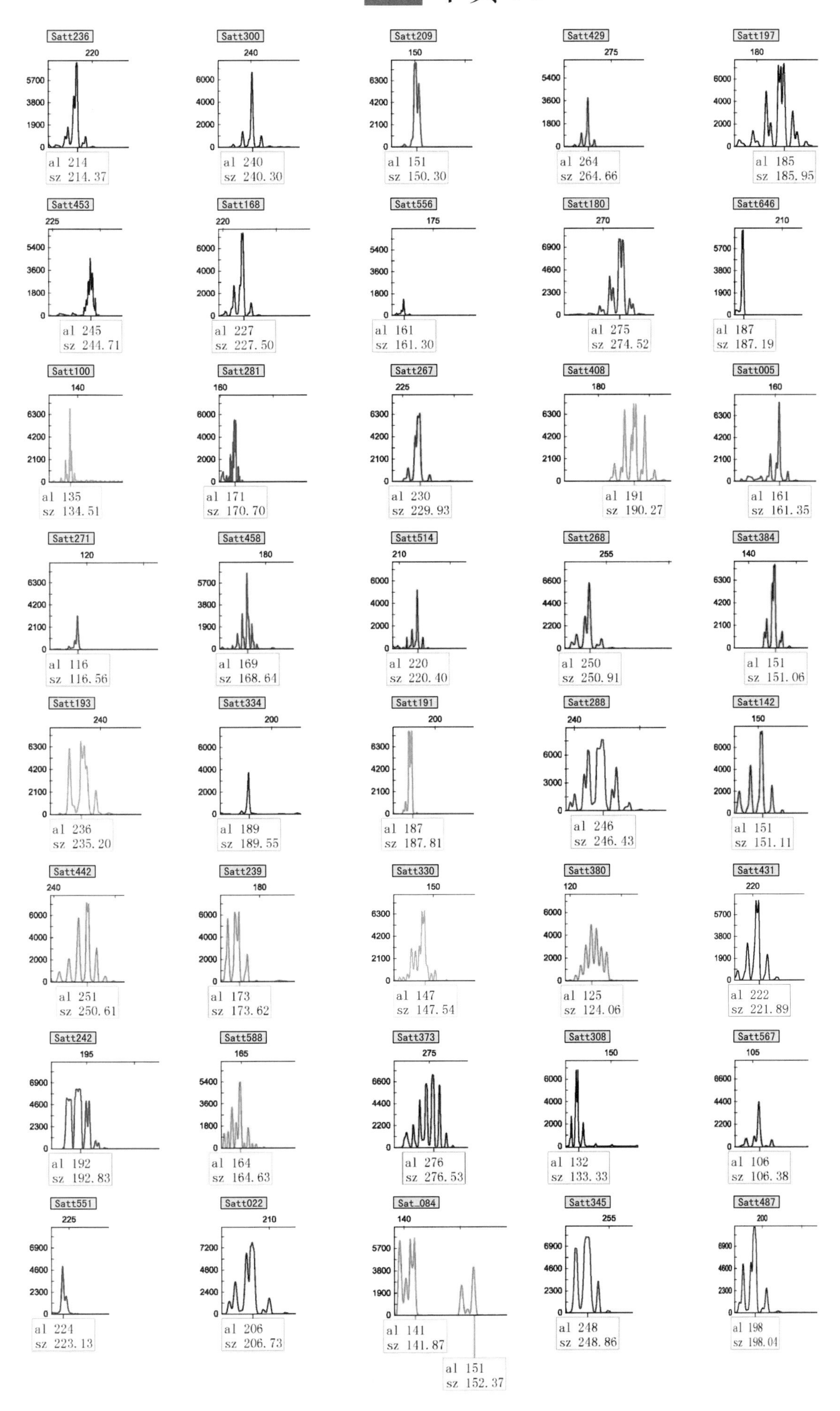
Satt236
al 214
sz 214.37
Satt300
al 240
sz 240.30
Satt209
al 151
sz 150.30
Satt429
al 264
sz 264.66
Satt197
al 185
sz 185.95
Satt453
al 245
sz 244.71
Satt168
al 227
sz 227.50
Satt556
al 161
sz 161.30
Satt180
al 275
sz 274.52
Satt646
al 187
sz 187.19
Satt100
al 135
sz 134.51
Satt281
al 171
sz 170.70
Satt267
al 230
sz 229.93
Satt408
al 191
sz 190.27
Satt005
al 161
sz 161.35
Satt271
al 116
sz 116.56
Satt458
al 169
sz 168.64
Satt514
al 220
sz 220.40
Satt268
al 250
sz 250.91
Satt384
al 151
sz 151.06
Satt193
al 236
sz 235.20
Satt334
al 189
sz 189.55
Satt191
al 187
sz 187.81
Satt288
al 246
sz 246.43
Satt142
al 151
sz 151.11
Satt442
al 251
sz 250.61
Satt239
al 173
sz 173.62
Satt330
al 147
sz 147.54
Satt380
al 125
sz 124.06
Satt431
al 222
sz 221.89
Satt242
al 192
sz 192.83
Satt588
al 164
sz 164.63
Satt373
al 276
sz 276.53
Satt308
al 132
sz 133.33
Satt567
al 106
sz 106.38
Satt551
al 224
sz 223.13
Satt022
al 206
sz 206.73
Sat_084
al 141
sz 141.87
al 151
sz 152.37
Satt345
al 248
sz 248.86
Satt487
al 198
sz 198.04

22 中黄 75

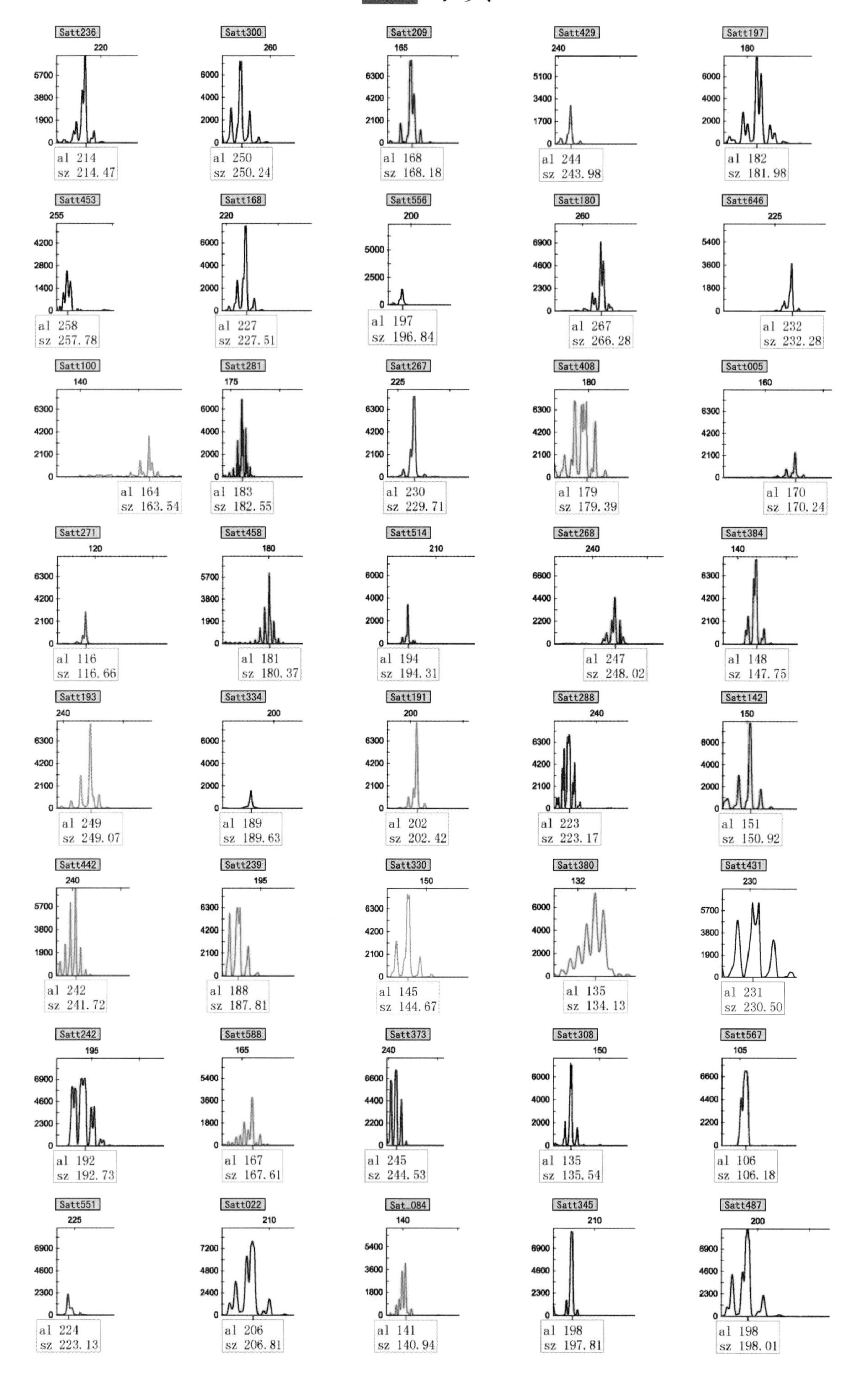
Satt236
al 214
sz 214.47
Satt300
al 250
sz 250.24
Satt209
al 168
sz 168.18
Satt429
al 244
sz 243.98
Satt197
al 182
sz 181.98
Satt453
al 258
sz 257.78
Satt168
al 227
sz 227.51
Satt556
al 197
sz 196.84
Satt180
al 267
sz 266.28
Satt646
al 232
sz 232.28
Satt100
al 164
sz 163.54
Satt281
al 183
sz 182.55
Satt267
al 230
sz 229.71
Satt408
al 179
sz 179.39
Satt005
al 170
sz 170.24
Satt271
al 116
sz 116.66
Satt458
al 181
sz 180.37
Satt514
al 194
sz 194.31
Satt268
al 247
sz 248.02
Satt384
al 148
sz 147.75
Satt193
al 249
sz 249.07
Satt334
al 189
sz 189.63
Satt191
al 202
sz 202.42
Satt288
al 223
sz 223.17
Satt142
al 151
sz 150.92
Satt442
al 242
sz 241.72
Satt239
al 188
sz 187.81
Satt330
al 145
sz 144.67
Satt380
al 135
sz 134.13
Satt431
al 231
sz 230.50
Satt242
al 192
sz 192.73
Satt588
al 167
sz 167.61
Satt373
al 245
sz 244.53
Satt308
al 135
sz 135.54
Satt567
al 106
sz 106.18
Satt551
al 224
sz 223.13
Satt022
al 206
sz 206.81
Sat_084
al 141
sz 140.94
Satt345
al 198
sz 197.81
Satt487
al 198
sz 198.01

23 濮豆857

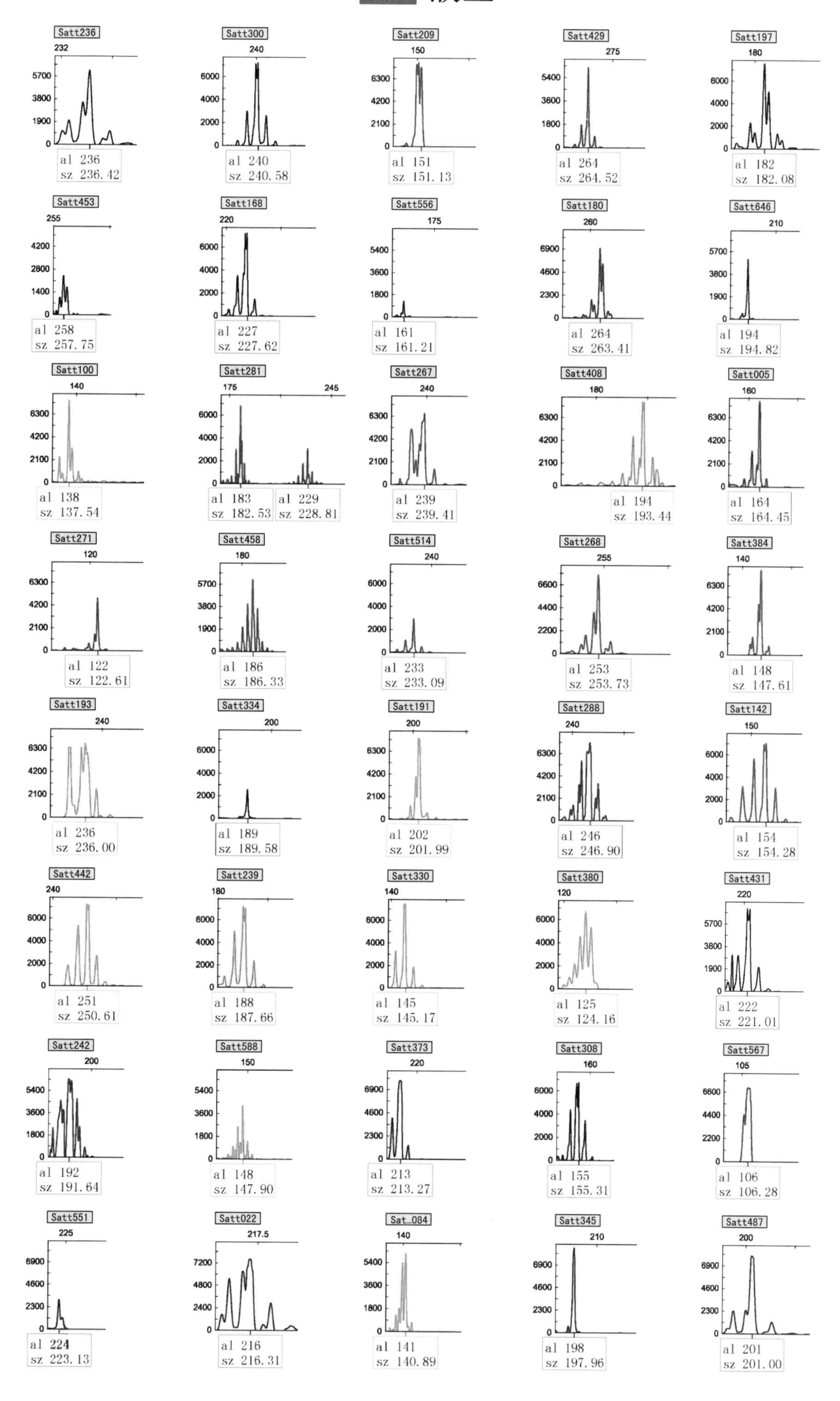
Satt236
al 236
sz 236.42
Satt300
al 240
sz 240.58
Satt209
al 151
sz 151.13
Satt429
al 264
sz 264.52
Satt197
al 182
sz 182.08
Satt453
al 258
sz 257.75
Satt168
al 227
sz 227.62
Satt556
al 161
sz 161.21
Satt180
al 264
sz 263.41
Satt646
al 194
sz 194.82
Satt100
al 138
sz 137.54
Satt281
al 183
sz 182.53
al 229
sz 228.81
Satt267
al 239
sz 239.41
Satt408
al 194
sz 193.44
Satt005
al 164
sz 164.45
Satt271
al 122
sz 122.61
Satt458
al 186
sz 186.33
Satt514
al 233
sz 233.09
Satt268
al 253
sz 253.73
Satt384
al 148
sz 147.61
Satt193
al 236
sz 236.00
Satt334
al 189
sz 189.58
Satt191
al 202
sz 201.99
Satt288
al 246
sz 246.90
Satt142
al 154
sz 154.28
Satt442
al 251
sz 250.61
Satt239
al 188
sz 187.66
Satt330
al 145
sz 145.17
Satt380
al 125
sz 124.16
Satt431
al 222
sz 221.01
Satt242
al 192
sz 191.64
Satt588
al 148
sz 147.90
Satt373
al 213
sz 213.27
Satt308
al 155
sz 155.31
Satt567
al 106
sz 106.28
Satt551
al 224
sz 223.13
Satt022
al 216
sz 216.31
Sat_084
al 141
sz 140.89
Satt345
al 198
sz 197.96
Satt487
al 201
sz 201.00

24 濮豆 955

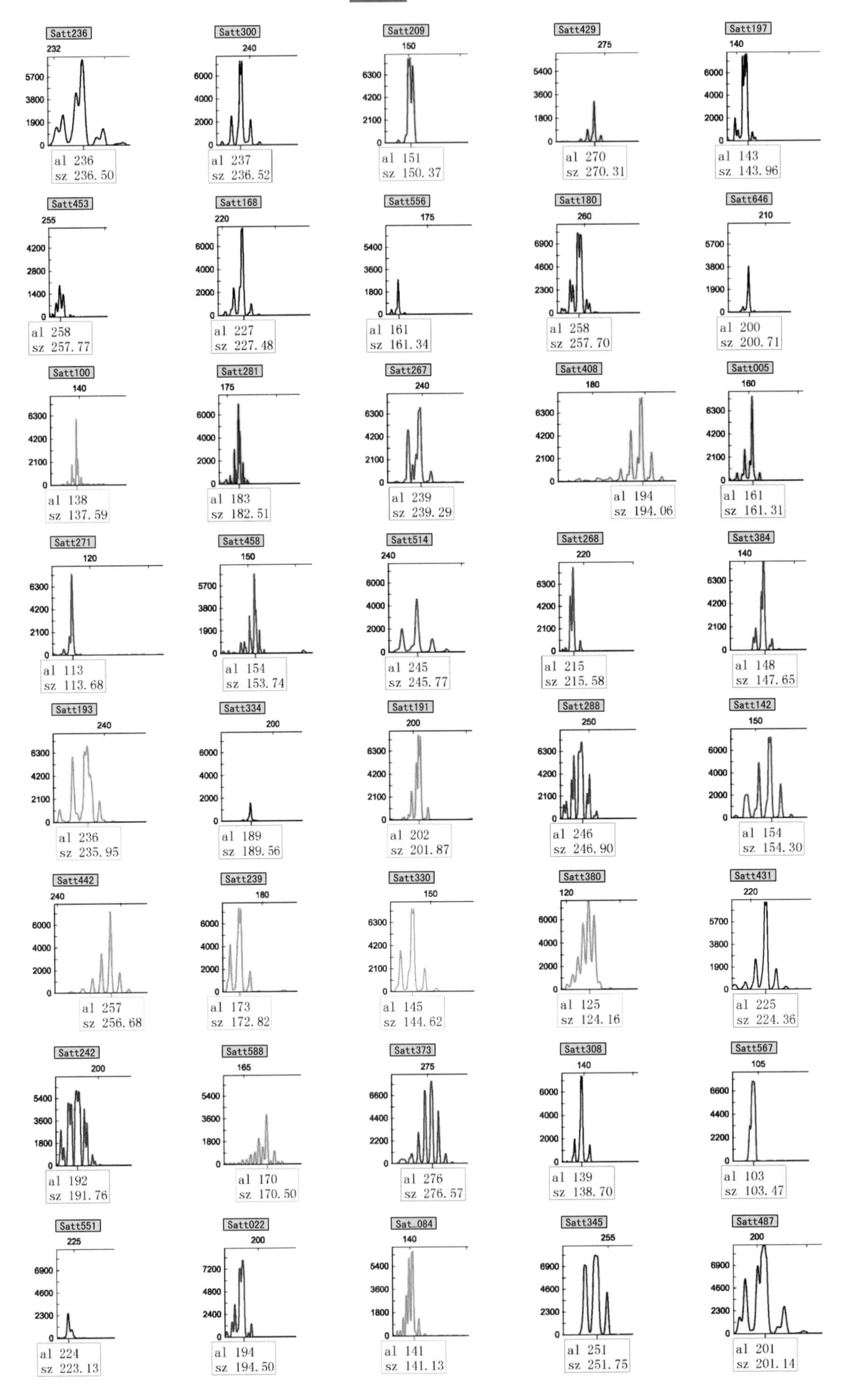

Satt236
232
al 236
sz 236.50
Satt300
240
al 237
sz 236.52
Satt209
150
al 151
sz 150.37
Satt429
275
al 270
sz 270.31
Satt197
140
al 143
sz 143.96
Satt453
255
al 258
sz 257.77
Satt168
220
al 227
sz 227.48
Satt556
175
al 161
sz 161.34
Satt180
260
al 258
sz 257.70
Satt646
210
al 200
sz 200.71
Satt100
140
al 138
sz 137.59
Satt281
175
al 183
sz 182.51
Satt267
240
al 239
sz 239.29
Satt408
180
al 194
sz 194.06
Satt005
160
al 161
sz 161.31
Satt271
120
al 113
sz 113.68
Satt458
150
al 154
sz 153.74
Satt514
240
al 245
sz 245.77
Satt268
220
al 215
sz 215.58
Satt384
140
al 148
sz 147.65
Satt193
240
al 236
sz 235.95
Satt334
200
al 189
sz 189.56
Satt191
200
al 202
sz 201.87
Satt288
250
al 246
sz 246.90
Satt142
150
al 154
sz 154.30
Satt442
240
al 257
sz 256.68
Satt239
180
al 173
sz 172.82
Satt330
150
al 145
sz 144.62
Satt380
120
al 125
sz 124.16
Satt431
220
al 225
sz 224.36
Satt242
200
al 192
sz 191.76
Satt588
165
al 170
sz 170.50
Satt373
275
al 276
sz 276.57
Satt308
140
al 139
sz 138.70
Satt567
105
al 103
sz 103.47
Satt551
225
al 224
sz 223.13
Satt022
200
al 194
sz 194.50
Sat_084
140
al 141
sz 141.13
Satt345
255
al 251
sz 251.75
Satt487
200
al 201
sz 201.14

25 商豆14号

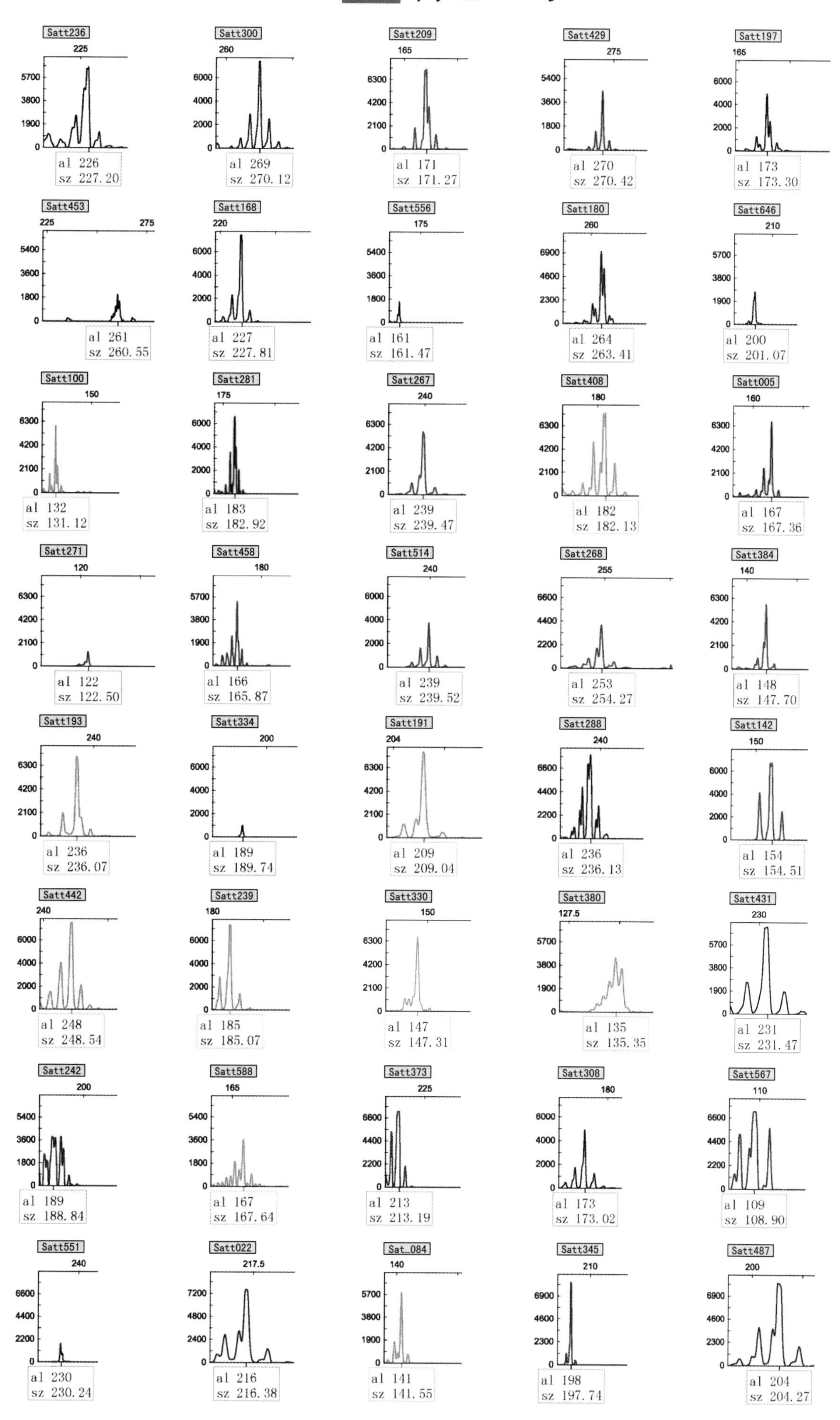
Satt236
al 226
sz 227.20
Satt300
al 269
sz 270.12
Satt209
al 171
sz 171.27
Satt429
al 270
sz 270.42
Satt197
al 173
sz 173.30
Satt453
al 261
sz 260.55
Satt168
al 227
sz 227.81
Satt556
al 161
sz 161.47
Satt180
al 264
sz 263.41
Satt646
al 200
sz 201.07
Satt100
al 132
sz 131.12
Satt281
al 183
sz 182.92
Satt267
al 239
sz 239.47
Satt408
al 182
sz 182.13
Satt005
al 167
sz 167.36
Satt271
al 122
sz 122.50
Satt458
al 166
sz 165.87
Satt514
al 239
sz 239.52
Satt268
al 253
sz 254.27
Satt384
al 148
sz 147.70
Satt193
al 236
sz 236.07
Satt334
al 189
sz 189.74
Satt191
al 209
sz 209.04
Satt288
al 236
sz 236.13
Satt142
al 154
sz 154.51
Satt442
al 248
sz 248.54
Satt239
al 185
sz 185.07
Satt330
al 147
sz 147.31
Satt380
al 135
sz 135.35
Satt431
al 231
sz 231.47
Satt242
al 189
sz 188.84
Satt588
al 167
sz 167.64
Satt373
al 213
sz 213.19
Satt308
al 173
sz 173.02
Satt567
al 109
sz 108.90
Satt551
al 230
sz 230.24
Satt022
al 216
sz 216.38
Sat_084
al 141
sz 141.55
Satt345
al 198
sz 197.74
Satt487
al 204
sz 204.27

26 辛豆 12

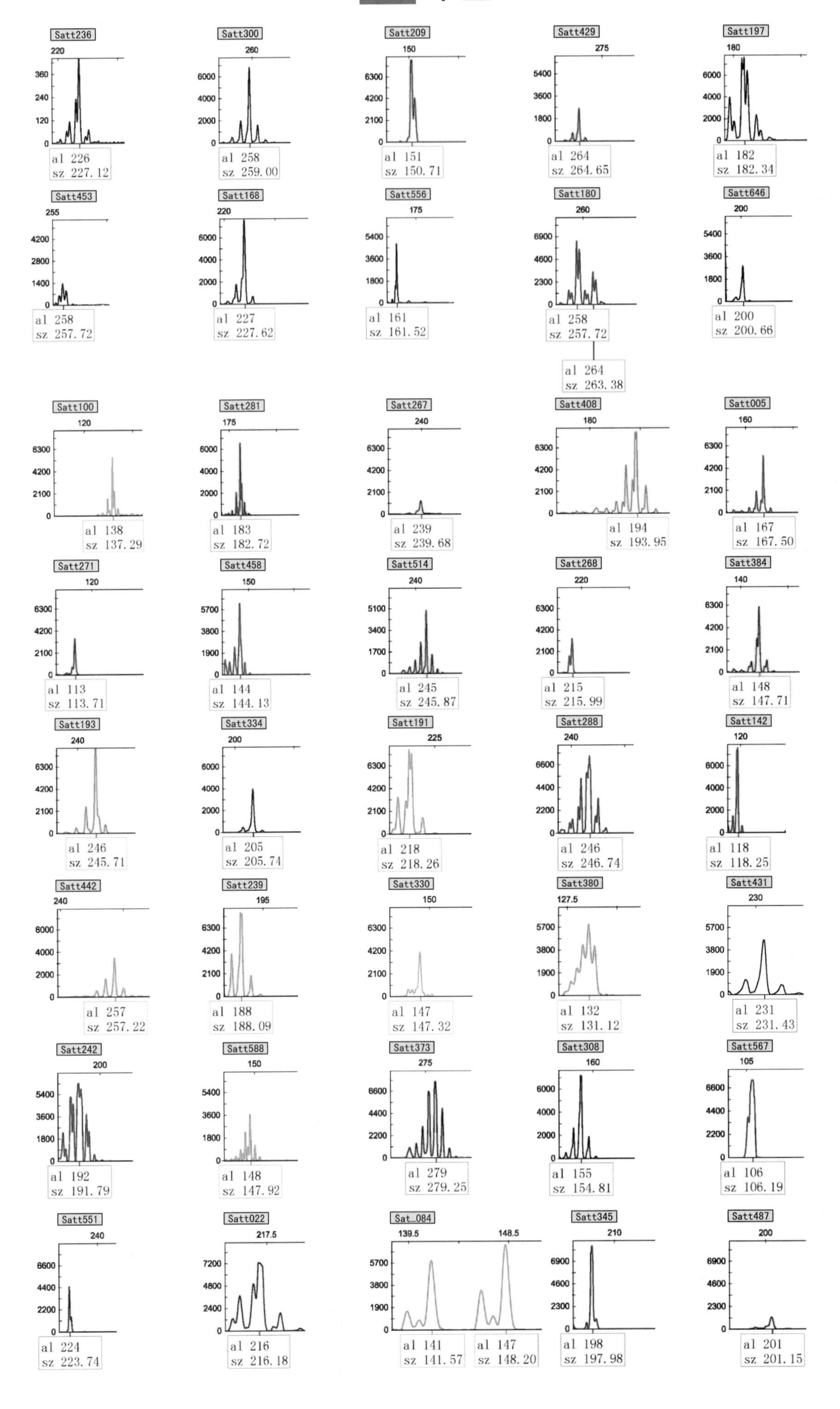

Satt236
al 226
sz 227.12
Satt300
al 258
sz 259.00
Satt209
al 151
sz 150.71
Satt429
al 264
sz 264.65
Satt197
al 182
sz 182.34
Satt453
al 258
sz 257.72
Satt168
al 227
sz 227.62
Satt556
al 161
sz 161.52
Satt180
al 258
sz 257.72
al 264
sz 263.38
Satt646
al 200
sz 200.66
Satt100
al 138
sz 137.29
Satt281
al 183
sz 182.72
Satt267
al 239
sz 239.68
Satt408
al 194
sz 193.95
Satt005
al 167
sz 167.50
Satt271
al 113
sz 113.71
Satt458
al 144
sz 144.13
Satt514
al 245
sz 245.87
Satt268
al 215
sz 215.99
Satt384
al 148
sz 147.71
Satt193
al 246
sz 245.71
Satt334
al 205
sz 205.74
Satt191
al 218
sz 218.26
Satt288
al 246
sz 246.74
Satt142
al 118
sz 118.25
Satt442
al 257
sz 257.22
Satt239
al 188
sz 188.09
Satt330
al 147
sz 147.32
Satt380
al 132
sz 131.12
Satt431
al 231
sz 231.43
Satt242
al 192
sz 191.79
Satt588
al 148
sz 147.92
Satt373
al 279
sz 279.25
Satt308
al 155
sz 154.81
Satt567
al 106
sz 106.19
Satt551
al 224
sz 223.74
Satt022
al 216
sz 216.18
Sat_084
al 141
sz 141.57
al 147
sz 148.20
Satt345
al 198
sz 197.98
Satt487
al 201
sz 201.15

27 永育 1 号

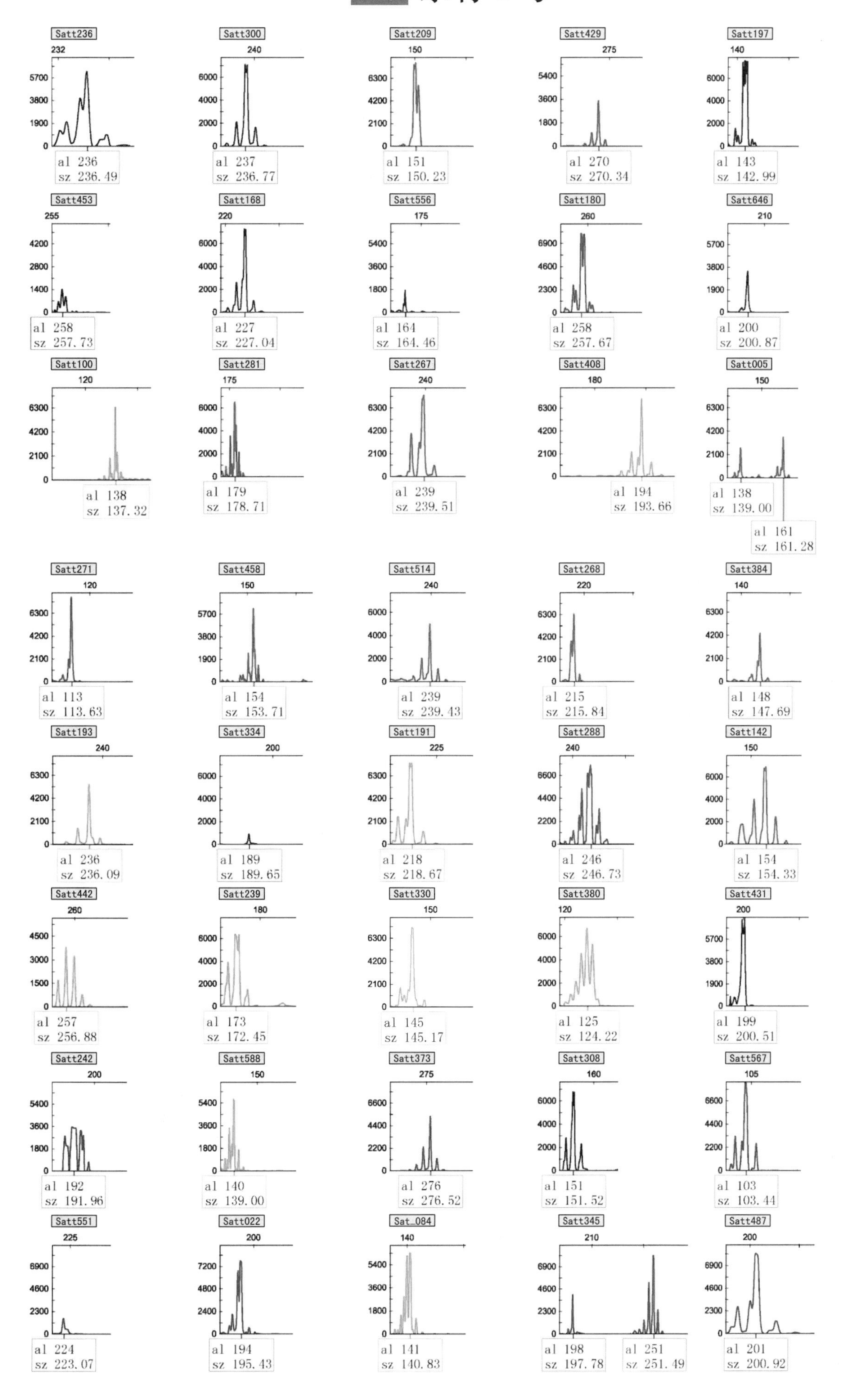
Satt236
al 236
sz 236.49
Satt300
al 237
sz 236.77
Satt209
al 151
sz 150.23
Satt429
al 270
sz 270.34
Satt197
al 143
sz 142.99
Satt453
al 258
sz 257.73
Satt168
al 227
sz 227.04
Satt556
al 164
sz 164.46
Satt180
al 258
sz 257.67
Satt646
al 200
sz 200.87
Satt100
al 138
sz 137.32
Satt281
al 179
sz 178.71
Satt267
al 239
sz 239.51
Satt408
al 194
sz 193.66
Satt005
al 138
sz 139.00
al 161
sz 161.28
Satt271
al 113
sz 113.63
Satt458
al 154
sz 153.71
Satt514
al 239
sz 239.43
Satt268
al 215
sz 215.84
Satt384
al 148
sz 147.69
Satt193
al 236
sz 236.09
Satt334
al 189
sz 189.65
Satt191
al 218
sz 218.67
Satt288
al 246
sz 246.73
Satt142
al 154
sz 154.33
Satt442
al 257
sz 256.88
Satt239
al 173
sz 172.45
Satt330
al 145
sz 145.17
Satt380
al 125
sz 124.22
Satt431
al 199
sz 200.51
Satt242
al 192
sz 191.96
Satt588
al 140
sz 139.00
Satt373
al 276
sz 276.52
Satt308
al 151
sz 151.52
Satt567
al 103
sz 103.44
Satt551
al 224
sz 223.07
Satt022
al 194
sz 195.43
Sat_084
al 141
sz 140.83
Satt345
al 198
sz 197.78
al 251
sz 251.49
Satt487
al 201
sz 200.92

28 郑 7051

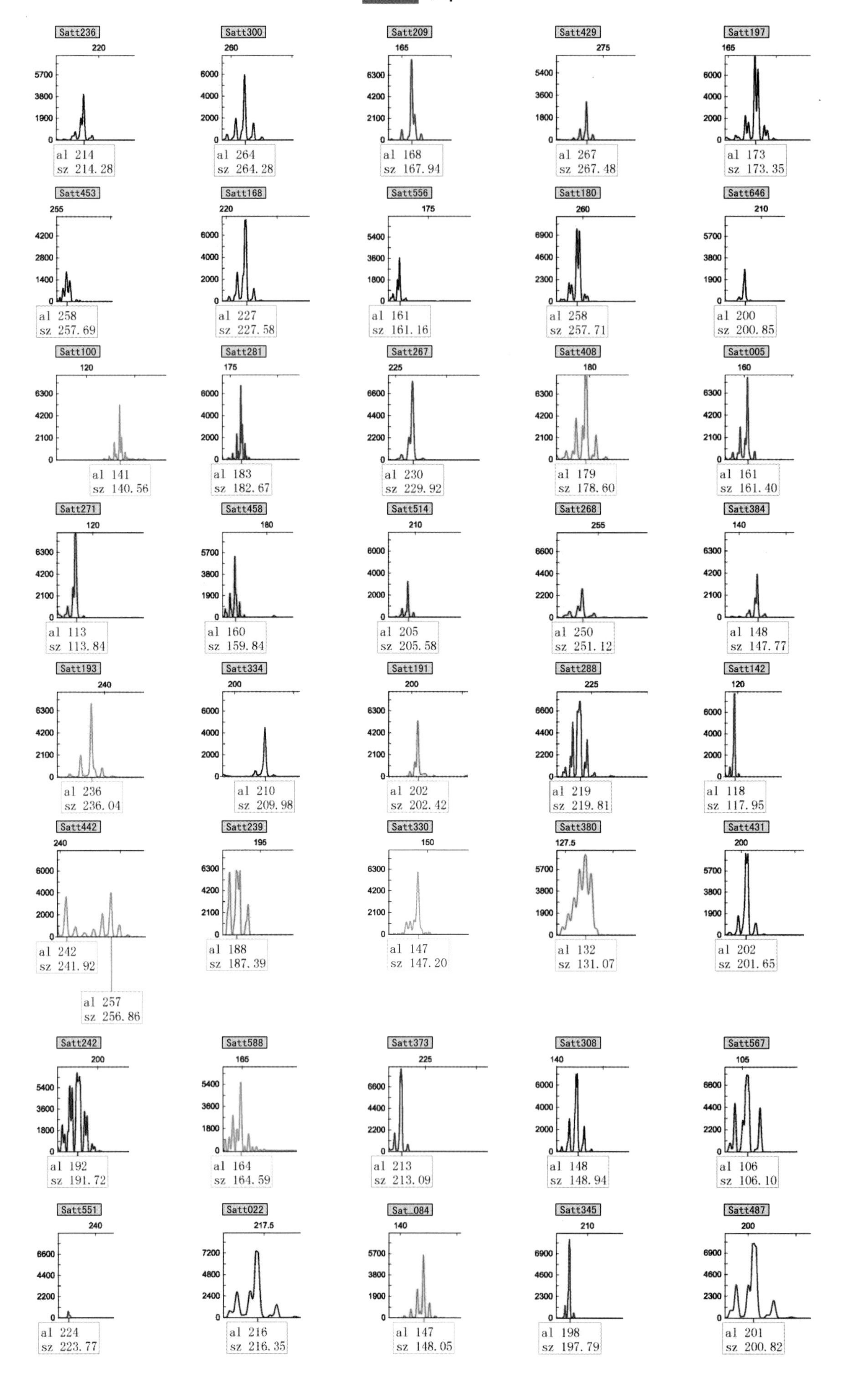
Satt236
al 214
sz 214.28
Satt300
al 264
sz 264.28
Satt209
al 168
sz 167.94
Satt429
al 267
sz 267.48
Satt197
al 173
sz 173.35
Satt453
al 258
sz 257.69
Satt168
al 227
sz 227.58
Satt556
al 161
sz 161.16
Satt180
al 258
sz 257.71
Satt646
al 200
sz 200.85
Satt100
al 141
sz 140.56
Satt281
al 183
sz 182.67
Satt267
al 230
sz 229.92
Satt408
al 179
sz 178.60
Satt005
al 161
sz 161.40
Satt271
al 113
sz 113.84
Satt458
al 160
sz 159.84
Satt514
al 205
sz 205.58
Satt268
al 250
sz 251.12
Satt384
al 148
sz 147.77
Satt193
al 236
sz 236.04
Satt334
al 210
sz 209.98
Satt191
al 202
sz 202.42
Satt288
al 219
sz 219.81
Satt142
al 118
sz 117.95
Satt442
al 242
sz 241.92
al 257
sz 256.86
Satt239
al 188
sz 187.39
Satt330
al 147
sz 147.20
Satt380
al 132
sz 131.07
Satt431
al 202
sz 201.65
Satt242
al 192
sz 191.72
Satt588
al 164
sz 164.59
Satt373
al 213
sz 213.09
Satt308
al 148
sz 148.94
Satt567
al 106
sz 106.10
Satt551
al 224
sz 223.77
Satt022
al 216
sz 216.35
Sat_084
al 147
sz 148.05
Satt345
al 198
sz 197.79
Satt487
al 201
sz 200.82

29 郑滑1号

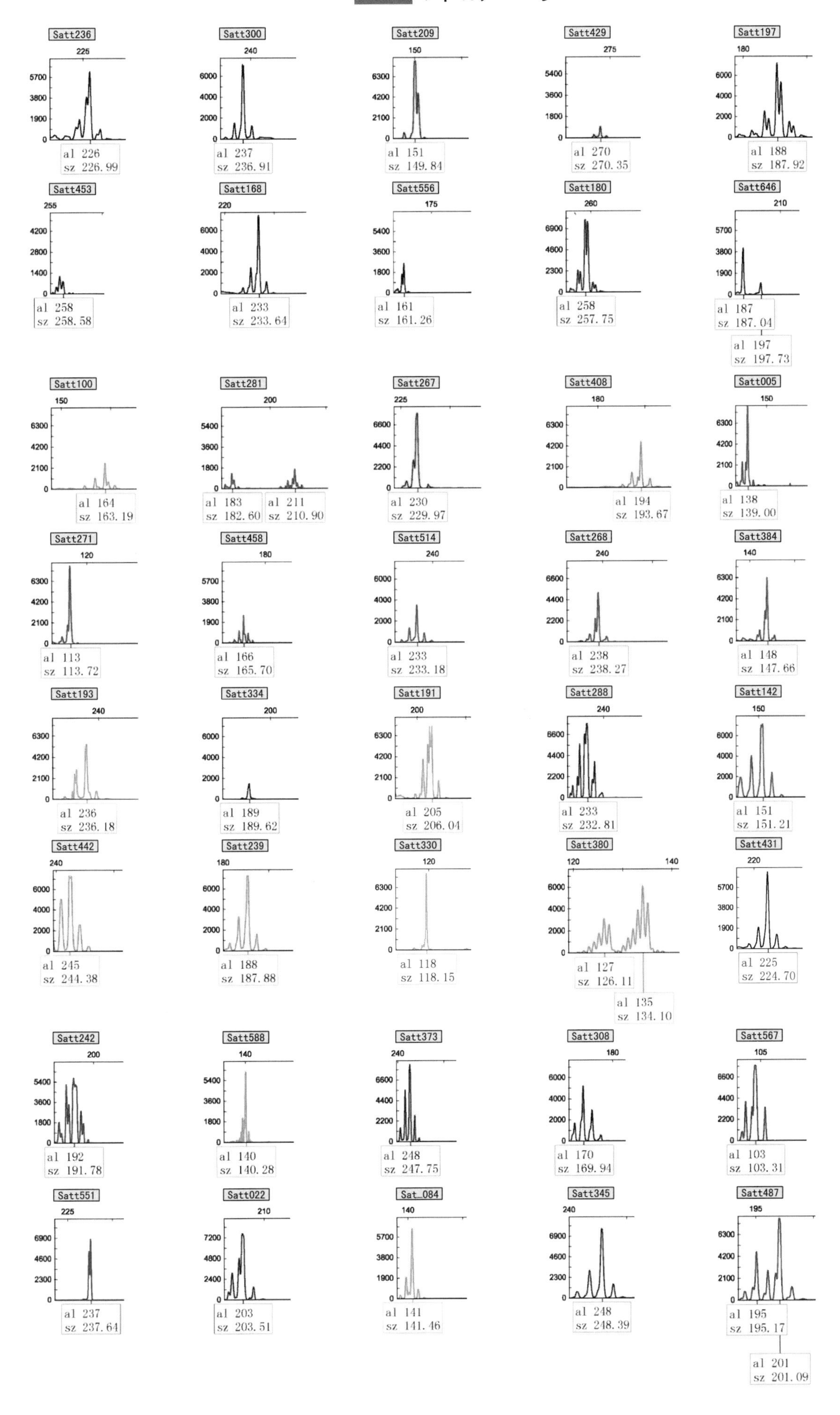
Satt236
al 226
sz 226.99
Satt300
al 237
sz 236.91
Satt209
al 151
sz 149.84
Satt429
al 270
sz 270.35
Satt197
al 188
sz 187.92
Satt453
al 258
sz 258.58
Satt168
al 233
sz 233.64
Satt556
al 161
sz 161.26
Satt180
al 258
sz 257.75
Satt646
al 187
sz 187.04
al 197
sz 197.73
Satt100
al 164
sz 163.19
Satt281
al 183
sz 182.60
al 211
sz 210.90
Satt267
al 230
sz 229.97
Satt408
al 194
sz 193.67
Satt005
al 138
sz 139.00
Satt271
al 113
sz 113.72
Satt458
al 166
sz 165.70
Satt514
al 233
sz 233.18
Satt268
al 238
sz 238.27
Satt384
al 148
sz 147.66
Satt193
al 236
sz 236.18
Satt334
al 189
sz 189.62
Satt191
al 205
sz 206.04
Satt288
al 233
sz 232.81
Satt142
al 151
sz 151.21
Satt442
al 245
sz 244.38
Satt239
al 188
sz 187.88
Satt330
al 118
sz 118.15
Satt380
al 127
sz 126.11
al 135
sz 134.10
Satt431
al 225
sz 224.70
Satt242
al 192
sz 191.78
Satt588
al 140
sz 140.28
Satt373
al 248
sz 247.75
Satt308
al 170
sz 169.94
Satt567
al 103
sz 103.31
Satt551
al 237
sz 237.64
Satt022
al 203
sz 203.51
Sat_084
al 141
sz 141.46
Satt345
al 248
sz 248.39
Satt487
al 195
sz 195.17
al 201
sz 201.09

30 周豆 23 号

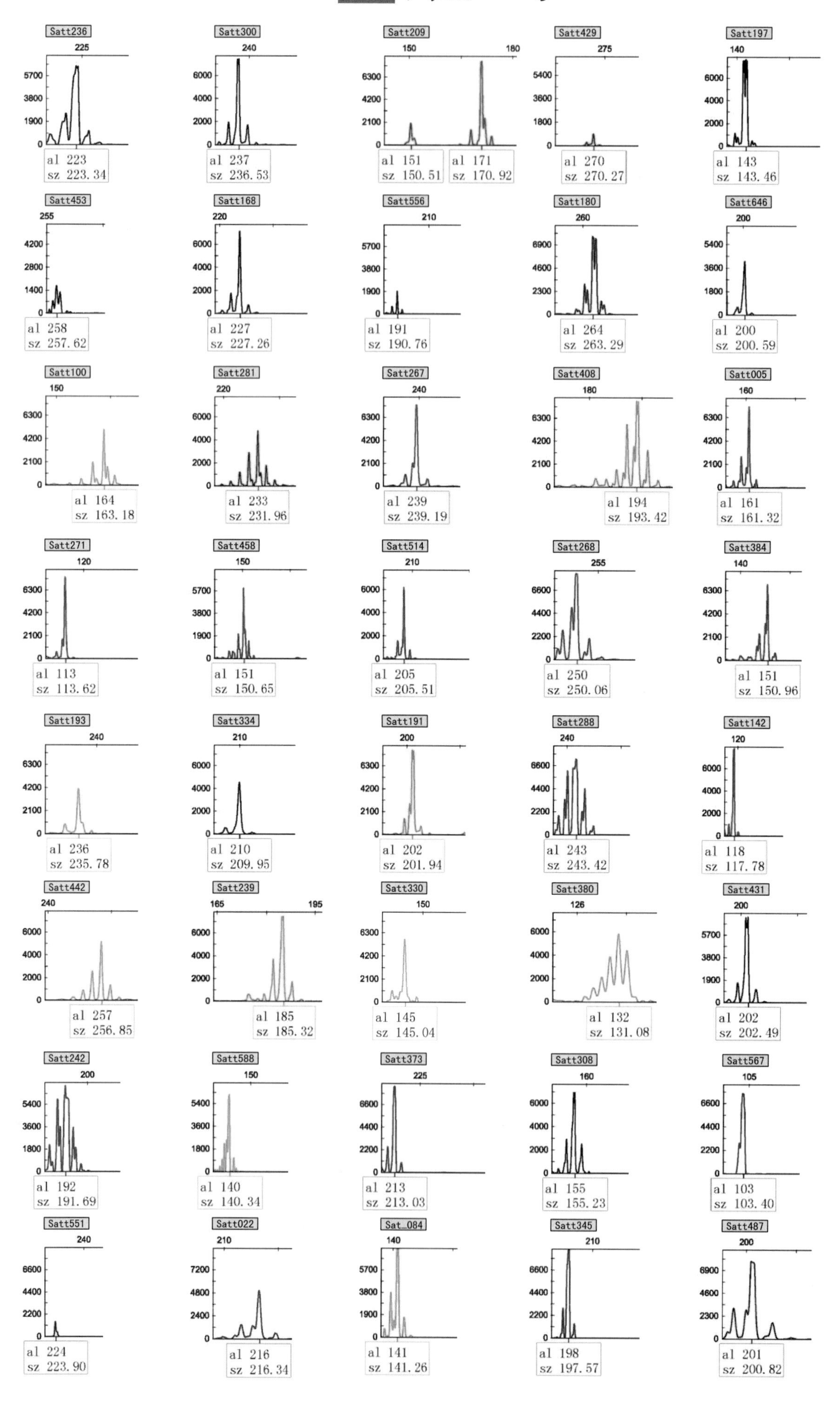

Satt236 al 223 sz 223.34
Satt300 al 237 sz 236.53
Satt209 al 151 sz 150.51 al 171 sz 170.92
Satt429 al 270 sz 270.27
Satt197 al 143 sz 143.46
Satt453 al 258 sz 257.62
Satt168 al 227 sz 227.26
Satt556 al 191 sz 190.76
Satt180 al 264 sz 263.29
Satt646 al 200 sz 200.59
Satt100 al 164 sz 163.18
Satt281 al 233 sz 231.96
Satt267 al 239 sz 239.19
Satt408 al 194 sz 193.42
Satt005 al 161 sz 161.32
Satt271 al 113 sz 113.62
Satt458 al 151 sz 150.65
Satt514 al 205 sz 205.51
Satt268 al 250 sz 250.06
Satt384 al 151 sz 150.96
Satt193 al 236 sz 235.78
Satt334 al 210 sz 209.95
Satt191 al 202 sz 201.94
Satt288 al 243 sz 243.42
Satt142 al 118 sz 117.78
Satt442 al 257 sz 256.85
Satt239 al 185 sz 185.32
Satt330 al 145 sz 145.04
Satt380 al 132 sz 131.08
Satt431 al 202 sz 202.49
Satt242 al 192 sz 191.69
Satt588 al 140 sz 140.34
Satt373 al 213 sz 213.03
Satt308 al 155 sz 155.23
Satt567 al 103 sz 103.40
Satt551 al 224 sz 223.90
Satt022 al 216 sz 216.34
Sat_084 al 141 sz 141.26
Satt345 al 198 sz 197.57
Satt487 al 201 sz 200.82

31 北豆 28

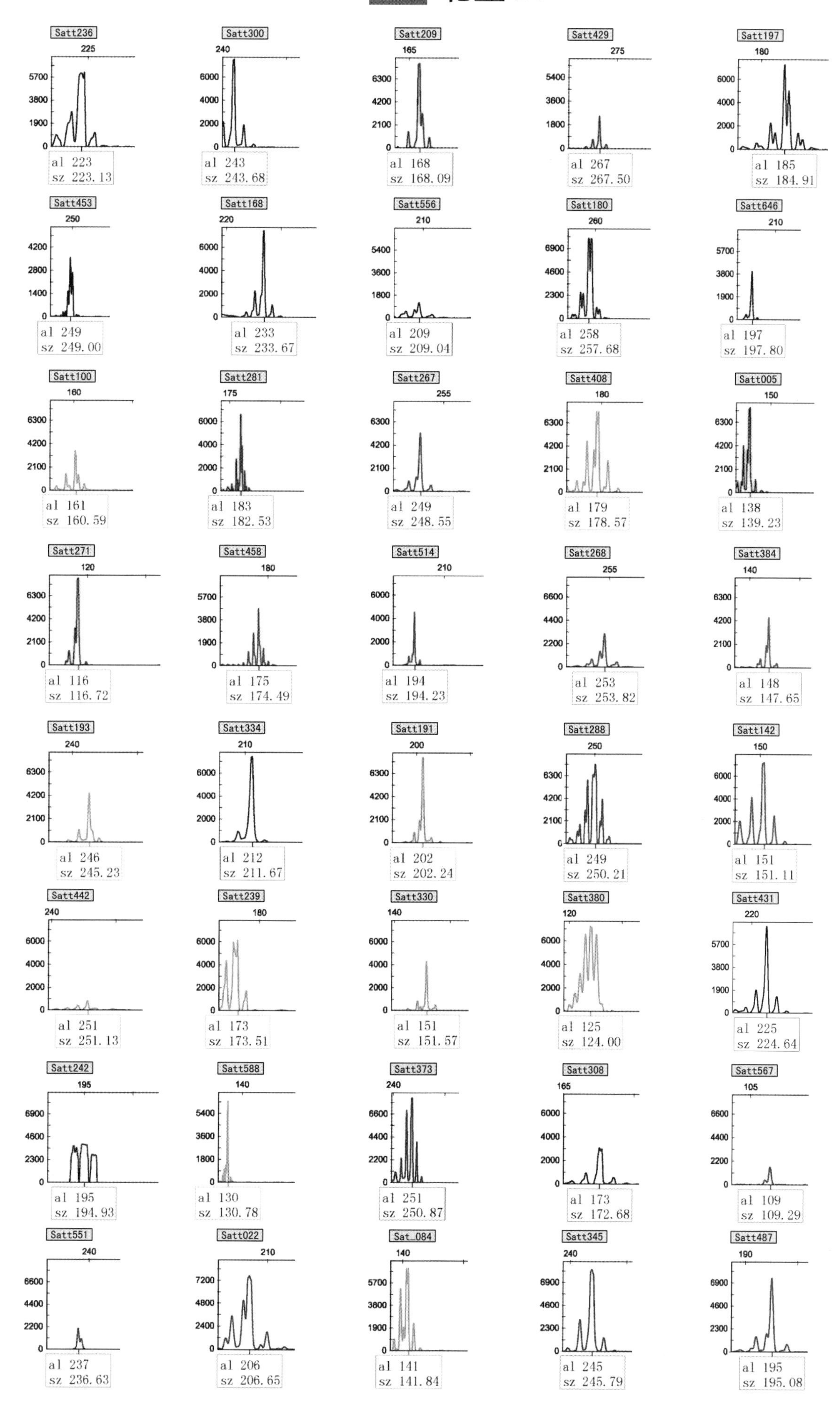
Satt236
al 223
sz 223.13
Satt300
al 243
sz 243.68
Satt209
al 168
sz 168.09
Satt429
al 267
sz 267.50
Satt197
al 185
sz 184.91
Satt453
al 249
sz 249.00
Satt168
al 233
sz 233.67
Satt556
al 209
sz 209.04
Satt180
al 258
sz 257.68
Satt646
al 197
sz 197.80
Satt100
al 161
sz 160.59
Satt281
al 183
sz 182.53
Satt267
al 249
sz 248.55
Satt408
al 179
sz 178.57
Satt005
al 138
sz 139.23
Satt271
al 116
sz 116.72
Satt458
al 175
sz 174.49
Satt514
al 194
sz 194.23
Satt268
al 253
sz 253.82
Satt384
al 148
sz 147.65
Satt193
al 246
sz 245.23
Satt334
al 212
sz 211.67
Satt191
al 202
sz 202.24
Satt288
al 249
sz 250.21
Satt142
al 151
sz 151.11
Satt442
al 251
sz 251.13
Satt239
al 173
sz 173.51
Satt330
al 151
sz 151.57
Satt380
al 125
sz 124.00
Satt431
al 225
sz 224.64
Satt242
al 195
sz 194.93
Satt588
al 130
sz 130.78
Satt373
al 251
sz 250.87
Satt308
al 173
sz 172.68
Satt567
al 109
sz 109.29
Satt551
al 237
sz 236.63
Satt022
al 206
sz 206.65
Sat_084
al 141
sz 141.84
Satt345
al 245
sz 245.79
Satt487
al 195
sz 195.08

32 北豆 40

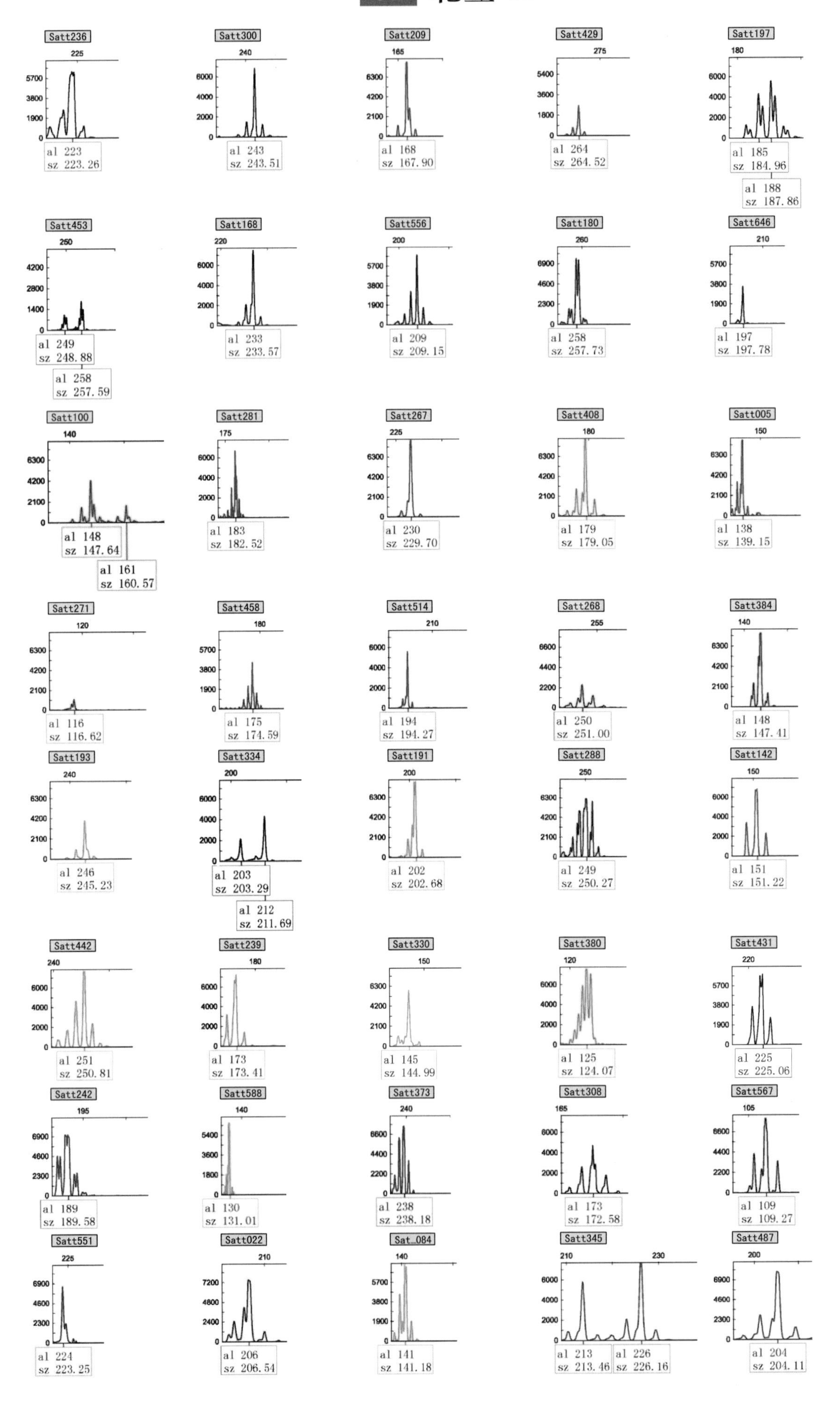
Satt236
al 223
sz 223.26
Satt300
al 243
sz 243.51
Satt209
al 168
sz 167.90
Satt429
al 264
sz 264.52
Satt197
al 185
sz 184.96
al 188
sz 187.86
Satt453
al 249
sz 248.88
al 258
sz 257.59
Satt168
al 233
sz 233.57
Satt556
al 209
sz 209.15
Satt180
al 258
sz 257.73
Satt646
al 197
sz 197.78
Satt100
al 148
sz 147.64
al 161
sz 160.57
Satt281
al 183
sz 182.52
Satt267
al 230
sz 229.70
Satt408
al 179
sz 179.05
Satt005
al 138
sz 139.15
Satt271
al 116
sz 116.62
Satt458
al 175
sz 174.59
Satt514
al 194
sz 194.27
Satt268
al 250
sz 251.00
Satt384
al 148
sz 147.41
Satt193
al 246
sz 245.23
Satt334
al 203
sz 203.29
al 212
sz 211.69
Satt191
al 202
sz 202.68
Satt288
al 249
sz 250.27
Satt142
al 151
sz 151.22
Satt442
al 251
sz 250.81
Satt239
al 173
sz 173.41
Satt330
al 145
sz 144.99
Satt380
al 125
sz 124.07
Satt431
al 225
sz 225.06
Satt242
al 189
sz 189.58
Satt588
al 130
sz 131.01
Satt373
al 238
sz 238.18
Satt308
al 173
sz 172.58
Satt567
al 109
sz 109.27
Satt551
al 224
sz 223.25
Satt022
al 206
sz 206.54
Sat_084
al 141
sz 141.18
Satt345
al 213
sz 213.46
al 226
sz 226.16
Satt487
al 204
sz 204.11

33 北豆 42

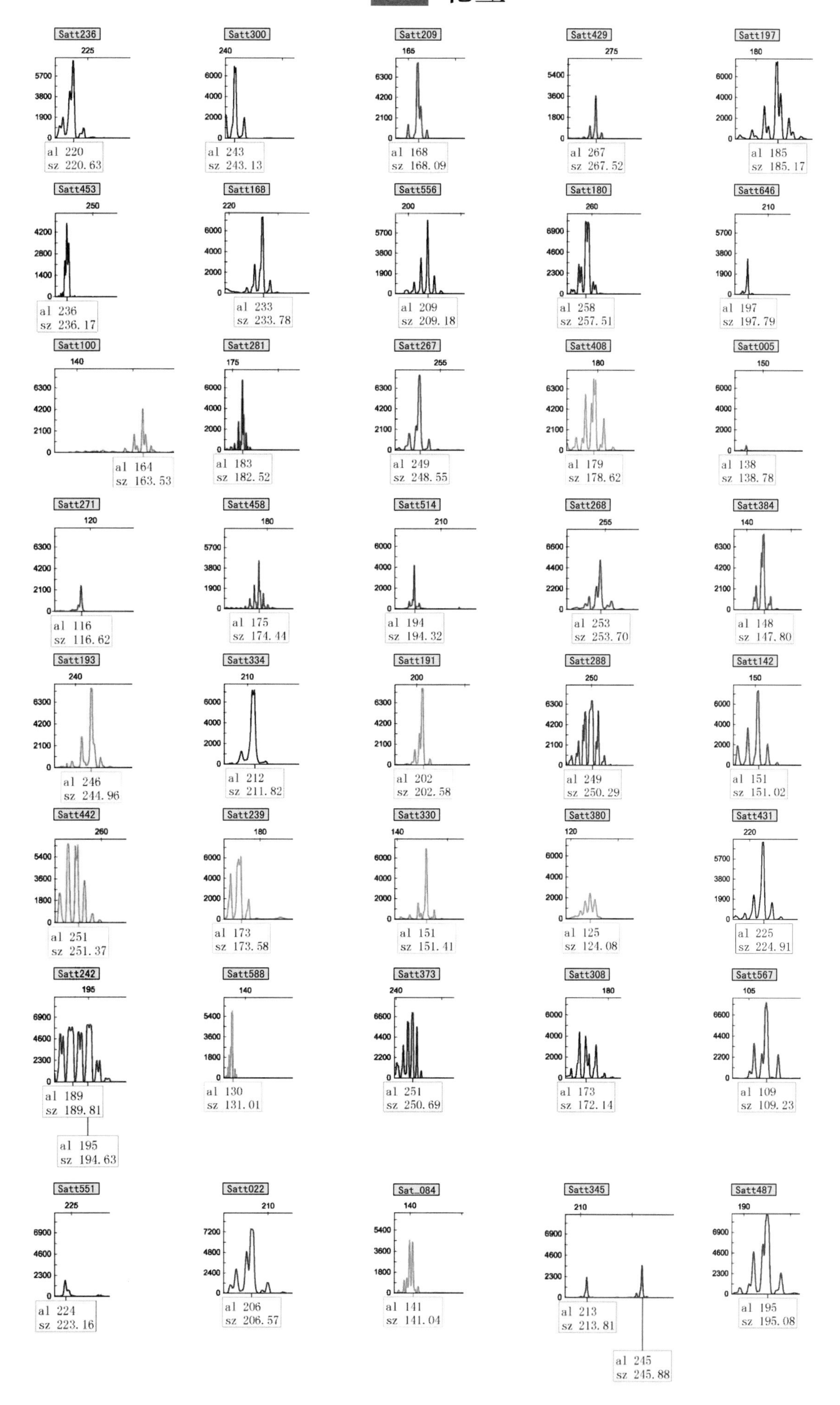
Satt236
al 220
sz 220.63
Satt300
al 243
sz 243.13
Satt209
al 168
sz 168.09
Satt429
al 267
sz 267.52
Satt197
al 185
sz 185.17
Satt453
al 236
sz 236.17
Satt168
al 233
sz 233.78
Satt556
al 209
sz 209.18
Satt180
al 258
sz 257.51
Satt646
al 197
sz 197.79
Satt100
al 164
sz 163.53
Satt281
al 183
sz 182.52
Satt267
al 249
sz 248.55
Satt408
al 179
sz 178.62
Satt005
al 138
sz 138.78
Satt271
al 116
sz 116.62
Satt458
al 175
sz 174.44
Satt514
al 194
sz 194.32
Satt268
al 253
sz 253.70
Satt384
al 148
sz 147.80
Satt193
al 246
sz 244.96
Satt334
al 212
sz 211.82
Satt191
al 202
sz 202.58
Satt288
al 249
sz 250.29
Satt142
al 151
sz 151.02
Satt442
al 251
sz 251.37
Satt239
al 173
sz 173.58
Satt330
al 151
sz 151.41
Satt380
al 125
sz 124.08
Satt431
al 225
sz 224.91
Satt242
al 189
sz 189.81
al 195
sz 194.63
Satt588
al 130
sz 131.01
Satt373
al 251
sz 250.69
Satt308
al 173
sz 172.14
Satt567
al 109
sz 109.23
Satt551
al 224
sz 223.16
Satt022
al 206
sz 206.57
Sat_084
al 141
sz 141.04
Satt345
al 213
sz 213.81
al 245
sz 245.88
Satt487
al 195
sz 195.08

34 北豆51

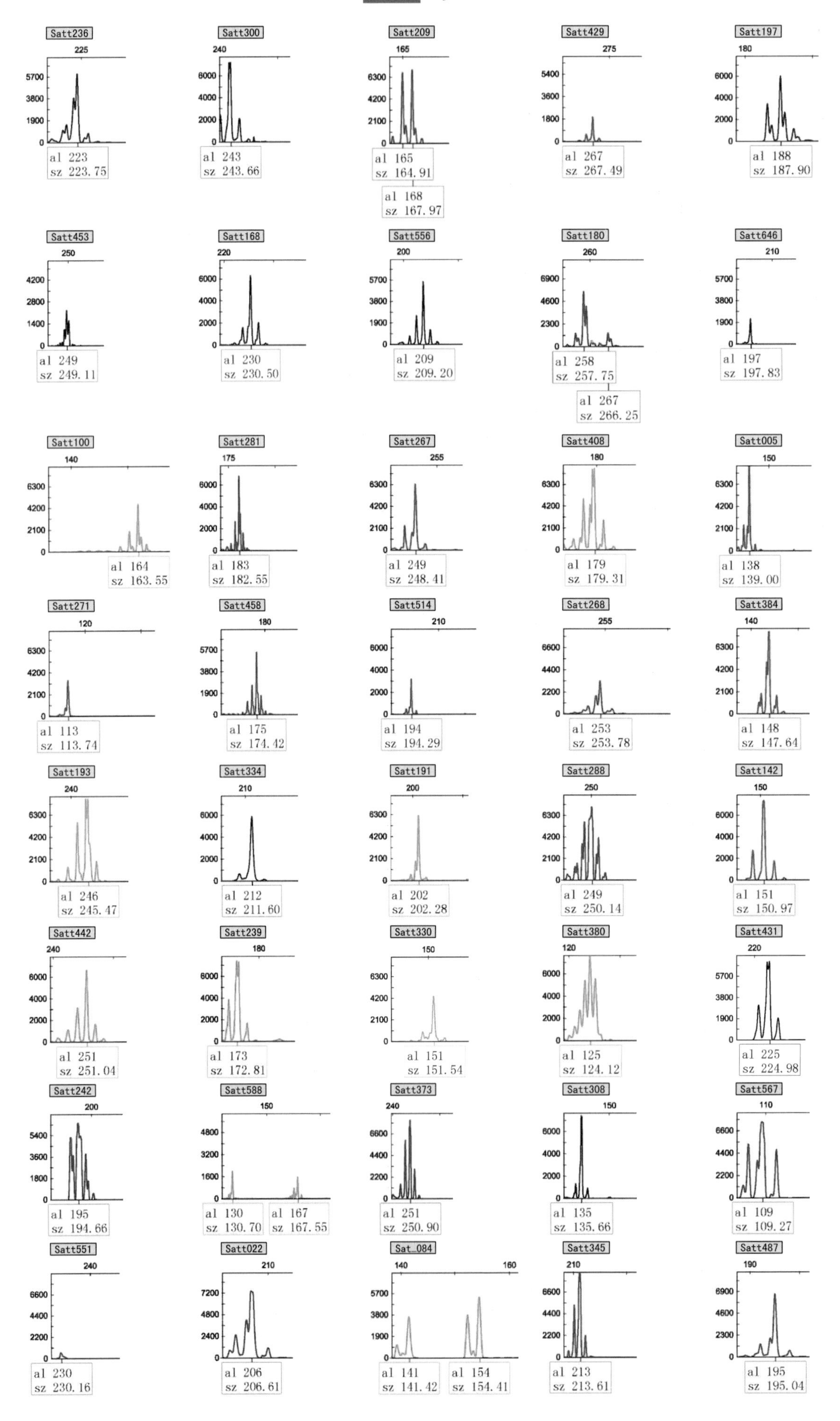
Satt236
al 223
sz 223.75
Satt300
al 243
sz 243.66
Satt209
al 165
sz 164.91
al 168
sz 167.97
Satt429
al 267
sz 267.49
Satt197
al 188
sz 187.90
Satt453
al 249
sz 249.11
Satt168
al 230
sz 230.50
Satt556
al 209
sz 209.20
Satt180
al 258
sz 257.75
al 267
sz 266.25
Satt646
al 197
sz 197.83
Satt100
al 164
sz 163.55
Satt281
al 183
sz 182.55
Satt267
al 249
sz 248.41
Satt408
al 179
sz 179.31
Satt005
al 138
sz 139.00
Satt271
al 113
sz 113.74
Satt458
al 175
sz 174.42
Satt514
al 194
sz 194.29
Satt268
al 253
sz 253.78
Satt384
al 148
sz 147.64
Satt193
al 246
sz 245.47
Satt334
al 212
sz 211.60
Satt191
al 202
sz 202.28
Satt288
al 249
sz 250.14
Satt142
al 151
sz 150.97
Satt442
al 251
sz 251.04
Satt239
al 173
sz 172.81
Satt330
al 151
sz 151.54
Satt380
al 125
sz 124.12
Satt431
al 225
sz 224.98
Satt242
al 195
sz 194.66
Satt588
al 130
sz 130.70
al 167
sz 167.55
Satt373
al 251
sz 250.90
Satt308
al 135
sz 135.66
Satt567
al 109
sz 109.27
Satt551
al 230
sz 230.16
Satt022
al 206
sz 206.61
Sat_084
al 141
sz 141.42
al 154
sz 154.41
Satt345
al 213
sz 213.61
Satt487
al 195
sz 195.04

35 北豆 52

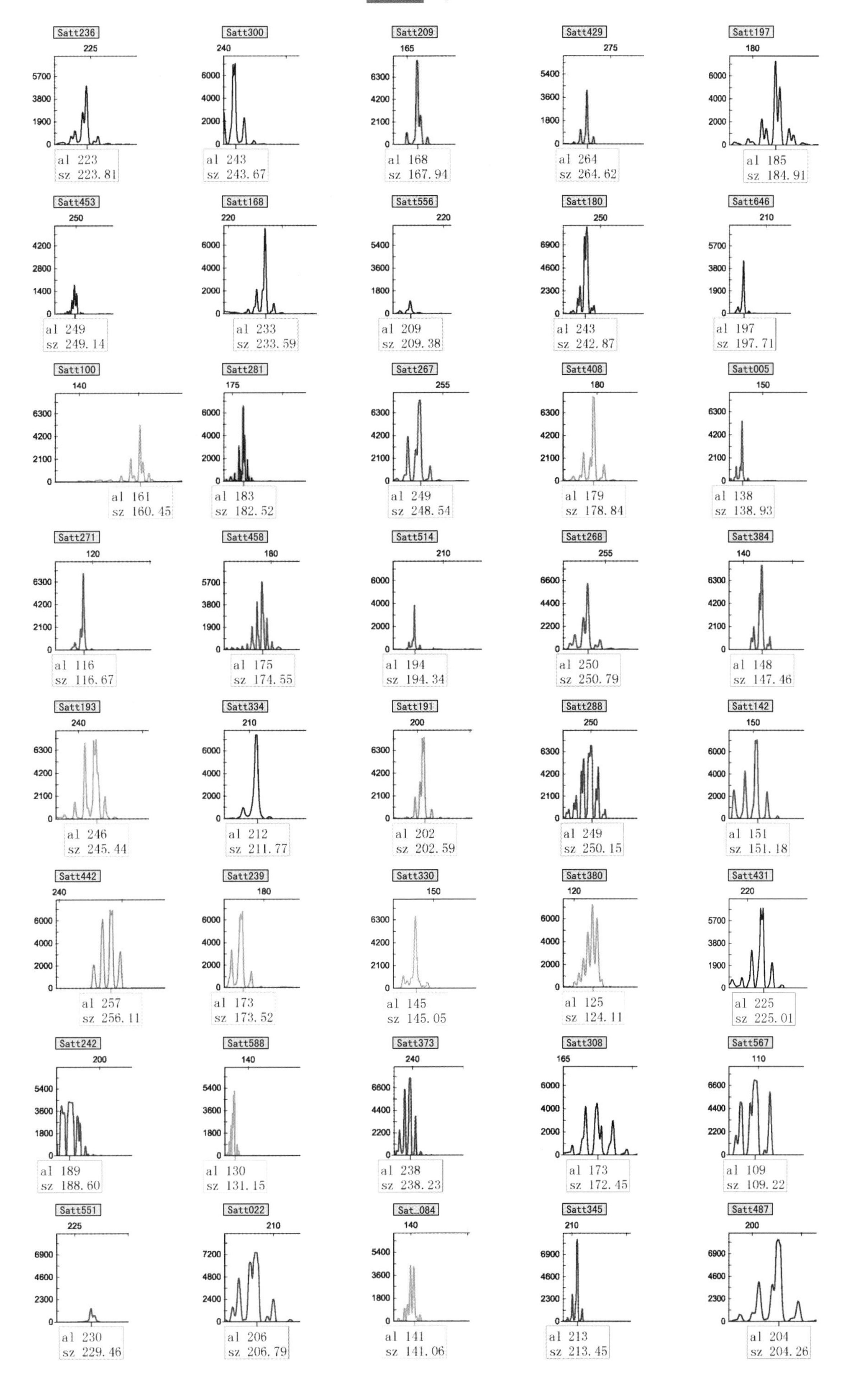
Satt236 225
al 223 sz 223.81
Satt300 240
al 243 sz 243.67
Satt209 165
al 168 sz 167.94
Satt429 275
al 264 sz 264.62
Satt197 180
al 185 sz 184.91
Satt453 250
al 249 sz 249.14
Satt168 220
al 233 sz 233.59
Satt556 220
al 209 sz 209.38
Satt180 250
al 243 sz 242.87
Satt646 210
al 197 sz 197.71
Satt100 140
al 161 sz 160.45
Satt281 175
al 183 sz 182.52
Satt267 255
al 249 sz 248.54
Satt408 180
al 179 sz 178.84
Satt005 150
al 138 sz 138.93
Satt271 120
al 116 sz 116.67
Satt458 180
al 175 sz 174.55
Satt514 210
al 194 sz 194.34
Satt268 255
al 250 sz 250.79
Satt384 140
al 148 sz 147.46
Satt193 240
al 246 sz 245.44
Satt334 210
al 212 sz 211.77
Satt191 200
al 202 sz 202.59
Satt288 250
al 249 sz 250.15
Satt142 150
al 151 sz 151.18
Satt442 240
al 257 sz 256.11
Satt239 180
al 173 sz 173.52
Satt330 150
al 145 sz 145.05
Satt380 120
al 125 sz 124.11
Satt431 220
al 225 sz 225.01
Satt242 200
al 189 sz 188.60
Satt588 140
al 130 sz 131.15
Satt373 240
al 238 sz 238.23
Satt308 165
al 173 sz 172.45
Satt567 110
al 109 sz 109.22
Satt551 225
al 230 sz 229.46
Satt022 210
al 206 sz 206.79
Sat_084 140
al 141 sz 141.06
Satt345 210
al 213 sz 213.45
Satt487 200
al 204 sz 204.26

36 北豆 53

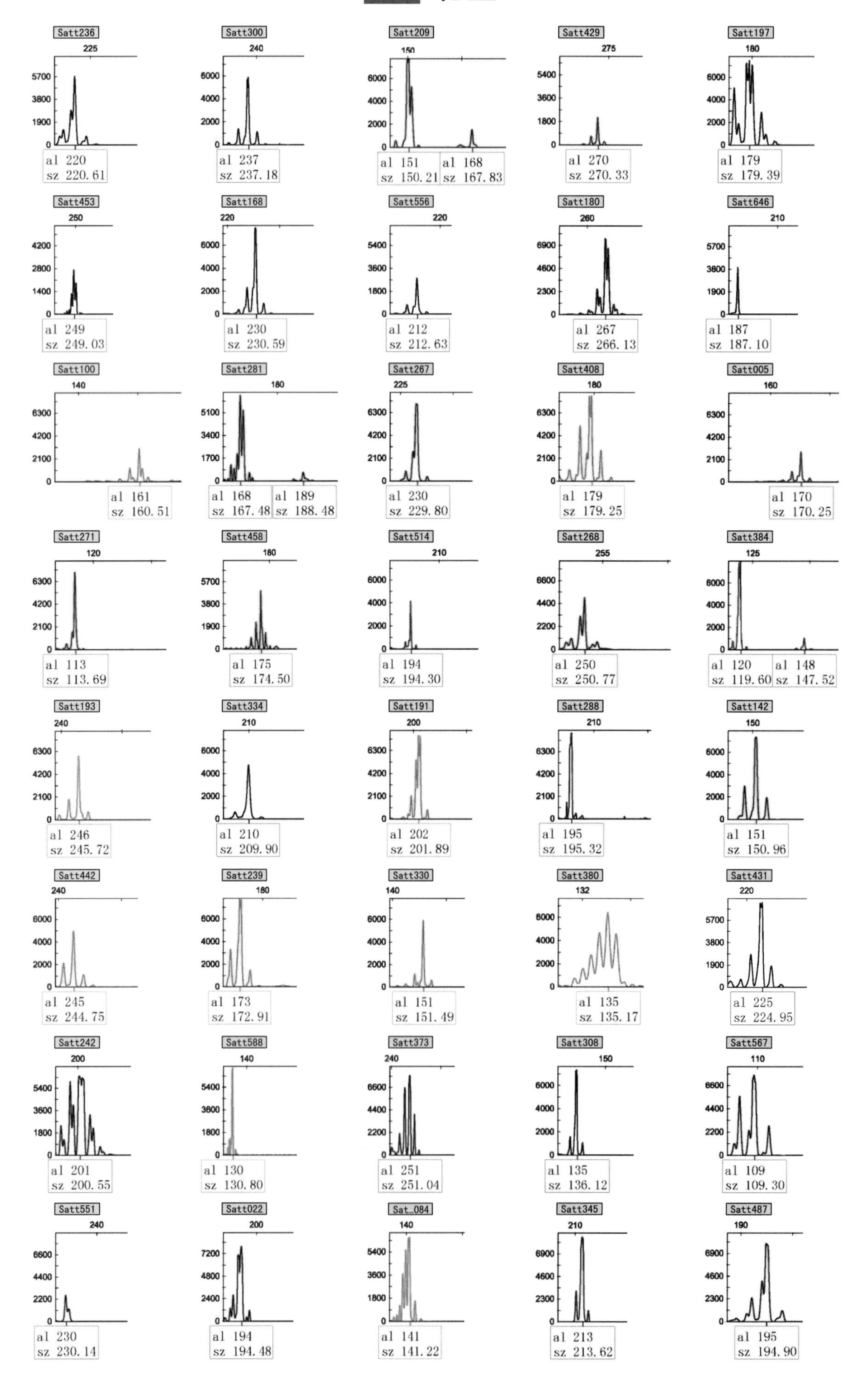

Satt236 225 al 220 sz 220.61
Satt300 240 al 237 sz 237.18
Satt209 150 al 151 sz 150.21 al 168 sz 167.83
Satt429 275 al 270 sz 270.33
Satt197 180 al 179 sz 179.39
Satt453 250 al 249 sz 249.03
Satt168 220 al 230 sz 230.59
Satt556 220 al 212 sz 212.63
Satt180 260 al 267 sz 266.13
Satt646 210 al 187 sz 187.10
Satt100 140 al 161 sz 160.51
Satt281 180 al 168 sz 167.48 al 189 sz 188.48
Satt267 225 al 230 sz 229.80
Satt408 180 al 179 sz 179.25
Satt005 160 al 170 sz 170.25
Satt271 120 al 113 sz 113.69
Satt458 180 al 175 sz 174.50
Satt514 210 al 194 sz 194.30
Satt268 255 al 250 sz 250.77
Satt384 125 al 120 sz 119.60 al 148 sz 147.52
Satt193 240 al 246 sz 245.72
Satt334 210 al 210 sz 209.90
Satt191 200 al 202 sz 201.89
Satt288 210 al 195 sz 195.32
Satt142 150 al 151 sz 150.96
Satt442 240 al 245 sz 244.75
Satt239 180 al 173 sz 172.91
Satt330 140 al 151 sz 151.49
Satt380 132 al 135 sz 135.17
Satt431 220 al 225 sz 224.95
Satt242 200 al 201 sz 200.55
Satt588 140 al 130 sz 130.80
Satt373 240 al 251 sz 251.04
Satt308 150 al 135 sz 136.12
Satt567 110 al 109 sz 109.30
Satt551 240 al 230 sz 230.14
Satt022 200 al 194 sz 194.48
Sat_084 140 al 141 sz 141.22
Satt345 210 al 213 sz 213.62
Satt487 190 al 195 sz 194.90

37 北豆54

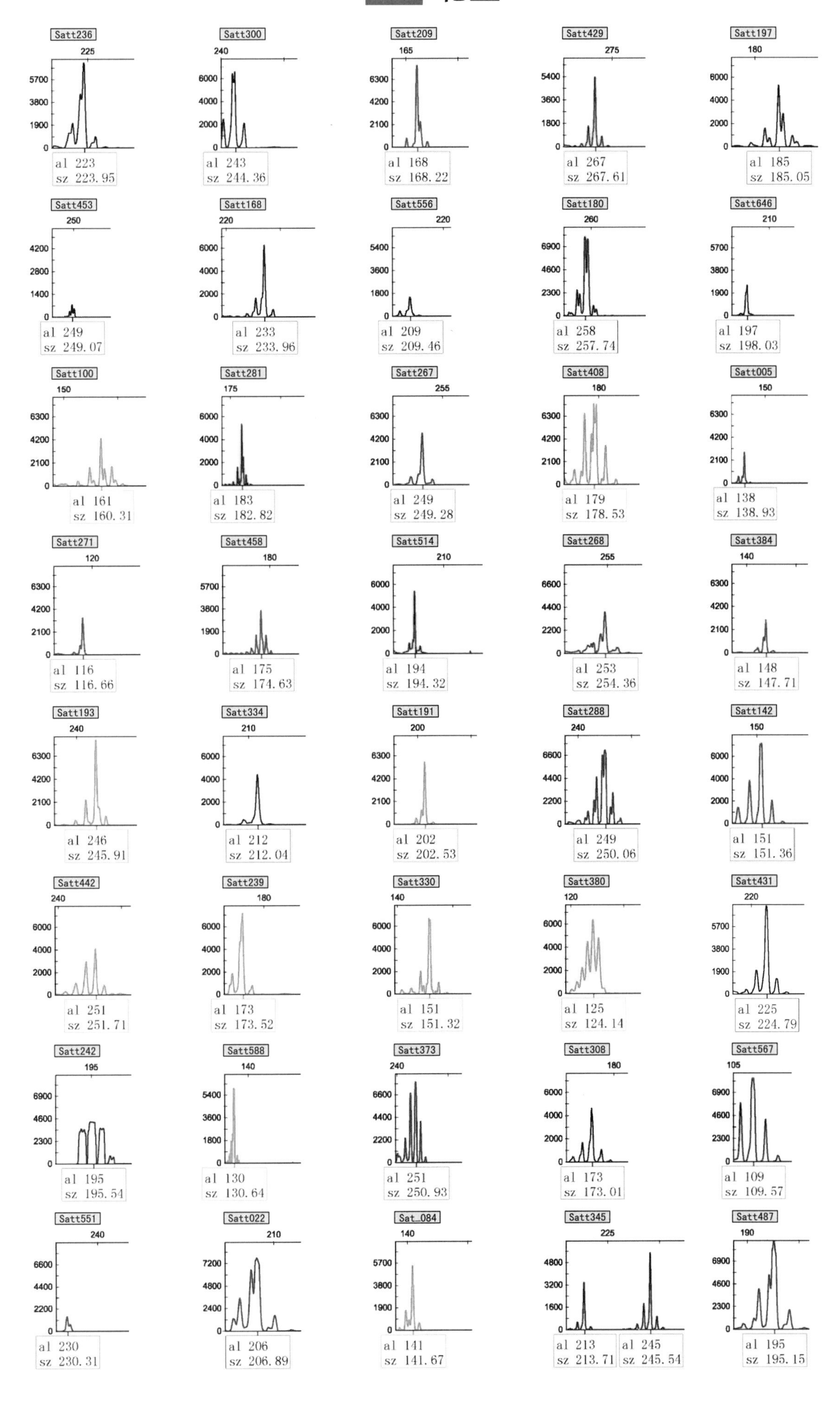
Satt236
225
al 223
sz 223.95
Satt300
240
al 243
sz 244.36
Satt209
165
al 168
sz 168.22
Satt429
275
al 267
sz 267.61
Satt197
180
al 185
sz 185.05
Satt453
250
al 249
sz 249.07
Satt168
220
al 233
sz 233.96
Satt556
220
al 209
sz 209.46
Satt180
260
al 258
sz 257.74
Satt646
210
al 197
sz 198.03
Satt100
150
al 161
sz 160.31
Satt281
175
al 183
sz 182.82
Satt267
255
al 249
sz 249.28
Satt408
180
al 179
sz 178.53
Satt005
150
al 138
sz 138.93
Satt271
120
al 116
sz 116.66
Satt458
180
al 175
sz 174.63
Satt514
210
al 194
sz 194.32
Satt268
255
al 253
sz 254.36
Satt384
140
al 148
sz 147.71
Satt193
240
al 246
sz 245.91
Satt334
210
al 212
sz 212.04
Satt191
200
al 202
sz 202.53
Satt288
240
al 249
sz 250.06
Satt142
150
al 151
sz 151.36
Satt442
240
al 251
sz 251.71
Satt239
180
al 173
sz 173.52
Satt330
140
al 151
sz 151.32
Satt380
120
al 125
sz 124.14
Satt431
220
al 225
sz 224.79
Satt242
195
al 195
sz 195.54
Satt588
140
al 130
sz 130.64
Satt373
240
al 251
sz 250.93
Satt308
180
al 173
sz 173.01
Satt567
105
al 109
sz 109.57
Satt551
240
al 230
sz 230.31
Satt022
210
al 206
sz 206.89
Sat_084
140
al 141
sz 141.67
Satt345
225
al 213
sz 213.71
al 245
sz 245.54
Satt487
190
al 195
sz 195.15

38 北豆 56

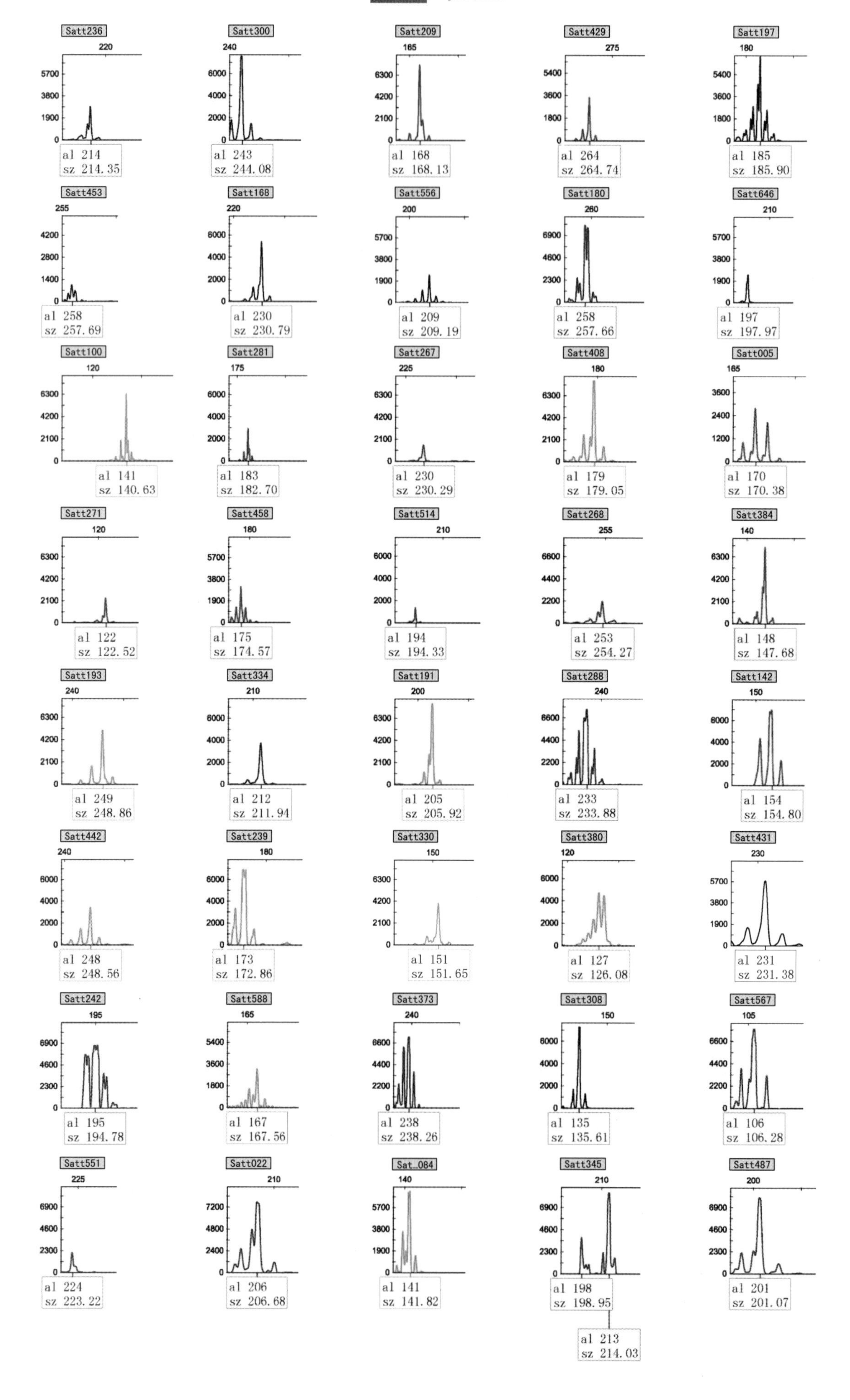
Satt236
al 214
sz 214.35
Satt300
al 243
sz 244.08
Satt209
al 168
sz 168.13
Satt429
al 264
sz 264.74
Satt197
al 185
sz 185.90
Satt453
al 258
sz 257.69
Satt168
al 230
sz 230.79
Satt556
al 209
sz 209.19
Satt180
al 258
sz 257.66
Satt646
al 197
sz 197.97
Satt100
al 141
sz 140.63
Satt281
al 183
sz 182.70
Satt267
al 230
sz 230.29
Satt408
al 179
sz 179.05
Satt005
al 170
sz 170.38
Satt271
al 122
sz 122.52
Satt458
al 175
sz 174.57
Satt514
al 194
sz 194.33
Satt268
al 253
sz 254.27
Satt384
al 148
sz 147.68
Satt193
al 249
sz 248.86
Satt334
al 212
sz 211.94
Satt191
al 205
sz 205.92
Satt288
al 233
sz 233.88
Satt142
al 154
sz 154.80
Satt442
al 248
sz 248.56
Satt239
al 173
sz 172.86
Satt330
al 151
sz 151.65
Satt380
al 127
sz 126.08
Satt431
al 231
sz 231.38
Satt242
al 195
sz 194.78
Satt588
al 167
sz 167.56
Satt373
al 238
sz 238.26
Satt308
al 135
sz 135.61
Satt567
al 106
sz 106.28
Satt551
al 224
sz 223.22
Satt022
al 206
sz 206.68
Sat_084
al 141
sz 141.82
Satt345
al 198
sz 198.95
al 213
sz 214.03
Satt487
al 201
sz 201.07

39 北豆 57

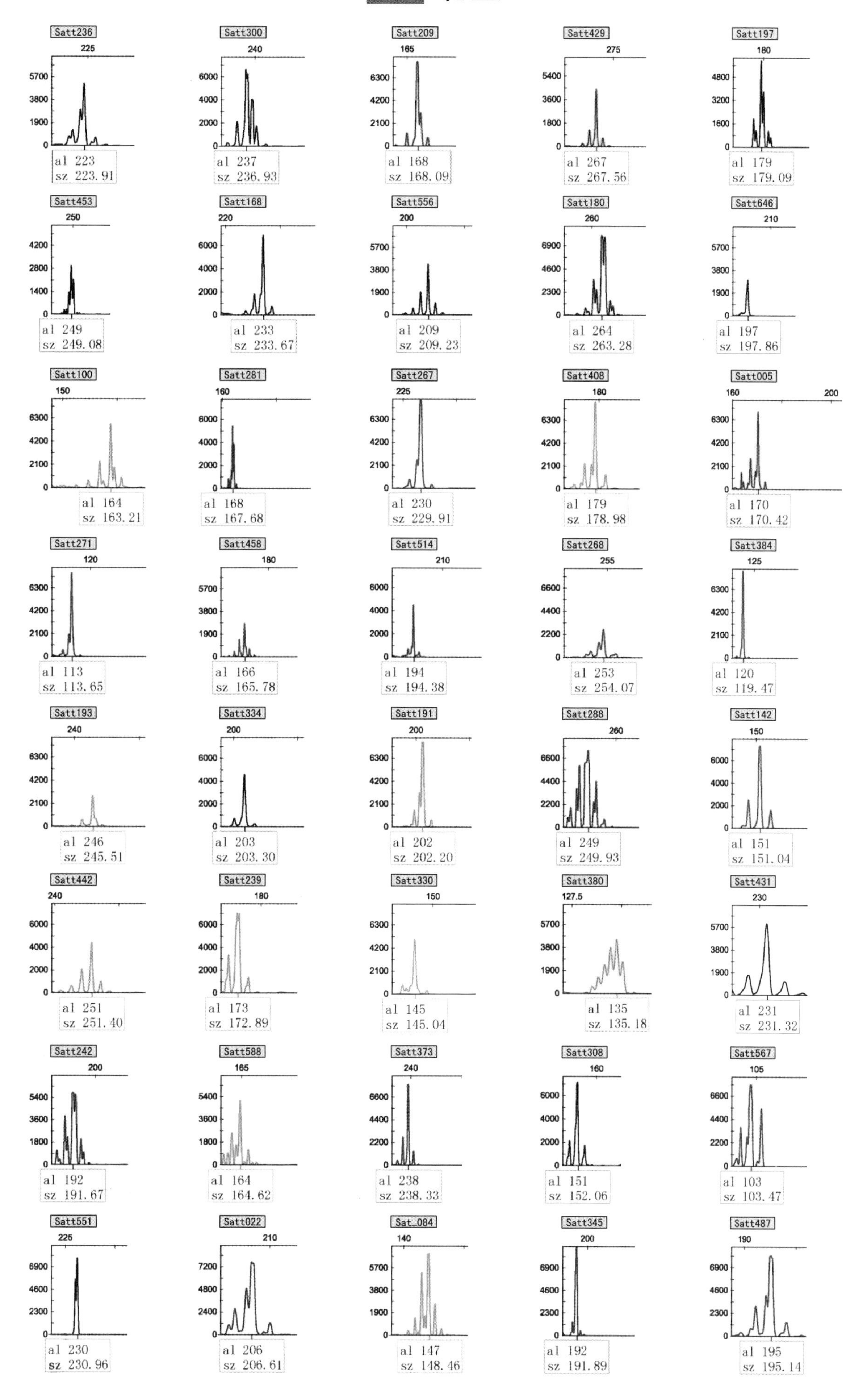

Satt236
225
al 223
sz 223.91
Satt300
240
al 237
sz 236.93
Satt209
165
al 168
sz 168.09
Satt429
275
al 267
sz 267.56
Satt197
180
al 179
sz 179.09
Satt453
250
al 249
sz 249.08
Satt168
220
al 233
sz 233.67
Satt556
200
al 209
sz 209.23
Satt180
260
al 264
sz 263.28
Satt646
210
al 197
sz 197.86
Satt100
150
al 164
sz 163.21
Satt281
160
al 168
sz 167.68
Satt267
225
al 230
sz 229.91
Satt408
180
al 179
sz 178.98
Satt005
160
200
al 170
sz 170.42
Satt271
120
al 113
sz 113.65
Satt458
180
al 166
sz 165.78
Satt514
210
al 194
sz 194.38
Satt268
255
al 253
sz 254.07
Satt384
125
al 120
sz 119.47
Satt193
240
al 246
sz 245.51
Satt334
200
al 203
sz 203.30
Satt191
200
al 202
sz 202.20
Satt288
260
al 249
sz 249.93
Satt142
150
al 151
sz 151.04
Satt442
240
al 251
sz 251.40
Satt239
180
al 173
sz 172.89
Satt330
150
al 145
sz 145.04
Satt380
127.5
al 135
sz 135.18
Satt431
230
al 231
sz 231.32
Satt242
200
al 192
sz 191.67
Satt588
165
al 164
sz 164.62
Satt373
240
al 238
sz 238.33
Satt308
160
al 151
sz 152.06
Satt567
105
al 103
sz 103.47
Satt551
225
al 230
sz 230.96
Satt022
210
al 206
sz 206.61
Sat_084
140
al 147
sz 148.46
Satt345
200
al 192
sz 191.89
Satt487
190
al 195
sz 195.14

40 北兴 1 号

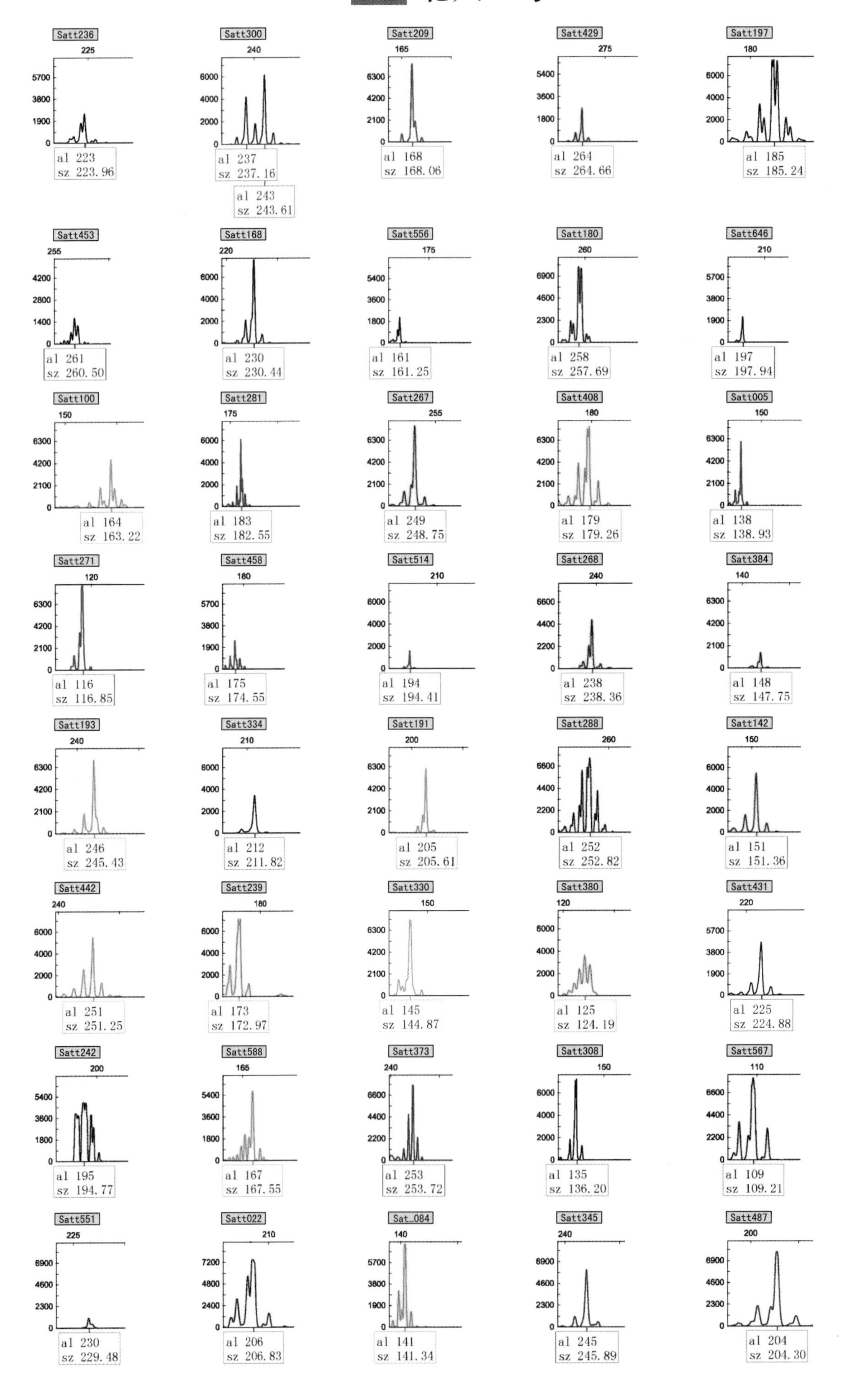

Satt236
al 223
sz 223.96
Satt300
al 237
sz 237.16
al 243
sz 243.61
Satt209
al 168
sz 168.06
Satt429
al 264
sz 264.66
Satt197
al 185
sz 185.24
Satt453
al 261
sz 260.50
Satt168
al 230
sz 230.44
Satt556
al 161
sz 161.25
Satt180
al 258
sz 257.69
Satt646
al 197
sz 197.94
Satt100
al 164
sz 163.22
Satt281
al 183
sz 182.55
Satt267
al 249
sz 248.75
Satt408
al 179
sz 179.26
Satt005
al 138
sz 138.93
Satt271
al 116
sz 116.85
Satt458
al 175
sz 174.55
Satt514
al 194
sz 194.41
Satt268
al 238
sz 238.36
Satt384
al 148
sz 147.75
Satt193
al 246
sz 245.43
Satt334
al 212
sz 211.82
Satt191
al 205
sz 205.61
Satt288
al 252
sz 252.82
Satt142
al 151
sz 151.36
Satt442
al 251
sz 251.25
Satt239
al 173
sz 172.97
Satt330
al 145
sz 144.87
Satt380
al 125
sz 124.19
Satt431
al 225
sz 224.88
Satt242
al 195
sz 194.77
Satt588
al 167
sz 167.55
Satt373
al 253
sz 253.72
Satt308
al 135
sz 136.20
Satt567
al 109
sz 109.21
Satt551
al 230
sz 229.48
Satt022
al 206
sz 206.83
Sat_084
al 141
sz 141.34
Satt345
al 245
sz 245.89
Satt487
al 204
sz 204.30

41 北兴2号

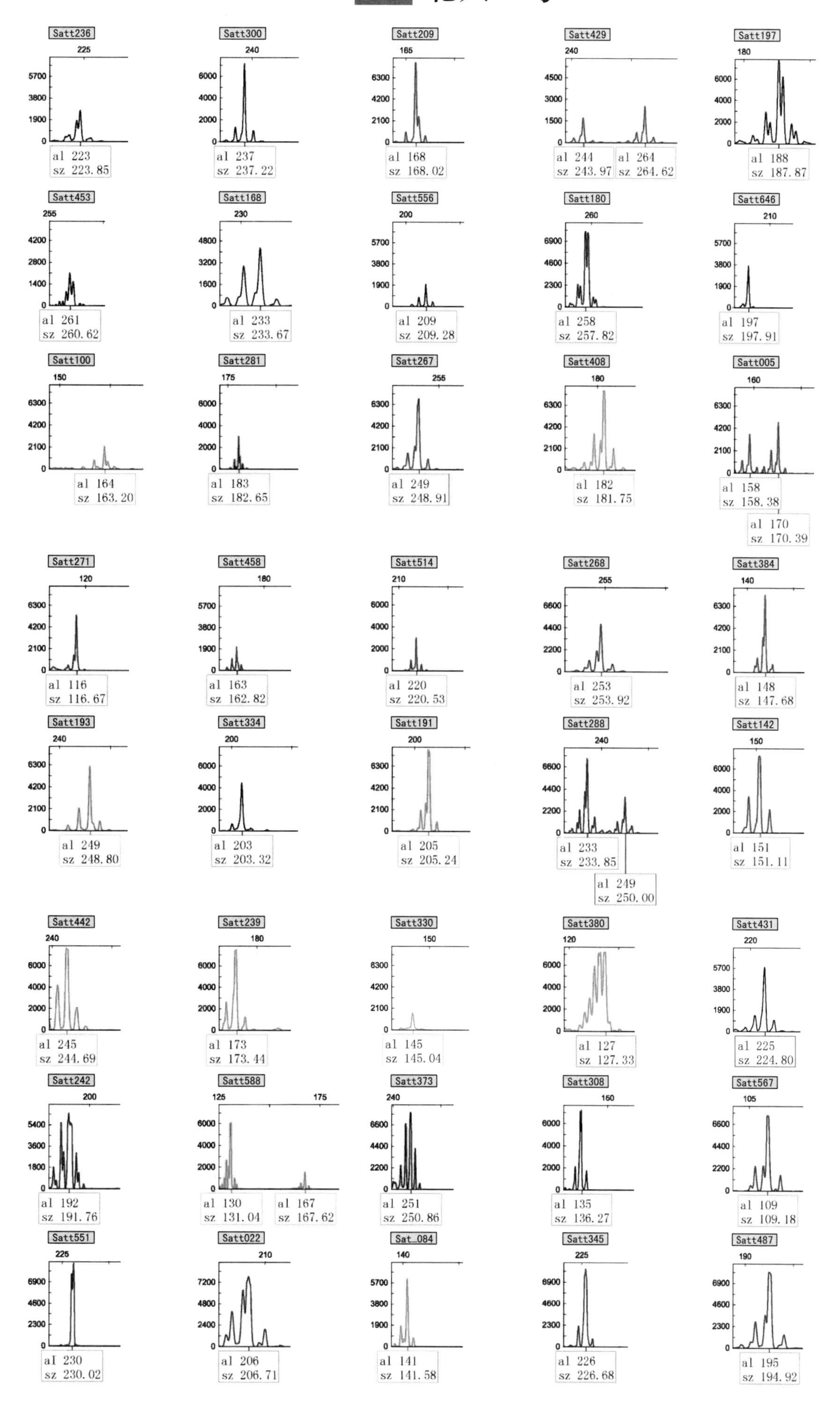
Satt236
al 223
sz 223.85
Satt300
al 237
sz 237.22
Satt209
al 168
sz 168.02
Satt429
al 244
sz 243.97
al 264
sz 264.62
Satt197
al 188
sz 187.87
Satt453
al 261
sz 260.62
Satt168
al 233
sz 233.67
Satt556
al 209
sz 209.28
Satt180
al 258
sz 257.82
Satt646
al 197
sz 197.91
Satt100
al 164
sz 163.20
Satt281
al 183
sz 182.65
Satt267
al 249
sz 248.91
Satt408
al 182
sz 181.75
Satt005
al 158
sz 158.38
al 170
sz 170.39
Satt271
al 116
sz 116.67
Satt458
al 163
sz 162.82
Satt514
al 220
sz 220.53
Satt268
al 253
sz 253.92
Satt384
al 148
sz 147.68
Satt193
al 249
sz 248.80
Satt334
al 203
sz 203.32
Satt191
al 205
sz 205.24
Satt288
al 233
sz 233.85
al 249
sz 250.00
Satt142
al 151
sz 151.11
Satt442
al 245
sz 244.69
Satt239
al 173
sz 173.44
Satt330
al 145
sz 145.04
Satt380
al 127
sz 127.33
Satt431
al 225
sz 224.80
Satt242
al 192
sz 191.76
Satt588
al 130
sz 131.04
al 167
sz 167.62
Satt373
al 251
sz 250.86
Satt308
al 135
sz 136.27
Satt567
al 109
sz 109.18
Satt551
al 230
sz 230.02
Satt022
al 206
sz 206.71
Sat_084
al 141
sz 141.58
Satt345
al 226
sz 226.68
Satt487
al 195
sz 194.92

42 登科 5 号

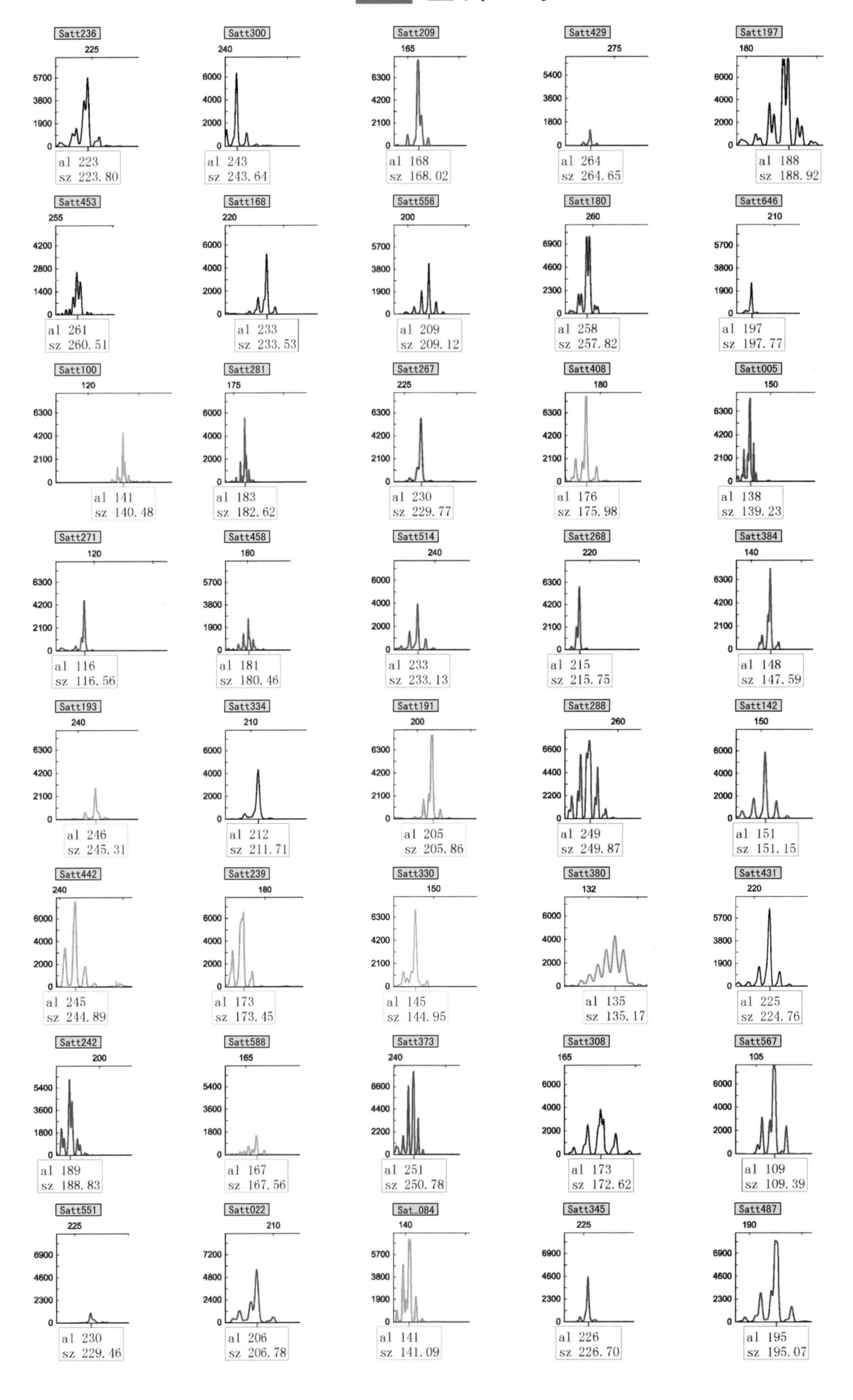

Satt236
al 223
sz 223.80
Satt300
al 243
sz 243.64
Satt209
al 168
sz 168.02
Satt429
al 264
sz 264.65
Satt197
al 188
sz 188.92
Satt453
al 261
sz 260.51
Satt168
al 233
sz 233.53
Satt556
al 209
sz 209.12
Satt180
al 258
sz 257.82
Satt646
al 197
sz 197.77
Satt100
al 141
sz 140.48
Satt281
al 183
sz 182.62
Satt267
al 230
sz 229.77
Satt408
al 176
sz 175.98
Satt005
al 138
sz 139.23
Satt271
al 116
sz 116.56
Satt458
al 181
sz 180.46
Satt514
al 233
sz 233.13
Satt268
al 215
sz 215.75
Satt384
al 148
sz 147.59
Satt193
al 246
sz 245.31
Satt334
al 212
sz 211.71
Satt191
al 205
sz 205.86
Satt288
al 249
sz 249.87
Satt142
al 151
sz 151.15
Satt442
al 245
sz 244.89
Satt239
al 173
sz 173.45
Satt330
al 145
sz 144.95
Satt380
al 135
sz 135.17
Satt431
al 225
sz 224.76
Satt242
al 189
sz 188.83
Satt588
al 167
sz 167.56
Satt373
al 251
sz 250.78
Satt308
al 173
sz 172.62
Satt567
al 109
sz 109.39
Satt551
al 230
sz 229.46
Satt022
al 206
sz 206.78
Sat_084
al 141
sz 141.09
Satt345
al 226
sz 226.70
Satt487
al 195
sz 195.07

43 登科 7 号

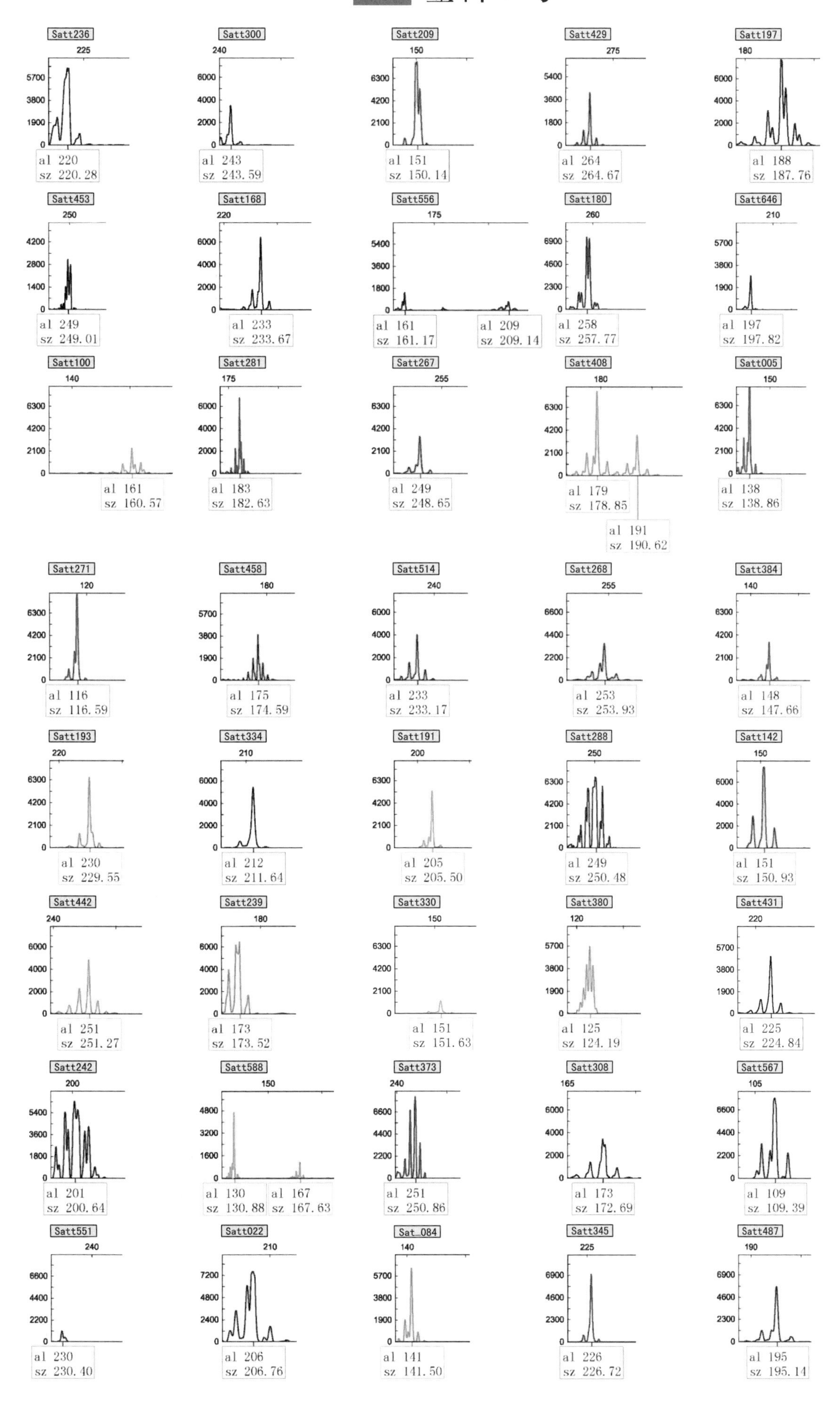
Satt236
al 220
sz 220.28
Satt300
al 243
sz 243.59
Satt209
al 151
sz 150.14
Satt429
al 264
sz 264.67
Satt197
al 188
sz 187.76
Satt453
al 249
sz 249.01
Satt168
al 233
sz 233.67
Satt556
al 161
sz 161.17
al 209
sz 209.14
Satt180
al 258
sz 257.77
Satt646
al 197
sz 197.82
Satt100
al 161
sz 160.57
Satt281
al 183
sz 182.63
Satt267
al 249
sz 248.65
Satt408
al 179
sz 178.85
al 191
sz 190.62
Satt005
al 138
sz 138.86
Satt271
al 116
sz 116.59
Satt458
al 175
sz 174.59
Satt514
al 233
sz 233.17
Satt268
al 253
sz 253.93
Satt384
al 148
sz 147.66
Satt193
al 230
sz 229.55
Satt334
al 212
sz 211.64
Satt191
al 205
sz 205.50
Satt288
al 249
sz 250.48
Satt142
al 151
sz 150.93
Satt442
al 251
sz 251.27
Satt239
al 173
sz 173.52
Satt330
al 151
sz 151.63
Satt380
al 125
sz 124.19
Satt431
al 225
sz 224.84
Satt242
al 201
sz 200.64
Satt588
al 130
sz 130.88
al 167
sz 167.63
Satt373
al 251
sz 250.86
Satt308
al 173
sz 172.69
Satt567
al 109
sz 109.39
Satt551
al 230
sz 230.40
Satt022
al 206
sz 206.76
Sat_084
al 141
sz 141.50
Satt345
al 226
sz 226.72
Satt487
al 195
sz 195.14

44 登科 8 号

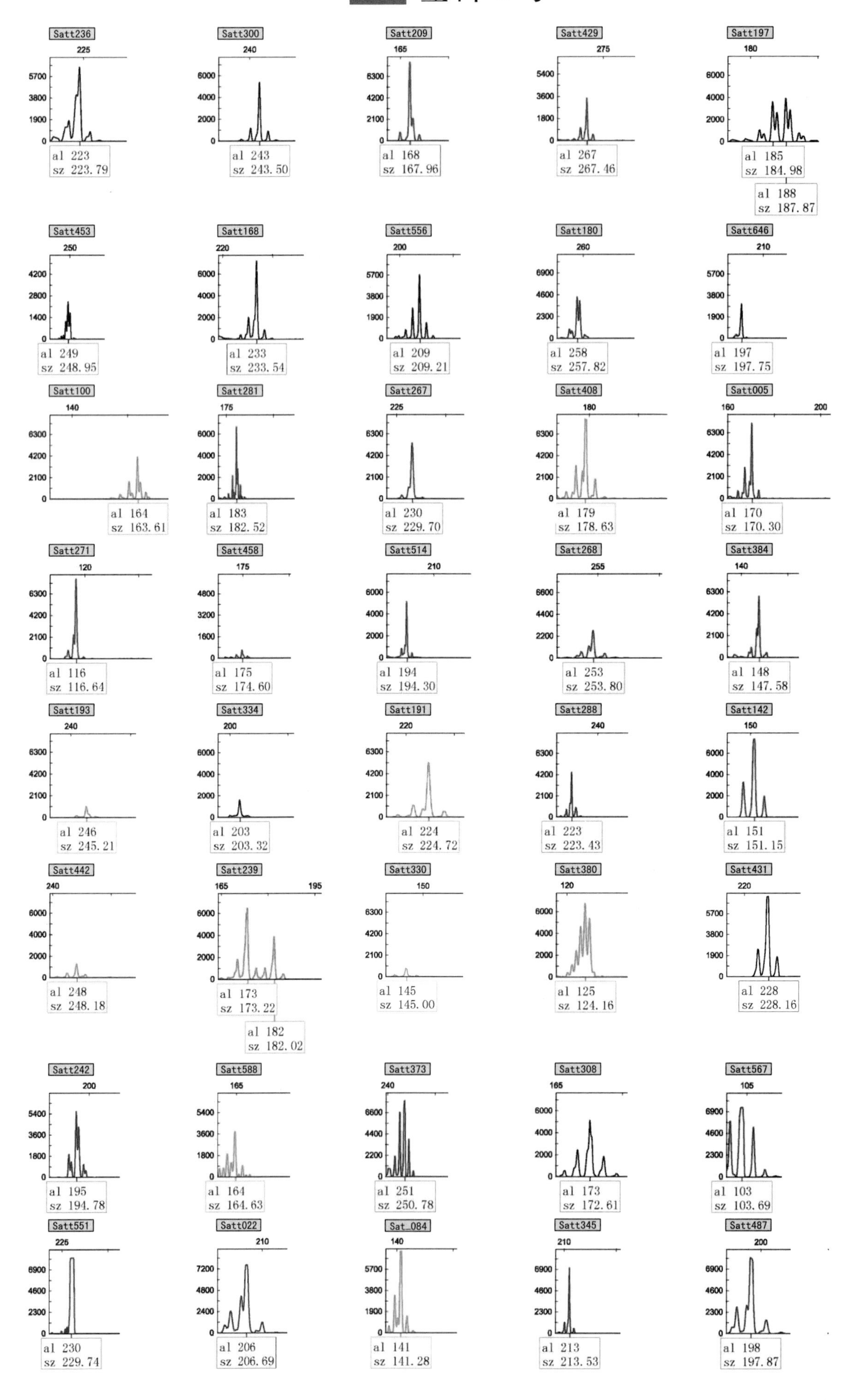

Satt236
al 223
sz 223.79
Satt300
al 243
sz 243.50
Satt209
al 168
sz 167.96
Satt429
al 267
sz 267.46
Satt197
al 185
sz 184.98
al 188
sz 187.87
Satt453
al 249
sz 248.95
Satt168
al 233
sz 233.54
Satt556
al 209
sz 209.21
Satt180
al 258
sz 257.82
Satt646
al 197
sz 197.75
Satt100
al 164
sz 163.61
Satt281
al 183
sz 182.52
Satt267
al 230
sz 229.70
Satt408
al 179
sz 178.63
Satt005
al 170
sz 170.30
Satt271
al 116
sz 116.64
Satt458
al 175
sz 174.60
Satt514
al 194
sz 194.30
Satt268
al 253
sz 253.80
Satt384
al 148
sz 147.58
Satt193
al 246
sz 245.21
Satt334
al 203
sz 203.32
Satt191
al 224
sz 224.72
Satt288
al 223
sz 223.43
Satt142
al 151
sz 151.15
Satt442
al 248
sz 248.18
Satt239
al 173
sz 173.22
al 182
sz 182.02
Satt330
al 145
sz 145.00
Satt380
al 125
sz 124.16
Satt431
al 228
sz 228.16
Satt242
al 195
sz 194.78
Satt588
al 164
sz 164.63
Satt373
al 251
sz 250.78
Satt308
al 173
sz 172.61
Satt567
al 103
sz 103.69
Satt551
al 230
sz 229.74
Satt022
al 206
sz 206.69
Sat_084
al 141
sz 141.28
Satt345
al 213
sz 213.53
Satt487
al 198
sz 197.87

45 东农 3399

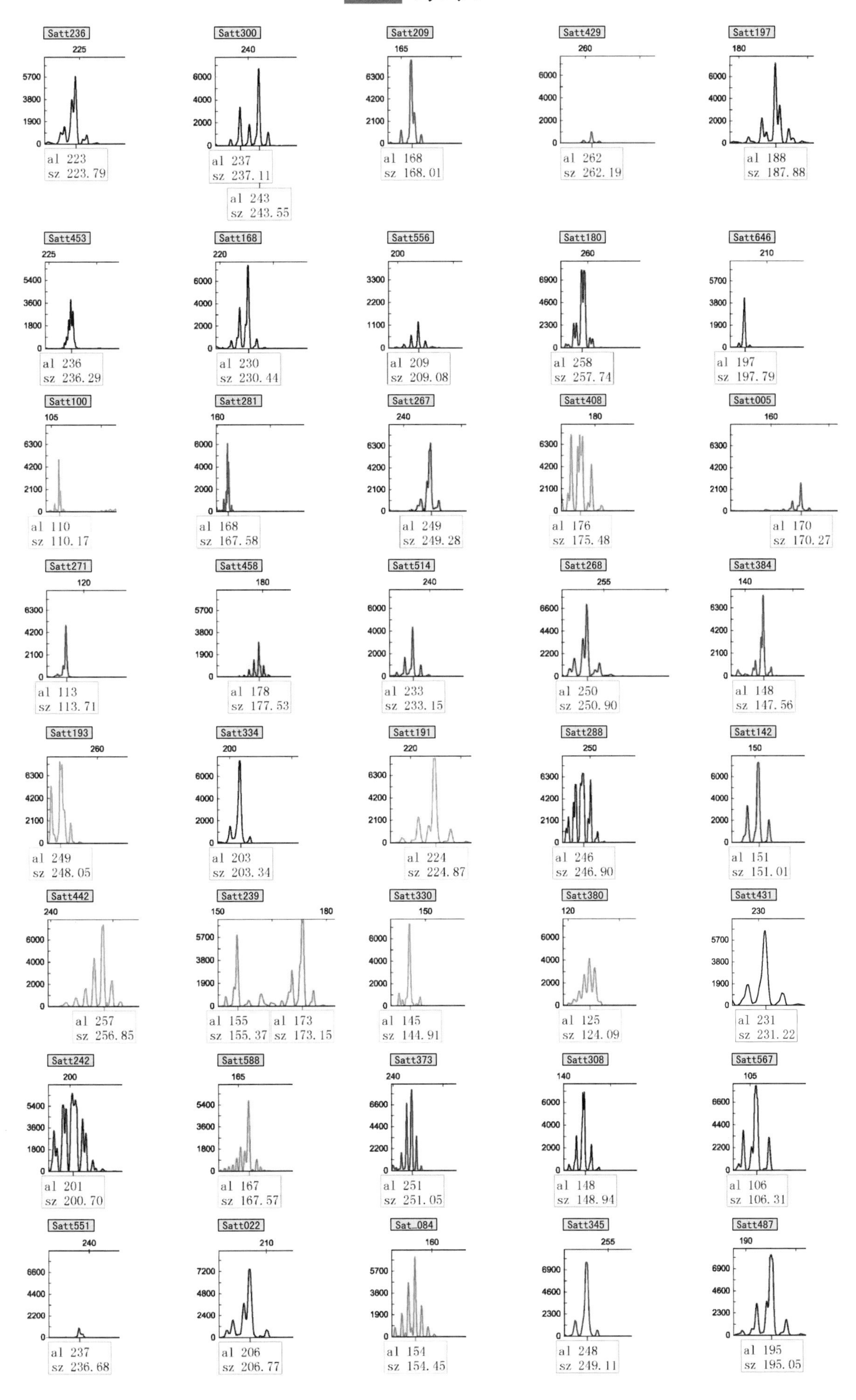

Satt236
al 223
sz 223.79
Satt300
al 237
sz 237.11
al 243
sz 243.55
Satt209
al 168
sz 168.01
Satt429
al 262
sz 262.19
Satt197
al 188
sz 187.88
Satt453
al 236
sz 236.29
Satt168
al 230
sz 230.44
Satt556
al 209
sz 209.08
Satt180
al 258
sz 257.74
Satt646
al 197
sz 197.79
Satt100
al 110
sz 110.17
Satt281
al 168
sz 167.58
Satt267
al 249
sz 249.28
Satt408
al 176
sz 175.48
Satt005
al 170
sz 170.27
Satt271
al 113
sz 113.71
Satt458
al 178
sz 177.53
Satt514
al 233
sz 233.15
Satt268
al 250
sz 250.90
Satt384
al 148
sz 147.56
Satt193
al 249
sz 248.05
Satt334
al 203
sz 203.34
Satt191
al 224
sz 224.87
Satt288
al 246
sz 246.90
Satt142
al 151
sz 151.01
Satt442
al 257
sz 256.85
Satt239
al 155
sz 155.37
al 173
sz 173.15
Satt330
al 145
sz 144.91
Satt380
al 125
sz 124.09
Satt431
al 231
sz 231.22
Satt242
al 201
sz 200.70
Satt588
al 167
sz 167.57
Satt373
al 251
sz 251.05
Satt308
al 148
sz 148.94
Satt567
al 106
sz 106.31
Satt551
al 237
sz 236.68
Satt022
al 206
sz 206.77
Sat_084
al 154
sz 154.45
Satt345
al 248
sz 249.11
Satt487
al 195
sz 195.05

46 东农 51

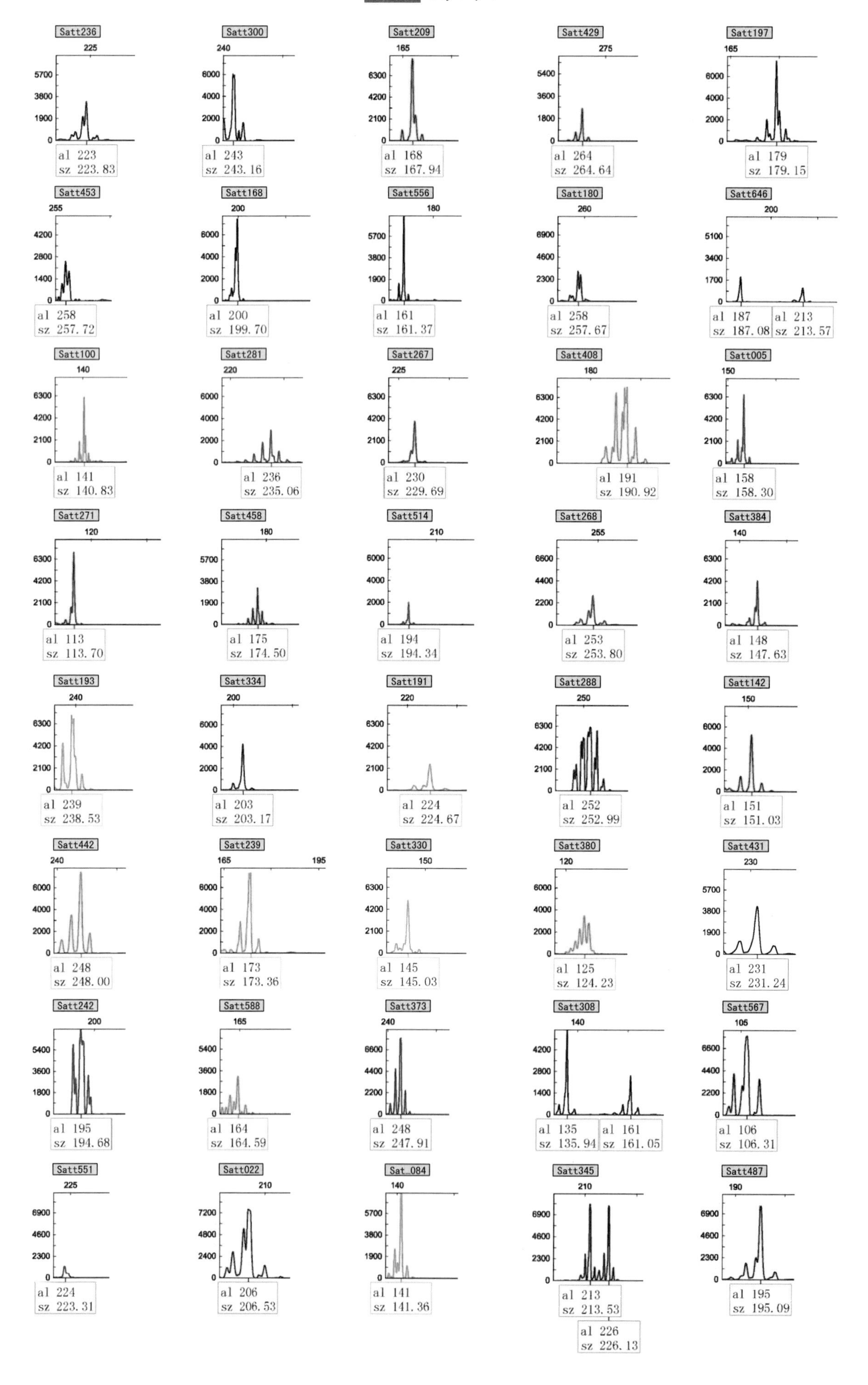
Satt236
al 223
sz 223.83
Satt300
al 243
sz 243.16
Satt209
al 168
sz 167.94
Satt429
al 264
sz 264.64
Satt197
al 179
sz 179.15
Satt453
al 258
sz 257.72
Satt168
al 200
sz 199.70
Satt556
al 161
sz 161.37
Satt180
al 258
sz 257.67
Satt646
al 187
sz 187.08
al 213
sz 213.57
Satt100
al 141
sz 140.83
Satt281
al 236
sz 235.06
Satt267
al 230
sz 229.69
Satt408
al 191
sz 190.92
Satt005
al 158
sz 158.30
Satt271
al 113
sz 113.70
Satt458
al 175
sz 174.50
Satt514
al 194
sz 194.34
Satt268
al 253
sz 253.80
Satt384
al 148
sz 147.63
Satt193
al 239
sz 238.53
Satt334
al 203
sz 203.17
Satt191
al 224
sz 224.67
Satt288
al 252
sz 252.99
Satt142
al 151
sz 151.03
Satt442
al 248
sz 248.00
Satt239
al 173
sz 173.36
Satt330
al 145
sz 145.03
Satt380
al 125
sz 124.23
Satt431
al 231
sz 231.24
Satt242
al 195
sz 194.68
Satt588
al 164
sz 164.59
Satt373
al 248
sz 247.91
Satt308
al 135
sz 135.94
al 161
sz 161.05
Satt567
al 106
sz 106.31
Satt551
al 224
sz 223.31
Satt022
al 206
sz 206.53
Sat_084
al 141
sz 141.36
Satt345
al 213
sz 213.53
al 226
sz 226.13
Satt487
al 195
sz 195.09

47 东农 53

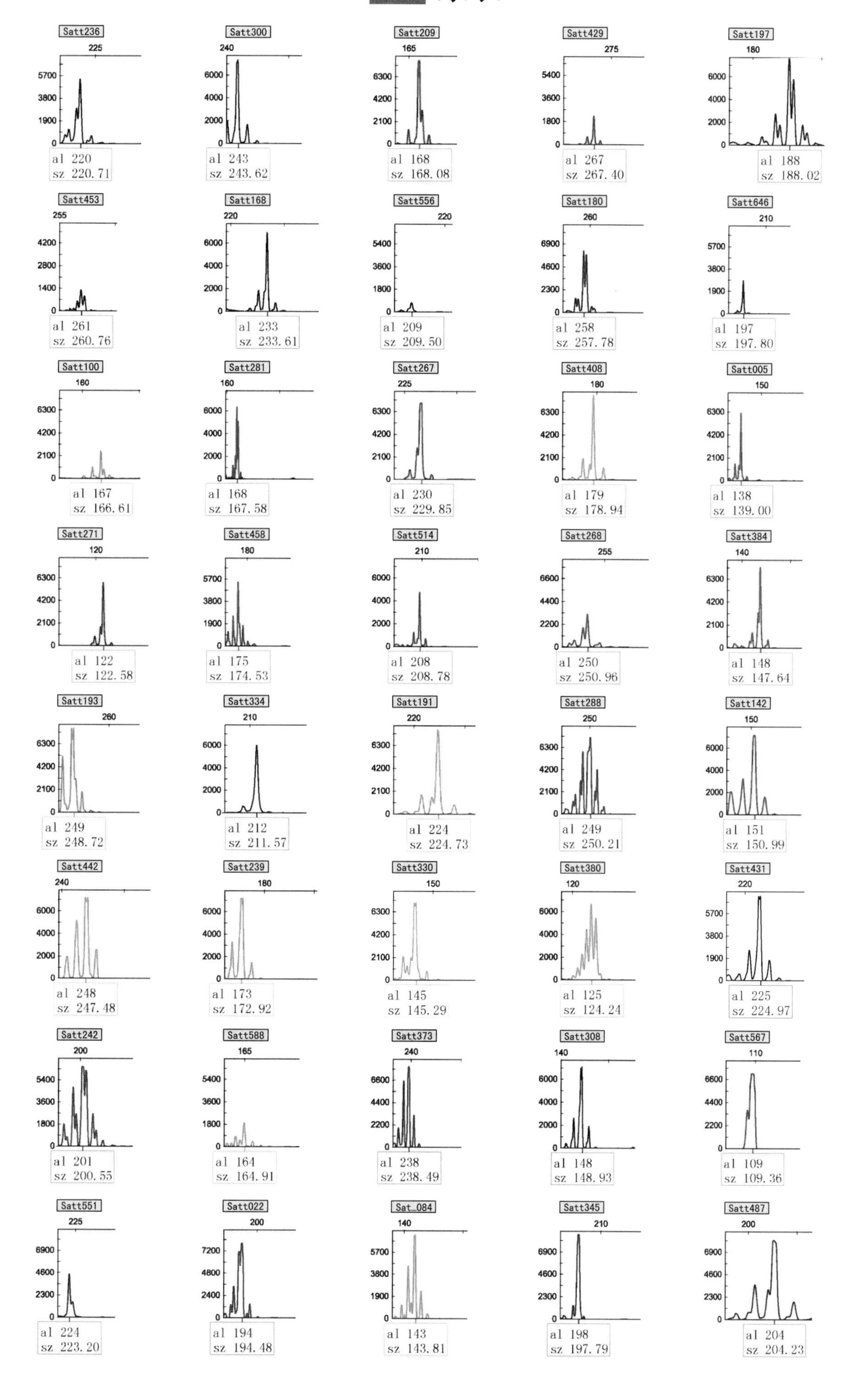
Satt236
al 220
sz 220.71
Satt300
al 243
sz 243.62
Satt209
al 168
sz 168.08
Satt429
al 267
sz 267.40
Satt197
al 188
sz 188.02
Satt453
al 261
sz 260.76
Satt168
al 233
sz 233.61
Satt556
al 209
sz 209.50
Satt180
al 258
sz 257.78
Satt646
al 197
sz 197.80
Satt100
al 167
sz 166.61
Satt281
al 168
sz 167.58
Satt267
al 230
sz 229.85
Satt408
al 179
sz 178.94
Satt005
al 138
sz 139.00
Satt271
al 122
sz 122.58
Satt458
al 175
sz 174.53
Satt514
al 208
sz 208.78
Satt268
al 250
sz 250.96
Satt384
al 148
sz 147.64
Satt193
al 249
sz 248.72
Satt334
al 212
sz 211.57
Satt191
al 224
sz 224.73
Satt288
al 249
sz 250.21
Satt142
al 151
sz 150.99
Satt442
al 248
sz 247.48
Satt239
al 173
sz 172.92
Satt330
al 145
sz 145.29
Satt380
al 125
sz 124.24
Satt431
al 225
sz 224.97
Satt242
al 201
sz 200.55
Satt588
al 164
sz 164.91
Satt373
al 238
sz 238.49
Satt308
al 148
sz 148.93
Satt567
al 109
sz 109.36
Satt551
al 224
sz 223.20
Satt022
al 194
sz 194.48
Sat_084
al 143
sz 143.81
Satt345
al 198
sz 197.79
Satt487
al 204
sz 204.23

48 东农 56

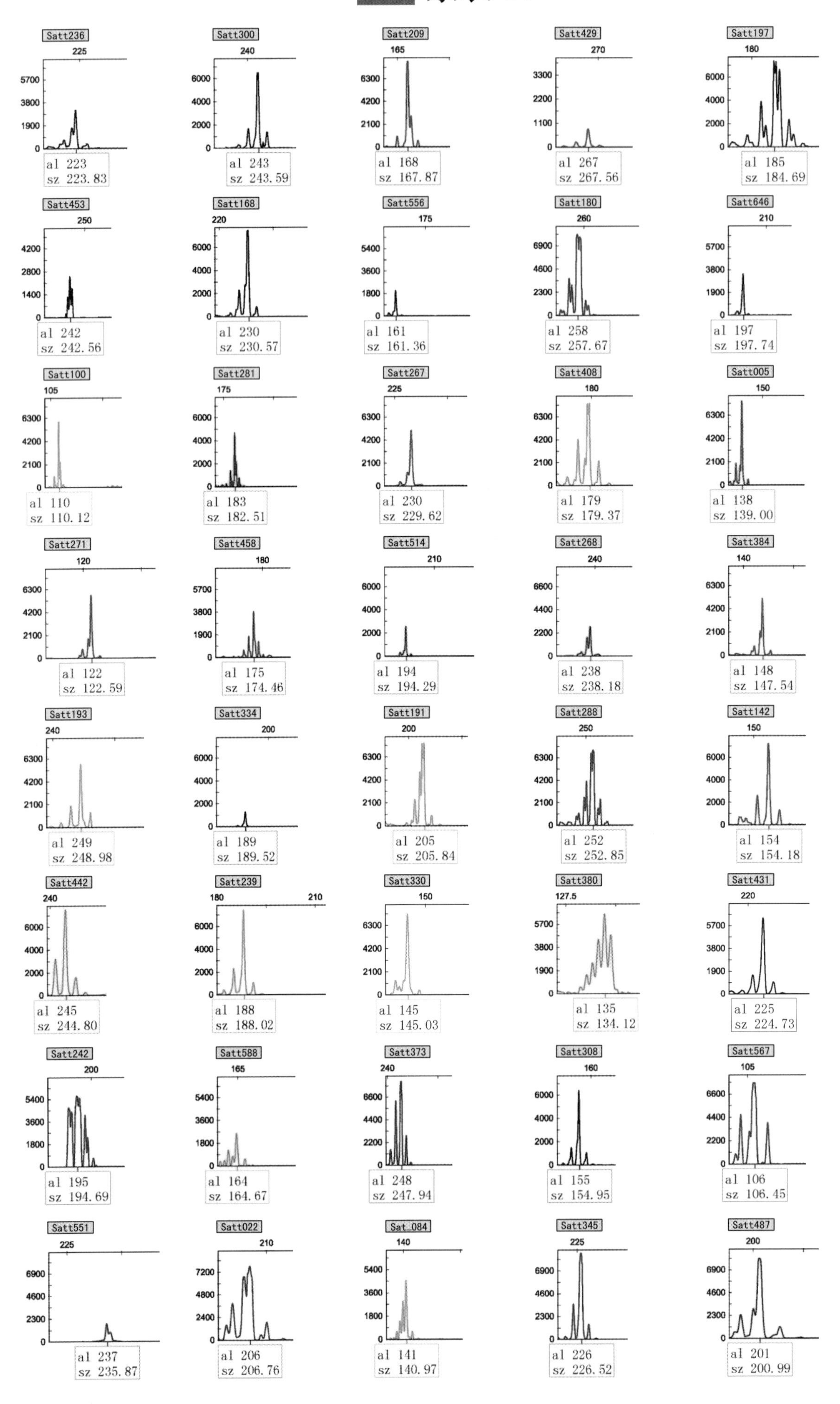

Satt236
al 223
sz 223.83
Satt300
al 243
sz 243.59
Satt209
al 168
sz 167.87
Satt429
al 267
sz 267.56
Satt197
al 185
sz 184.69
Satt453
al 242
sz 242.56
Satt168
al 230
sz 230.57
Satt556
al 161
sz 161.36
Satt180
al 258
sz 257.67
Satt646
al 197
sz 197.74
Satt100
al 110
sz 110.12
Satt281
al 183
sz 182.51
Satt267
al 230
sz 229.62
Satt408
al 179
sz 179.37
Satt005
al 138
sz 139.00
Satt271
al 122
sz 122.59
Satt458
al 175
sz 174.46
Satt514
al 194
sz 194.29
Satt268
al 238
sz 238.18
Satt384
al 148
sz 147.54
Satt193
al 249
sz 248.98
Satt334
al 189
sz 189.52
Satt191
al 205
sz 205.84
Satt288
al 252
sz 252.85
Satt142
al 154
sz 154.18
Satt442
al 245
sz 244.80
Satt239
al 188
sz 188.02
Satt330
al 145
sz 145.03
Satt380
al 135
sz 134.12
Satt431
al 225
sz 224.73
Satt242
al 195
sz 194.69
Satt588
al 164
sz 164.67
Satt373
al 248
sz 247.94
Satt308
al 155
sz 154.95
Satt567
al 106
sz 106.45
Satt551
al 237
sz 235.87
Satt022
al 206
sz 206.76
Sat_084
al 141
sz 140.97
Satt345
al 226
sz 226.52
Satt487
al 201
sz 200.99

49 东农 59

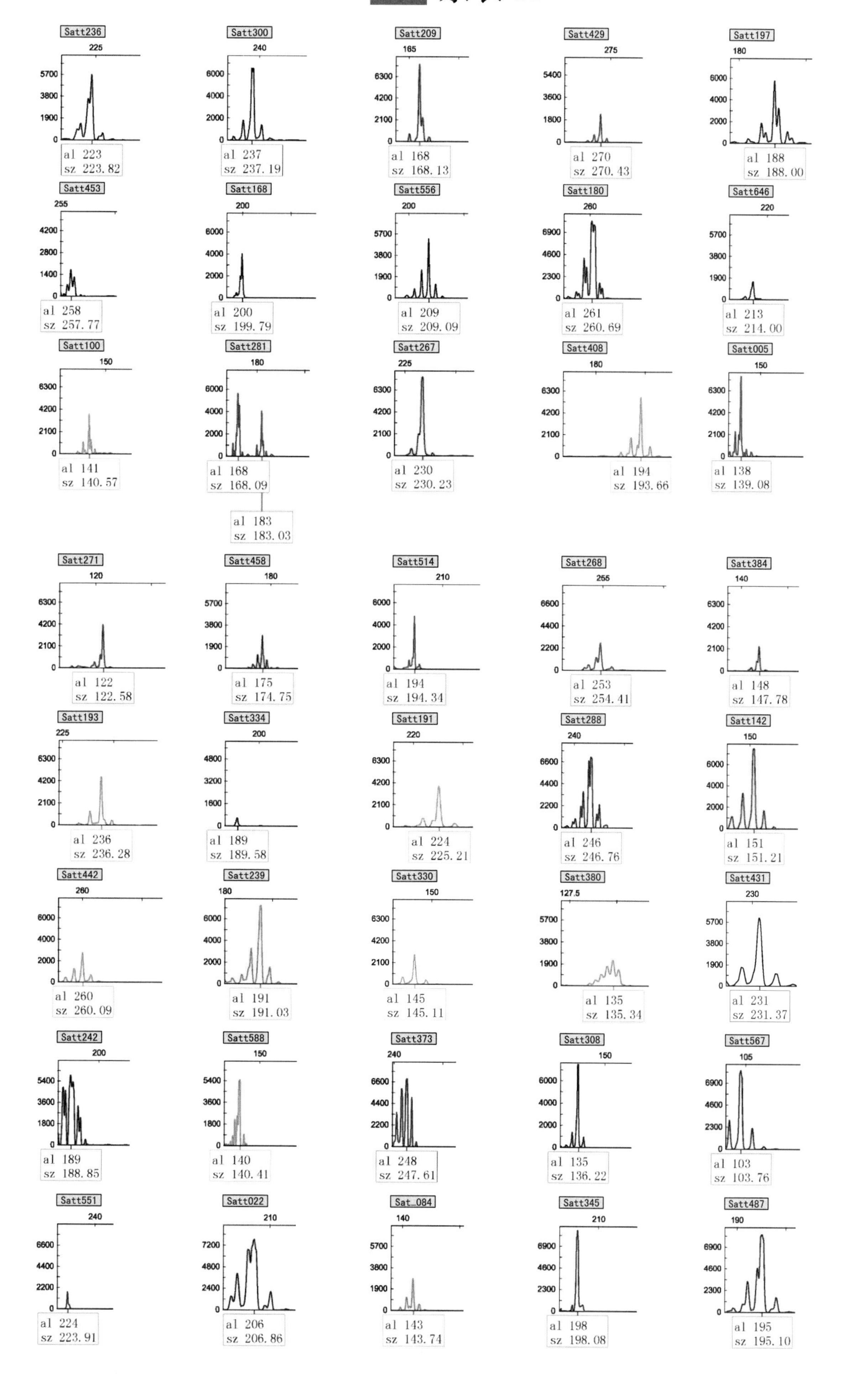
Satt236
al 223
sz 223.82
Satt300
al 237
sz 237.19
Satt209
al 168
sz 168.13
Satt429
al 270
sz 270.43
Satt197
al 188
sz 188.00
Satt453
al 258
sz 257.77
Satt168
al 200
sz 199.79
Satt556
al 209
sz 209.09
Satt180
al 261
sz 260.69
Satt646
al 213
sz 214.00
Satt100
al 141
sz 140.57
Satt281
al 168
sz 168.09
al 183
sz 183.03
Satt267
al 230
sz 230.23
Satt408
al 194
sz 193.66
Satt005
al 138
sz 139.08
Satt271
al 122
sz 122.58
Satt458
al 175
sz 174.75
Satt514
al 194
sz 194.34
Satt268
al 253
sz 254.41
Satt384
al 148
sz 147.78
Satt193
al 236
sz 236.28
Satt334
al 189
sz 189.58
Satt191
al 224
sz 225.21
Satt288
al 246
sz 246.76
Satt142
al 151
sz 151.21
Satt442
al 260
sz 260.09
Satt239
al 191
sz 191.03
Satt330
al 145
sz 145.11
Satt380
al 135
sz 135.34
Satt431
al 231
sz 231.37
Satt242
al 189
sz 188.85
Satt588
al 140
sz 140.41
Satt373
al 248
sz 247.61
Satt308
al 135
sz 136.22
Satt567
al 103
sz 103.76
Satt551
al 224
sz 223.91
Satt022
al 206
sz 206.86
Sat_084
al 143
sz 143.74
Satt345
al 198
sz 198.08
Satt487
al 195
sz 195.10

50 东农 60

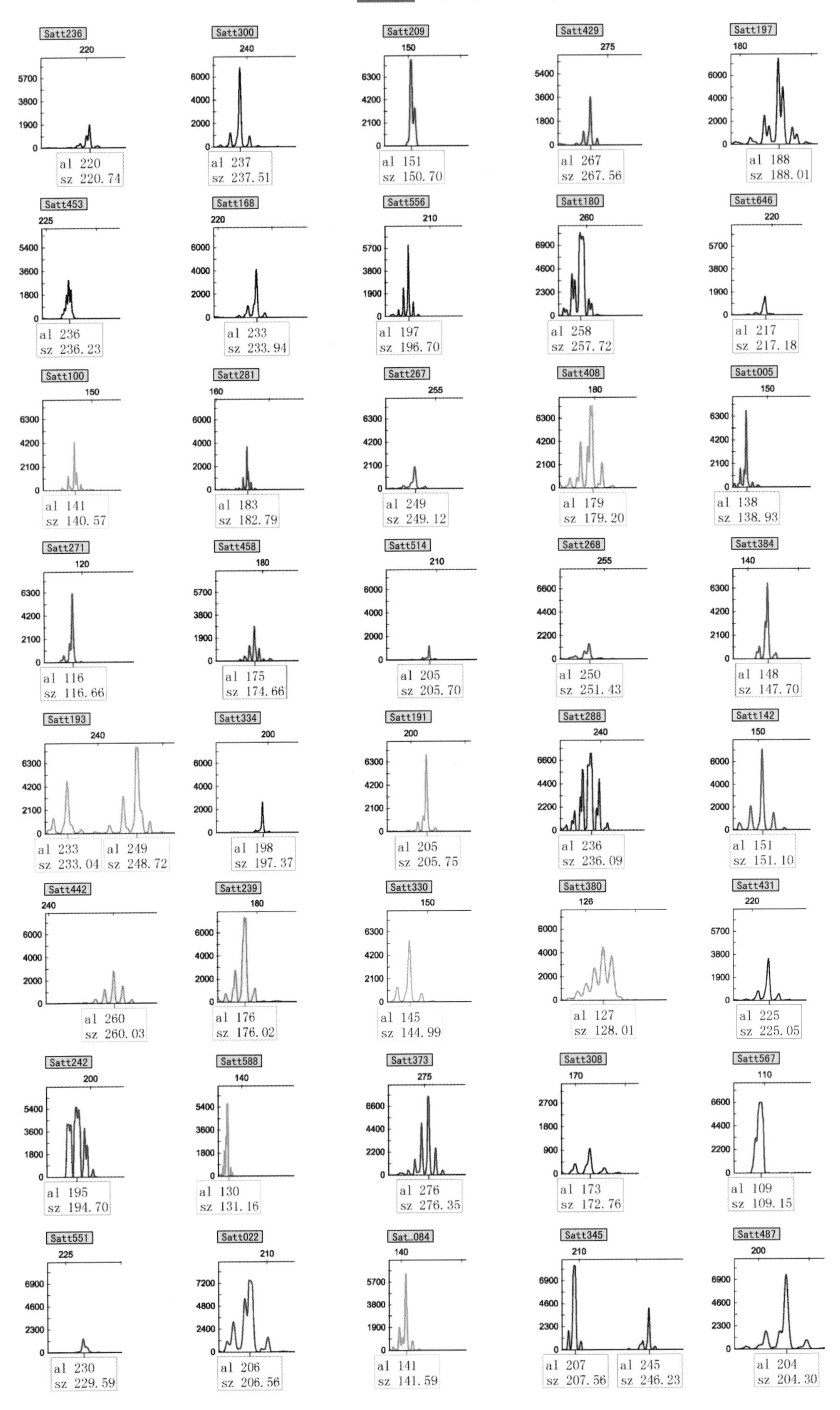

Satt236
al 220
sz 220.74
Satt300
al 237
sz 237.51
Satt209
al 151
sz 150.70
Satt429
al 267
sz 267.56
Satt197
al 188
sz 188.01
Satt453
al 236
sz 236.23
Satt168
al 233
sz 233.94
Satt556
al 197
sz 196.70
Satt180
al 258
sz 257.72
Satt646
al 217
sz 217.18
Satt100
al 141
sz 140.57
Satt281
al 183
sz 182.79
Satt267
al 249
sz 249.12
Satt408
al 179
sz 179.20
Satt005
al 138
sz 138.93
Satt271
al 116
sz 116.66
Satt458
al 175
sz 174.66
Satt514
al 205
sz 205.70
Satt268
al 250
sz 251.43
Satt384
al 148
sz 147.70
Satt193
al 233
sz 233.04
al 249
sz 248.72
Satt334
al 198
sz 197.37
Satt191
al 205
sz 205.75
Satt288
al 236
sz 236.09
Satt142
al 151
sz 151.10
Satt442
al 260
sz 260.03
Satt239
al 176
sz 176.02
Satt330
al 145
sz 144.99
Satt380
al 127
sz 128.01
Satt431
al 225
sz 225.05
Satt242
al 195
sz 194.70
Satt588
al 130
sz 131.16
Satt373
al 276
sz 276.35
Satt308
al 173
sz 172.76
Satt567
al 109
sz 109.15
Satt551
al 230
sz 229.59
Satt022
al 206
sz 206.56
Sat_084
al 141
sz 141.59
Satt345
al 207
sz 207.56
al 245
sz 246.23
Satt487
al 204
sz 204.30

51 东农豆 251

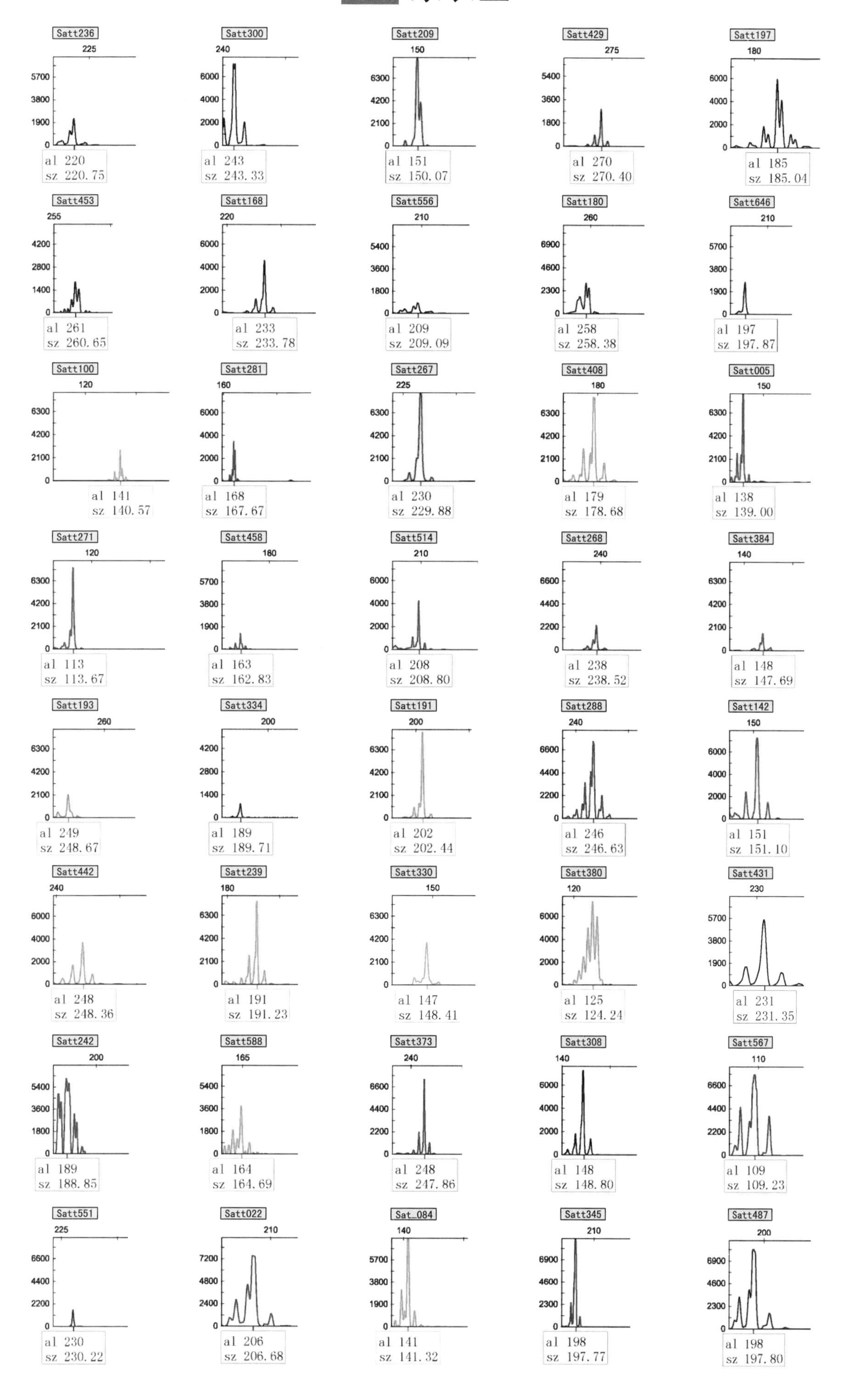

Satt236
al 220
sz 220.75
Satt300
al 243
sz 243.33
Satt209
al 151
sz 150.07
Satt429
al 270
sz 270.40
Satt197
al 185
sz 185.04
Satt453
al 261
sz 260.65
Satt168
al 233
sz 233.78
Satt556
al 209
sz 209.09
Satt180
al 258
sz 258.38
Satt646
al 197
sz 197.87
Satt100
al 141
sz 140.57
Satt281
al 168
sz 167.67
Satt267
al 230
sz 229.88
Satt408
al 179
sz 178.68
Satt005
al 138
sz 139.00
Satt271
al 113
sz 113.67
Satt458
al 163
sz 162.83
Satt514
al 208
sz 208.80
Satt268
al 238
sz 238.52
Satt384
al 148
sz 147.69
Satt193
al 249
sz 248.67
Satt334
al 189
sz 189.71
Satt191
al 202
sz 202.44
Satt288
al 246
sz 246.63
Satt142
al 151
sz 151.10
Satt442
al 248
sz 248.36
Satt239
al 191
sz 191.23
Satt330
al 147
sz 148.41
Satt380
al 125
sz 124.24
Satt431
al 231
sz 231.35
Satt242
al 189
sz 188.85
Satt588
al 164
sz 164.69
Satt373
al 248
sz 247.86
Satt308
al 148
sz 148.80
Satt567
al 109
sz 109.23
Satt551
al 230
sz 230.22
Satt022
al 206
sz 206.68
Sat_084
al 141
sz 141.32
Satt345
al 198
sz 197.77
Satt487
al 198
sz 197.80

52 东农豆 252

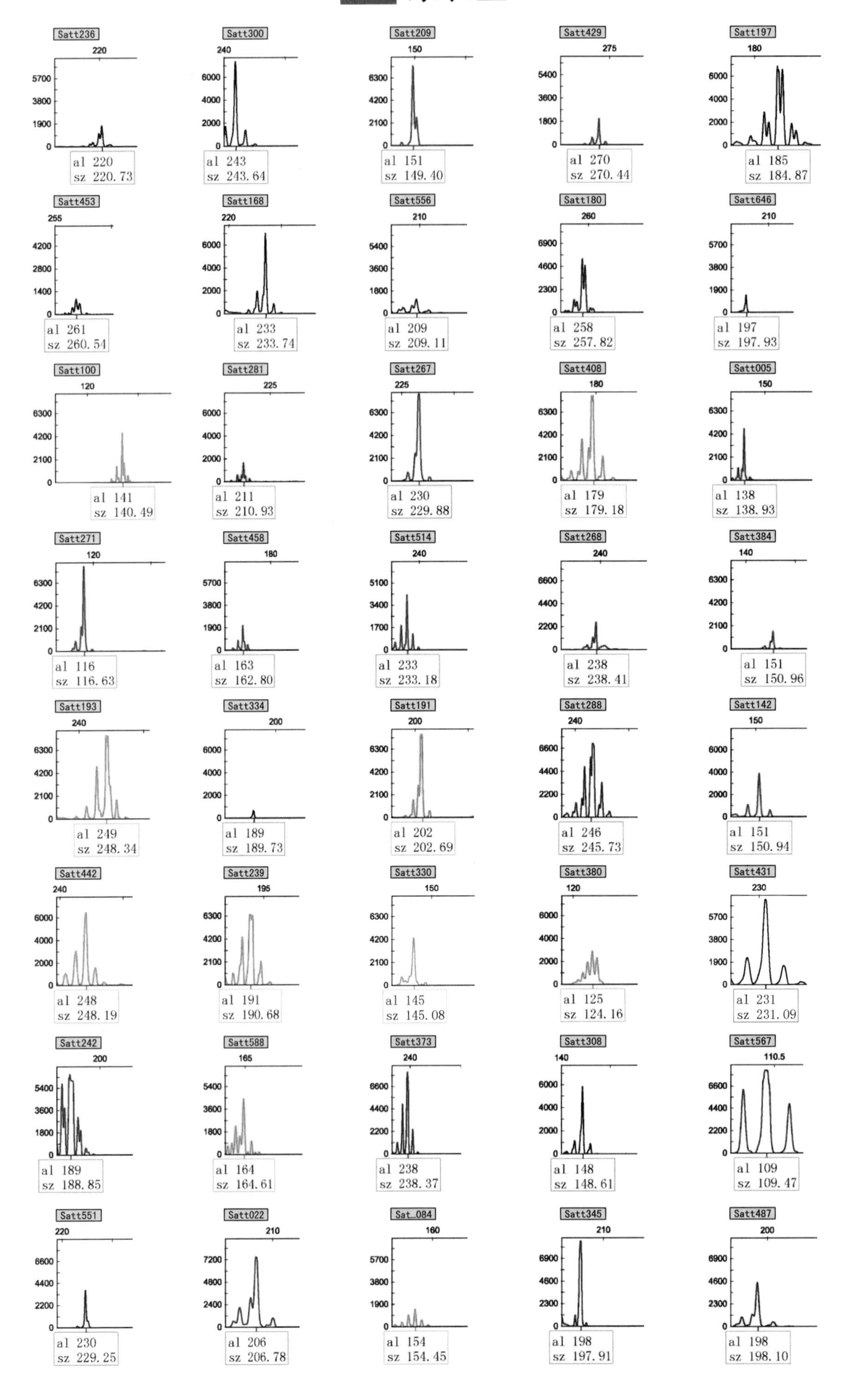
Satt236 220
al 220
sz 220.73
Satt300 240
al 243
sz 243.64
Satt209 150
al 151
sz 149.40
Satt429 275
al 270
sz 270.44
Satt197 180
al 185
sz 184.87
Satt453 255
al 261
sz 260.54
Satt168 220
al 233
sz 233.74
Satt556 210
al 209
sz 209.11
Satt180 260
al 258
sz 257.82
Satt646 210
al 197
sz 197.93
Satt100 120
al 141
sz 140.49
Satt281 225
al 211
sz 210.93
Satt267 225
al 230
sz 229.88
Satt408 180
al 179
sz 179.18
Satt005 150
al 138
sz 138.93
Satt271 120
al 116
sz 116.63
Satt458 180
al 163
sz 162.80
Satt514 240
al 233
sz 233.18
Satt268 240
al 238
sz 238.41
Satt384 140
al 151
sz 150.96
Satt193 240
al 249
sz 248.34
Satt334 200
al 189
sz 189.73
Satt191 200
al 202
sz 202.69
Satt288 240
al 246
sz 245.73
Satt142 150
al 151
sz 150.94
Satt442 240
al 248
sz 248.19
Satt239 195
al 191
sz 190.68
Satt330 150
al 145
sz 145.08
Satt380 120
al 125
sz 124.16
Satt431 230
al 231
sz 231.09
Satt242 200
al 189
sz 188.85
Satt588 165
al 164
sz 164.61
Satt373 240
al 238
sz 238.37
Satt308 140
al 148
sz 148.61
Satt567 110.5
al 109
sz 109.47
Satt551 220
al 230
sz 229.25
Satt022 210
al 206
sz 206.78
Sat_084 160
al 154
sz 154.45
Satt345 210
al 198
sz 197.91
Satt487 200
al 198
sz 198.10

53 东农豆 253

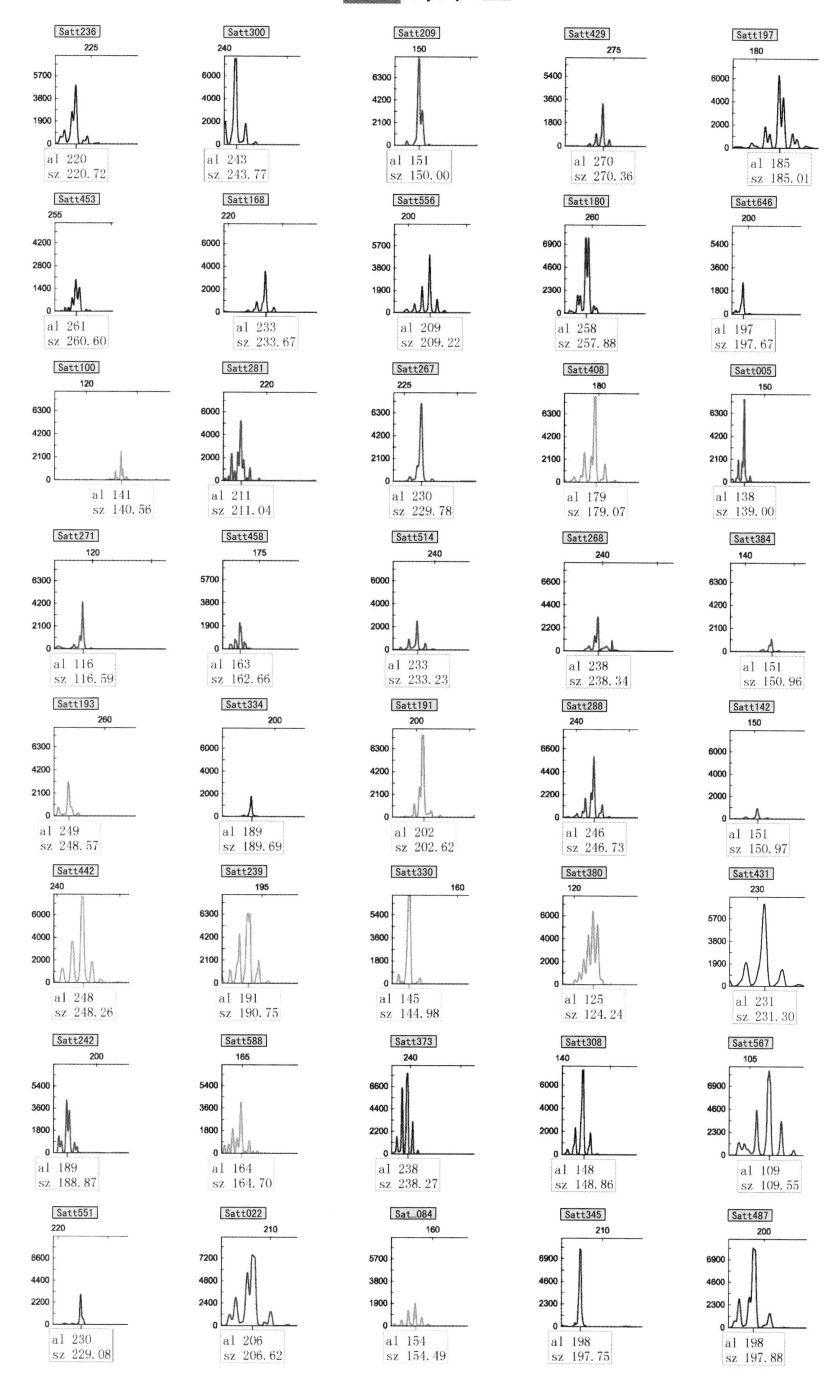

Satt236
al 220
sz 220.72
Satt300
al 243
sz 243.77
Satt209
al 151
sz 150.00
Satt429
al 270
sz 270.36
Satt197
al 185
sz 185.01
Satt453
al 261
sz 260.60
Satt168
al 233
sz 233.67
Satt556
al 209
sz 209.22
Satt180
al 258
sz 257.88
Satt646
al 197
sz 197.67
Satt100
al 141
sz 140.56
Satt281
al 211
sz 211.04
Satt267
al 230
sz 229.78
Satt408
al 179
sz 179.07
Satt005
al 138
sz 139.00
Satt271
al 116
sz 116.59
Satt458
al 163
sz 162.66
Satt514
al 233
sz 233.23
Satt268
al 238
sz 238.34
Satt384
al 151
sz 150.96
Satt193
al 249
sz 248.57
Satt334
al 189
sz 189.69
Satt191
al 202
sz 202.62
Satt288
al 246
sz 246.73
Satt142
al 151
sz 150.97
Satt442
al 248
sz 248.26
Satt239
al 191
sz 190.75
Satt330
al 145
sz 144.98
Satt380
al 125
sz 124.24
Satt431
al 231
sz 231.30
Satt242
al 189
sz 188.87
Satt588
al 164
sz 164.70
Satt373
al 238
sz 238.27
Satt308
al 148
sz 148.86
Satt567
al 109
sz 109.55
Satt551
al 230
sz 229.08
Satt022
al 206
sz 206.62
Sat_084
al 154
sz 154.49
Satt345
al 198
sz 197.75
Satt487
al 198
sz 197.88

54 东生 5 号

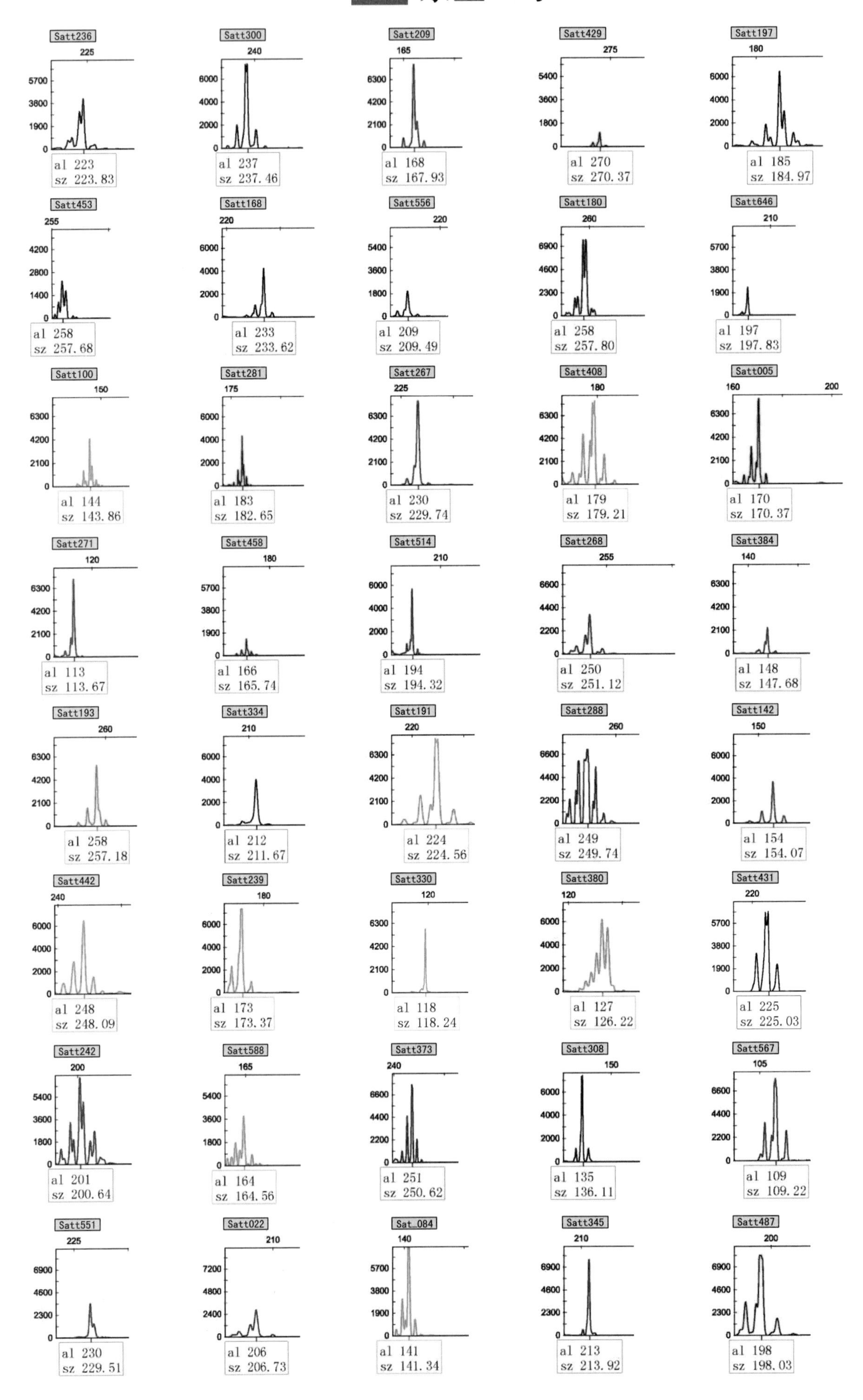
Satt236
al 223
sz 223.83
Satt300
al 237
sz 237.46
Satt209
al 168
sz 167.93
Satt429
al 270
sz 270.37
Satt197
al 185
sz 184.97
Satt453
al 258
sz 257.68
Satt168
al 233
sz 233.62
Satt556
al 209
sz 209.49
Satt180
al 258
sz 257.80
Satt646
al 197
sz 197.83
Satt100
al 144
sz 143.86
Satt281
al 183
sz 182.65
Satt267
al 230
sz 229.74
Satt408
al 179
sz 179.21
Satt005
al 170
sz 170.37
Satt271
al 113
sz 113.67
Satt458
al 166
sz 165.74
Satt514
al 194
sz 194.32
Satt268
al 250
sz 251.12
Satt384
al 148
sz 147.68
Satt193
al 258
sz 257.18
Satt334
al 212
sz 211.67
Satt191
al 224
sz 224.56
Satt288
al 249
sz 249.74
Satt142
al 154
sz 154.07
Satt442
al 248
sz 248.09
Satt239
al 173
sz 173.37
Satt330
al 118
sz 118.24
Satt380
al 127
sz 126.22
Satt431
al 225
sz 225.03
Satt242
al 201
sz 200.64
Satt588
al 164
sz 164.56
Satt373
al 251
sz 250.62
Satt308
al 135
sz 136.11
Satt567
al 109
sz 109.22
Satt551
al 230
sz 229.51
Satt022
al 206
sz 206.73
Sat_084
al 141
sz 141.34
Satt345
al 213
sz 213.92
Satt487
al 198
sz 198.03

55 东生6号

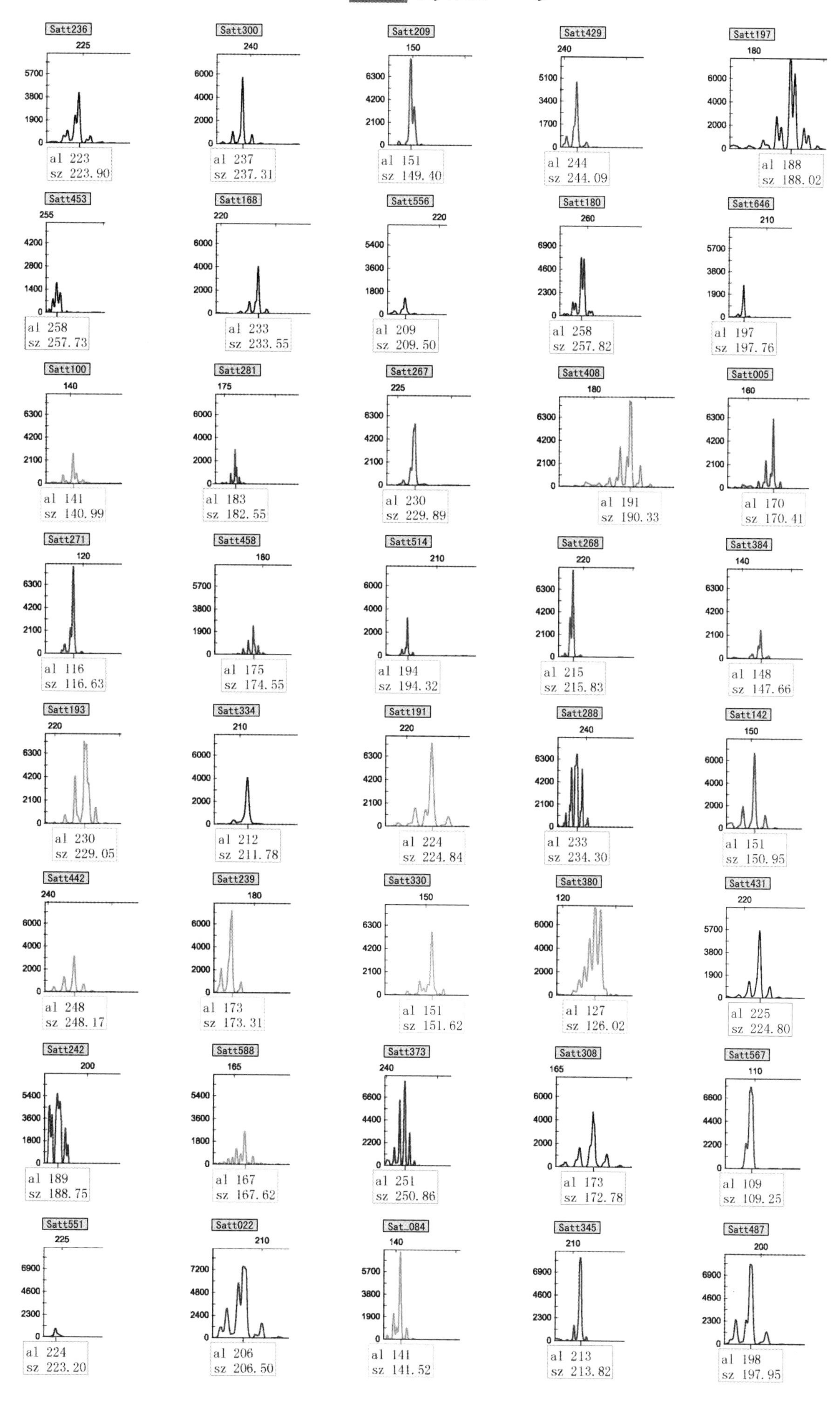

Satt236
al 223
sz 223.90
Satt300
al 237
sz 237.31
Satt209
al 151
sz 149.40
Satt429
al 244
sz 244.09
Satt197
al 188
sz 188.02
Satt453
al 258
sz 257.73
Satt168
al 233
sz 233.55
Satt556
al 209
sz 209.50
Satt180
al 258
sz 257.82
Satt646
al 197
sz 197.76
Satt100
al 141
sz 140.99
Satt281
al 183
sz 182.55
Satt267
al 230
sz 229.89
Satt408
al 191
sz 190.33
Satt005
al 170
sz 170.41
Satt271
al 116
sz 116.63
Satt458
al 175
sz 174.55
Satt514
al 194
sz 194.32
Satt268
al 215
sz 215.83
Satt384
al 148
sz 147.66
Satt193
al 230
sz 229.05
Satt334
al 212
sz 211.78
Satt191
al 224
sz 224.84
Satt288
al 233
sz 234.30
Satt142
al 151
sz 150.95
Satt442
al 248
sz 248.17
Satt239
al 173
sz 173.31
Satt330
al 151
sz 151.62
Satt380
al 127
sz 126.02
Satt431
al 225
sz 224.80
Satt242
al 189
sz 188.75
Satt588
al 167
sz 167.62
Satt373
al 251
sz 250.86
Satt308
al 173
sz 172.78
Satt567
al 109
sz 109.25
Satt551
al 224
sz 223.20
Satt022
al 206
sz 206.50
Sat_084
al 141
sz 141.52
Satt345
al 213
sz 213.82
Satt487
al 198
sz 197.95

56 东生7号

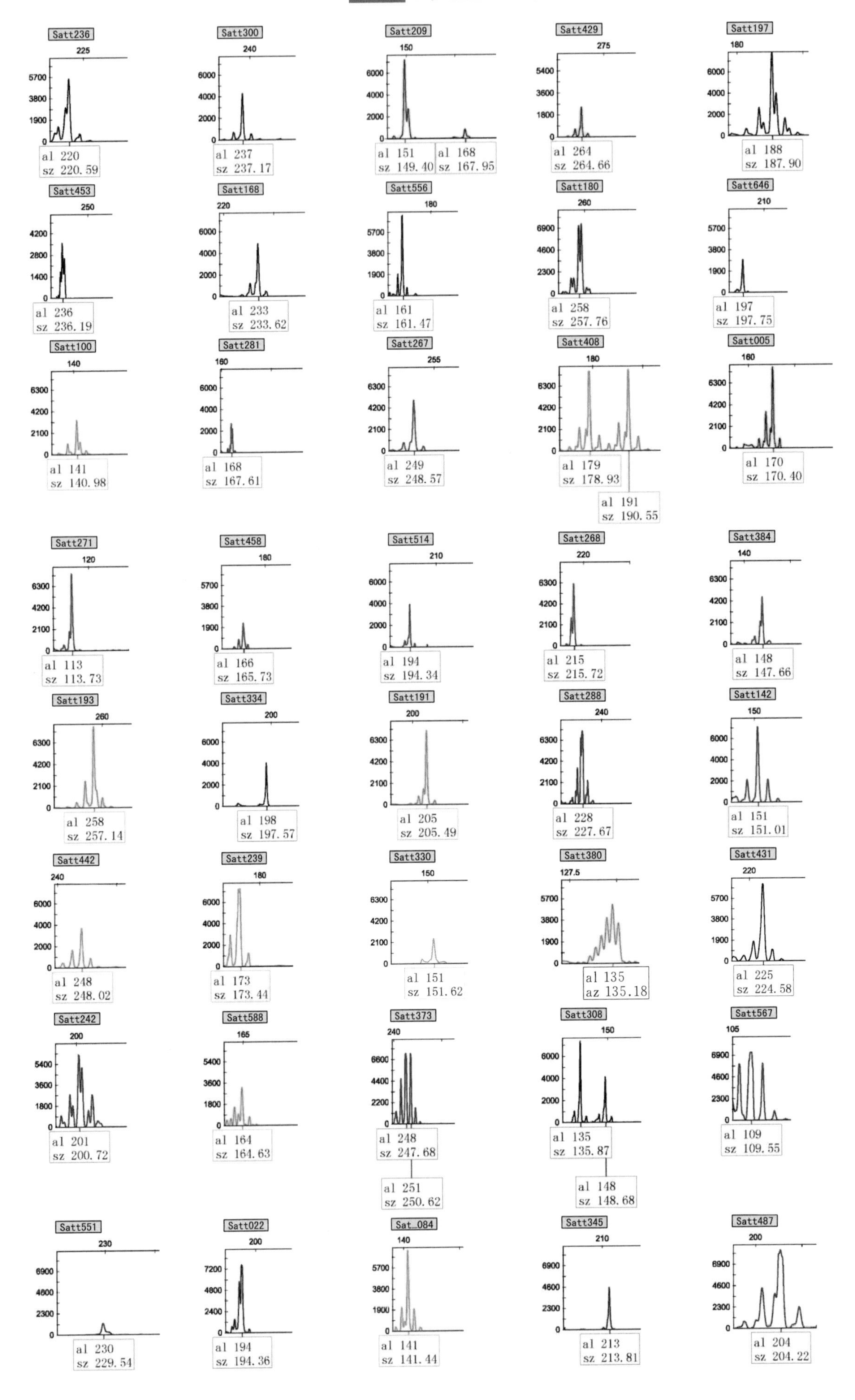
Satt236
al 220
sz 220.59
Satt300
al 237
sz 237.17
Satt209
al 151
sz 149.40
al 168
sz 167.95
Satt429
al 264
sz 264.66
Satt197
al 188
sz 187.90
Satt453
al 236
sz 236.19
Satt168
al 233
sz 233.62
Satt556
al 161
sz 161.47
Satt180
al 258
sz 257.76
Satt646
al 197
sz 197.75
Satt100
al 141
sz 140.98
Satt281
al 168
sz 167.61
Satt267
al 249
sz 248.57
Satt408
al 179
sz 178.93
al 191
sz 190.55
Satt005
al 170
sz 170.40
Satt271
al 113
sz 113.73
Satt458
al 166
sz 165.73
Satt514
al 194
sz 194.34
Satt268
al 215
sz 215.72
Satt384
al 148
sz 147.66
Satt193
al 258
sz 257.14
Satt334
al 198
sz 197.57
Satt191
al 205
sz 205.49
Satt288
al 228
sz 227.67
Satt142
al 151
sz 151.01
Satt442
al 248
sz 248.02
Satt239
al 173
sz 173.44
Satt330
al 151
sz 151.62
Satt380
al 135
az 135.18
Satt431
al 225
sz 224.58
Satt242
al 201
sz 200.72
Satt588
al 164
sz 164.63
Satt373
al 248
sz 247.68
al 251
sz 250.62
Satt308
al 135
sz 135.87
al 148
sz 148.68
Satt567
al 109
sz 109.55
Satt551
al 230
sz 229.54
Satt022
al 194
sz 194.36
Sat_084
al 141
sz 141.44
Satt345
al 213
sz 213.81
Satt487
al 204
sz 204.22

57 广兴黑大豆 1 号

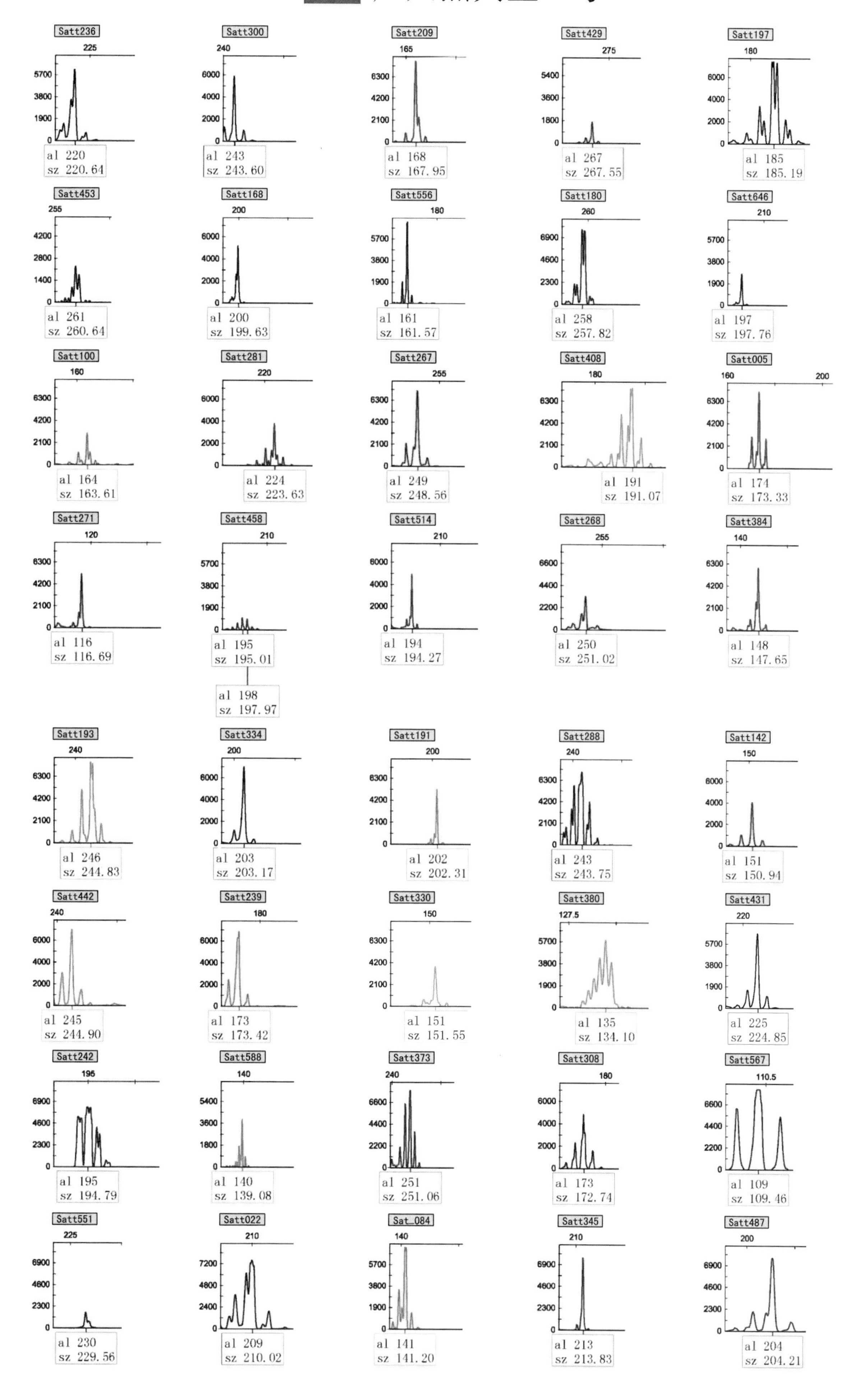
Satt236
al 220
sz 220.64
Satt300
al 243
sz 243.60
Satt209
al 168
sz 167.95
Satt429
al 267
sz 267.55
Satt197
al 185
sz 185.19
Satt453
al 261
sz 260.64
Satt168
al 200
sz 199.63
Satt556
al 161
sz 161.57
Satt180
al 258
sz 257.82
Satt646
al 197
sz 197.76
Satt100
al 164
sz 163.61
Satt281
al 224
sz 223.63
Satt267
al 249
sz 248.56
Satt408
al 191
sz 191.07
Satt005
al 174
sz 173.33
Satt271
al 116
sz 116.69
Satt458
al 195
sz 195.01
al 198
sz 197.97
Satt514
al 194
sz 194.27
Satt268
al 250
sz 251.02
Satt384
al 148
sz 147.65
Satt193
al 246
sz 244.83
Satt334
al 203
sz 203.17
Satt191
al 202
sz 202.31
Satt288
al 243
sz 243.75
Satt142
al 151
sz 150.94
Satt442
al 245
sz 244.90
Satt239
al 173
sz 173.42
Satt330
al 151
sz 151.55
Satt380
al 135
sz 134.10
Satt431
al 225
sz 224.85
Satt242
al 195
sz 194.79
Satt588
al 140
sz 139.08
Satt373
al 251
sz 251.06
Satt308
al 173
sz 172.74
Satt567
al 109
sz 109.46
Satt551
al 230
sz 229.56
Satt022
al 209
sz 210.02
Sat_084
al 141
sz 141.20
Satt345
al 213
sz 213.83
Satt487
al 204
sz 204.21

58 合农 63

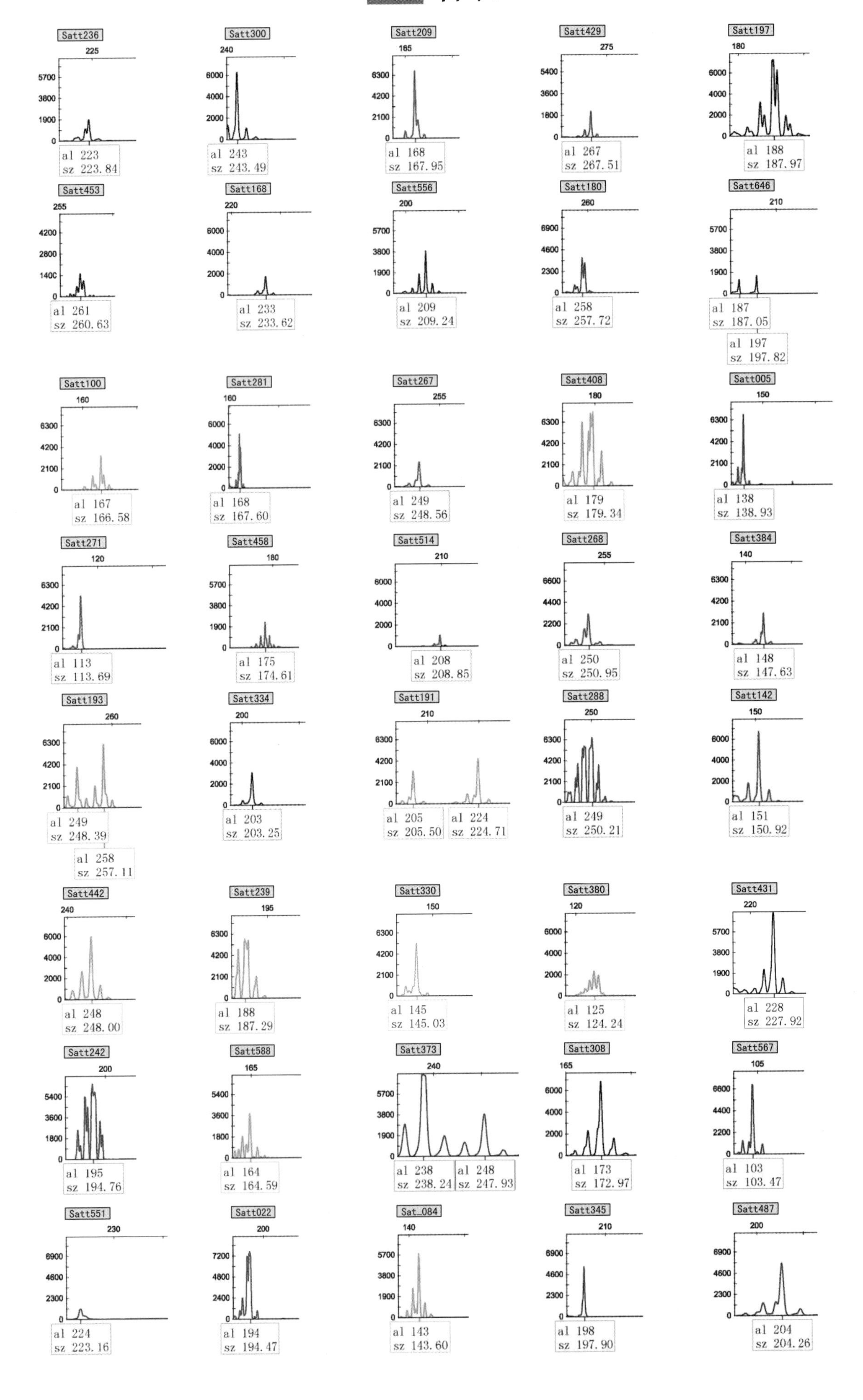

Satt236
al 223
sz 223.84
Satt300
al 243
sz 243.49
Satt209
al 168
sz 167.95
Satt429
al 267
sz 267.51
Satt197
al 188
sz 187.97
Satt453
al 261
sz 260.63
Satt168
al 233
sz 233.62
Satt556
al 209
sz 209.24
Satt180
al 258
sz 257.72
Satt646
al 187
sz 187.05
al 197
sz 197.82
Satt100
al 167
sz 166.58
Satt281
al 168
sz 167.60
Satt267
al 249
sz 248.56
Satt408
al 179
sz 179.34
Satt005
al 138
sz 138.93
Satt271
al 113
sz 113.69
Satt458
al 175
sz 174.61
Satt514
al 208
sz 208.85
Satt268
al 250
sz 250.95
Satt384
al 148
sz 147.63
Satt193
al 249
sz 248.39
al 258
sz 257.11
Satt334
al 203
sz 203.25
Satt191
al 205
sz 205.50
al 224
sz 224.71
Satt288
al 249
sz 250.21
Satt142
al 151
sz 150.92
Satt442
al 248
sz 248.00
Satt239
al 188
sz 187.29
Satt330
al 145
sz 145.03
Satt380
al 125
sz 124.24
Satt431
al 228
sz 227.92
Satt242
al 195
sz 194.76
Satt588
al 164
sz 164.59
Satt373
al 238
sz 238.24
al 248
sz 247.93
Satt308
al 173
sz 172.97
Satt567
al 103
sz 103.47
Satt551
al 224
sz 223.16
Satt022
al 194
sz 194.47
Sat_084
al 143
sz 143.60
Satt345
al 198
sz 197.90
Satt487
al 204
sz 204.26

59 黑河 44

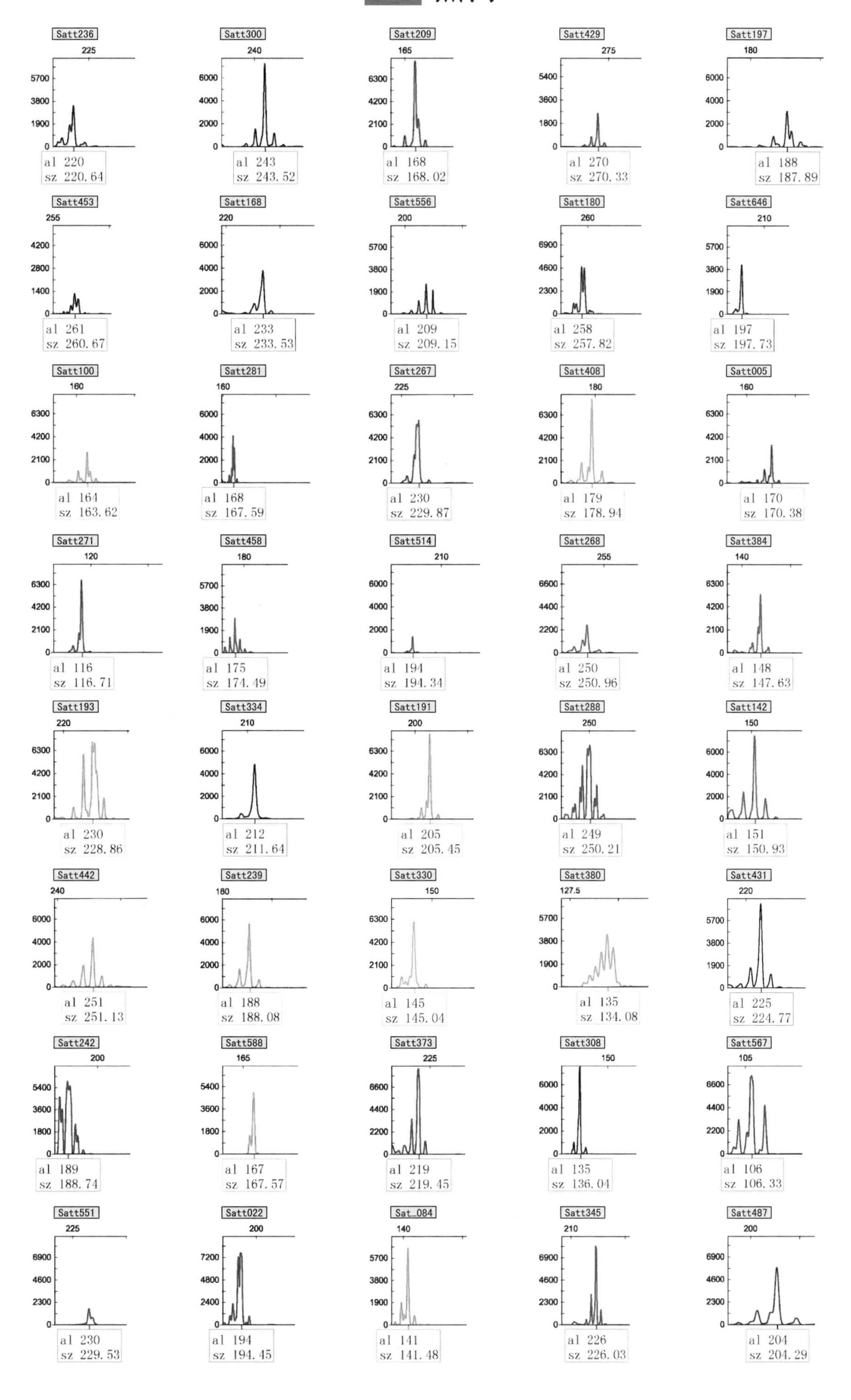

Satt236
al 220
sz 220.64
Satt300
al 243
sz 243.52
Satt209
al 168
sz 168.02
Satt429
al 270
sz 270.33
Satt197
al 188
sz 187.89
Satt453
al 261
sz 260.67
Satt168
al 233
sz 233.53
Satt556
al 209
sz 209.15
Satt180
al 258
sz 257.82
Satt646
al 197
sz 197.73
Satt100
al 164
sz 163.62
Satt281
al 168
sz 167.59
Satt267
al 230
sz 229.87
Satt408
al 179
sz 178.94
Satt005
al 170
sz 170.38
Satt271
al 116
sz 116.71
Satt458
al 175
sz 174.49
Satt514
al 194
sz 194.34
Satt268
al 250
sz 250.96
Satt384
al 148
sz 147.63
Satt193
al 230
sz 228.86
Satt334
al 212
sz 211.64
Satt191
al 205
sz 205.45
Satt288
al 249
sz 250.21
Satt142
al 151
sz 150.93
Satt442
al 251
sz 251.13
Satt239
al 188
sz 188.08
Satt330
al 145
sz 145.04
Satt380
al 135
sz 134.08
Satt431
al 225
sz 224.77
Satt242
al 189
sz 188.74
Satt588
al 167
sz 167.57
Satt373
al 219
sz 219.45
Satt308
al 135
sz 136.04
Satt567
al 106
sz 106.33
Satt551
al 230
sz 229.53
Satt022
al 194
sz 194.45
Sat_084
al 141
sz 141.48
Satt345
al 226
sz 226.03
Satt487
al 204
sz 204.29

60 黑河 50

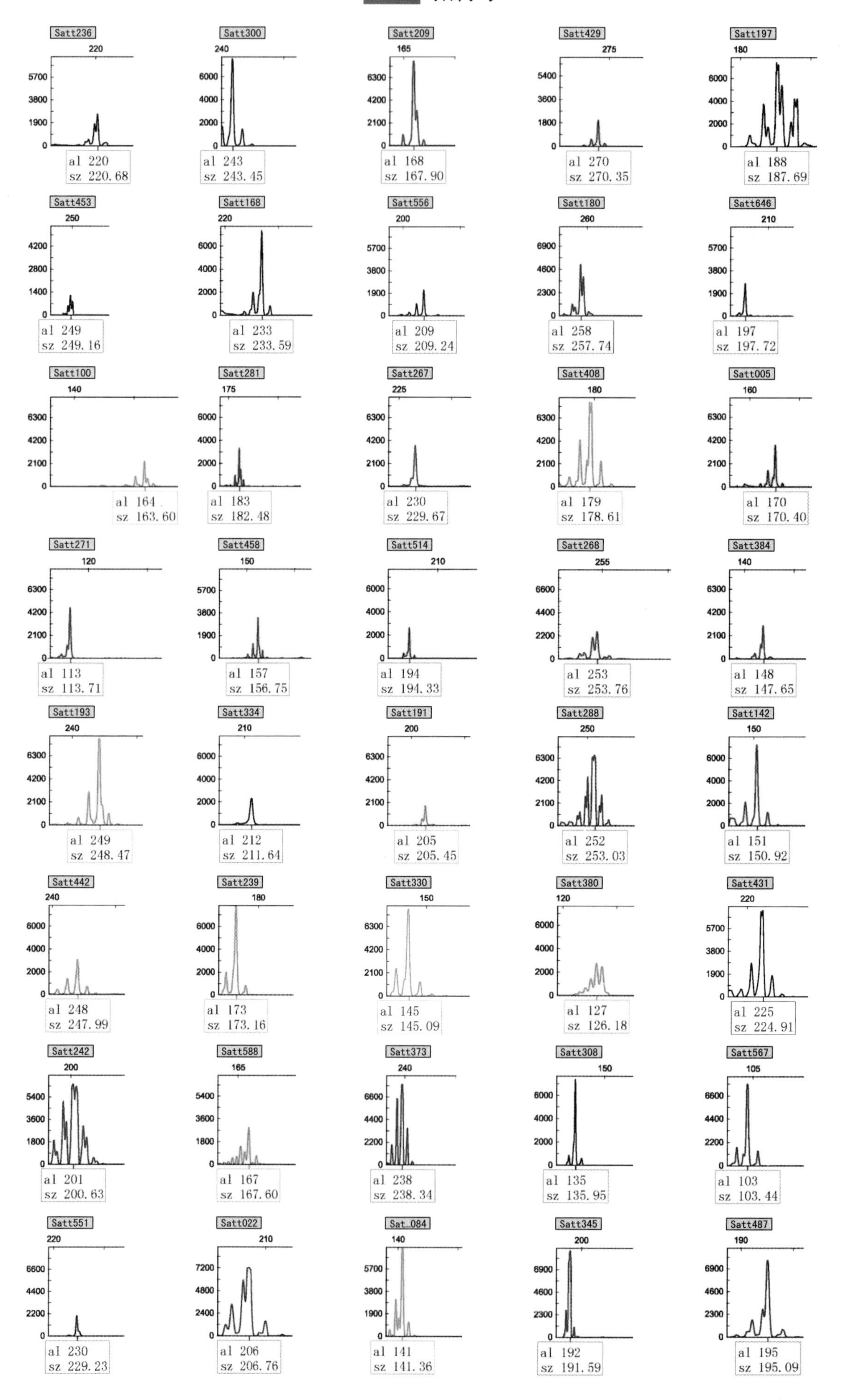
Satt236
al 220
sz 220.68
Satt300
al 243
sz 243.45
Satt209
al 168
sz 167.90
Satt429
al 270
sz 270.35
Satt197
al 188
sz 187.69
Satt453
al 249
sz 249.16
Satt168
al 233
sz 233.59
Satt556
al 209
sz 209.24
Satt180
al 258
sz 257.74
Satt646
al 197
sz 197.72
Satt100
al 164
sz 163.60
Satt281
al 183
sz 182.48
Satt267
al 230
sz 229.67
Satt408
al 179
sz 178.61
Satt005
al 170
sz 170.40
Satt271
al 113
sz 113.71
Satt458
al 157
sz 156.75
Satt514
al 194
sz 194.33
Satt268
al 253
sz 253.76
Satt384
al 148
sz 147.65
Satt193
al 249
sz 248.47
Satt334
al 212
sz 211.64
Satt191
al 205
sz 205.45
Satt288
al 252
sz 253.03
Satt142
al 151
sz 150.92
Satt442
al 248
sz 247.99
Satt239
al 173
sz 173.16
Satt330
al 145
sz 145.09
Satt380
al 127
sz 126.18
Satt431
al 225
sz 224.91
Satt242
al 201
sz 200.63
Satt588
al 167
sz 167.60
Satt373
al 238
sz 238.34
Satt308
al 135
sz 135.95
Satt567
al 103
sz 103.44
Satt551
al 230
sz 229.23
Satt022
al 206
sz 206.76
Sat_084
al 141
sz 141.36
Satt345
al 192
sz 191.59
Satt487
al 195
sz 195.09

61 黑河 51

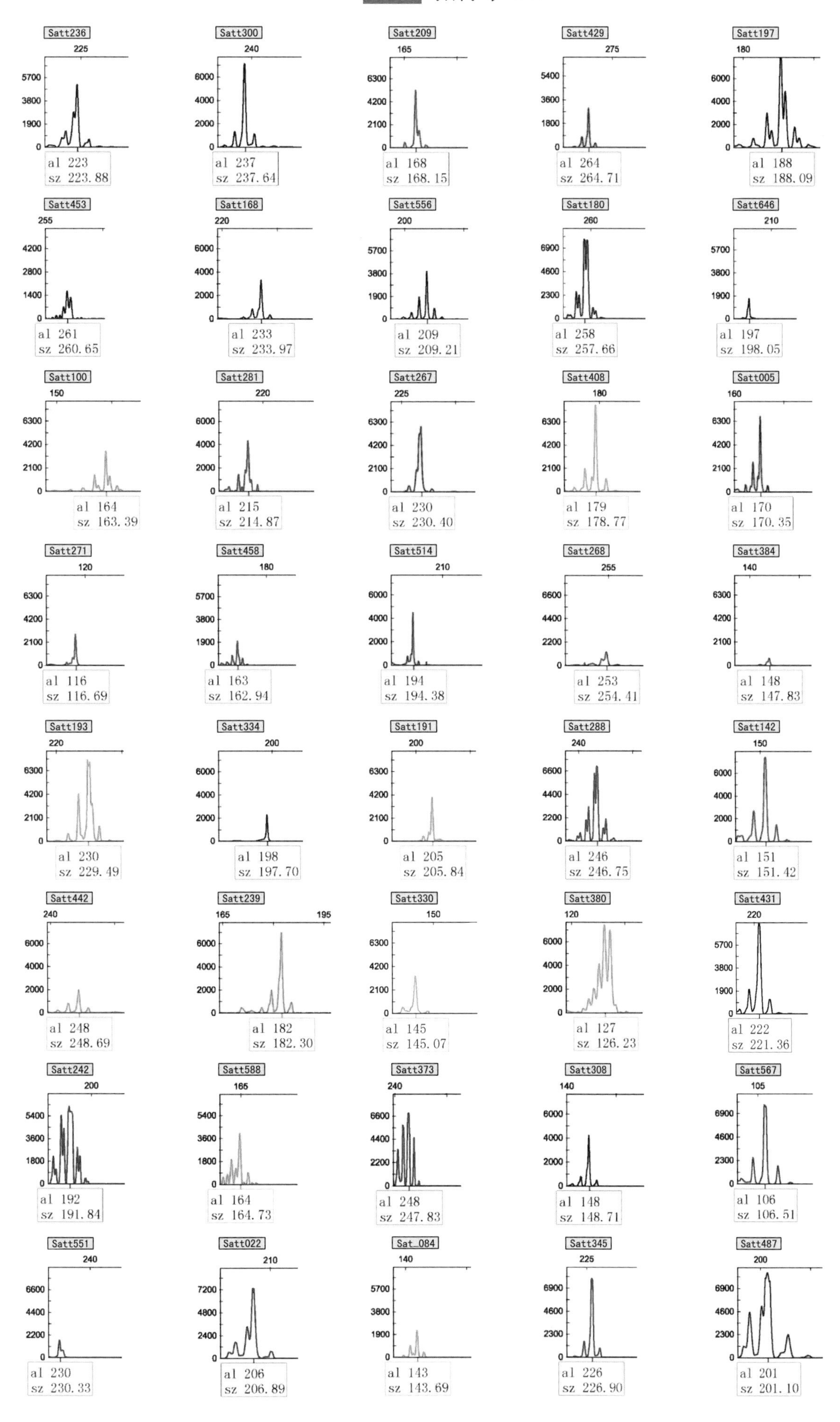

Satt236
al 223
sz 223.88
Satt300
al 237
sz 237.64
Satt209
al 168
sz 168.15
Satt429
al 264
sz 264.71
Satt197
al 188
sz 188.09
Satt453
al 261
sz 260.65
Satt168
al 233
sz 233.97
Satt556
al 209
sz 209.21
Satt180
al 258
sz 257.66
Satt646
al 197
sz 198.05
Satt100
al 164
sz 163.39
Satt281
al 215
sz 214.87
Satt267
al 230
sz 230.40
Satt408
al 179
sz 178.77
Satt005
al 170
sz 170.35
Satt271
al 116
sz 116.69
Satt458
al 163
sz 162.94
Satt514
al 194
sz 194.38
Satt268
al 253
sz 254.41
Satt384
al 148
sz 147.83
Satt193
al 230
sz 229.49
Satt334
al 198
sz 197.70
Satt191
al 205
sz 205.84
Satt288
al 246
sz 246.75
Satt142
al 151
sz 151.42
Satt442
al 248
sz 248.69
Satt239
al 182
sz 182.30
Satt330
al 145
sz 145.07
Satt380
al 127
sz 126.23
Satt431
al 222
sz 221.36
Satt242
al 192
sz 191.84
Satt588
al 164
sz 164.73
Satt373
al 248
sz 247.83
Satt308
al 148
sz 148.71
Satt567
al 106
sz 106.51
Satt551
al 230
sz 230.33
Satt022
al 206
sz 206.89
Sat_084
al 143
sz 143.69
Satt345
al 226
sz 226.90
Satt487
al 201
sz 201.10

62 黑科 56 号

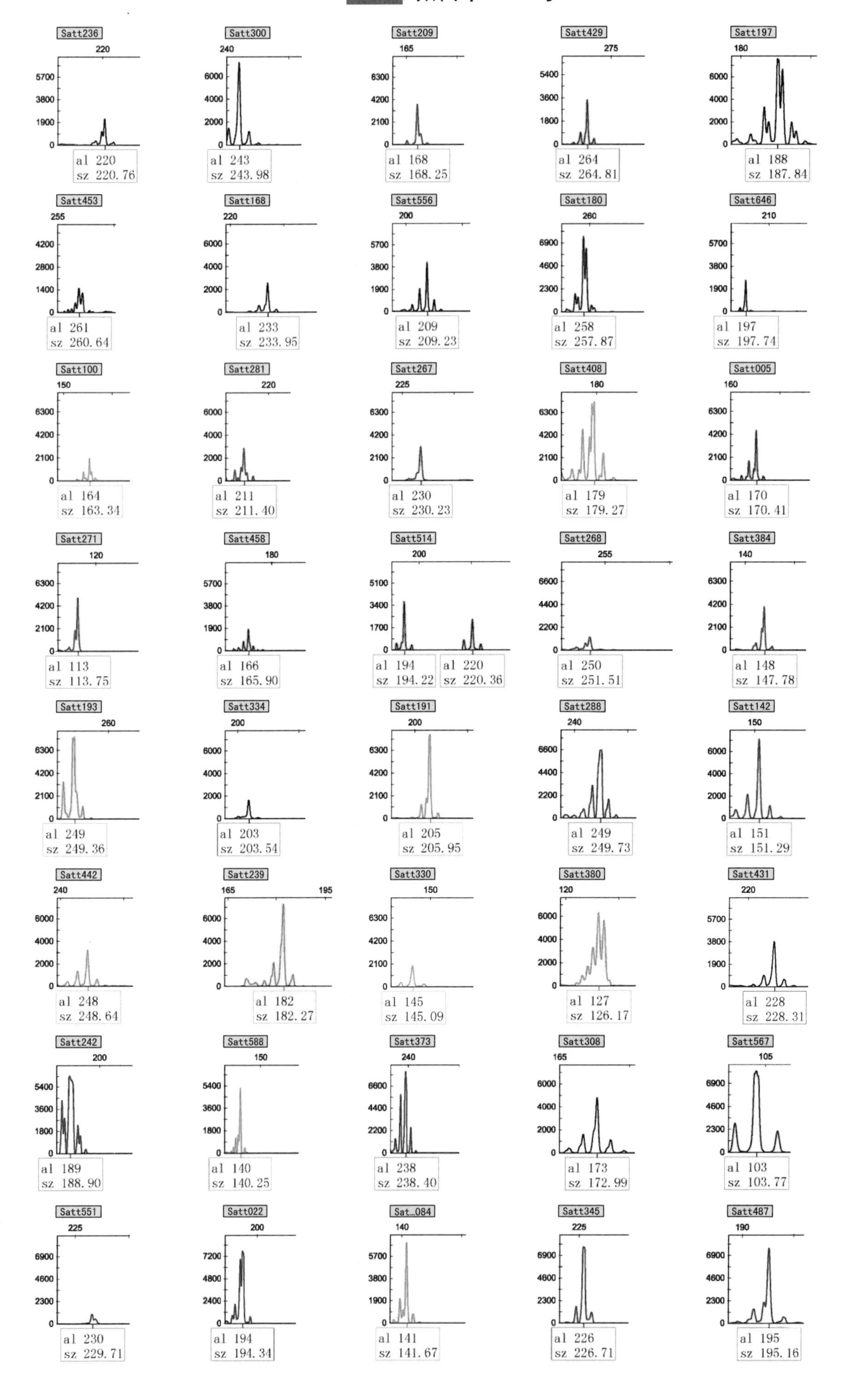

Satt236
al 220
sz 220.76
Satt300
al 243
sz 243.98
Satt209
al 168
sz 168.25
Satt429
al 264
sz 264.81
Satt197
al 188
sz 187.84
Satt453
al 261
sz 260.64
Satt168
al 233
sz 233.95
Satt556
al 209
sz 209.23
Satt180
al 258
sz 257.87
Satt646
al 197
sz 197.74
Satt100
al 164
sz 163.34
Satt281
al 211
sz 211.40
Satt267
al 230
sz 230.23
Satt408
al 179
sz 179.27
Satt005
al 170
sz 170.41
Satt271
al 113
sz 113.75
Satt458
al 166
sz 165.90
Satt514
al 194
sz 194.22
al 220
sz 220.36
Satt268
al 250
sz 251.51
Satt384
al 148
sz 147.78
Satt193
al 249
sz 249.36
Satt334
al 203
sz 203.54
Satt191
al 205
sz 205.95
Satt288
al 249
sz 249.73
Satt142
al 151
sz 151.29
Satt442
al 248
sz 248.64
Satt239
al 182
sz 182.27
Satt330
al 145
sz 145.09
Satt380
al 127
sz 126.17
Satt431
al 228
sz 228.31
Satt242
al 189
sz 188.90
Satt588
al 140
sz 140.25
Satt373
al 238
sz 238.40
Satt308
al 173
sz 172.99
Satt567
al 103
sz 103.77
Satt551
al 230
sz 229.71
Satt022
al 194
sz 194.34
Sat_084
al 141
sz 141.67
Satt345
al 226
sz 226.71
Satt487
al 195
sz 195.16

63 黑农 57

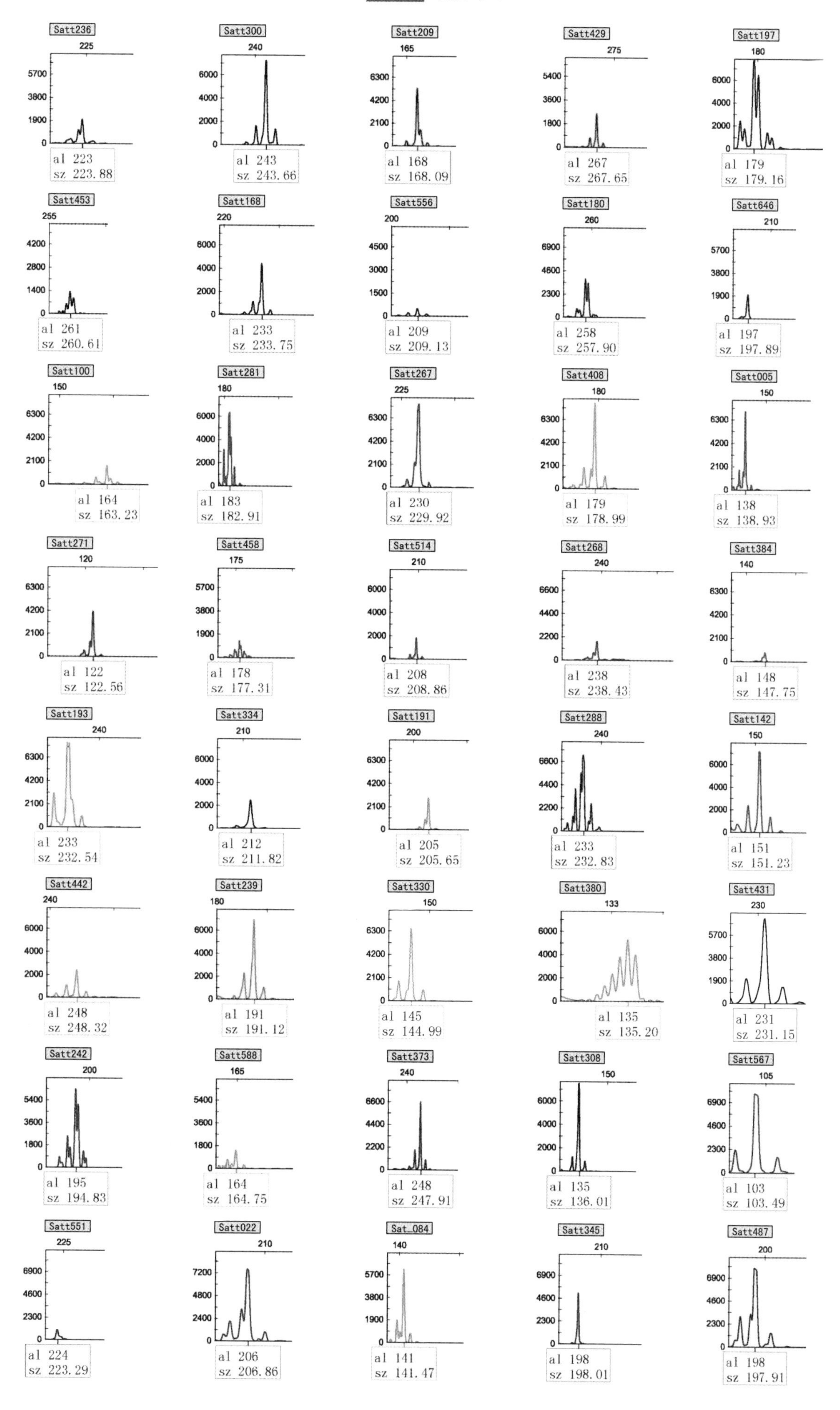
Satt236
al 223
sz 223.88
Satt300
al 243
sz 243.66
Satt209
al 168
sz 168.09
Satt429
al 267
sz 267.65
Satt197
al 179
sz 179.16
Satt453
al 261
sz 260.61
Satt168
al 233
sz 233.75
Satt556
al 209
sz 209.13
Satt180
al 258
sz 257.90
Satt646
al 197
sz 197.89
Satt100
al 164
sz 163.23
Satt281
al 183
sz 182.91
Satt267
al 230
sz 229.92
Satt408
al 179
sz 178.99
Satt005
al 138
sz 138.93
Satt271
al 122
sz 122.56
Satt458
al 178
sz 177.31
Satt514
al 208
sz 208.86
Satt268
al 238
sz 238.43
Satt384
al 148
sz 147.75
Satt193
al 233
sz 232.54
Satt334
al 212
sz 211.82
Satt191
al 205
sz 205.65
Satt288
al 233
sz 232.83
Satt142
al 151
sz 151.23
Satt442
al 248
sz 248.32
Satt239
al 191
sz 191.12
Satt330
al 145
sz 144.99
Satt380
al 135
sz 135.20
Satt431
al 231
sz 231.15
Satt242
al 195
sz 194.83
Satt588
al 164
sz 164.75
Satt373
al 248
sz 247.91
Satt308
al 135
sz 136.01
Satt567
al 103
sz 103.49
Satt551
al 224
sz 223.29
Satt022
al 206
sz 206.86
Sat_084
al 141
sz 141.47
Satt345
al 198
sz 198.01
Satt487
al 198
sz 197.91

64 黑农 58

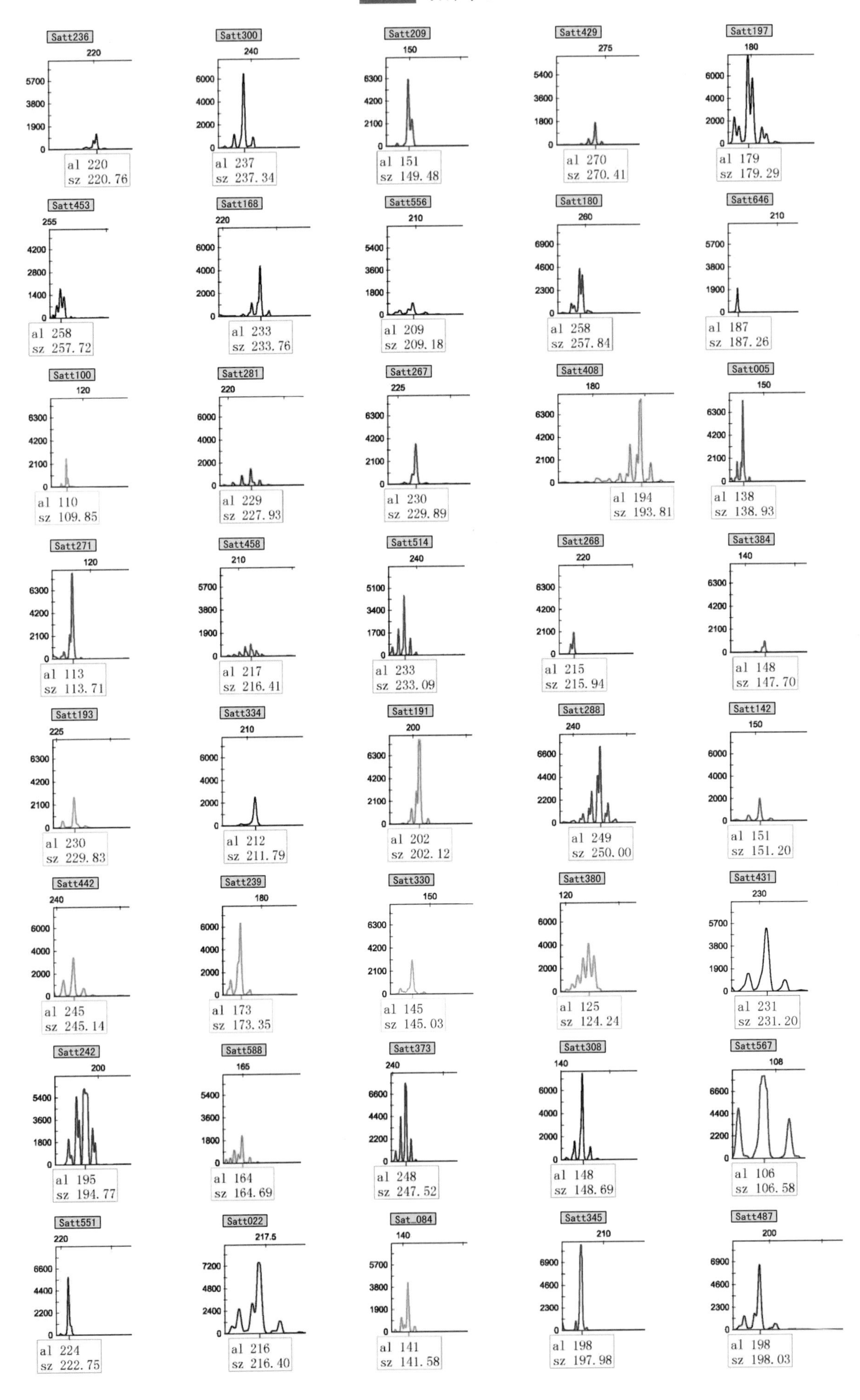
Satt236
220
al 220
sz 220.76
Satt300
240
al 237
sz 237.34
Satt209
150
al 151
sz 149.48
Satt429
275
al 270
sz 270.41
Satt197
180
al 179
sz 179.29
Satt453
255
al 258
sz 257.72
Satt168
220
al 233
sz 233.76
Satt556
210
al 209
sz 209.18
Satt180
260
al 258
sz 257.84
Satt646
210
al 187
sz 187.26
Satt100
120
al 110
sz 109.85
Satt281
220
al 229
sz 227.93
Satt267
225
al 230
sz 229.89
Satt408
180
al 194
sz 193.81
Satt005
150
al 138
sz 138.93
Satt271
120
al 113
sz 113.71
Satt458
210
al 217
sz 216.41
Satt514
240
al 233
sz 233.09
Satt268
220
al 215
sz 215.94
Satt384
140
al 148
sz 147.70
Satt193
225
al 230
sz 229.83
Satt334
210
al 212
sz 211.79
Satt191
200
al 202
sz 202.12
Satt288
240
al 249
sz 250.00
Satt142
150
al 151
sz 151.20
Satt442
240
al 245
sz 245.14
Satt239
180
al 173
sz 173.35
Satt330
150
al 145
sz 145.03
Satt380
120
al 125
sz 124.24
Satt431
230
al 231
sz 231.20
Satt242
200
al 195
sz 194.77
Satt588
165
al 164
sz 164.69
Satt373
240
al 248
sz 247.52
Satt308
140
al 148
sz 148.69
Satt567
108
al 106
sz 106.58
Satt551
220
al 224
sz 222.75
Satt022
217.5
al 216
sz 216.40
Sat_084
140
al 141
sz 141.58
Satt345
210
al 198
sz 197.98
Satt487
200
al 198
sz 198.03

65 黑农 69

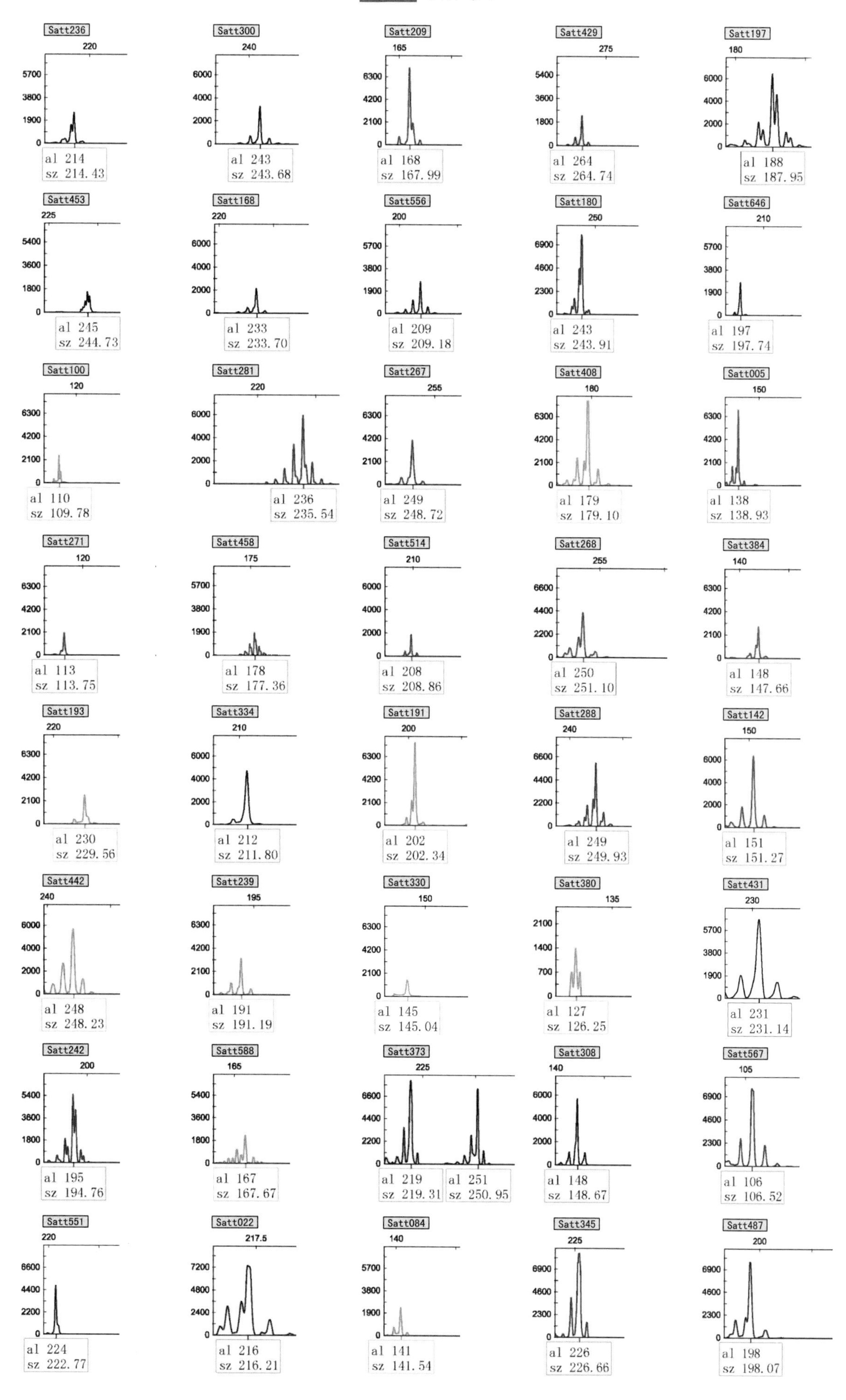
Satt236
al 214
sz 214.43
Satt300
al 243
sz 243.68
Satt209
al 168
sz 167.99
Satt429
al 264
sz 264.74
Satt197
al 188
sz 187.95
Satt453
al 245
sz 244.73
Satt168
al 233
sz 233.70
Satt556
al 209
sz 209.18
Satt180
al 243
sz 243.91
Satt646
al 197
sz 197.74
Satt100
al 110
sz 109.78
Satt281
al 236
sz 235.54
Satt267
al 249
sz 248.72
Satt408
al 179
sz 179.10
Satt005
al 138
sz 138.93
Satt271
al 113
sz 113.75
Satt458
al 178
sz 177.36
Satt514
al 208
sz 208.86
Satt268
al 250
sz 251.10
Satt384
al 148
sz 147.66
Satt193
al 230
sz 229.56
Satt334
al 212
sz 211.80
Satt191
al 202
sz 202.34
Satt288
al 249
sz 249.93
Satt142
al 151
sz 151.27
Satt442
al 248
sz 248.23
Satt239
al 191
sz 191.19
Satt330
al 145
sz 145.04
Satt380
al 127
sz 126.25
Satt431
al 231
sz 231.14
Satt242
al 195
sz 194.76
Satt588
al 167
sz 167.67
Satt373
al 219
sz 219.31
al 251
sz 250.95
Satt308
al 148
sz 148.67
Satt567
al 106
sz 106.52
Satt551
al 224
sz 222.77
Satt022
al 216
sz 216.21
Satt084
al 141
sz 141.54
Satt345
al 226
sz 226.66
Satt487
al 198
sz 198.07

66 金源 1 号

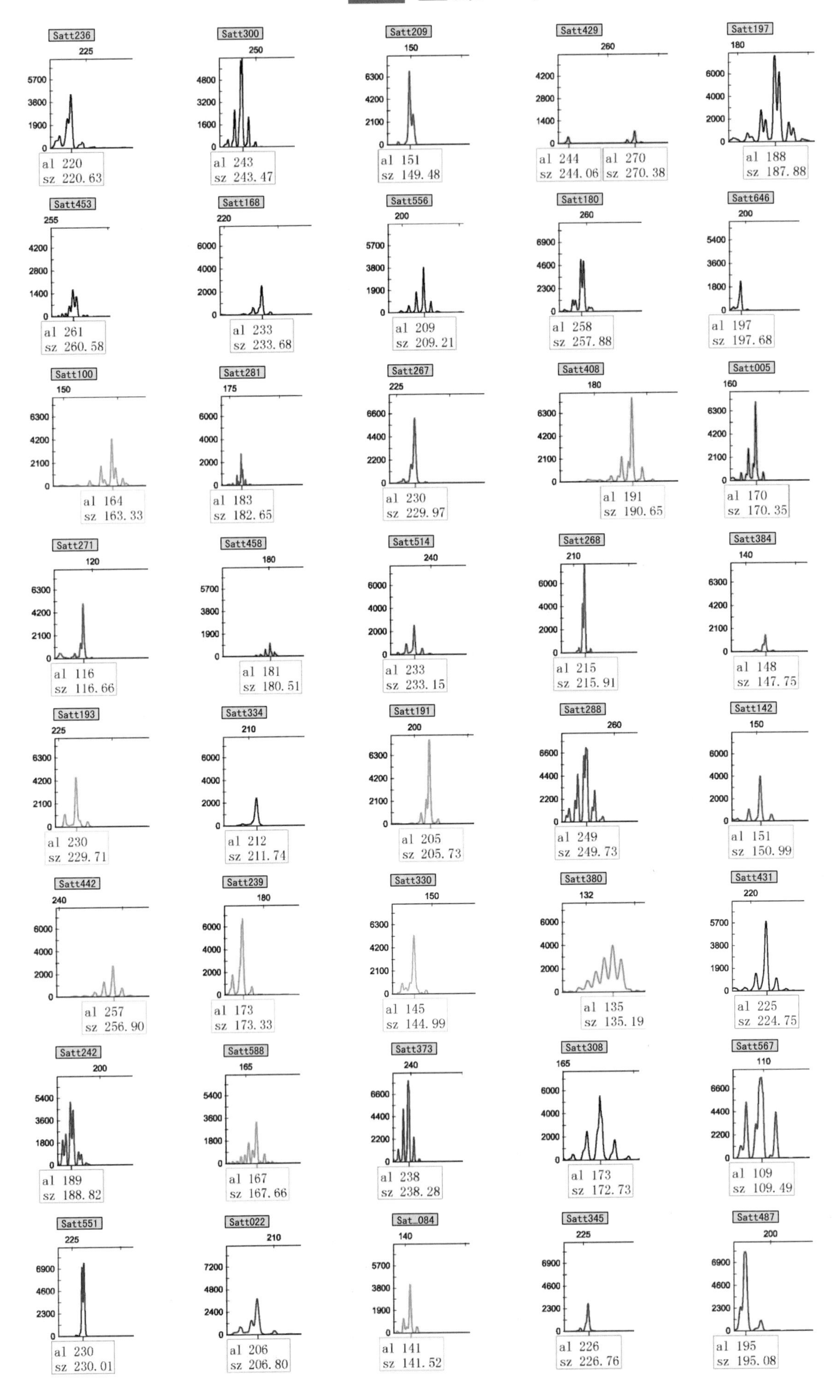
Satt236
al 220
sz 220.63
Satt300
al 243
sz 243.47
Satt209
al 151
sz 149.48
Satt429
al 244
sz 244.06
al 270
sz 270.38
Satt197
al 188
sz 187.88
Satt453
al 261
sz 260.58
Satt168
al 233
sz 233.68
Satt556
al 209
sz 209.21
Satt180
al 258
sz 257.88
Satt646
al 197
sz 197.68
Satt100
al 164
sz 163.33
Satt281
al 183
sz 182.65
Satt267
al 230
sz 229.97
Satt408
al 191
sz 190.65
Satt005
al 170
sz 170.35
Satt271
al 116
sz 116.66
Satt458
al 181
sz 180.51
Satt514
al 233
sz 233.15
Satt268
al 215
sz 215.91
Satt384
al 148
sz 147.75
Satt193
al 230
sz 229.71
Satt334
al 212
sz 211.74
Satt191
al 205
sz 205.73
Satt288
al 249
sz 249.73
Satt142
al 151
sz 150.99
Satt442
al 257
sz 256.90
Satt239
al 173
sz 173.33
Satt330
al 145
sz 144.99
Satt380
al 135
sz 135.19
Satt431
al 225
sz 224.75
Satt242
al 189
sz 188.82
Satt588
al 167
sz 167.66
Satt373
al 238
sz 238.28
Satt308
al 173
sz 172.73
Satt567
al 109
sz 109.49
Satt551
al 230
sz 230.01
Satt022
al 206
sz 206.80
Sat_084
al 141
sz 141.52
Satt345
al 226
sz 226.76
Satt487
al 195
sz 195.08

67 金源55号

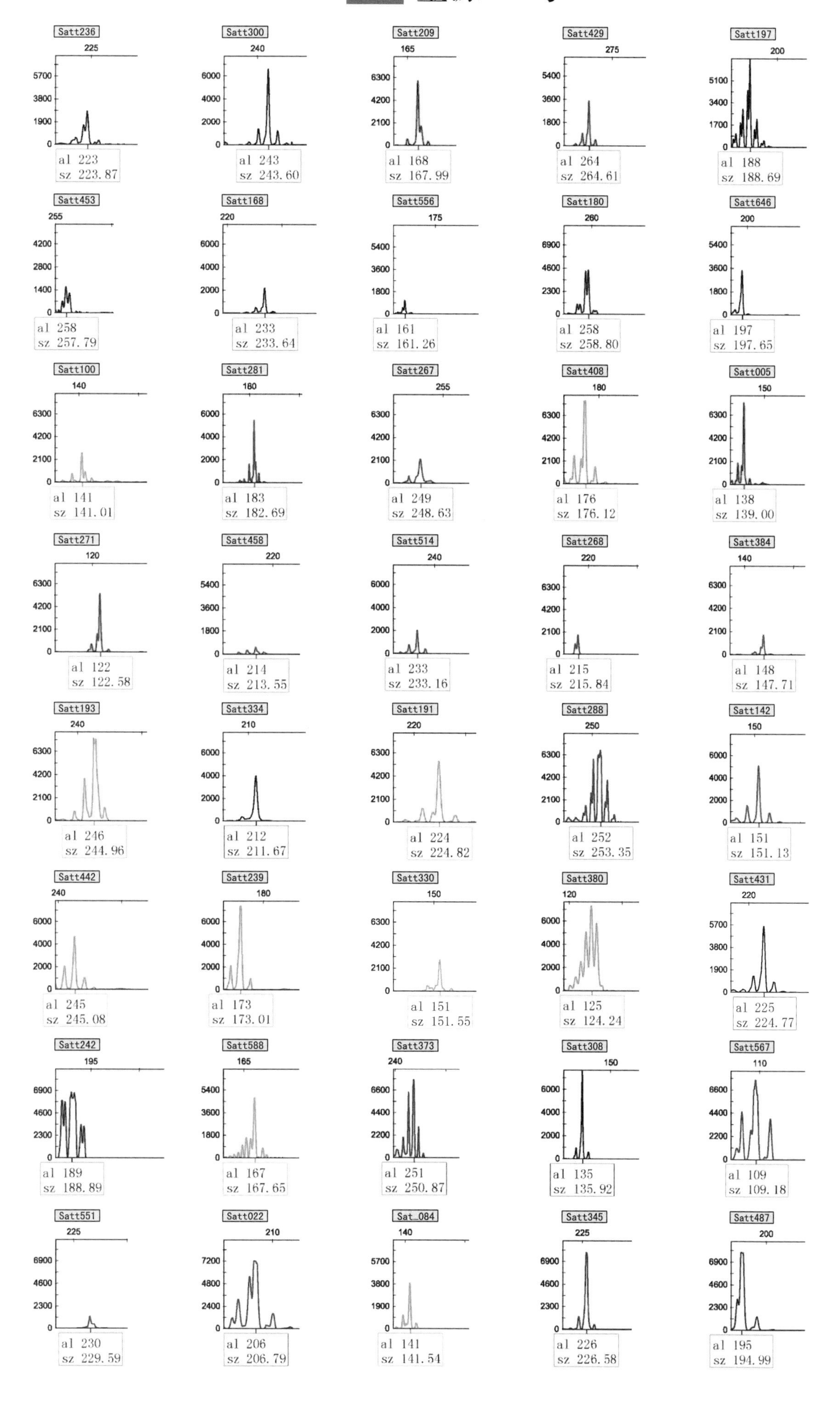
Satt236
225
al 223
sz 223.87
Satt300
240
al 243
sz 243.60
Satt209
165
al 168
sz 167.99
Satt429
275
al 264
sz 264.61
Satt197
200
al 188
sz 188.69
Satt453
255
al 258
sz 257.79
Satt168
220
al 233
sz 233.64
Satt556
175
al 161
sz 161.26
Satt180
260
al 258
sz 258.80
Satt646
200
al 197
sz 197.65
Satt100
140
al 141
sz 141.01
Satt281
180
al 183
sz 182.69
Satt267
255
al 249
sz 248.63
Satt408
180
al 176
sz 176.12
Satt005
150
al 138
sz 139.00
Satt271
120
al 122
sz 122.58
Satt458
220
al 214
sz 213.55
Satt514
240
al 233
sz 233.16
Satt268
220
al 215
sz 215.84
Satt384
140
al 148
sz 147.71
Satt193
240
al 246
sz 244.96
Satt334
210
al 212
sz 211.67
Satt191
220
al 224
sz 224.82
Satt288
250
al 252
sz 253.35
Satt142
150
al 151
sz 151.13
Satt442
240
al 245
sz 245.08
Satt239
180
al 173
sz 173.01
Satt330
150
al 151
sz 151.55
Satt380
120
al 125
sz 124.24
Satt431
220
al 225
sz 224.77
Satt242
195
al 189
sz 188.89
Satt588
165
al 167
sz 167.65
Satt373
240
al 251
sz 250.87
Satt308
150
al 135
sz 135.92
Satt567
110
al 109
sz 109.18
Satt551
225
al 230
sz 229.59
Satt022
210
al 206
sz 206.79
Sat_084
140
al 141
sz 141.54
Satt345
225
al 226
sz 226.58
Satt487
200
al 195
sz 194.99

68 垦保 1 号

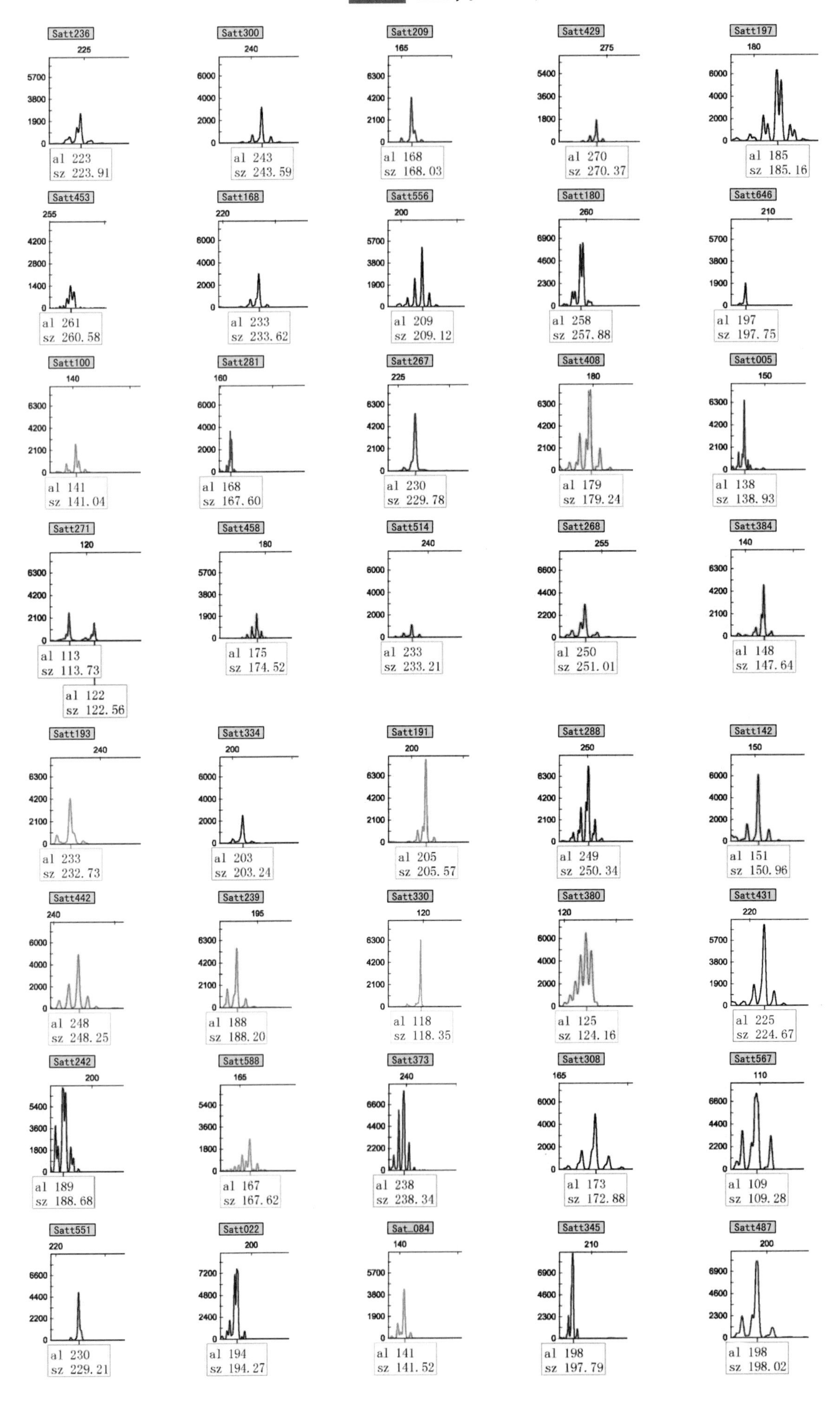
Satt236
al 223
sz 223.91
Satt300
al 243
sz 243.59
Satt209
al 168
sz 168.03
Satt429
al 270
sz 270.37
Satt197
al 185
sz 185.16
Satt453
al 261
sz 260.58
Satt168
al 233
sz 233.62
Satt556
al 209
sz 209.12
Satt180
al 258
sz 257.88
Satt646
al 197
sz 197.75
Satt100
al 141
sz 141.04
Satt281
al 168
sz 167.60
Satt267
al 230
sz 229.78
Satt408
al 179
sz 179.24
Satt005
al 138
sz 138.93
Satt271
al 113
sz 113.73
al 122
sz 122.56
Satt458
al 175
sz 174.52
Satt514
al 233
sz 233.21
Satt268
al 250
sz 251.01
Satt384
al 148
sz 147.64
Satt193
al 233
sz 232.73
Satt334
al 203
sz 203.24
Satt191
al 205
sz 205.57
Satt288
al 249
sz 250.34
Satt142
al 151
sz 150.96
Satt442
al 248
sz 248.25
Satt239
al 188
sz 188.20
Satt330
al 118
sz 118.35
Satt380
al 125
sz 124.16
Satt431
al 225
sz 224.67
Satt242
al 189
sz 188.68
Satt588
al 167
sz 167.62
Satt373
al 238
sz 238.34
Satt308
al 173
sz 172.88
Satt567
al 109
sz 109.28
Satt551
al 230
sz 229.21
Satt022
al 194
sz 194.27
Sat_084
al 141
sz 141.52
Satt345
al 198
sz 197.79
Satt487
al 198
sz 198.02

69 垦保 2 号

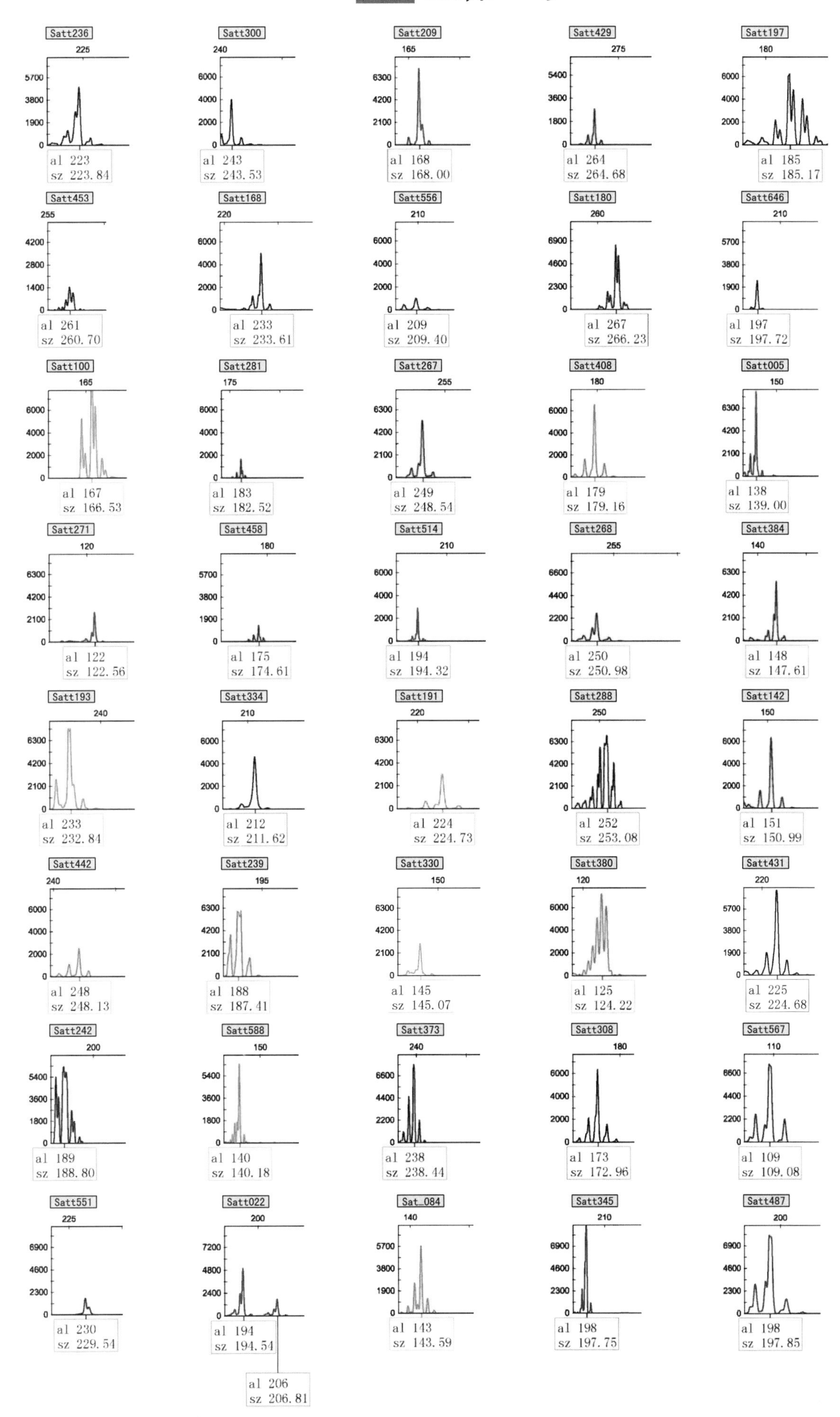
Satt236
al 223
sz 223.84
Satt300
al 243
sz 243.53
Satt209
al 168
sz 168.00
Satt429
al 264
sz 264.68
Satt197
al 185
sz 185.17
Satt453
al 261
sz 260.70
Satt168
al 233
sz 233.61
Satt556
al 209
sz 209.40
Satt180
al 267
sz 266.23
Satt646
al 197
sz 197.72
Satt100
al 167
sz 166.53
Satt281
al 183
sz 182.52
Satt267
al 249
sz 248.54
Satt408
al 179
sz 179.16
Satt005
al 138
sz 139.00
Satt271
al 122
sz 122.56
Satt458
al 175
sz 174.61
Satt514
al 194
sz 194.32
Satt268
al 250
sz 250.98
Satt384
al 148
sz 147.61
Satt193
al 233
sz 232.84
Satt334
al 212
sz 211.62
Satt191
al 224
sz 224.73
Satt288
al 252
sz 253.08
Satt142
al 151
sz 150.99
Satt442
al 248
sz 248.13
Satt239
al 188
sz 187.41
Satt330
al 145
sz 145.07
Satt380
al 125
sz 124.22
Satt431
al 225
sz 224.68
Satt242
al 189
sz 188.80
Satt588
al 140
sz 140.18
Satt373
al 238
sz 238.44
Satt308
al 173
sz 172.96
Satt567
al 109
sz 109.08
Satt551
al 230
sz 229.54
Satt022
al 194
sz 194.54
al 206
sz 206.81
Sat_084
al 143
sz 143.59
Satt345
al 198
sz 197.75
Satt487
al 198
sz 197.85

70 垦保小粒豆 1 号

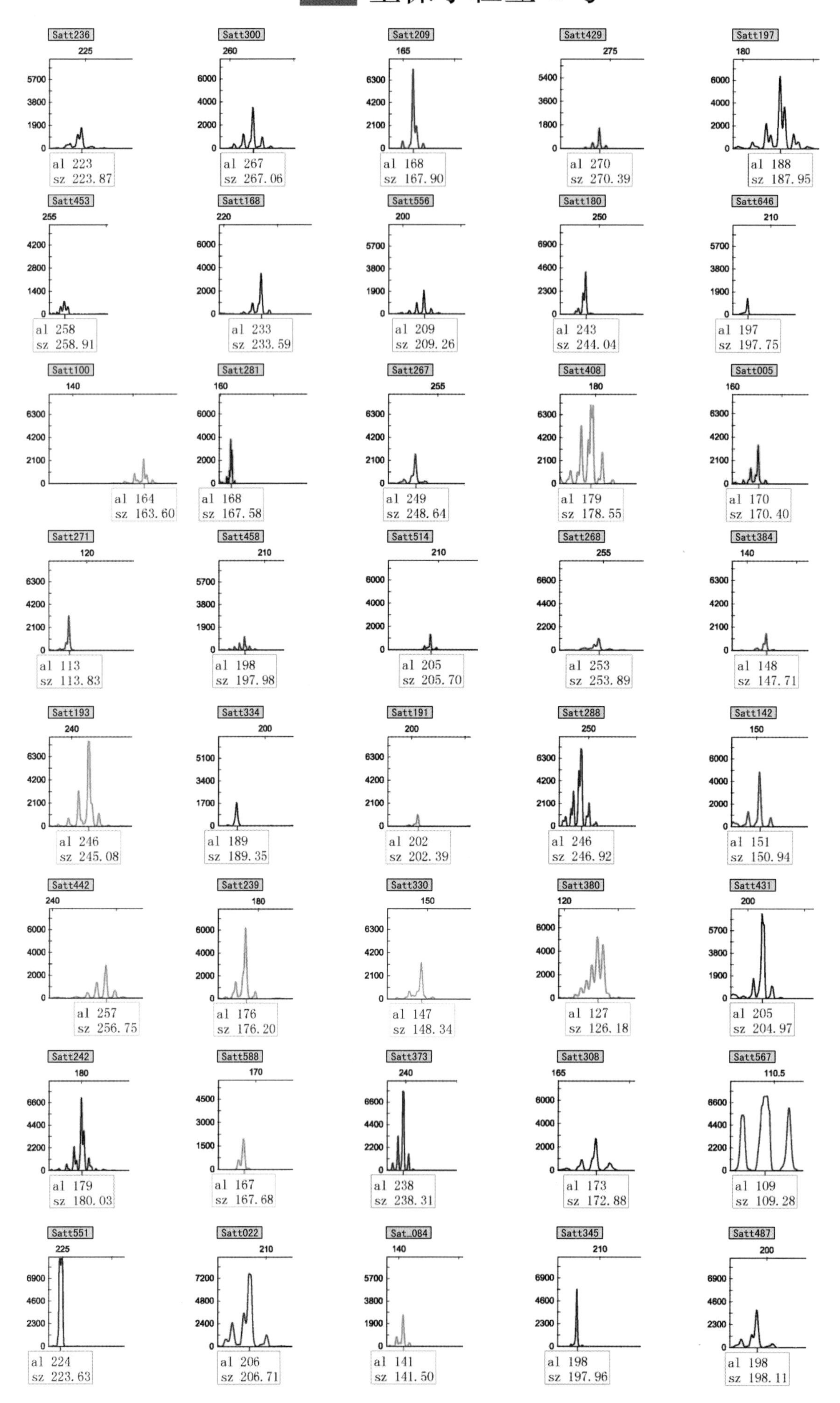

Satt236 al 223 sz 223.87
Satt300 al 267 sz 267.06
Satt209 al 168 sz 167.90
Satt429 al 270 sz 270.39
Satt197 al 188 sz 187.95
Satt453 al 258 sz 258.91
Satt168 al 233 sz 233.59
Satt556 al 209 sz 209.26
Satt180 al 243 sz 244.04
Satt646 al 197 sz 197.75
Satt100 al 164 sz 163.60
Satt281 al 168 sz 167.58
Satt267 al 249 sz 248.64
Satt408 al 179 sz 178.55
Satt005 al 170 sz 170.40
Satt271 al 113 sz 113.83
Satt458 al 198 sz 197.98
Satt514 al 205 sz 205.70
Satt268 al 253 sz 253.89
Satt384 al 148 sz 147.71
Satt193 al 246 sz 245.08
Satt334 al 189 sz 189.35
Satt191 al 202 sz 202.39
Satt288 al 246 sz 246.92
Satt142 al 151 sz 150.94
Satt442 al 257 sz 256.75
Satt239 al 176 sz 176.20
Satt330 al 147 sz 148.34
Satt380 al 127 sz 126.18
Satt431 al 205 sz 204.97
Satt242 al 179 sz 180.03
Satt588 al 167 sz 167.68
Satt373 al 238 sz 238.31
Satt308 al 173 sz 172.88
Satt567 al 109 sz 109.28
Satt551 al 224 sz 223.63
Satt022 al 206 sz 206.71
Sat_084 al 141 sz 141.50
Satt345 al 198 sz 197.96
Satt487 al 198 sz 198.11

71 垦豆 25

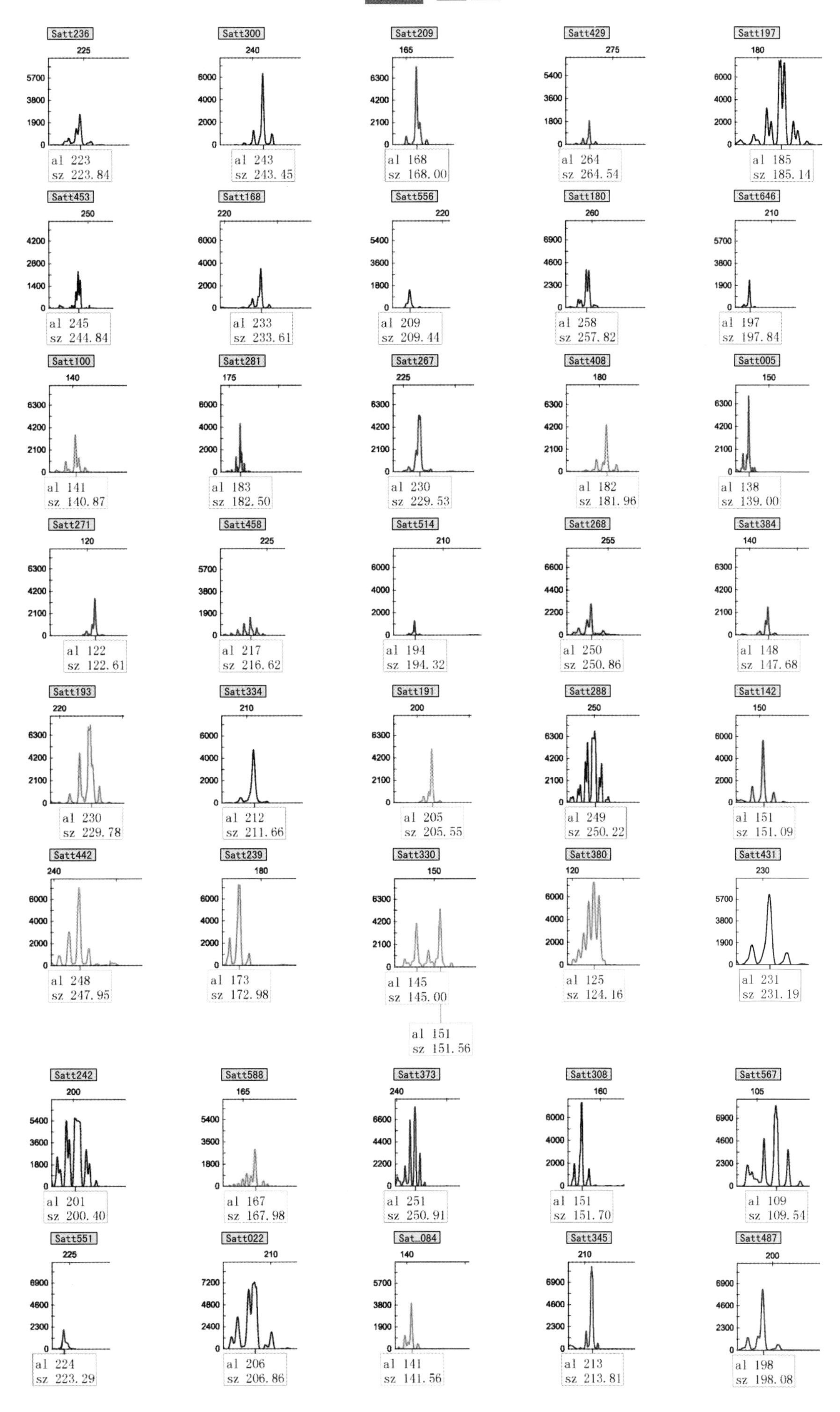
Satt236
al 223
sz 223.84
Satt300
al 243
sz 243.45
Satt209
al 168
sz 168.00
Satt429
al 264
sz 264.54
Satt197
al 185
sz 185.14
Satt453
al 245
sz 244.84
Satt168
al 233
sz 233.61
Satt556
al 209
sz 209.44
Satt180
al 258
sz 257.82
Satt646
al 197
sz 197.84
Satt100
al 141
sz 140.87
Satt281
al 183
sz 182.50
Satt267
al 230
sz 229.53
Satt408
al 182
sz 181.96
Satt005
al 138
sz 139.00
Satt271
al 122
sz 122.61
Satt458
al 217
sz 216.62
Satt514
al 194
sz 194.32
Satt268
al 250
sz 250.86
Satt384
al 148
sz 147.68
Satt193
al 230
sz 229.78
Satt334
al 212
sz 211.66
Satt191
al 205
sz 205.55
Satt288
al 249
sz 250.22
Satt142
al 151
sz 151.09
Satt442
al 248
sz 247.95
Satt239
al 173
sz 172.98
Satt330
al 145
sz 145.00
al 151
sz 151.56
Satt380
al 125
sz 124.16
Satt431
al 231
sz 231.19
Satt242
al 201
sz 200.40
Satt588
al 167
sz 167.98
Satt373
al 251
sz 250.91
Satt308
al 151
sz 151.70
Satt567
al 109
sz 109.54
Satt551
al 224
sz 223.29
Satt022
al 206
sz 206.86
Sat_084
al 141
sz 141.56
Satt345
al 213
sz 213.81
Satt487
al 198
sz 198.08

72 垦豆31

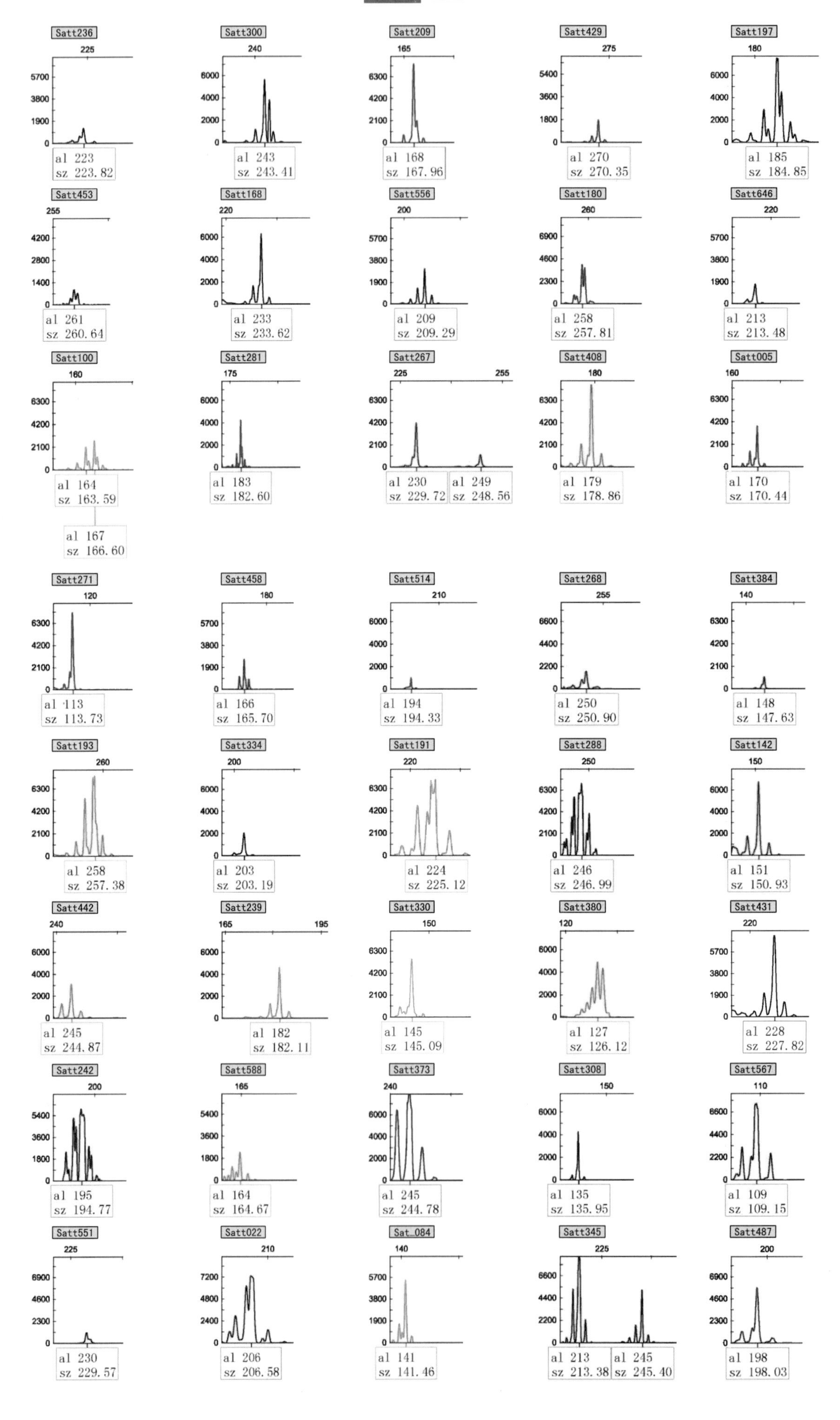
Satt236
al 223 sz 223.82
Satt300
al 243 sz 243.41
Satt209
al 168 sz 167.96
Satt429
al 270 sz 270.35
Satt197
al 185 sz 184.85
Satt453
al 261 sz 260.64
Satt168
al 233 sz 233.62
Satt556
al 209 sz 209.29
Satt180
al 258 sz 257.81
Satt646
al 213 sz 213.48
Satt100
al 164 sz 163.59
al 167 sz 166.60
Satt281
al 183 sz 182.60
Satt267
al 230 sz 229.72
al 249 sz 248.56
Satt408
al 179 sz 178.86
Satt005
al 170 sz 170.44
Satt271
al 113 sz 113.73
Satt458
al 166 sz 165.70
Satt514
al 194 sz 194.33
Satt268
al 250 sz 250.90
Satt384
al 148 sz 147.63
Satt193
al 258 sz 257.38
Satt334
al 203 sz 203.19
Satt191
al 224 sz 225.12
Satt288
al 246 sz 246.99
Satt142
al 151 sz 150.93
Satt442
al 245 sz 244.87
Satt239
al 182 sz 182.11
Satt330
al 145 sz 145.09
Satt380
al 127 sz 126.12
Satt431
al 228 sz 227.82
Satt242
al 195 sz 194.77
Satt588
al 164 sz 164.67
Satt373
al 245 sz 244.78
Satt308
al 135 sz 135.95
Satt567
al 109 sz 109.15
Satt551
al 230 sz 229.57
Satt022
al 206 sz 206.58
Sat_084
al 141 sz 141.46
Satt345
al 213 sz 213.38
al 245 sz 245.40
Satt487
al 198 sz 198.03

73 垦豆 33

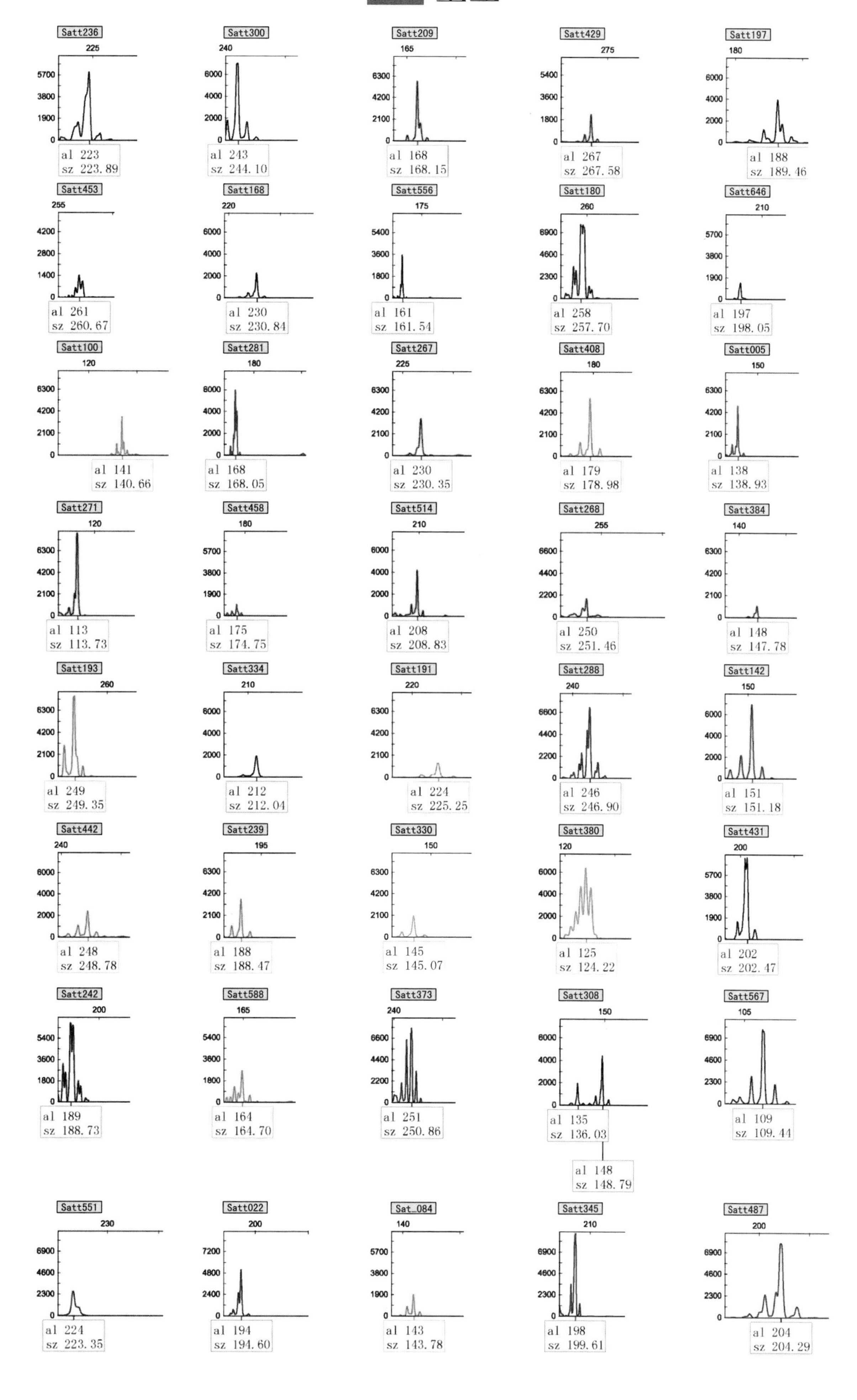
Satt236
al 223
sz 223.89
Satt300
al 243
sz 244.10
Satt209
al 168
sz 168.15
Satt429
al 267
sz 267.58
Satt197
al 188
sz 189.46
Satt453
al 261
sz 260.67
Satt168
al 230
sz 230.84
Satt556
al 161
sz 161.54
Satt180
al 258
sz 257.70
Satt646
al 197
sz 198.05
Satt100
al 141
sz 140.66
Satt281
al 168
sz 168.05
Satt267
al 230
sz 230.35
Satt408
al 179
sz 178.98
Satt005
al 138
sz 138.93
Satt271
al 113
sz 113.73
Satt458
al 175
sz 174.75
Satt514
al 208
sz 208.83
Satt268
al 250
sz 251.46
Satt384
al 148
sz 147.78
Satt193
al 249
sz 249.35
Satt334
al 212
sz 212.04
Satt191
al 224
sz 225.25
Satt288
al 246
sz 246.90
Satt142
al 151
sz 151.18
Satt442
al 248
sz 248.78
Satt239
al 188
sz 188.47
Satt330
al 145
sz 145.07
Satt380
al 125
sz 124.22
Satt431
al 202
sz 202.47
Satt242
al 189
sz 188.73
Satt588
al 164
sz 164.70
Satt373
al 251
sz 250.86
Satt308
al 135
sz 136.03
al 148
sz 148.79
Satt567
al 109
sz 109.44
Satt551
al 224
sz 223.35
Satt022
al 194
sz 194.60
Sat_084
al 143
sz 143.78
Satt345
al 198
sz 199.61
Satt487
al 204
sz 204.29

74 垦豆34

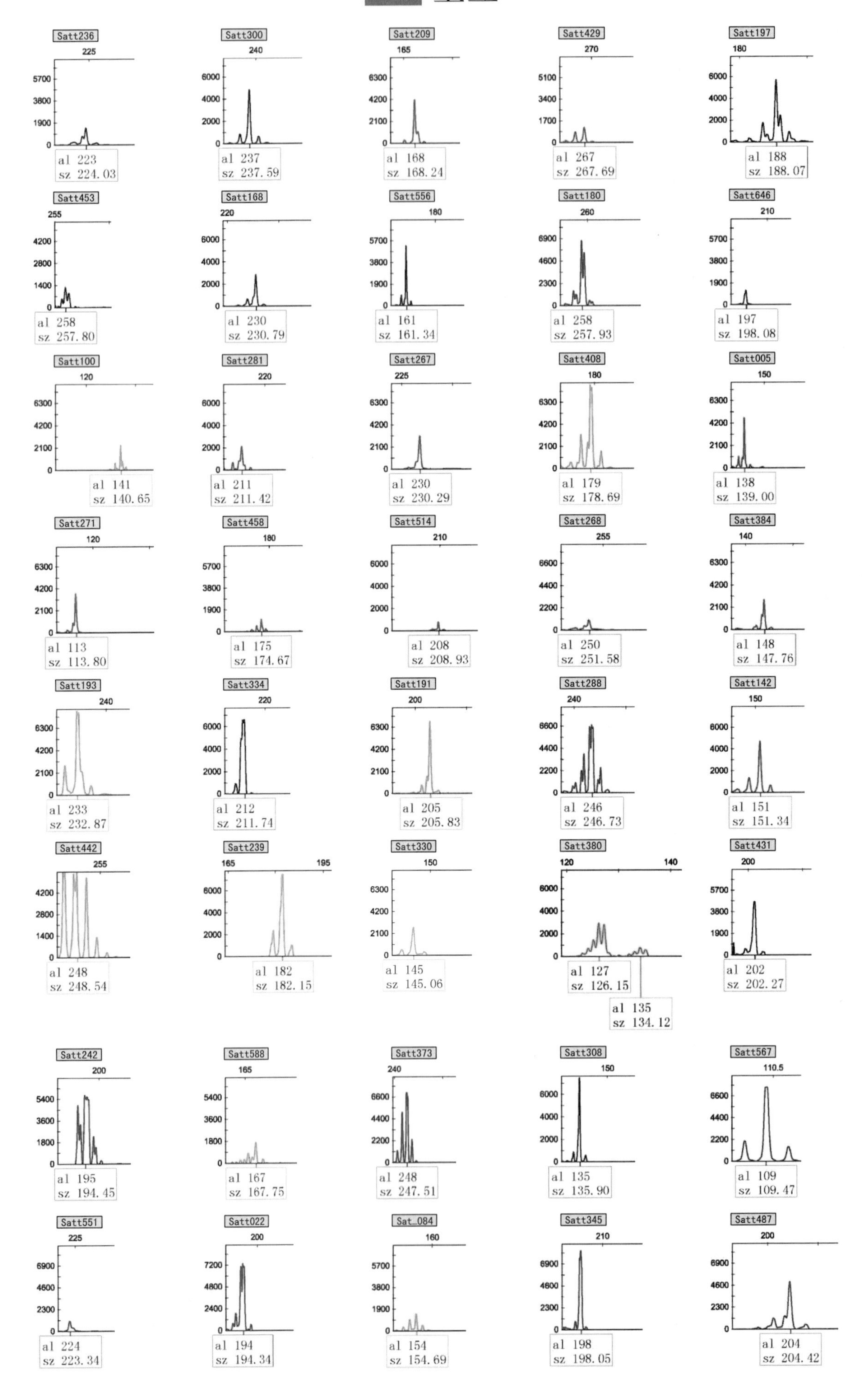
Satt236
al 223
sz 224.03
Satt300
al 237
sz 237.59
Satt209
al 168
sz 168.24
Satt429
al 267
sz 267.69
Satt197
al 188
sz 188.07
Satt453
al 258
sz 257.80
Satt168
al 230
sz 230.79
Satt556
al 161
sz 161.34
Satt180
al 258
sz 257.93
Satt646
al 197
sz 198.08
Satt100
al 141
sz 140.65
Satt281
al 211
sz 211.42
Satt267
al 230
sz 230.29
Satt408
al 179
sz 178.69
Satt005
al 138
sz 139.00
Satt271
al 113
sz 113.80
Satt458
al 175
sz 174.67
Satt514
al 208
sz 208.93
Satt268
al 250
sz 251.58
Satt384
al 148
sz 147.76
Satt193
al 233
sz 232.87
Satt334
al 212
sz 211.74
Satt191
al 205
sz 205.83
Satt288
al 246
sz 246.73
Satt142
al 151
sz 151.34
Satt442
al 248
sz 248.54
Satt239
al 182
sz 182.15
Satt330
al 145
sz 145.06
Satt380
al 127
sz 126.15
al 135
sz 134.12
Satt431
al 202
sz 202.27
Satt242
al 195
sz 194.45
Satt588
al 167
sz 167.75
Satt373
al 248
sz 247.51
Satt308
al 135
sz 135.90
Satt567
al 109
sz 109.47
Satt551
al 224
sz 223.34
Satt022
al 194
sz 194.34
Sat_084
al 154
sz 154.69
Satt345
al 198
sz 198.05
Satt487
al 204
sz 204.42

75 垦豆 35

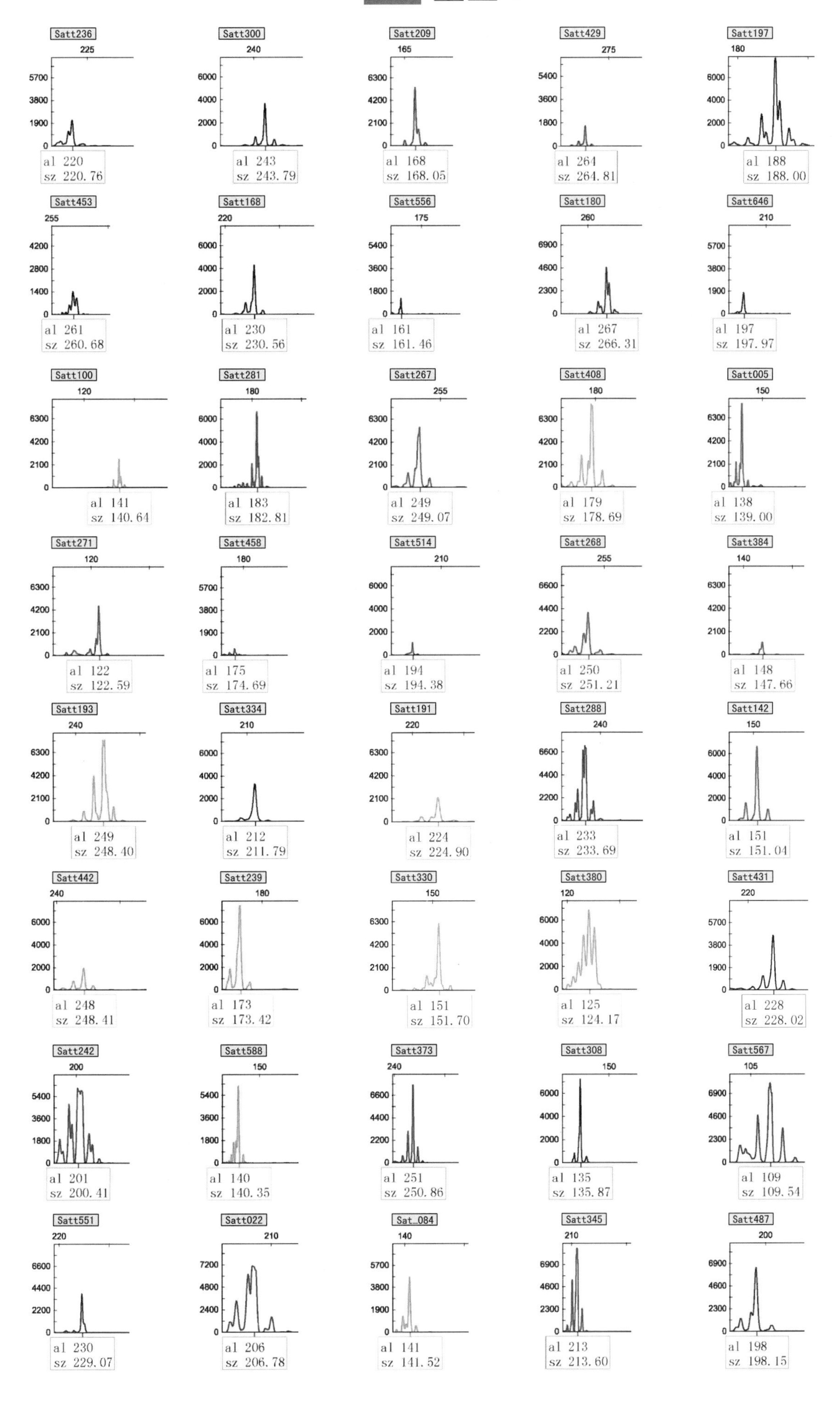
Satt236
al 220
sz 220.76
Satt300
al 243
sz 243.79
Satt209
al 168
sz 168.05
Satt429
al 264
sz 264.81
Satt197
al 188
sz 188.00
Satt453
al 261
sz 260.68
Satt168
al 230
sz 230.56
Satt556
al 161
sz 161.46
Satt180
al 267
sz 266.31
Satt646
al 197
sz 197.97
Satt100
al 141
sz 140.64
Satt281
al 183
sz 182.81
Satt267
al 249
sz 249.07
Satt408
al 179
sz 178.69
Satt005
al 138
sz 139.00
Satt271
al 122
sz 122.59
Satt458
al 175
sz 174.69
Satt514
al 194
sz 194.38
Satt268
al 250
sz 251.21
Satt384
al 148
sz 147.66
Satt193
al 249
sz 248.40
Satt334
al 212
sz 211.79
Satt191
al 224
sz 224.90
Satt288
al 233
sz 233.69
Satt142
al 151
sz 151.04
Satt442
al 248
sz 248.41
Satt239
al 173
sz 173.42
Satt330
al 151
sz 151.70
Satt380
al 125
sz 124.17
Satt431
al 228
sz 228.02
Satt242
al 201
sz 200.41
Satt588
al 140
sz 140.35
Satt373
al 251
sz 250.86
Satt308
al 135
sz 135.87
Satt567
al 109
sz 109.54
Satt551
al 230
sz 229.07
Satt022
al 206
sz 206.78
Sat_084
al 141
sz 141.52
Satt345
al 213
sz 213.60
Satt487
al 198
sz 198.15

76 垦豆 36

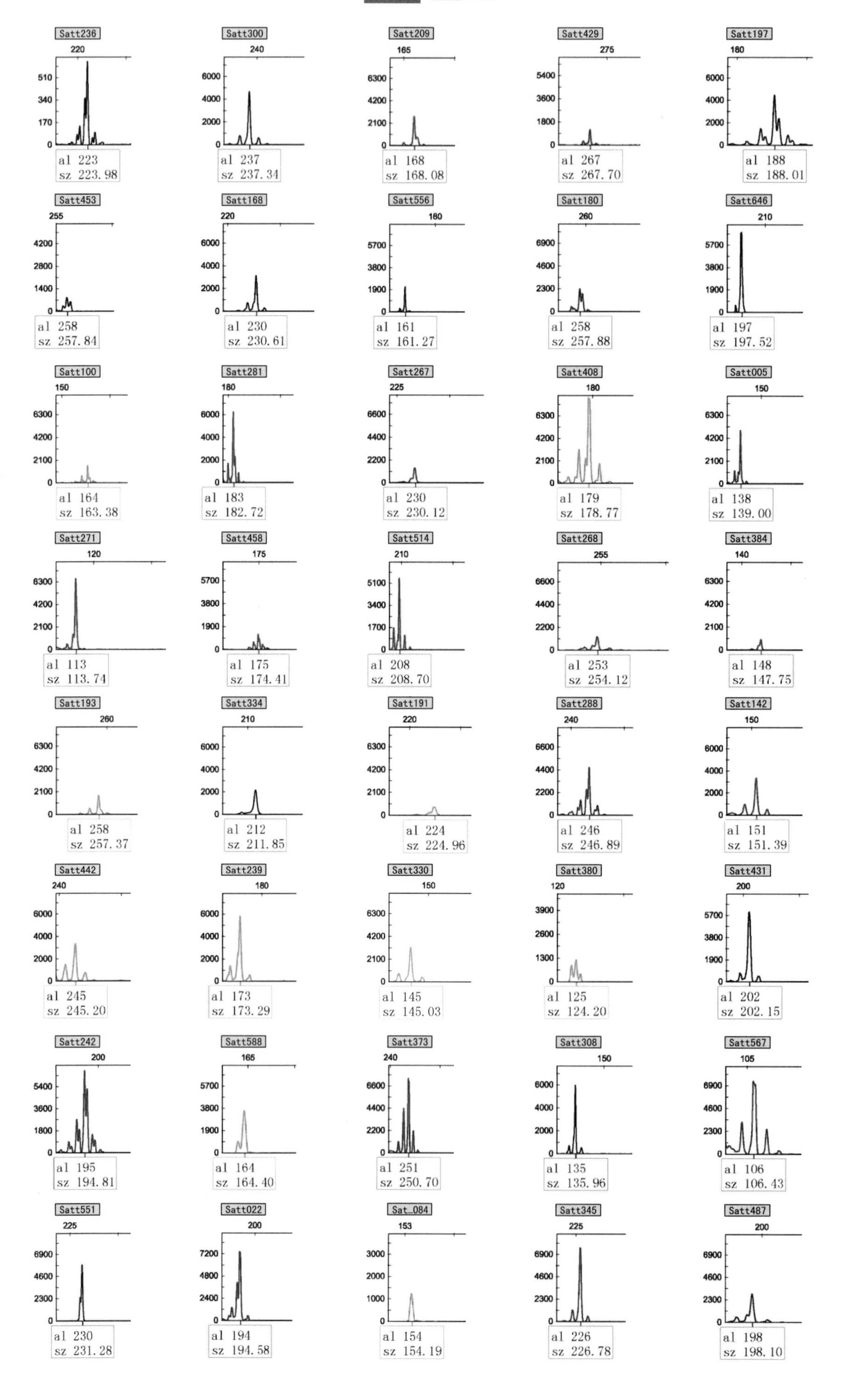
Satt236
al 223
sz 223.98
Satt300
al 237
sz 237.34
Satt209
al 168
sz 168.08
Satt429
al 267
sz 267.70
Satt197
al 188
sz 188.01
Satt453
al 258
sz 257.84
Satt168
al 230
sz 230.61
Satt556
al 161
sz 161.27
Satt180
al 258
sz 257.88
Satt646
al 197
sz 197.52
Satt100
al 164
sz 163.38
Satt281
al 183
sz 182.72
Satt267
al 230
sz 230.12
Satt408
al 179
sz 178.77
Satt005
al 138
sz 139.00
Satt271
al 113
sz 113.74
Satt458
al 175
sz 174.41
Satt514
al 208
sz 208.70
Satt268
al 253
sz 254.12
Satt384
al 148
sz 147.75
Satt193
al 258
sz 257.37
Satt334
al 212
sz 211.85
Satt191
al 224
sz 224.96
Satt288
al 246
sz 246.89
Satt142
al 151
sz 151.39
Satt442
al 245
sz 245.20
Satt239
al 173
sz 173.29
Satt330
al 145
sz 145.03
Satt380
al 125
sz 124.20
Satt431
al 202
sz 202.15
Satt242
al 195
sz 194.81
Satt588
al 164
sz 164.40
Satt373
al 251
sz 250.70
Satt308
al 135
sz 135.96
Satt567
al 106
sz 106.43
Satt551
al 230
sz 231.28
Satt022
al 194
sz 194.58
Sat_084
al 154
sz 154.19
Satt345
al 226
sz 226.78
Satt487
al 198
sz 198.10

77 垦豆 37

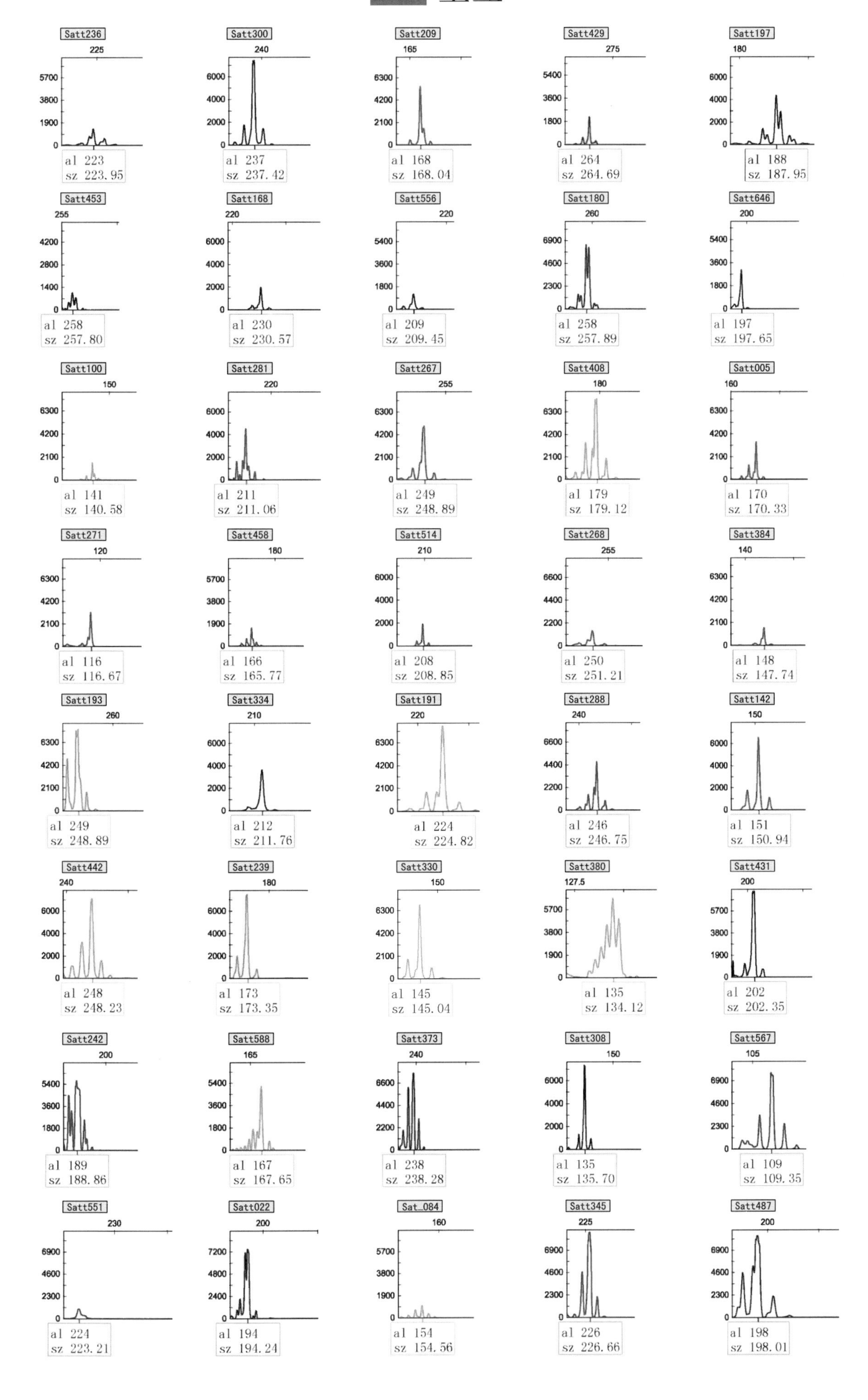
Satt236
al 223
sz 223.95
Satt300
al 237
sz 237.42
Satt209
al 168
sz 168.04
Satt429
al 264
sz 264.69
Satt197
al 188
sz 187.95
Satt453
al 258
sz 257.80
Satt168
al 230
sz 230.57
Satt556
al 209
sz 209.45
Satt180
al 258
sz 257.89
Satt646
al 197
sz 197.65
Satt100
al 141
sz 140.58
Satt281
al 211
sz 211.06
Satt267
al 249
sz 248.89
Satt408
al 179
sz 179.12
Satt005
al 170
sz 170.33
Satt271
al 116
sz 116.67
Satt458
al 166
sz 165.77
Satt514
al 208
sz 208.85
Satt268
al 250
sz 251.21
Satt384
al 148
sz 147.74
Satt193
al 249
sz 248.89
Satt334
al 212
sz 211.76
Satt191
al 224
sz 224.82
Satt288
al 246
sz 246.75
Satt142
al 151
sz 150.94
Satt442
al 248
sz 248.23
Satt239
al 173
sz 173.35
Satt330
al 145
sz 145.04
Satt380
al 135
sz 134.12
Satt431
al 202
sz 202.35
Satt242
al 189
sz 188.86
Satt588
al 167
sz 167.65
Satt373
al 238
sz 238.28
Satt308
al 135
sz 135.70
Satt567
al 109
sz 109.35
Satt551
al 224
sz 223.21
Satt022
al 194
sz 194.24
Sat_084
al 154
sz 154.56
Satt345
al 226
sz 226.66
Satt487
al 198
sz 198.01

78 垦豆38

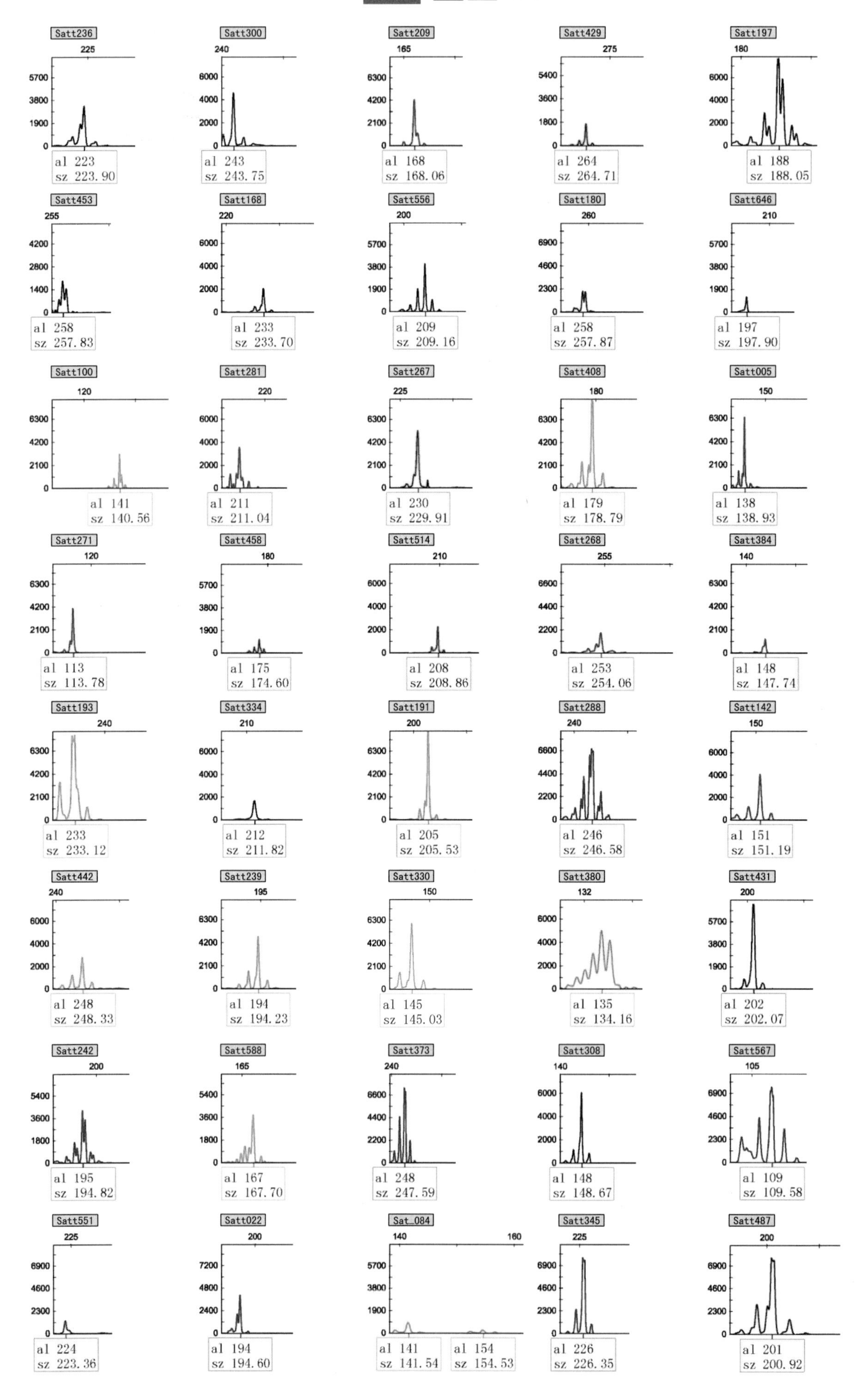
Satt236
al 223
sz 223.90
Satt300
al 243
sz 243.75
Satt209
al 168
sz 168.06
Satt429
al 264
sz 264.71
Satt197
al 188
sz 188.05
Satt453
al 258
sz 257.83
Satt168
al 233
sz 233.70
Satt556
al 209
sz 209.16
Satt180
al 258
sz 257.87
Satt646
al 197
sz 197.90
Satt100
al 141
sz 140.56
Satt281
al 211
sz 211.04
Satt267
al 230
sz 229.91
Satt408
al 179
sz 178.79
Satt005
al 138
sz 138.93
Satt271
al 113
sz 113.78
Satt458
al 175
sz 174.60
Satt514
al 208
sz 208.86
Satt268
al 253
sz 254.06
Satt384
al 148
sz 147.74
Satt193
al 233
sz 233.12
Satt334
al 212
sz 211.82
Satt191
al 205
sz 205.53
Satt288
al 246
sz 246.58
Satt142
al 151
sz 151.19
Satt442
al 248
sz 248.33
Satt239
al 194
sz 194.23
Satt330
al 145
sz 145.03
Satt380
al 135
sz 134.16
Satt431
al 202
sz 202.07
Satt242
al 195
sz 194.82
Satt588
al 167
sz 167.70
Satt373
al 248
sz 247.59
Satt308
al 148
sz 148.67
Satt567
al 109
sz 109.58
Satt551
al 224
sz 223.36
Satt022
al 194
sz 194.60
Sat_084
al 141
sz 141.54
al 154
sz 154.53
Satt345
al 226
sz 226.35
Satt487
al 201
sz 200.92

79 垦豆 39

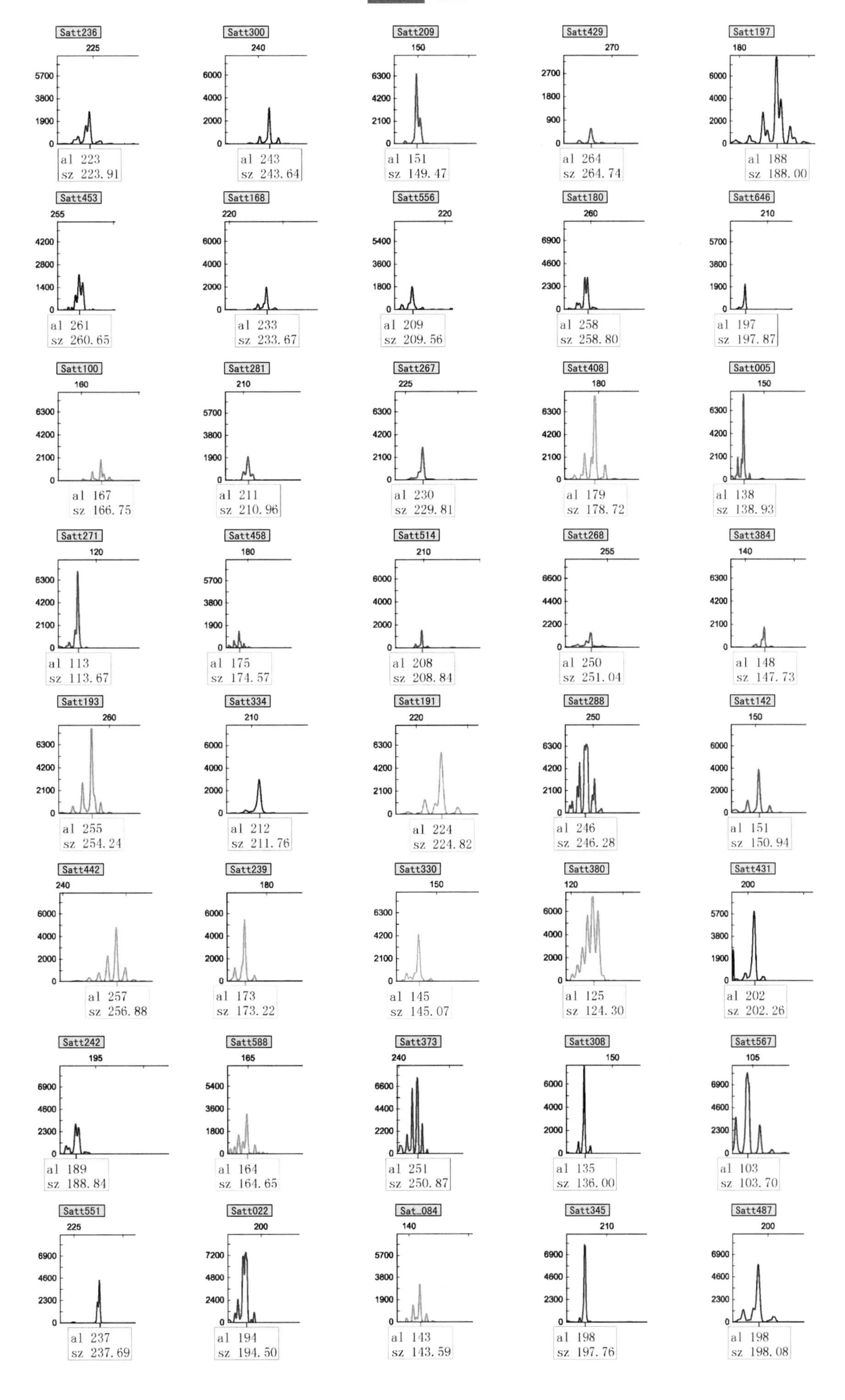
Satt236
al 223
sz 223.91
Satt300
al 243
sz 243.64
Satt209
al 151
sz 149.47
Satt429
al 264
sz 264.74
Satt197
al 188
sz 188.00
Satt453
al 261
sz 260.65
Satt168
al 233
sz 233.67
Satt556
al 209
sz 209.56
Satt180
al 258
sz 258.80
Satt646
al 197
sz 197.87
Satt100
al 167
sz 166.75
Satt281
al 211
sz 210.96
Satt267
al 230
sz 229.81
Satt408
al 179
sz 178.72
Satt005
al 138
sz 138.93
Satt271
al 113
sz 113.67
Satt458
al 175
sz 174.57
Satt514
al 208
sz 208.84
Satt268
al 250
sz 251.04
Satt384
al 148
sz 147.73
Satt193
al 255
sz 254.24
Satt334
al 212
sz 211.76
Satt191
al 224
sz 224.82
Satt288
al 246
sz 246.28
Satt142
al 151
sz 150.94
Satt442
al 257
sz 256.88
Satt239
al 173
sz 173.22
Satt330
al 145
sz 145.07
Satt380
al 125
sz 124.30
Satt431
al 202
sz 202.26
Satt242
al 189
sz 188.84
Satt588
al 164
sz 164.65
Satt373
al 251
sz 250.87
Satt308
al 135
sz 136.00
Satt567
al 103
sz 103.70
Satt551
al 237
sz 237.69
Satt022
al 194
sz 194.50
Sat_084
al 143
sz 143.59
Satt345
al 198
sz 197.76
Satt487
al 198
sz 198.08

80 龙达 1 号

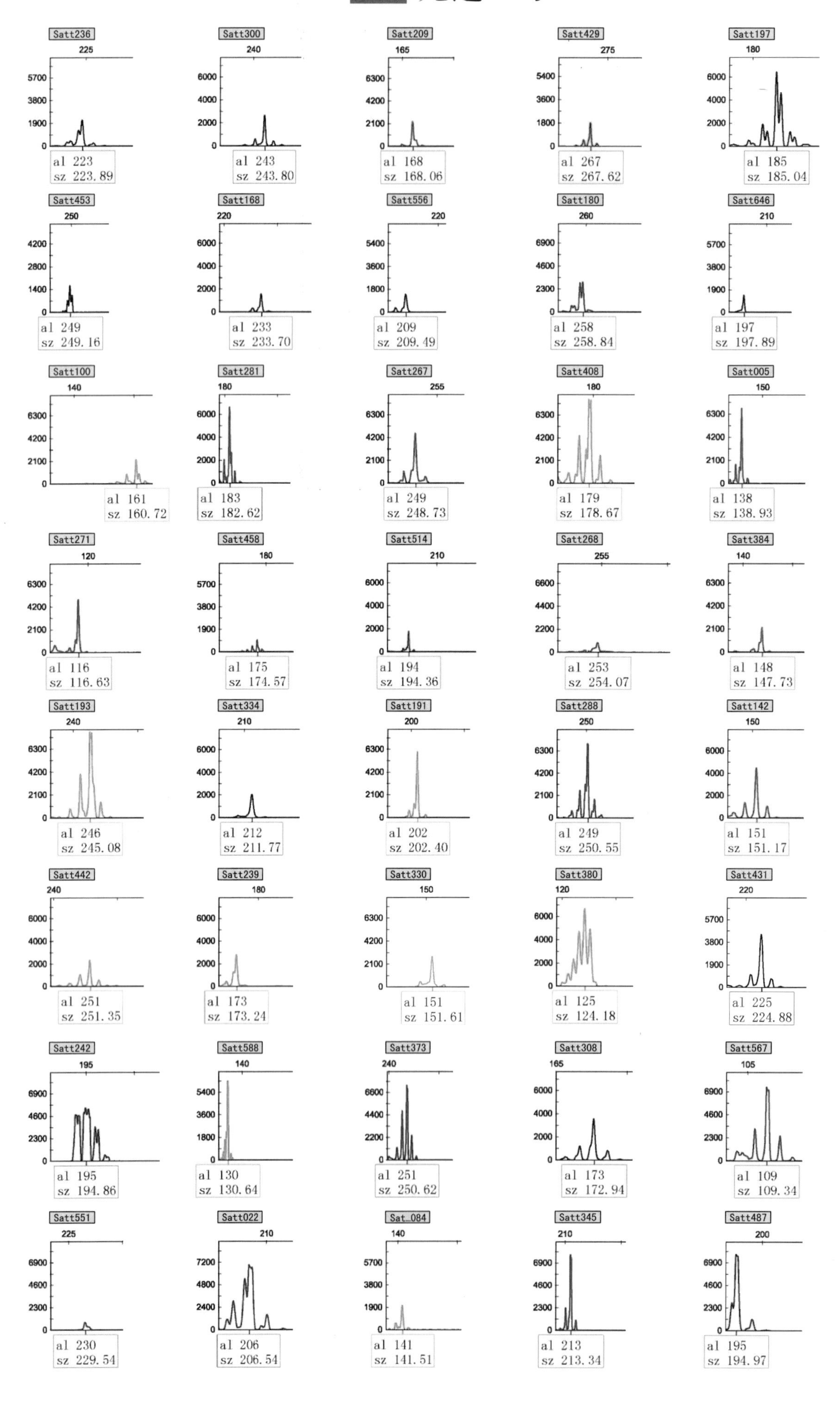

Satt236
al 223
sz 223.89
Satt300
al 243
sz 243.80
Satt209
al 168
sz 168.06
Satt429
al 267
sz 267.62
Satt197
al 185
sz 185.04
Satt453
al 249
sz 249.16
Satt168
al 233
sz 233.70
Satt556
al 209
sz 209.49
Satt180
al 258
sz 258.84
Satt646
al 197
sz 197.89
Satt100
al 161
sz 160.72
Satt281
al 183
sz 182.62
Satt267
al 249
sz 248.73
Satt408
al 179
sz 178.67
Satt005
al 138
sz 138.93
Satt271
al 116
sz 116.63
Satt458
al 175
sz 174.57
Satt514
al 194
sz 194.36
Satt268
al 253
sz 254.07
Satt384
al 148
sz 147.73
Satt193
al 246
sz 245.08
Satt334
al 212
sz 211.77
Satt191
al 202
sz 202.40
Satt288
al 249
sz 250.55
Satt142
al 151
sz 151.17
Satt442
al 251
sz 251.35
Satt239
al 173
sz 173.24
Satt330
al 151
sz 151.61
Satt380
al 125
sz 124.18
Satt431
al 225
sz 224.88
Satt242
al 195
sz 194.86
Satt588
al 130
sz 130.64
Satt373
al 251
sz 250.62
Satt308
al 173
sz 172.94
Satt567
al 109
sz 109.34
Satt551
al 230
sz 229.54
Satt022
al 206
sz 206.54
Sat_084
al 141
sz 141.51
Satt345
al 213
sz 213.34
Satt487
al 195
sz 194.97

81 龙豆 4 号

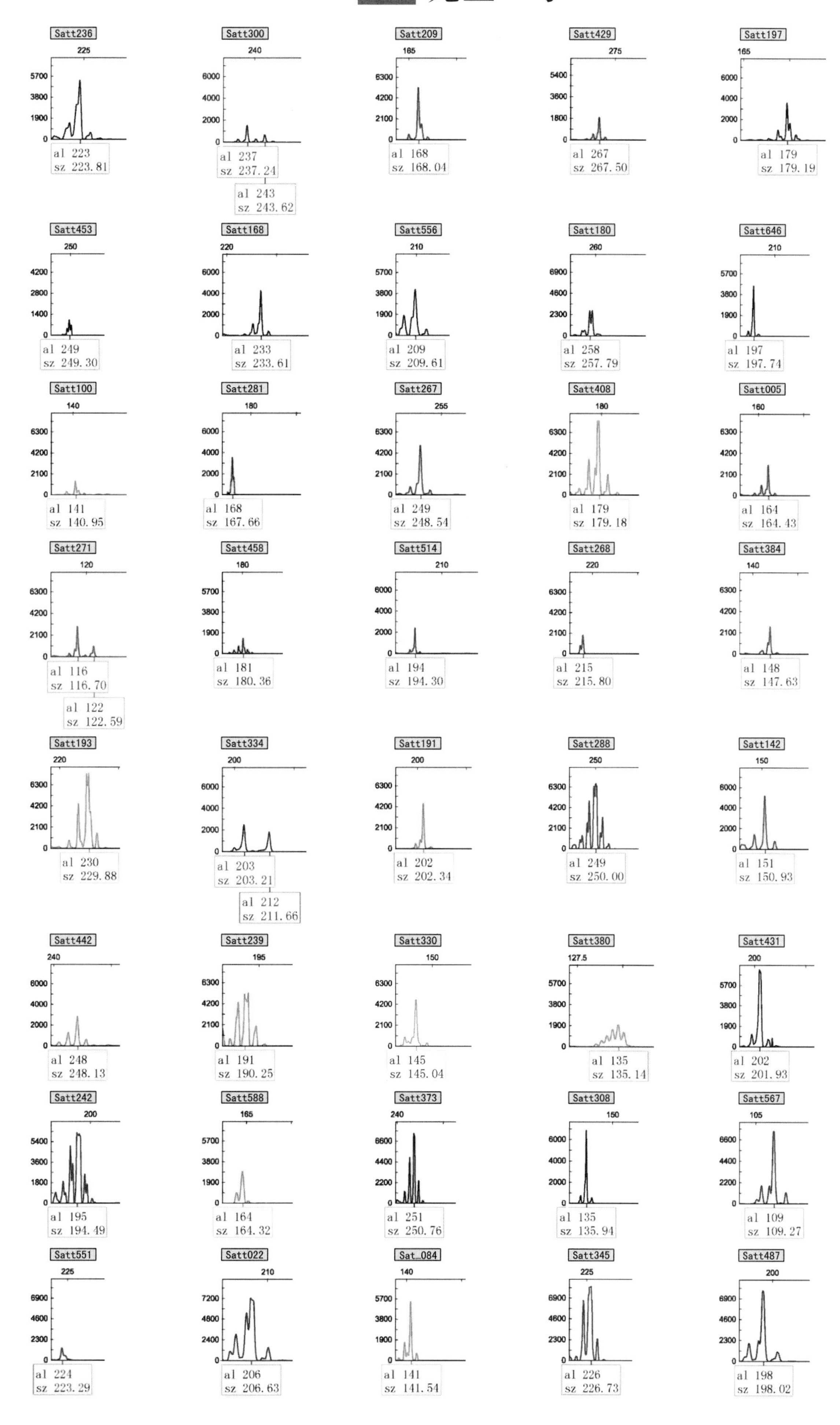
Satt236
al 223
sz 223.81
Satt300
al 237
sz 237.24
al 243
sz 243.62
Satt209
al 168
sz 168.04
Satt429
al 267
sz 267.50
Satt197
al 179
sz 179.19
Satt453
al 249
sz 249.30
Satt168
al 233
sz 233.61
Satt556
al 209
sz 209.61
Satt180
al 258
sz 257.79
Satt646
al 197
sz 197.74
Satt100
al 141
sz 140.95
Satt281
al 168
sz 167.66
Satt267
al 249
sz 248.54
Satt408
al 179
sz 179.18
Satt005
al 164
sz 164.43
Satt271
al 116
sz 116.70
al 122
sz 122.59
Satt458
al 181
sz 180.36
Satt514
al 194
sz 194.30
Satt268
al 215
sz 215.80
Satt384
al 148
sz 147.63
Satt193
al 230
sz 229.88
Satt334
al 203
sz 203.21
al 212
sz 211.66
Satt191
al 202
sz 202.34
Satt288
al 249
sz 250.00
Satt142
al 151
sz 150.93
Satt442
al 248
sz 248.13
Satt239
al 191
sz 190.25
Satt330
al 145
sz 145.04
Satt380
al 135
sz 135.14
Satt431
al 202
sz 201.93
Satt242
al 195
sz 194.49
Satt588
al 164
sz 164.32
Satt373
al 251
sz 250.76
Satt308
al 135
sz 135.94
Satt567
al 109
sz 109.27
Satt551
al 224
sz 223.29
Satt022
al 206
sz 206.63
Sat_084
al 141
sz 141.54
Satt345
al 226
sz 226.73
Satt487
al 198
sz 198.02

82 龙豆 5 号

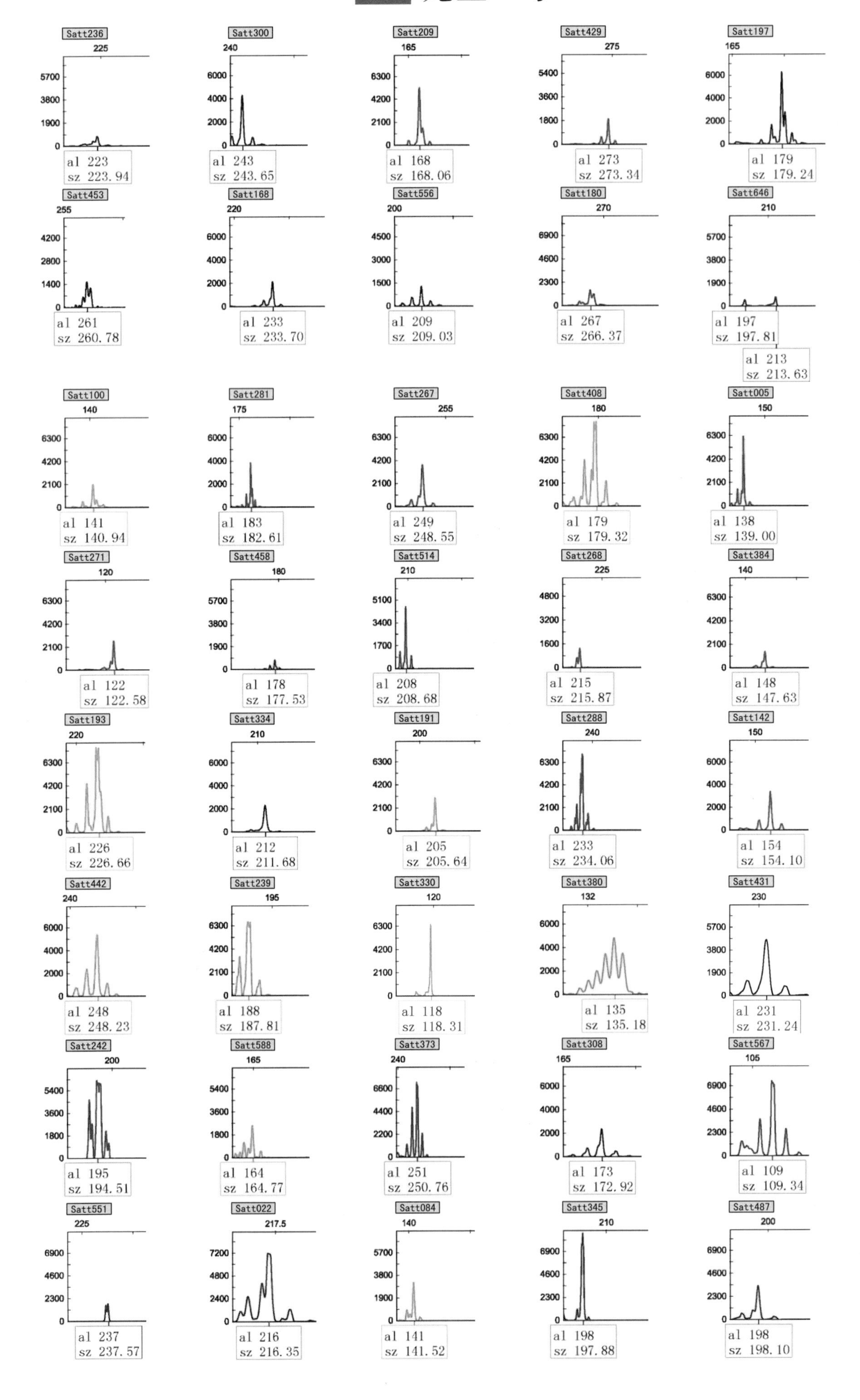

Satt236
225
al 223
sz 223.94
Satt300
240
al 243
sz 243.65
Satt209
165
al 168
sz 168.06
Satt429
275
al 273
sz 273.34
Satt197
165
al 179
sz 179.24
Satt453
255
al 261
sz 260.78
Satt168
220
al 233
sz 233.70
Satt556
200
al 209
sz 209.03
Satt180
270
al 267
sz 266.37
Satt646
210
al 197
sz 197.81
al 213
sz 213.63
Satt100
140
al 141
sz 140.94
Satt281
175
al 183
sz 182.61
Satt267
255
al 249
sz 248.55
Satt408
180
al 179
sz 179.32
Satt005
150
al 138
sz 139.00
Satt271
120
al 122
sz 122.58
Satt458
180
al 178
sz 177.53
Satt514
210
al 208
sz 208.68
Satt268
225
al 215
sz 215.87
Satt384
140
al 148
sz 147.63
Satt193
220
al 226
sz 226.66
Satt334
210
al 212
sz 211.68
Satt191
200
al 205
sz 205.64
Satt288
240
al 233
sz 234.06
Satt142
150
al 154
sz 154.10
Satt442
240
al 248
sz 248.23
Satt239
195
al 188
sz 187.81
Satt330
120
al 118
sz 118.31
Satt380
132
al 135
sz 135.18
Satt431
230
al 231
sz 231.24
Satt242
200
al 195
sz 194.51
Satt588
165
al 164
sz 164.77
Satt373
240
al 251
sz 250.76
Satt308
165
al 173
sz 172.92
Satt567
105
al 109
sz 109.34
Satt551
225
al 237
sz 237.57
Satt022
217.5
al 216
sz 216.35
Satt084
140
al 141
sz 141.52
Satt345
210
al 198
sz 197.88
Satt487
200
al 198
sz 198.10

83 龙黄 1 号

Satt236
al 214 sz 214.43
al 223 sz 223.92
Satt300
al 237 sz 237.05
Satt209
al 168 sz 168.02
Satt429
al 270 sz 270.47
Satt197
al 188 sz 187.95
Satt453
al 245 sz 244.48
al 261 sz 260.39
Satt168
al 230 sz 230.49
al 233 sz 233.64
Satt556
al 161 sz 161.49
Satt180
al 258 sz 258.72
Satt646
al 197 sz 197.78
Satt100
al 141 sz 140.87
al 164 sz 163.65
Satt281
al 168 sz 167.66
al 211 sz 210.95
Satt267
al 230 sz 229.77
al 249 sz 248.53
Satt408
al 179 sz 179.06
Satt005
al 170 sz 170.36
Satt271
al 122 sz 122.66
Satt458
al 169 sz 168.62
al 175 sz 174.56
Satt514
al 233 sz 233.25
Satt268
al 238 sz 238.22
al 250 sz 250.92
Satt384
al 148 sz 147.58
Satt193
al 226 sz 226.25
al 258 sz 257.09
Satt334
al 189 sz 189.60
Satt191
al 224 sz 224.76
Satt288
al 252 sz 252.96
Satt142
al 151 sz 150.92
Satt442
al 245 sz 244.82
Satt239
al 173 sz 173.37
Satt330
al 145 sz 145.08
al 151 sz 151.65
Satt380
al 125 sz 124.19
al 135 sz 135.20
Satt431
al 225 sz 225.49
Satt242
al 195 sz 194.43
Satt588
al 140 sz 140.10
al 167 sz 167.58
Satt373
al 248 sz 247.73
al 251 sz 251.13
Satt308
al 135 sz 135.92
al 148 sz 148.67
Satt567
al 103 sz 103.71
Satt551
al 230 sz 230.22
Satt022
al 194 sz 194.32
al 206 sz 206.52
Sat_084
al 141 sz 141.54
al 154 sz 154.52
Satt345
al 198 sz 197.89
al 245 sz 245.82
Satt487
al 198 sz 198.08

84 龙黄 2 号

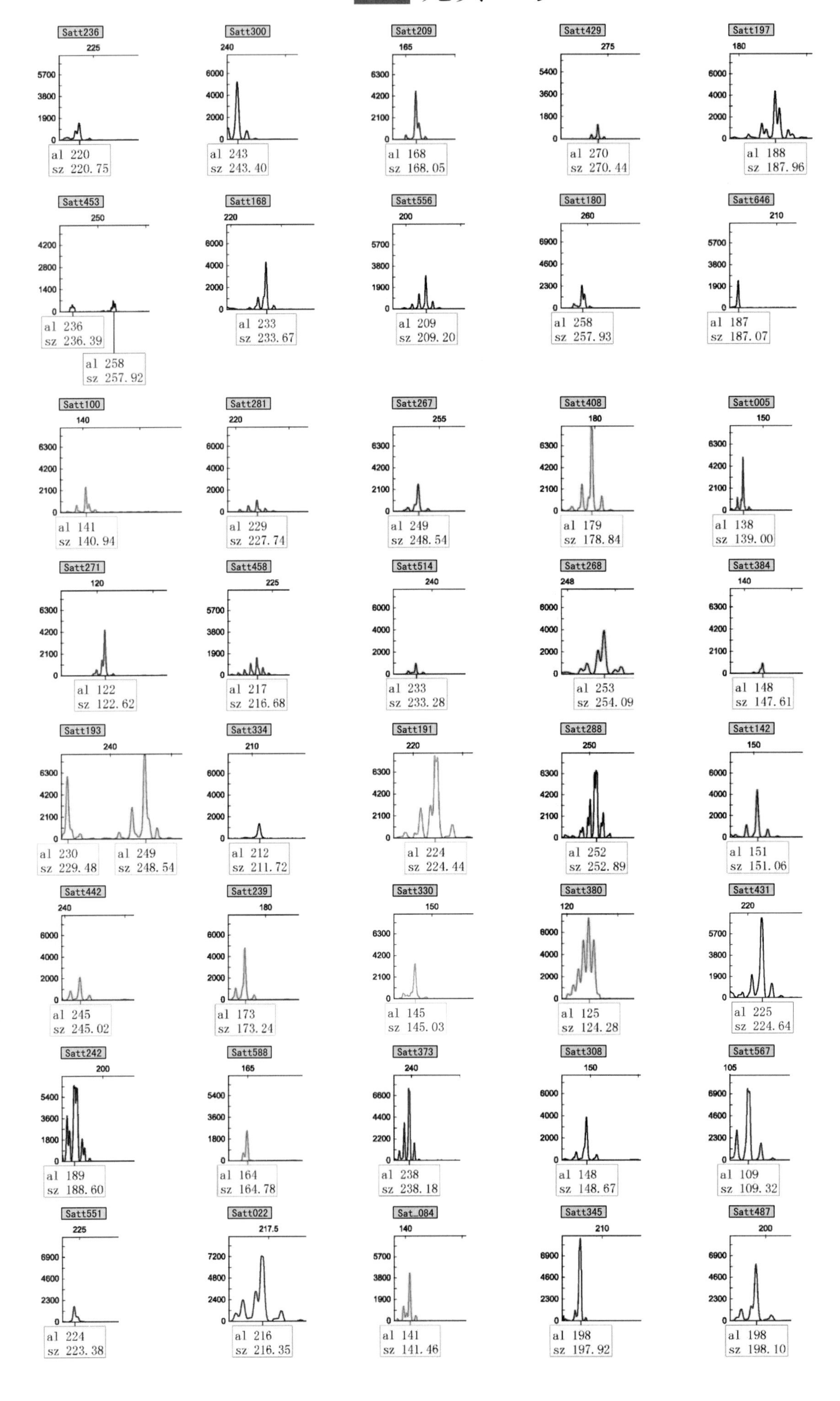

Satt236
al 220
sz 220.75
Satt300
al 243
sz 243.40
Satt209
al 168
sz 168.05
Satt429
al 270
sz 270.44
Satt197
al 188
sz 187.96
Satt453
al 236
sz 236.39
al 258
sz 257.92
Satt168
al 233
sz 233.67
Satt556
al 209
sz 209.20
Satt180
al 258
sz 257.93
Satt646
al 187
sz 187.07
Satt100
al 141
sz 140.94
Satt281
al 229
sz 227.74
Satt267
al 249
sz 248.54
Satt408
al 179
sz 178.84
Satt005
al 138
sz 139.00
Satt271
al 122
sz 122.62
Satt458
al 217
sz 216.68
Satt514
al 233
sz 233.28
Satt268
al 253
sz 254.09
Satt384
al 148
sz 147.61
Satt193
al 230
sz 229.48
al 249
sz 248.54
Satt334
al 212
sz 211.72
Satt191
al 224
sz 224.44
Satt288
al 252
sz 252.89
Satt142
al 151
sz 151.06
Satt442
al 245
sz 245.02
Satt239
al 173
sz 173.24
Satt330
al 145
sz 145.03
Satt380
al 125
sz 124.28
Satt431
al 225
sz 224.64
Satt242
al 189
sz 188.60
Satt588
al 164
sz 164.78
Satt373
al 238
sz 238.18
Satt308
al 148
sz 148.67
Satt567
al 109
sz 109.32
Satt551
al 224
sz 223.38
Satt022
al 216
sz 216.35
Sat_084
al 141
sz 141.46
Satt345
al 198
sz 197.92
Satt487
al 198
sz 198.10

85 龙垦 332

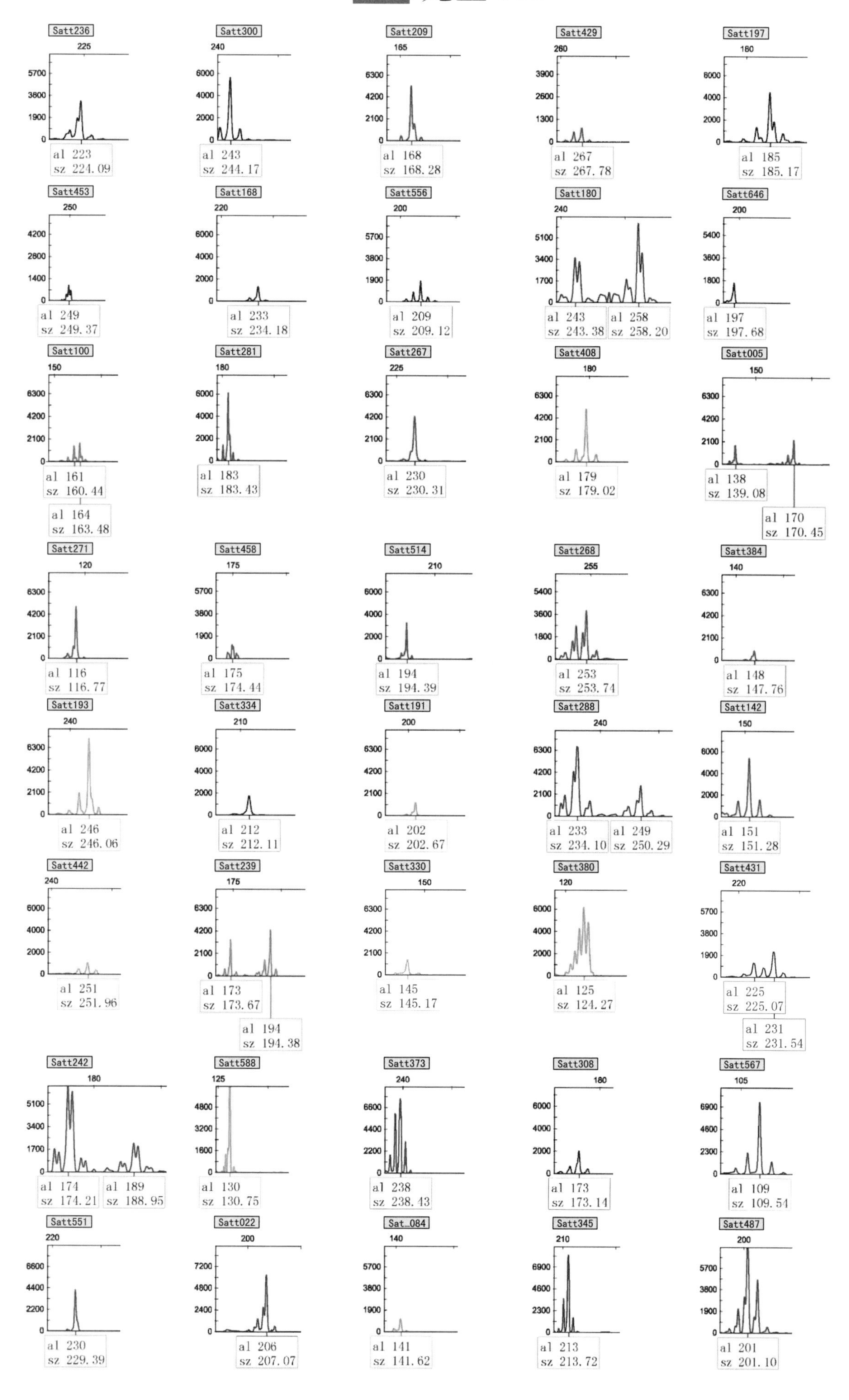
Satt236
al 223
sz 224.09
Satt300
al 243
sz 244.17
Satt209
al 168
sz 168.28
Satt429
al 267
sz 267.78
Satt197
al 185
sz 185.17
Satt453
al 249
sz 249.37
Satt168
al 233
sz 234.18
Satt556
al 209
sz 209.12
Satt180
al 243
sz 243.38
al 258
sz 258.20
Satt646
al 197
sz 197.68
Satt100
al 161
sz 160.44
al 164
sz 163.48
Satt281
al 183
sz 183.43
Satt267
al 230
sz 230.31
Satt408
al 179
sz 179.02
Satt005
al 138
sz 139.08
al 170
sz 170.45
Satt271
al 116
sz 116.77
Satt458
al 175
sz 174.44
Satt514
al 194
sz 194.39
Satt268
al 253
sz 253.74
Satt384
al 148
sz 147.76
Satt193
al 246
sz 246.06
Satt334
al 212
sz 212.11
Satt191
al 202
sz 202.67
Satt288
al 233
sz 234.10
al 249
sz 250.29
Satt142
al 151
sz 151.28
Satt442
al 251
sz 251.96
Satt239
al 173
sz 173.67
al 194
sz 194.38
Satt330
al 145
sz 145.17
Satt380
al 125
sz 124.27
Satt431
al 225
sz 225.07
al 231
sz 231.54
Satt242
al 174
sz 174.21
al 189
sz 188.95
Satt588
al 130
sz 130.75
Satt373
al 238
sz 238.43
Satt308
al 173
sz 173.14
Satt567
al 109
sz 109.54
Satt551
al 230
sz 229.39
Satt022
al 206
sz 207.07
Sat_084
al 141
sz 141.62
Satt345
al 213
sz 213.72
Satt487
al 201
sz 201.10

86 龙垦 335

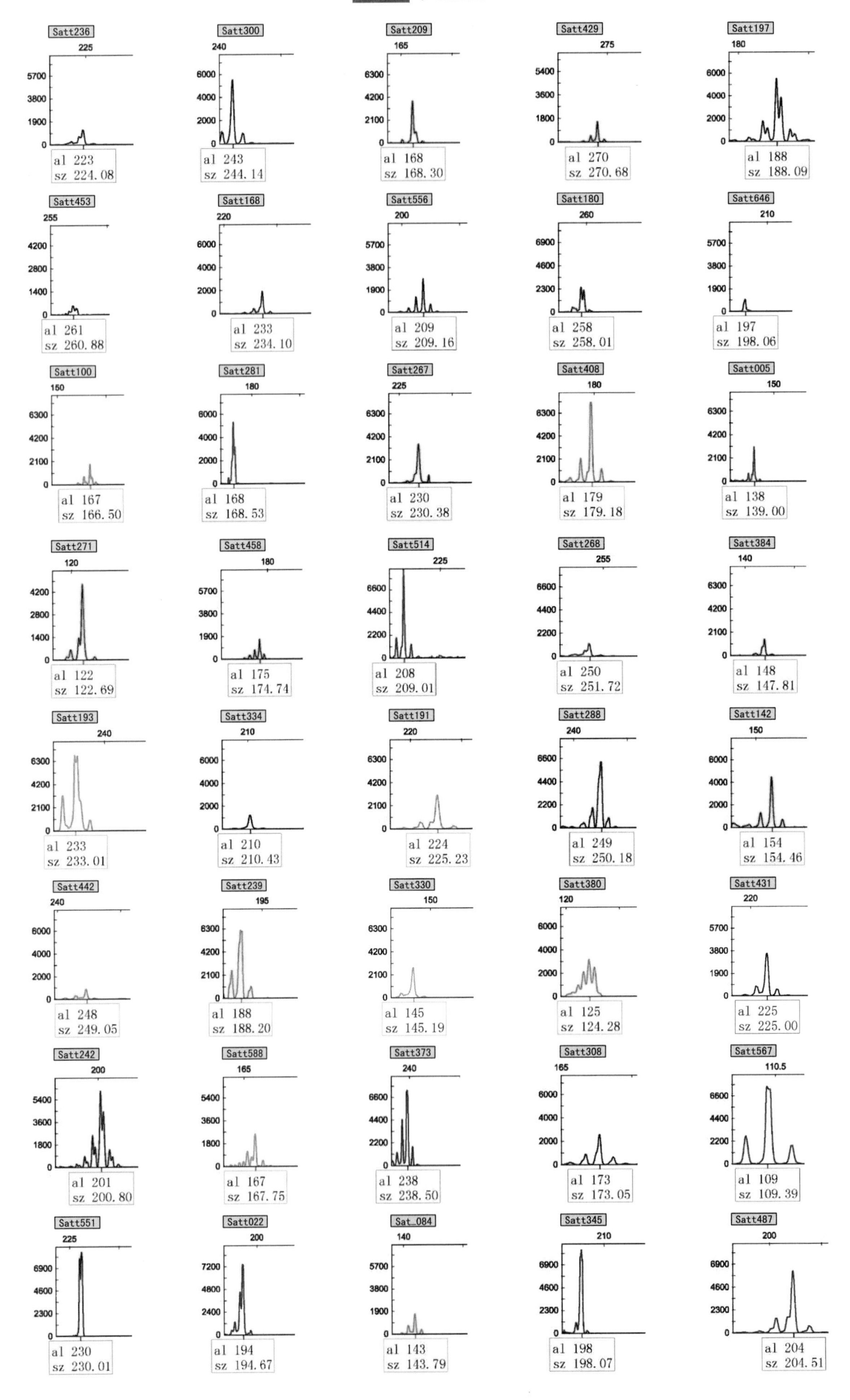
Satt236
al 223
sz 224.08
Satt300
al 243
sz 244.14
Satt209
al 168
sz 168.30
Satt429
al 270
sz 270.68
Satt197
al 188
sz 188.09
Satt453
al 261
sz 260.88
Satt168
al 233
sz 234.10
Satt556
al 209
sz 209.16
Satt180
al 258
sz 258.01
Satt646
al 197
sz 198.06
Satt100
al 167
sz 166.50
Satt281
al 168
sz 168.53
Satt267
al 230
sz 230.38
Satt408
al 179
sz 179.18
Satt005
al 138
sz 139.00
Satt271
al 122
sz 122.69
Satt458
al 175
sz 174.74
Satt514
al 208
sz 209.01
Satt268
al 250
sz 251.72
Satt384
al 148
sz 147.81
Satt193
al 233
sz 233.01
Satt334
al 210
sz 210.43
Satt191
al 224
sz 225.23
Satt288
al 249
sz 250.18
Satt142
al 154
sz 154.46
Satt442
al 248
sz 249.05
Satt239
al 188
sz 188.20
Satt330
al 145
sz 145.19
Satt380
al 125
sz 124.28
Satt431
al 225
sz 225.00
Satt242
al 201
sz 200.80
Satt588
al 167
sz 167.75
Satt373
al 238
sz 238.50
Satt308
al 173
sz 173.05
Satt567
al 109
sz 109.39
Satt551
al 230
sz 230.01
Satt022
al 194
sz 194.67
Sat_084
al 143
sz 143.79
Satt345
al 198
sz 198.07
Satt487
al 204
sz 204.51

87 牡602

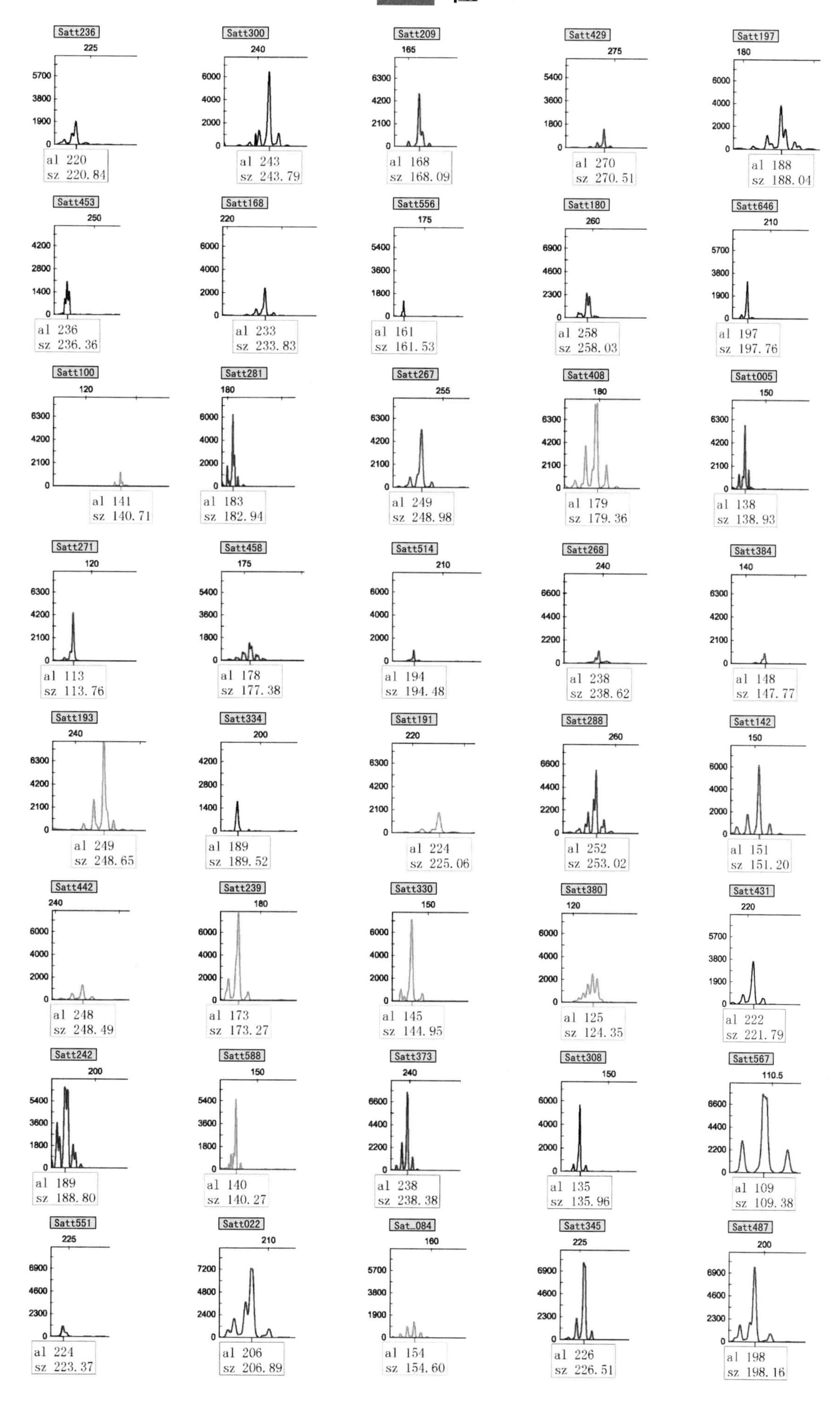
Satt236
al 220
sz 220.84
Satt300
al 243
sz 243.79
Satt209
al 168
sz 168.09
Satt429
al 270
sz 270.51
Satt197
al 188
sz 188.04
Satt453
al 236
sz 236.36
Satt168
al 233
sz 233.83
Satt556
al 161
sz 161.53
Satt180
al 258
sz 258.03
Satt646
al 197
sz 197.76
Satt100
al 141
sz 140.71
Satt281
al 183
sz 182.94
Satt267
al 249
sz 248.98
Satt408
al 179
sz 179.36
Satt005
al 138
sz 138.93
Satt271
al 113
sz 113.76
Satt458
al 178
sz 177.38
Satt514
al 194
sz 194.48
Satt268
al 238
sz 238.62
Satt384
al 148
sz 147.77
Satt193
al 249
sz 248.65
Satt334
al 189
sz 189.52
Satt191
al 224
sz 225.06
Satt288
al 252
sz 253.02
Satt142
al 151
sz 151.20
Satt442
al 248
sz 248.49
Satt239
al 173
sz 173.27
Satt330
al 145
sz 144.95
Satt380
al 125
sz 124.35
Satt431
al 222
sz 221.79
Satt242
al 189
sz 188.80
Satt588
al 140
sz 140.27
Satt373
al 238
sz 238.38
Satt308
al 135
sz 135.96
Satt567
al 109
sz 109.38
Satt551
al 224
sz 223.37
Satt022
al 206
sz 206.89
Sat_084
al 154
sz 154.60
Satt345
al 226
sz 226.51
Satt487
al 198
sz 198.16

88 牡豆 8 号

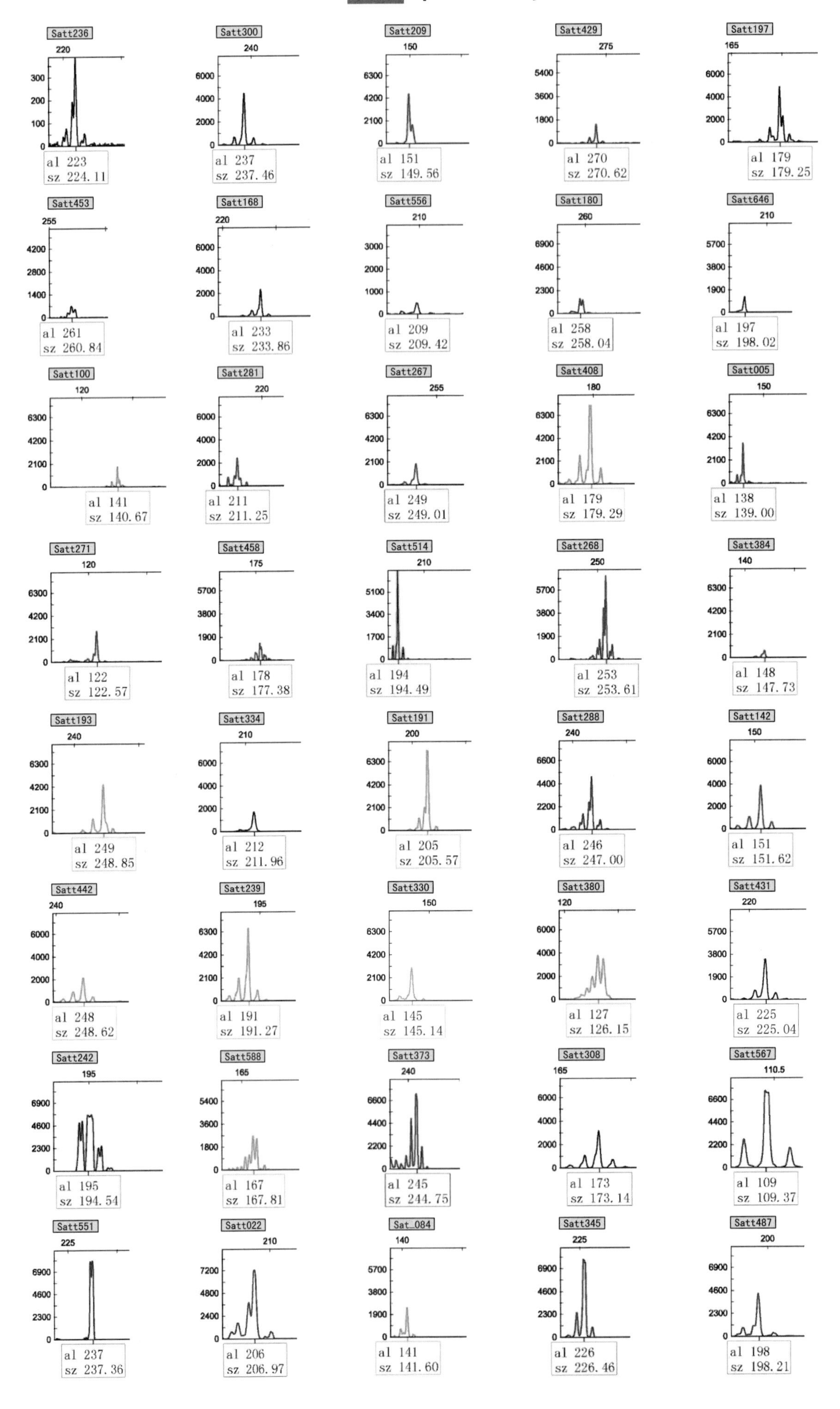

Satt236
220
al 223
sz 224.11
Satt300
240
al 237
sz 237.46
Satt209
150
al 151
sz 149.56
Satt429
275
al 270
sz 270.62
Satt197
165
al 179
sz 179.25
Satt453
255
al 261
sz 260.84
Satt168
220
al 233
sz 233.86
Satt556
210
al 209
sz 209.42
Satt180
260
al 258
sz 258.04
Satt646
210
al 197
sz 198.02
Satt100
120
al 141
sz 140.67
Satt281
220
al 211
sz 211.25
Satt267
255
al 249
sz 249.01
Satt408
180
al 179
sz 179.29
Satt005
150
al 138
sz 139.00
Satt271
120
al 122
sz 122.57
Satt458
175
al 178
sz 177.38
Satt514
210
al 194
sz 194.49
Satt268
250
al 253
sz 253.61
Satt384
140
al 148
sz 147.73
Satt193
240
al 249
sz 248.85
Satt334
210
al 212
sz 211.96
Satt191
200
al 205
sz 205.57
Satt288
240
al 246
sz 247.00
Satt142
150
al 151
sz 151.62
Satt442
240
al 248
sz 248.62
Satt239
195
al 191
sz 191.27
Satt330
150
al 145
sz 145.14
Satt380
120
al 127
sz 126.15
Satt431
220
al 225
sz 225.04
Satt242
195
al 195
sz 194.54
Satt588
165
al 167
sz 167.81
Satt373
240
al 245
sz 244.75
Satt308
165
al 173
sz 173.14
Satt567
110.5
al 109
sz 109.37
Satt551
225
al 237
sz 237.36
Satt022
210
al 206
sz 206.97
Sat_084
140
al 141
sz 141.60
Satt345
225
al 226
sz 226.46
Satt487
200
al 198
sz 198.21

89 穆选1号

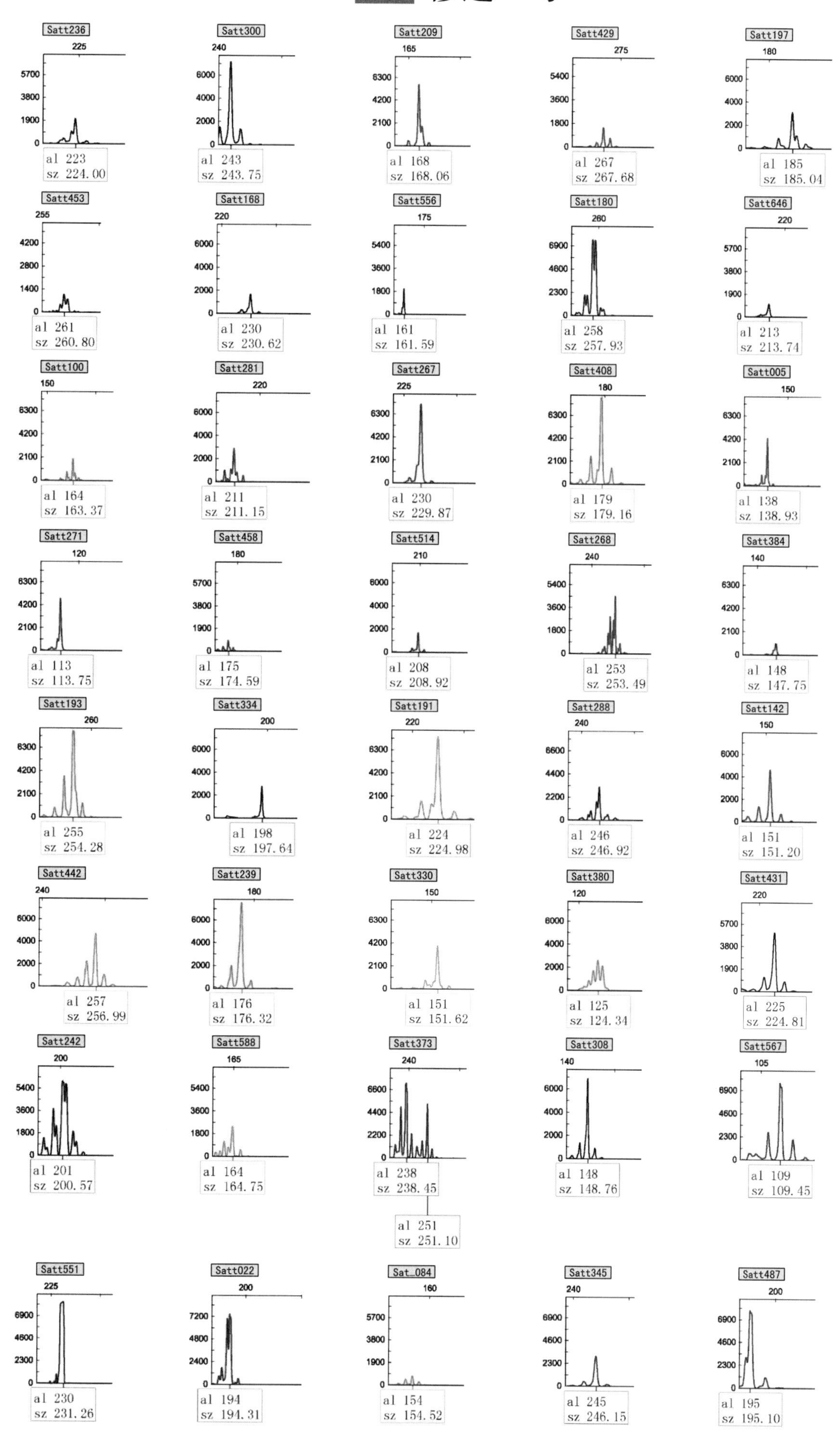
Satt236
al 223
sz 224.00
Satt300
al 243
sz 243.75
Satt209
al 168
sz 168.06
Satt429
al 267
sz 267.68
Satt197
al 185
sz 185.04
Satt453
al 261
sz 260.80
Satt168
al 230
sz 230.62
Satt556
al 161
sz 161.59
Satt180
al 258
sz 257.93
Satt646
al 213
sz 213.74
Satt100
al 164
sz 163.37
Satt281
al 211
sz 211.15
Satt267
al 230
sz 229.87
Satt408
al 179
sz 179.16
Satt005
al 138
sz 138.93
Satt271
al 113
sz 113.75
Satt458
al 175
sz 174.59
Satt514
al 208
sz 208.92
Satt268
al 253
sz 253.49
Satt384
al 148
sz 147.75
Satt193
al 255
sz 254.28
Satt334
al 198
sz 197.64
Satt191
al 224
sz 224.98
Satt288
al 246
sz 246.92
Satt142
al 151
sz 151.20
Satt442
al 257
sz 256.99
Satt239
al 176
sz 176.32
Satt330
al 151
sz 151.62
Satt380
al 125
sz 124.34
Satt431
al 225
sz 224.81
Satt242
al 201
sz 200.57
Satt588
al 164
sz 164.75
Satt373
al 238
sz 238.45
al 251
sz 251.10
Satt308
al 148
sz 148.76
Satt567
al 109
sz 109.45
Satt551
al 230
sz 231.26
Satt022
al 194
sz 194.31
Sat_084
al 154
sz 154.52
Satt345
al 245
sz 246.15
Satt487
al 195
sz 195.10

90 嫩奥 1 号

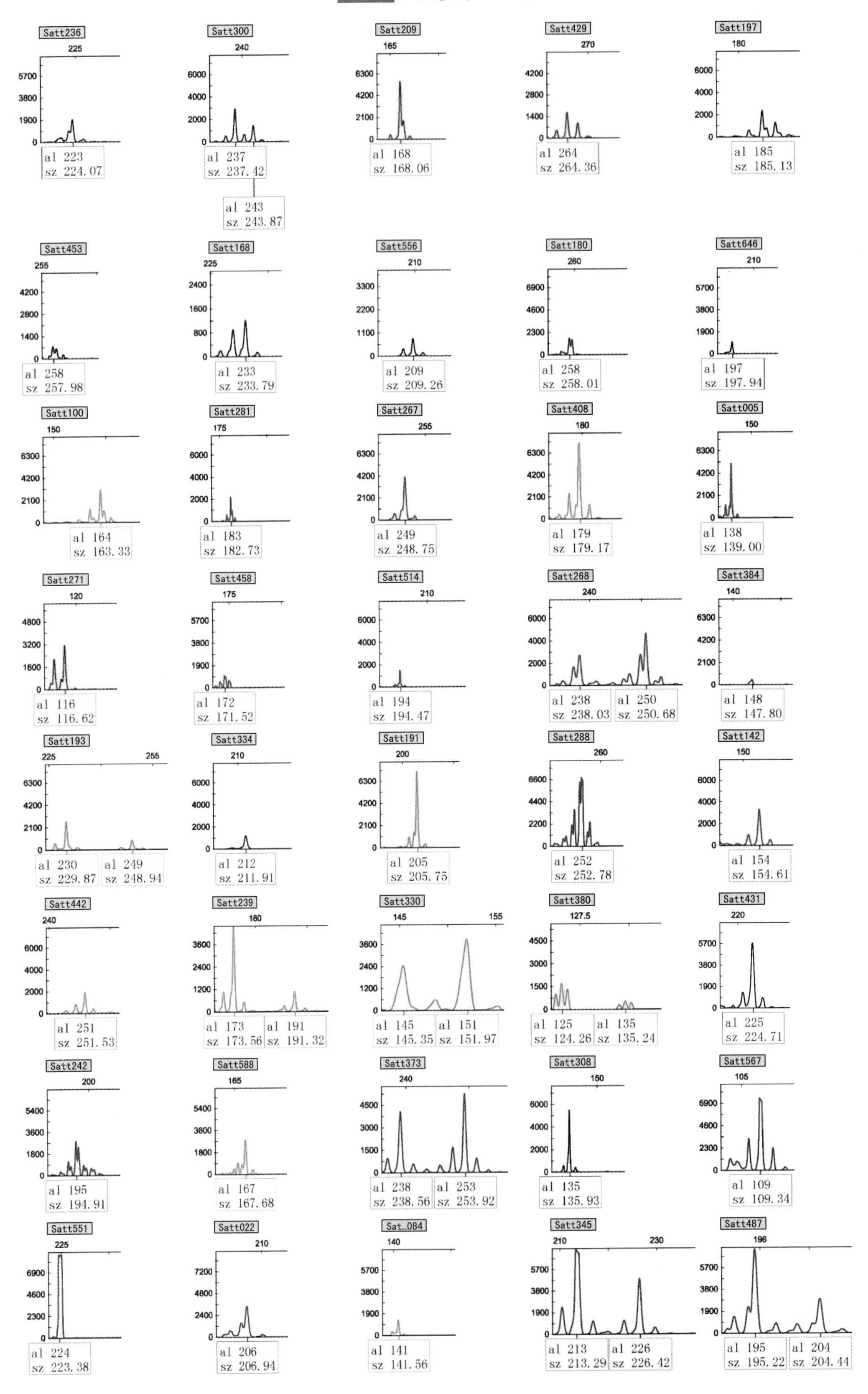
Satt236
al 223
sz 224.07
Satt300
al 237
sz 237.42
al 243
sz 243.87
Satt209
al 168
sz 168.06
Satt429
al 264
sz 264.36
Satt197
al 185
sz 185.13
Satt453
al 258
sz 257.98
Satt168
al 233
sz 233.79
Satt556
al 209
sz 209.26
Satt180
al 258
sz 258.01
Satt646
al 197
sz 197.94
Satt100
al 164
sz 163.33
Satt281
al 183
sz 182.73
Satt267
al 249
sz 248.75
Satt408
al 179
sz 179.17
Satt005
al 138
sz 139.00
Satt271
al 116
sz 116.62
Satt458
al 172
sz 171.52
Satt514
al 194
sz 194.47
Satt268
al 238
sz 238.03
al 250
sz 250.68
Satt384
al 148
sz 147.80
Satt193
al 230
sz 229.87
al 249
sz 248.94
Satt334
al 212
sz 211.91
Satt191
al 205
sz 205.75
Satt288
al 252
sz 252.78
Satt142
al 154
sz 154.61
Satt442
al 251
sz 251.53
Satt239
al 173
sz 173.56
al 191
sz 191.32
Satt330
al 145
sz 145.35
al 151
sz 151.97
Satt380
al 125
sz 124.26
al 135
sz 135.24
Satt431
al 225
sz 224.71
Satt242
al 195
sz 194.91
Satt588
al 167
sz 167.68
Satt373
al 238
sz 238.56
al 253
sz 253.92
Satt308
al 135
sz 135.93
Satt567
al 109
sz 109.34
Satt551
al 224
sz 223.38
Satt022
al 206
sz 206.94
Sat_084
al 141
sz 141.56
Satt345
al 213
sz 213.29
al 226
sz 226.42
Satt487
al 195
sz 195.22
al 204
sz 204.44

91 嫩奥 2 号

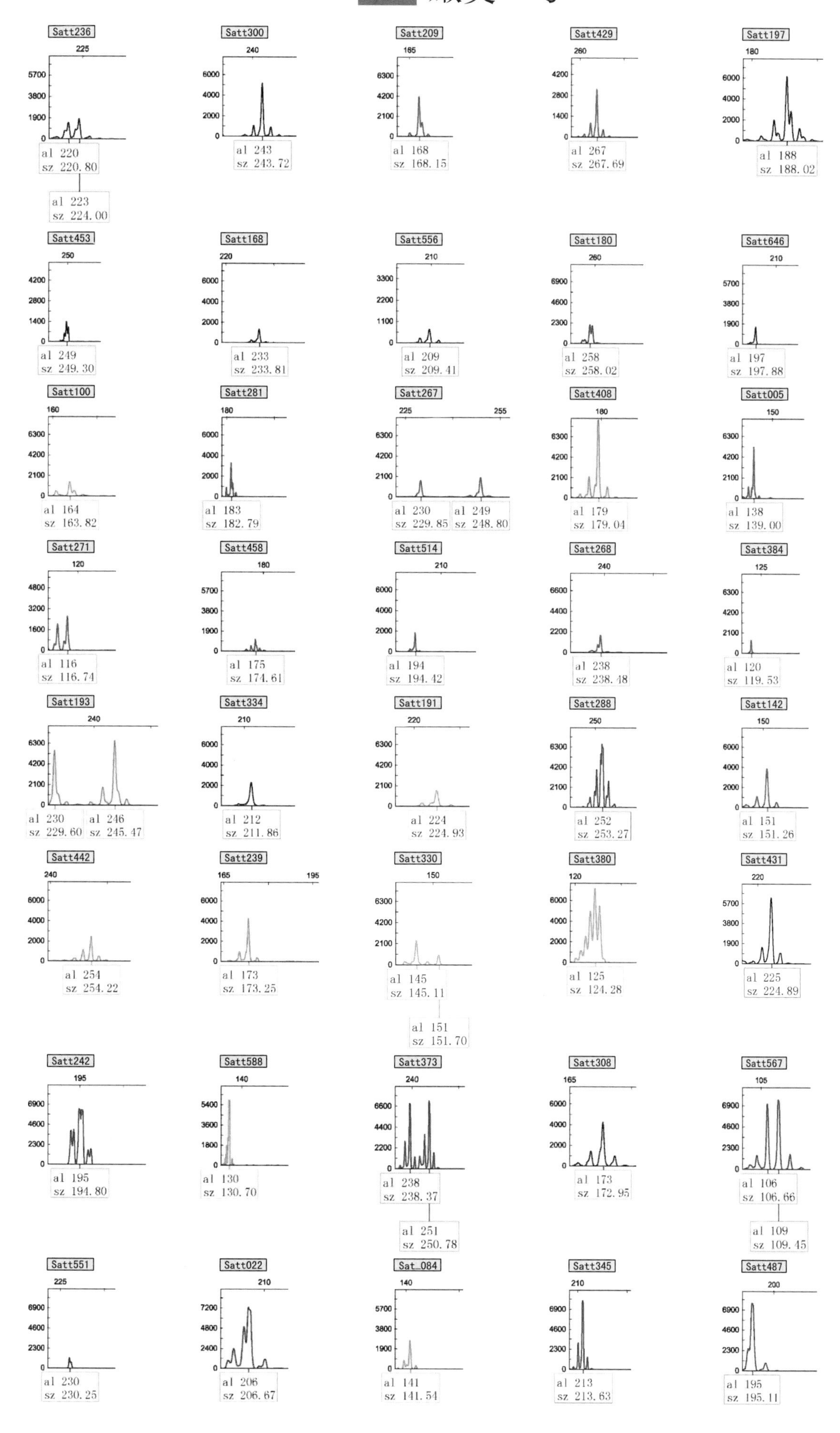
Satt236
al 220
sz 220.80
al 223
sz 224.00
Satt300
al 243
sz 243.72
Satt209
al 168
sz 168.15
Satt429
al 267
sz 267.69
Satt197
al 188
sz 188.02
Satt453
al 249
sz 249.30
Satt168
al 233
sz 233.81
Satt556
al 209
sz 209.41
Satt180
al 258
sz 258.02
Satt646
al 197
sz 197.88
Satt100
al 164
sz 163.82
Satt281
al 183
sz 182.79
Satt267
al 230
sz 229.85
al 249
sz 248.80
Satt408
al 179
sz 179.04
Satt005
al 138
sz 139.00
Satt271
al 116
sz 116.74
Satt458
al 175
sz 174.61
Satt514
al 194
sz 194.42
Satt268
al 238
sz 238.48
Satt384
al 120
sz 119.53
Satt193
al 230
sz 229.60
al 246
sz 245.47
Satt334
al 212
sz 211.86
Satt191
al 224
sz 224.93
Satt288
al 252
sz 253.27
Satt142
al 151
sz 151.26
Satt442
al 254
sz 254.22
Satt239
al 173
sz 173.25
Satt330
al 145
sz 145.11
al 151
sz 151.70
Satt380
al 125
sz 124.28
Satt431
al 225
sz 224.89
Satt242
al 195
sz 194.80
Satt588
al 130
sz 130.70
Satt373
al 238
sz 238.37
al 251
sz 250.78
Satt308
al 173
sz 172.95
Satt567
al 106
sz 106.66
al 109
sz 109.45
Satt551
al 230
sz 230.25
Satt022
al 206
sz 206.67
Sat_084
al 141
sz 141.54
Satt345
al 213
sz 213.63
Satt487
al 195
sz 195.11

92 嫩奥 4 号

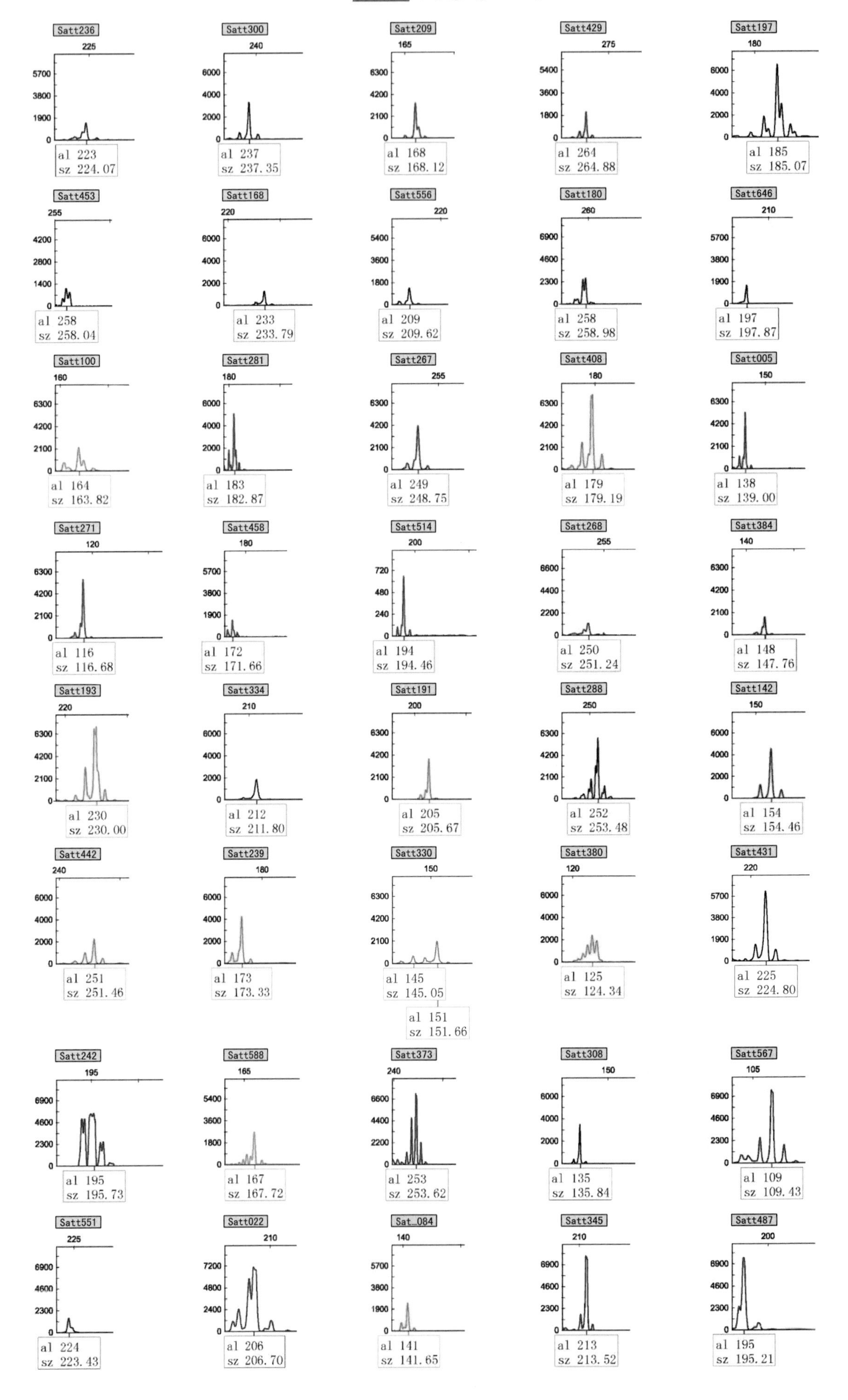

Satt236
al 223
sz 224.07
Satt300
al 237
sz 237.35
Satt209
al 168
sz 168.12
Satt429
al 264
sz 264.88
Satt197
al 185
sz 185.07
Satt453
al 258
sz 258.04
Satt168
al 233
sz 233.79
Satt556
al 209
sz 209.62
Satt180
al 258
sz 258.98
Satt646
al 197
sz 197.87
Satt100
al 164
sz 163.82
Satt281
al 183
sz 182.87
Satt267
al 249
sz 248.75
Satt408
al 179
sz 179.19
Satt005
al 138
sz 139.00
Satt271
al 116
sz 116.68
Satt458
al 172
sz 171.66
Satt514
al 194
sz 194.46
Satt268
al 250
sz 251.24
Satt384
al 148
sz 147.76
Satt193
al 230
sz 230.00
Satt334
al 212
sz 211.80
Satt191
al 205
sz 205.67
Satt288
al 252
sz 253.48
Satt142
al 154
sz 154.46
Satt442
al 251
sz 251.46
Satt239
al 173
sz 173.33
Satt330
al 145
sz 145.05
al 151
sz 151.66
Satt380
al 125
sz 124.34
Satt431
al 225
sz 224.80
Satt242
al 195
sz 195.73
Satt588
al 167
sz 167.72
Satt373
al 253
sz 253.62
Satt308
al 135
sz 135.84
Satt567
al 109
sz 109.43
Satt551
al 224
sz 223.43
Satt022
al 206
sz 206.70
Sat_084
al 141
sz 141.65
Satt345
al 213
sz 213.52
Satt487
al 195
sz 195.21

93 嫩奥5号

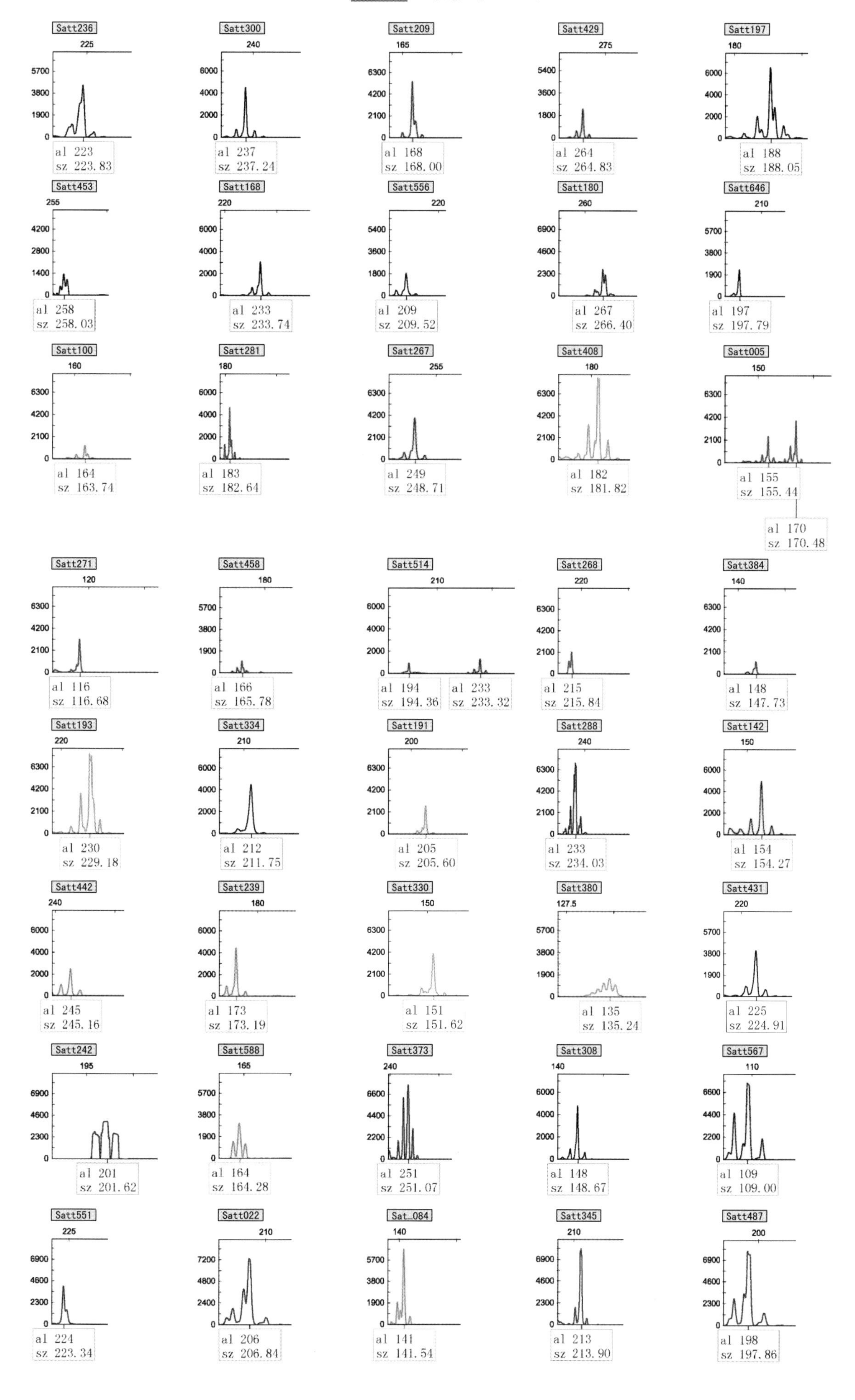
Satt236
al 223
sz 223.83
Satt300
al 237
sz 237.24
Satt209
al 168
sz 168.00
Satt429
al 264
sz 264.83
Satt197
al 188
sz 188.05
Satt453
al 258
sz 258.03
Satt168
al 233
sz 233.74
Satt556
al 209
sz 209.52
Satt180
al 267
sz 266.40
Satt646
al 197
sz 197.79
Satt100
al 164
sz 163.74
Satt281
al 183
sz 182.64
Satt267
al 249
sz 248.71
Satt408
al 182
sz 181.82
Satt005
al 155
sz 155.44
al 170
sz 170.48
Satt271
al 116
sz 116.68
Satt458
al 166
sz 165.78
Satt514
al 194
sz 194.36
al 233
sz 233.32
Satt268
al 215
sz 215.84
Satt384
al 148
sz 147.73
Satt193
al 230
sz 229.18
Satt334
al 212
sz 211.75
Satt191
al 205
sz 205.60
Satt288
al 233
sz 234.03
Satt142
al 154
sz 154.27
Satt442
al 245
sz 245.16
Satt239
al 173
sz 173.19
Satt330
al 151
sz 151.62
Satt380
al 135
sz 135.24
Satt431
al 225
sz 224.91
Satt242
al 201
sz 201.62
Satt588
al 164
sz 164.28
Satt373
al 251
sz 251.07
Satt308
al 148
sz 148.67
Satt567
al 109
sz 109.00
Satt551
al 224
sz 223.34
Satt022
al 206
sz 206.84
Satt084
al 141
sz 141.54
Satt345
al 213
sz 213.90
Satt487
al 198
sz 197.86

94 农菁豆 1 号

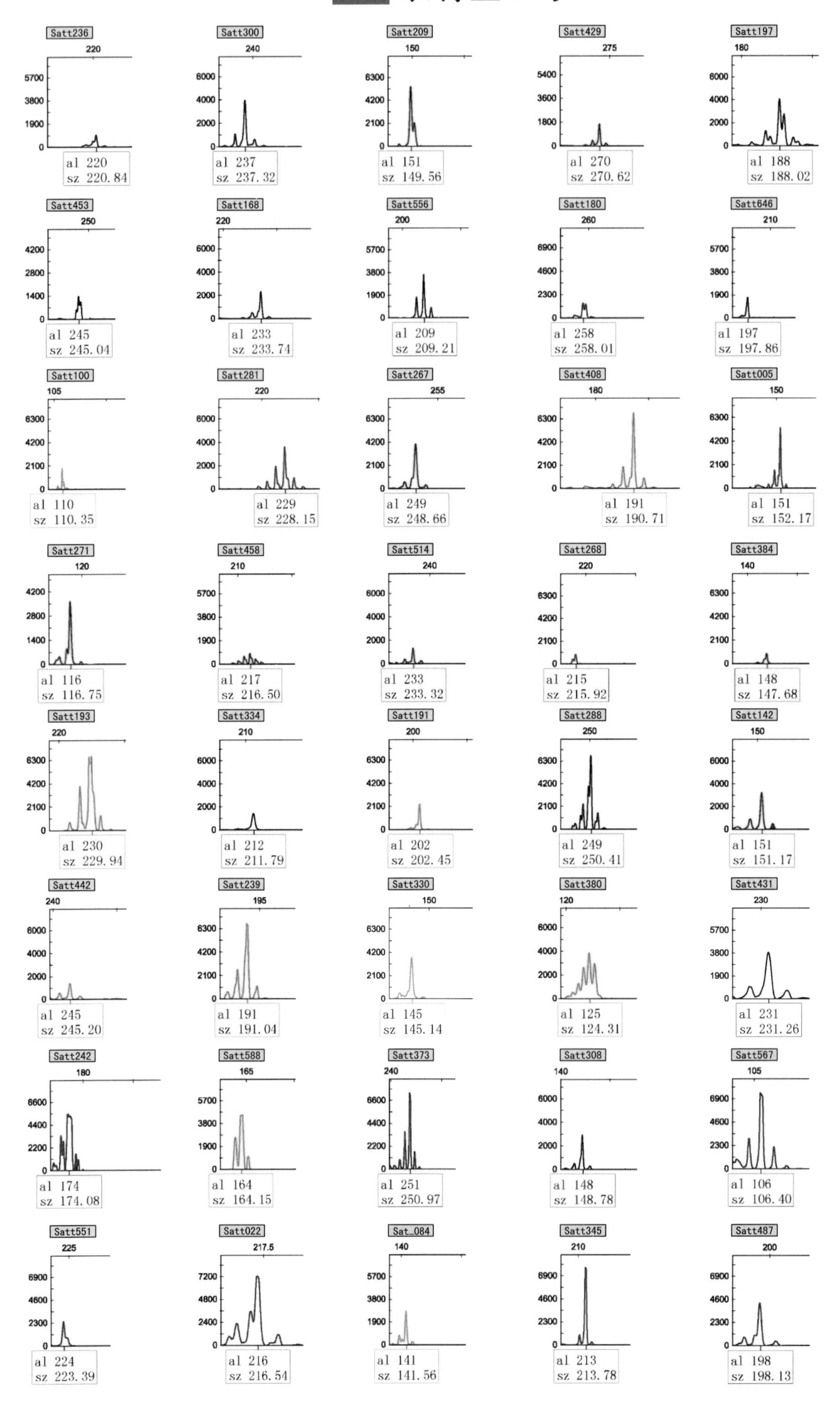

Satt236 al 220 sz 220.84
Satt300 al 237 sz 237.32
Satt209 al 151 sz 149.56
Satt429 al 270 sz 270.62
Satt197 al 188 sz 188.02
Satt453 al 245 sz 245.04
Satt168 al 233 sz 233.74
Satt556 al 209 sz 209.21
Satt180 al 258 sz 258.01
Satt646 al 197 sz 197.86
Satt100 al 110 sz 110.35
Satt281 al 229 sz 228.15
Satt267 al 249 sz 248.66
Satt408 al 191 sz 190.71
Satt005 al 151 sz 152.17
Satt271 al 116 sz 116.75
Satt458 al 217 sz 216.50
Satt514 al 233 sz 233.32
Satt268 al 215 sz 215.92
Satt384 al 148 sz 147.68
Satt193 al 230 sz 229.94
Satt334 al 212 sz 211.79
Satt191 al 202 sz 202.45
Satt288 al 249 sz 250.41
Satt142 al 151 sz 151.17
Satt442 al 245 sz 245.20
Satt239 al 191 sz 191.04
Satt330 al 145 sz 145.14
Satt380 al 125 sz 124.31
Satt431 al 231 sz 231.26
Satt242 al 174 sz 174.08
Satt588 al 164 sz 164.15
Satt373 al 251 sz 250.97
Satt308 al 148 sz 148.78
Satt567 al 106 sz 106.40
Satt551 al 224 sz 223.39
Satt022 al 216 sz 216.54
Sat_084 al 141 sz 141.56
Satt345 al 213 sz 213.78
Satt487 al 198 sz 198.13

95 农菁豆 2 号

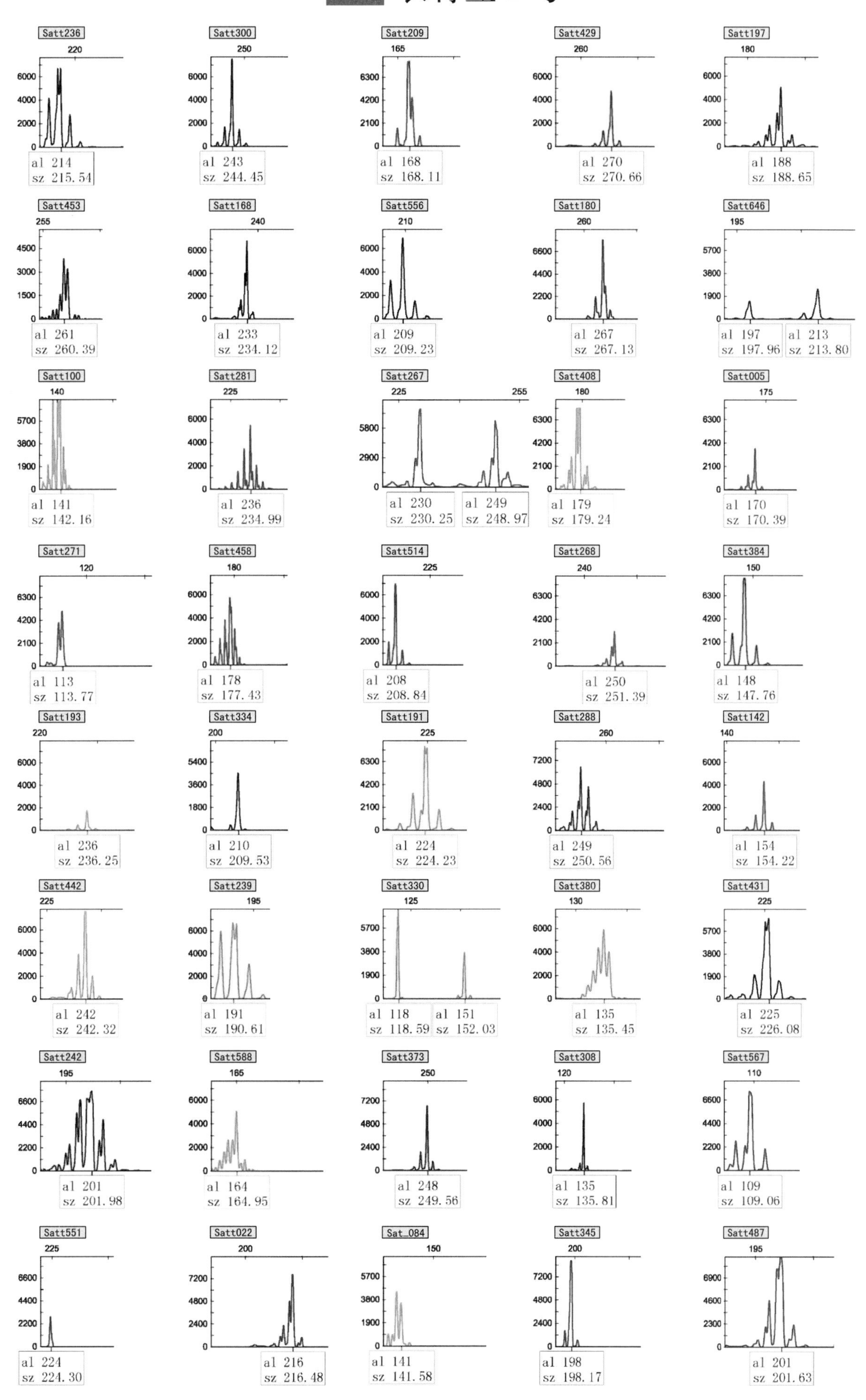

Satt236
al 214 sz 215.54
Satt300
al 243 sz 244.45
Satt209
al 168 sz 168.11
Satt429
al 270 sz 270.66
Satt197
al 188 sz 188.65
Satt453
al 261 sz 260.39
Satt168
al 233 sz 234.12
Satt556
al 209 sz 209.23
Satt180
al 267 sz 267.13
Satt646
al 197 sz 197.96
al 213 sz 213.80
Satt100
al 141 sz 142.16
Satt281
al 236 sz 234.99
Satt267
al 230 sz 230.25
al 249 sz 248.97
Satt408
al 179 sz 179.24
Satt005
al 170 sz 170.39
Satt271
al 113 sz 113.77
Satt458
al 178 sz 177.43
Satt514
al 208 sz 208.84
Satt268
al 250 sz 251.39
Satt384
al 148 sz 147.76
Satt193
al 236 sz 236.25
Satt334
al 210 sz 209.53
Satt191
al 224 sz 224.23
Satt288
al 249 sz 250.56
Satt142
al 154 sz 154.22
Satt442
al 242 sz 242.32
Satt239
al 191 sz 190.61
Satt330
al 118 sz 118.59
al 151 sz 152.03
Satt380
al 135 sz 135.45
Satt431
al 225 sz 226.08
Satt242
al 201 sz 201.98
Satt588
al 164 sz 164.95
Satt373
al 248 sz 249.56
Satt308
al 135 sz 135.81
Satt567
al 109 sz 109.06
Satt551
al 224 sz 224.30
Satt022
al 216 sz 216.48
Sat_084
al 141 sz 141.58
Satt345
al 198 sz 198.17
Satt487
al 201 sz 201.63

96 绥农 23

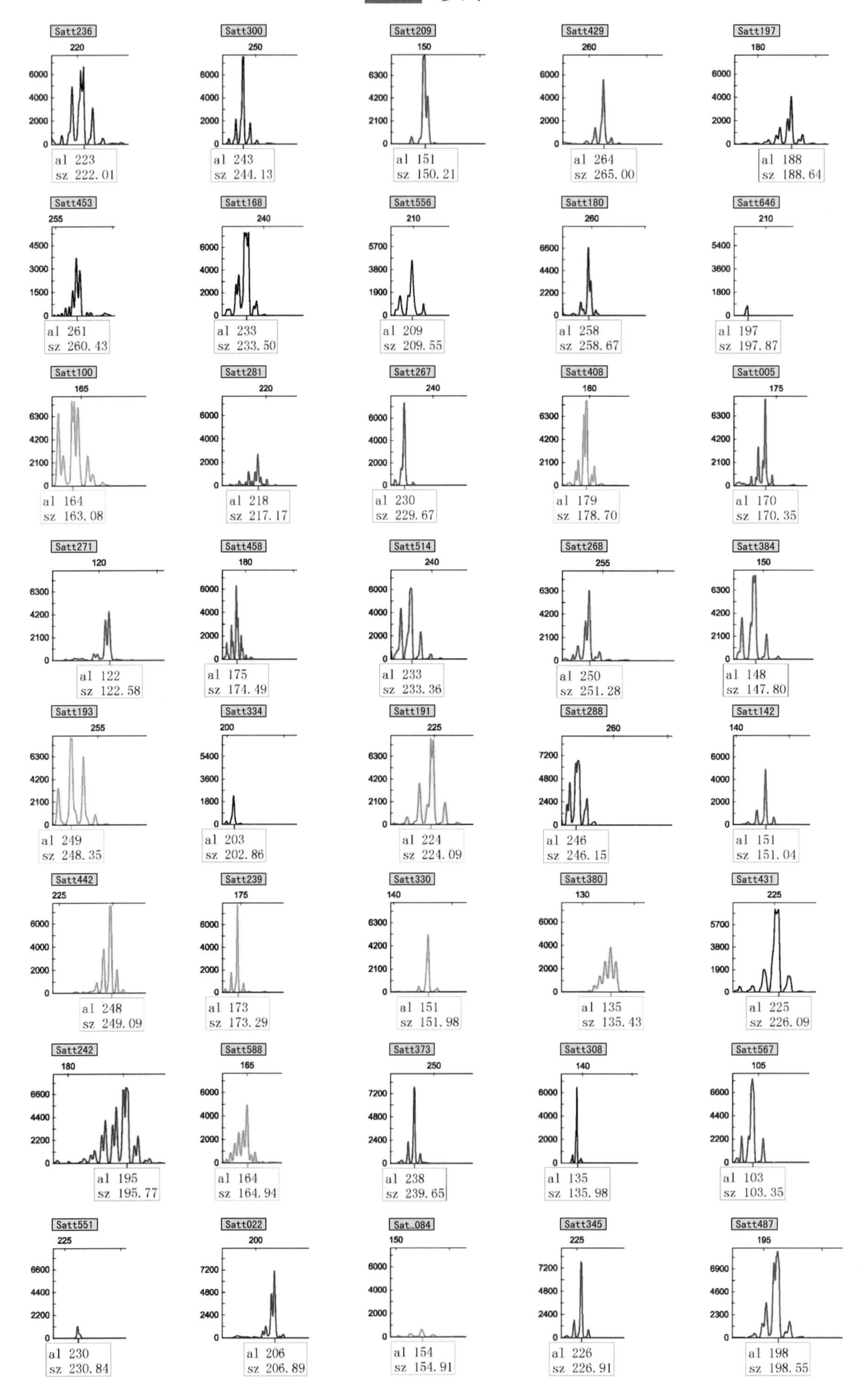

Satt236 al 223 sz 222.01
Satt300 al 243 sz 244.13
Satt209 al 151 sz 150.21
Satt429 al 264 sz 265.00
Satt197 al 188 sz 188.64
Satt453 al 261 sz 260.43
Satt168 al 233 sz 233.50
Satt556 al 209 sz 209.55
Satt180 al 258 sz 258.67
Satt646 al 197 sz 197.87
Satt100 al 164 sz 163.08
Satt281 al 218 sz 217.17
Satt267 al 230 sz 229.67
Satt408 al 179 sz 178.70
Satt005 al 170 sz 170.35
Satt271 al 122 sz 122.58
Satt458 al 175 sz 174.49
Satt514 al 233 sz 233.36
Satt268 al 250 sz 251.28
Satt384 al 148 sz 147.80
Satt193 al 249 sz 248.35
Satt334 al 203 sz 202.86
Satt191 al 224 sz 224.09
Satt288 al 246 sz 246.15
Satt142 al 151 sz 151.04
Satt442 al 248 sz 249.09
Satt239 al 173 sz 173.29
Satt330 al 151 sz 151.98
Satt380 al 135 sz 135.43
Satt431 al 225 sz 226.09
Satt242 al 195 sz 195.77
Satt588 al 164 sz 164.94
Satt373 al 238 sz 239.65
Satt308 al 135 sz 135.98
Satt567 al 103 sz 103.35
Satt551 al 230 sz 230.84
Satt022 al 206 sz 206.89
Sat_084 al 154 sz 154.91
Satt345 al 226 sz 226.91
Satt487 al 198 sz 198.55

97 绥农 24

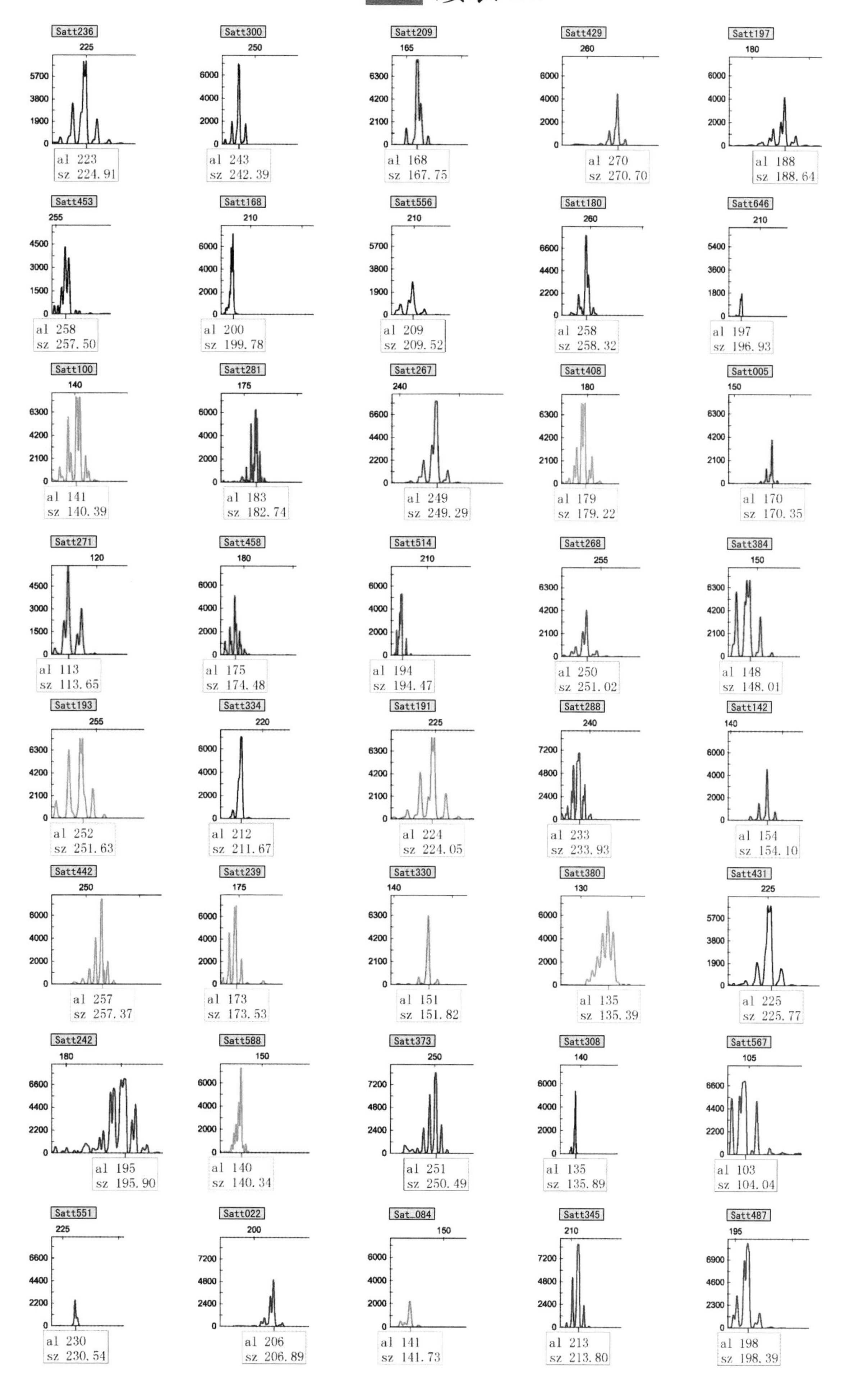
Satt236 225
al 223
sz 224.91
Satt300 250
al 243
sz 242.39
Satt209 165
al 168
sz 167.75
Satt429 260
al 270
sz 270.70
Satt197 180
al 188
sz 188.64
Satt453 255
al 258
sz 257.50
Satt168 210
al 200
sz 199.78
Satt556 210
al 209
sz 209.52
Satt180 260
al 258
sz 258.32
Satt646 210
al 197
sz 196.93
Satt100 140
al 141
sz 140.39
Satt281 175
al 183
sz 182.74
Satt267 240
al 249
sz 249.29
Satt408 180
al 179
sz 179.22
Satt005 150
al 170
sz 170.35
Satt271 120
al 113
sz 113.65
Satt458 180
al 175
sz 174.48
Satt514 210
al 194
sz 194.47
Satt268 255
al 250
sz 251.02
Satt384 150
al 148
sz 148.01
Satt193 255
al 252
sz 251.63
Satt334 220
al 212
sz 211.67
Satt191 225
al 224
sz 224.05
Satt288 240
al 233
sz 233.93
Satt142 140
al 154
sz 154.10
Satt442 250
al 257
sz 257.37
Satt239 175
al 173
sz 173.53
Satt330 140
al 151
sz 151.82
Satt380 130
al 135
sz 135.39
Satt431 225
al 225
sz 225.77
Satt242 180
al 195
sz 195.90
Satt588 150
al 140
sz 140.34
Satt373 250
al 251
sz 250.49
Satt308 140
al 135
sz 135.89
Satt567 105
al 103
sz 104.04
Satt551 225
al 230
sz 230.54
Satt022 200
al 206
sz 206.89
Sat_084 150
al 141
sz 141.73
Satt345 210
al 213
sz 213.80
Satt487 195
al 198
sz 198.39

98 绥农 25

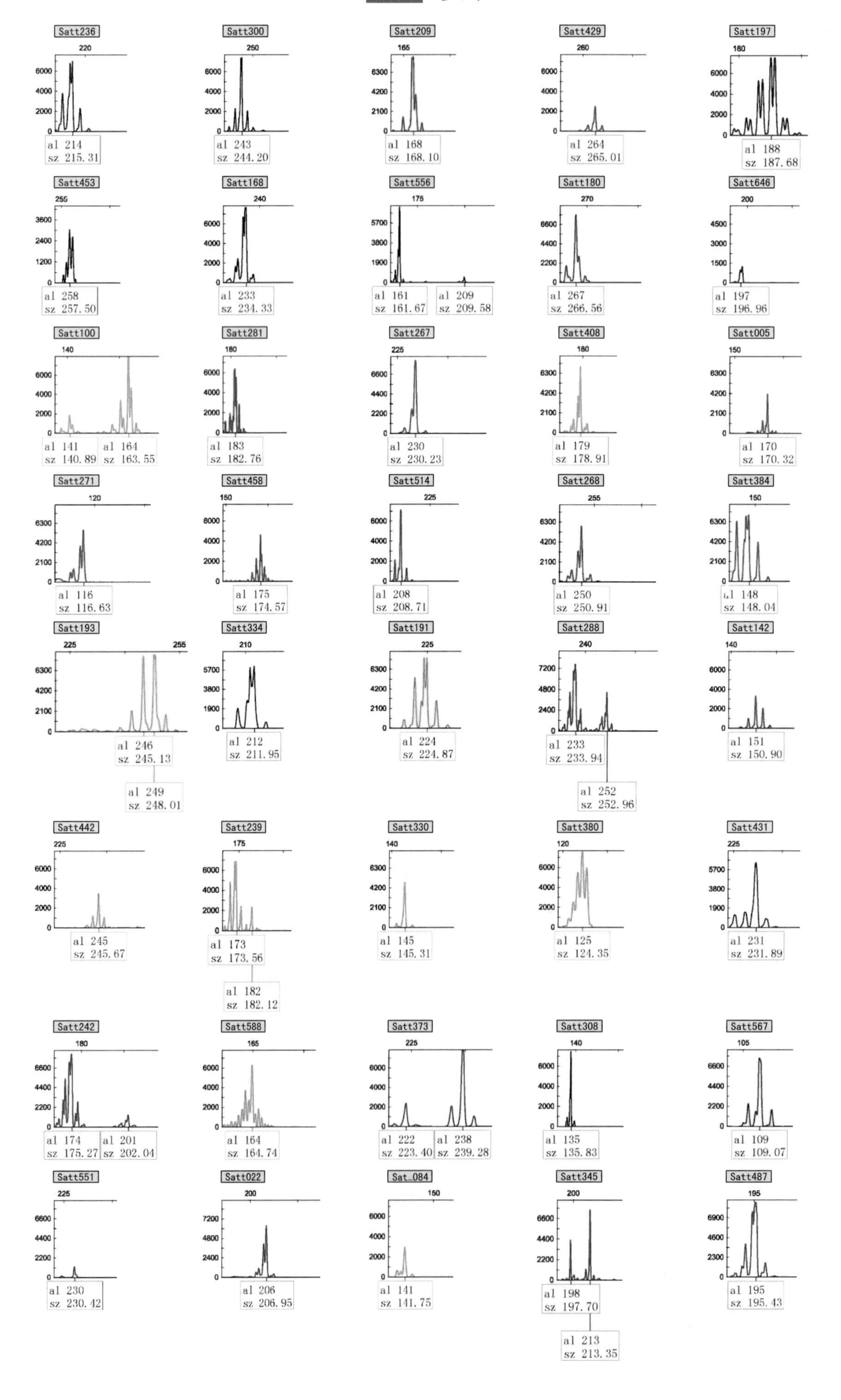
Satt236
al 214
sz 215.31
Satt300
al 243
sz 244.20
Satt209
al 168
sz 168.10
Satt429
al 264
sz 265.01
Satt197
al 188
sz 187.68
Satt453
al 258
sz 257.50
Satt168
al 233
sz 234.33
Satt556
al 161
sz 161.67
al 209
sz 209.58
Satt180
al 267
sz 266.56
Satt646
al 197
sz 196.96
Satt100
al 141
sz 140.89
al 164
sz 163.55
Satt281
al 183
sz 182.76
Satt267
al 230
sz 230.23
Satt408
al 179
sz 178.91
Satt005
al 170
sz 170.32
Satt271
al 116
sz 116.63
Satt458
al 175
sz 174.57
Satt514
al 208
sz 208.71
Satt268
al 250
sz 250.91
Satt384
al 148
sz 148.04
Satt193
al 246
sz 245.13
al 249
sz 248.01
Satt334
al 212
sz 211.95
Satt191
al 224
sz 224.87
Satt288
al 233
sz 233.94
al 252
sz 252.96
Satt142
al 151
sz 150.90
Satt442
al 245
sz 245.67
Satt239
al 173
sz 173.56
al 182
sz 182.12
Satt330
al 145
sz 145.31
Satt380
al 125
sz 124.35
Satt431
al 231
sz 231.89
Satt242
al 174
sz 175.27
al 201
sz 202.04
Satt588
al 164
sz 164.74
Satt373
al 222
sz 223.40
al 238
sz 239.28
Satt308
al 135
sz 135.83
Satt567
al 109
sz 109.07
Satt551
al 230
sz 230.42
Satt022
al 206
sz 206.95
Sat_084
al 141
sz 141.75
Satt345
al 198
sz 197.70
al 213
sz 213.35
Satt487
al 195
sz 195.43

99 绥农 26

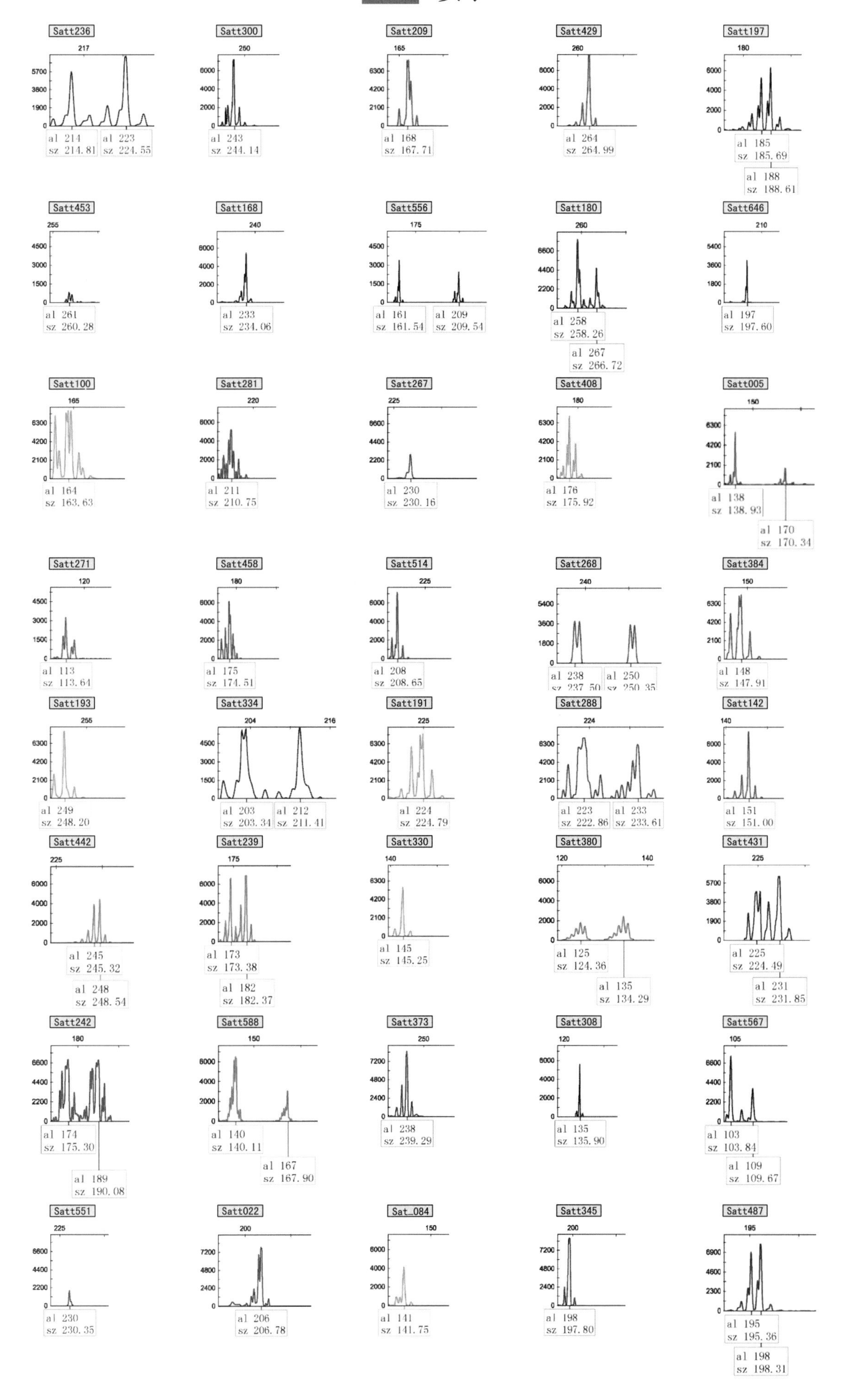
Satt236
al 214 sz 214.81
al 223 sz 224.55
Satt300
al 243 sz 244.14
Satt209
al 168 sz 167.71
Satt429
al 264 sz 264.99
Satt197
al 185 sz 185.69
al 188 sz 188.61
Satt453
al 261 sz 260.28
Satt168
al 233 sz 234.06
Satt556
al 161 sz 161.54
al 209 sz 209.54
Satt180
al 258 sz 258.26
al 267 sz 266.72
Satt646
al 197 sz 197.60
Satt100
al 164 sz 163.63
Satt281
al 211 sz 210.75
Satt267
al 230 sz 230.16
Satt408
al 176 sz 175.92
Satt005
al 138 sz 138.93
al 170 sz 170.34
Satt271
al 113 sz 113.64
Satt458
al 175 sz 174.51
Satt514
al 208 sz 208.65
Satt268
al 238
al 250
Satt384
al 148 sz 147.91
Satt193
al 249 sz 248.20
Satt334
al 203 sz 203.34
al 212 sz 211.41
Satt191
al 224 sz 224.79
Satt288
al 223 sz 222.86
al 233 sz 233.61
Satt142
al 151 sz 151.00
Satt442
al 245 sz 245.32
al 248 sz 248.54
Satt239
al 173 sz 173.38
al 182 sz 182.37
Satt330
al 145 sz 145.25
Satt380
al 125 sz 124.36
al 135 sz 134.29
Satt431
al 225 sz 224.49
al 231 sz 231.85
Satt242
al 174 sz 175.30
al 189 sz 190.08
Satt588
al 140 sz 140.11
al 167 sz 167.90
Satt373
al 238 sz 239.29
Satt308
al 135 sz 135.90
Satt567
al 103 sz 103.84
al 109 sz 109.67
Satt551
al 230 sz 230.35
Satt022
al 206 sz 206.78
Sat_084
al 141 sz 141.75
Satt345
al 198 sz 197.80
Satt487
al 195 sz 195.36
al 198 sz 198.31

100 绥农 32

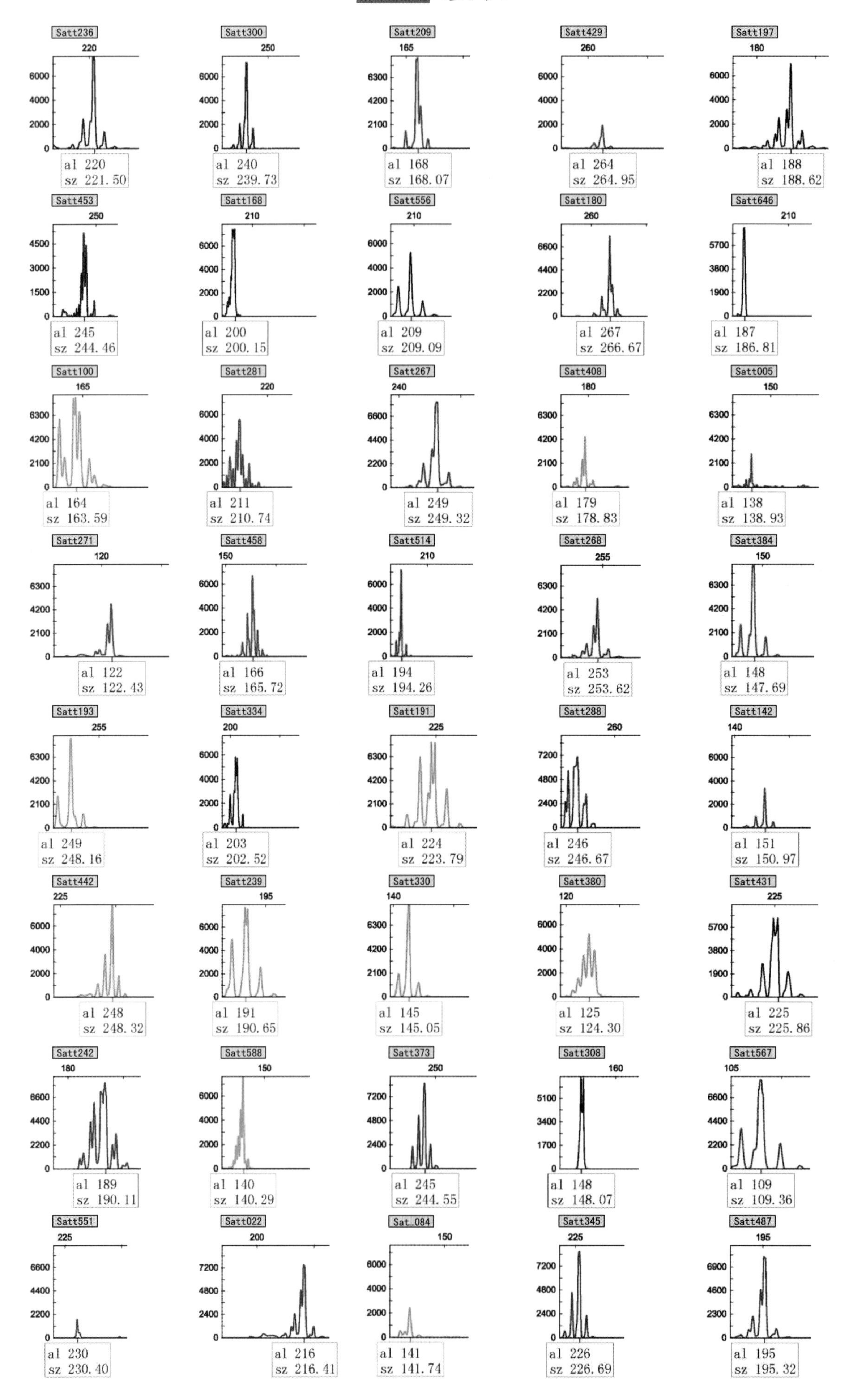

Satt236 220 al 220 sz 221.50
Satt300 250 al 240 sz 239.73
Satt209 165 al 168 sz 168.07
Satt429 260 al 264 sz 264.95
Satt197 180 al 188 sz 188.62
Satt453 250 al 245 sz 244.46
Satt168 210 al 200 sz 200.15
Satt556 210 al 209 sz 209.09
Satt180 260 al 267 sz 266.67
Satt646 210 al 187 sz 186.81
Satt100 165 al 164 sz 163.59
Satt281 220 al 211 sz 210.74
Satt267 240 al 249 sz 249.32
Satt408 180 al 179 sz 178.83
Satt005 150 al 138 sz 138.93
Satt271 120 al 122 sz 122.43
Satt458 150 al 166 sz 165.72
Satt514 210 al 194 sz 194.26
Satt268 255 al 253 sz 253.62
Satt384 150 al 148 sz 147.69
Satt193 255 al 249 sz 248.16
Satt334 200 al 203 sz 202.52
Satt191 225 al 224 sz 223.79
Satt288 260 al 246 sz 246.67
Satt142 140 al 151 sz 150.97
Satt442 225 al 248 sz 248.32
Satt239 195 al 191 sz 190.65
Satt330 140 al 145 sz 145.05
Satt380 120 al 125 sz 124.30
Satt431 225 al 225 sz 225.86
Satt242 180 al 189 sz 190.11
Satt588 150 al 140 sz 140.29
Satt373 250 al 245 sz 244.55
Satt308 160 al 148 sz 148.07
Satt567 105 al 109 sz 109.36
Satt551 225 al 230 sz 230.40
Satt022 200 al 216 sz 216.41
Sat_084 150 al 141 sz 141.74
Satt345 225 al 226 sz 226.69
Satt487 195 al 195 sz 195.32

101 绥农 33

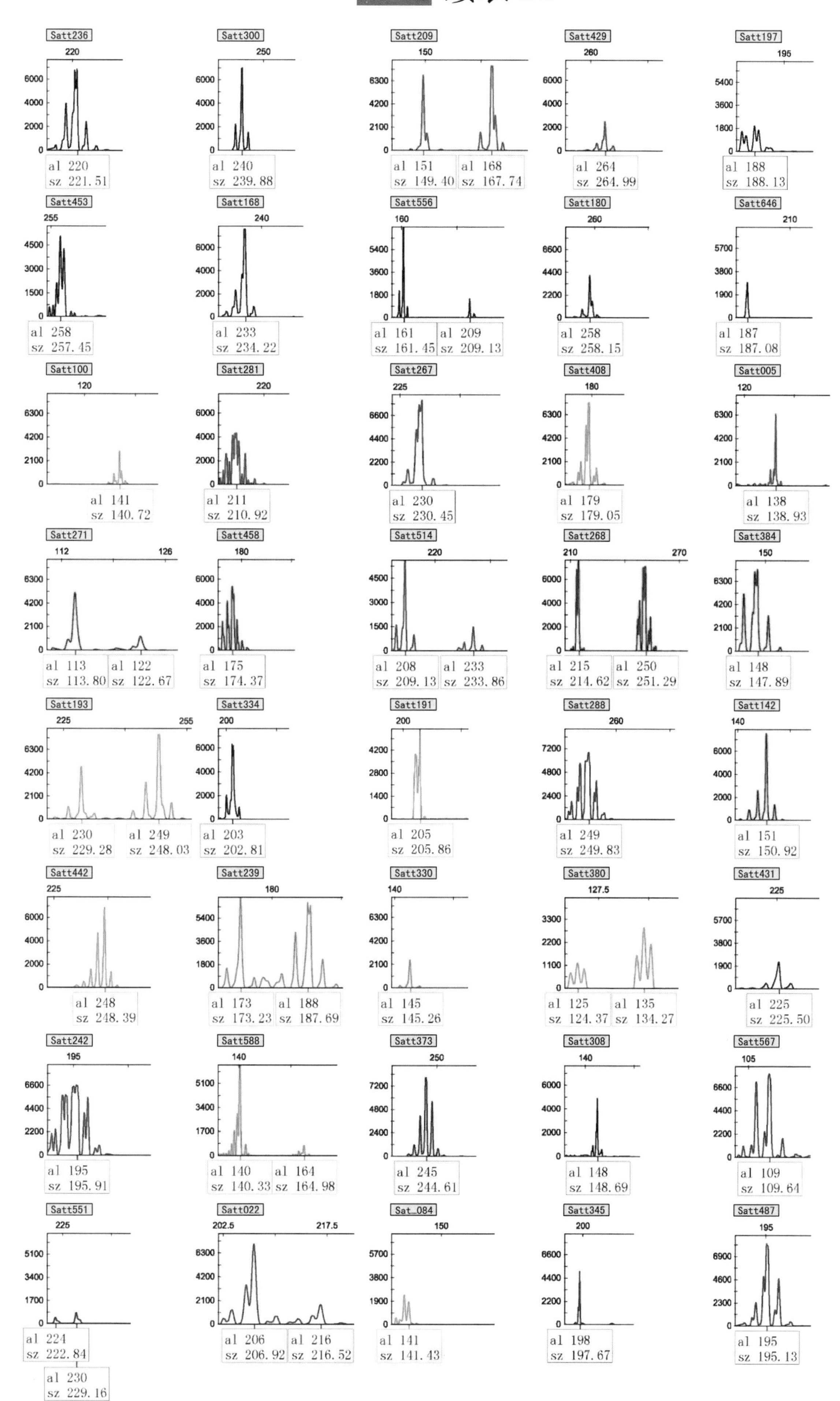
Satt236
220
al 220
sz 221.51
Satt300
250
al 240
sz 239.88
Satt209
150
al 151
sz 149.40
al 168
sz 167.74
Satt429
260
al 264
sz 264.99
Satt197
195
al 188
sz 188.13
Satt453
255
al 258
sz 257.45
Satt168
240
al 233
sz 234.22
Satt556
160
al 161
sz 161.45
al 209
sz 209.13
Satt180
260
al 258
sz 258.15
Satt646
210
al 187
sz 187.08
Satt100
120
al 141
sz 140.72
Satt281
220
al 211
sz 210.92
Satt267
225
al 230
sz 230.45
Satt408
180
al 179
sz 179.05
Satt005
120
al 138
sz 138.93
Satt271
112
126
al 113
sz 113.80
al 122
sz 122.67
Satt458
180
al 175
sz 174.37
Satt514
220
al 208
sz 209.13
al 233
sz 233.86
Satt268
210
270
al 215
sz 214.62
al 250
sz 251.29
Satt384
150
al 148
sz 147.89
Satt193
225
255
al 230
sz 229.28
al 249
sz 248.03
Satt334
200
al 203
sz 202.81
Satt191
200
al 205
sz 205.86
Satt288
260
al 249
sz 249.83
Satt142
140
al 151
sz 150.92
Satt442
225
al 248
sz 248.39
Satt239
180
al 173
sz 173.23
al 188
sz 187.69
Satt330
140
al 145
sz 145.26
Satt380
127.5
al 125
sz 124.37
al 135
sz 134.27
Satt431
225
al 225
sz 225.50
Satt242
195
al 195
sz 195.91
Satt588
140
al 140
sz 140.33
al 164
sz 164.98
Satt373
250
al 245
sz 244.61
Satt308
140
al 148
sz 148.69
Satt567
105
al 109
sz 109.64
Satt551
225
al 224
sz 222.84
al 230
sz 229.16
Satt022
202.5
217.5
al 206
sz 206.92
al 216
sz 216.52
Sat_084
150
al 141
sz 141.43
Satt345
200
al 198
sz 197.67
Satt487
195
al 195
sz 195.13

102 绥农 34

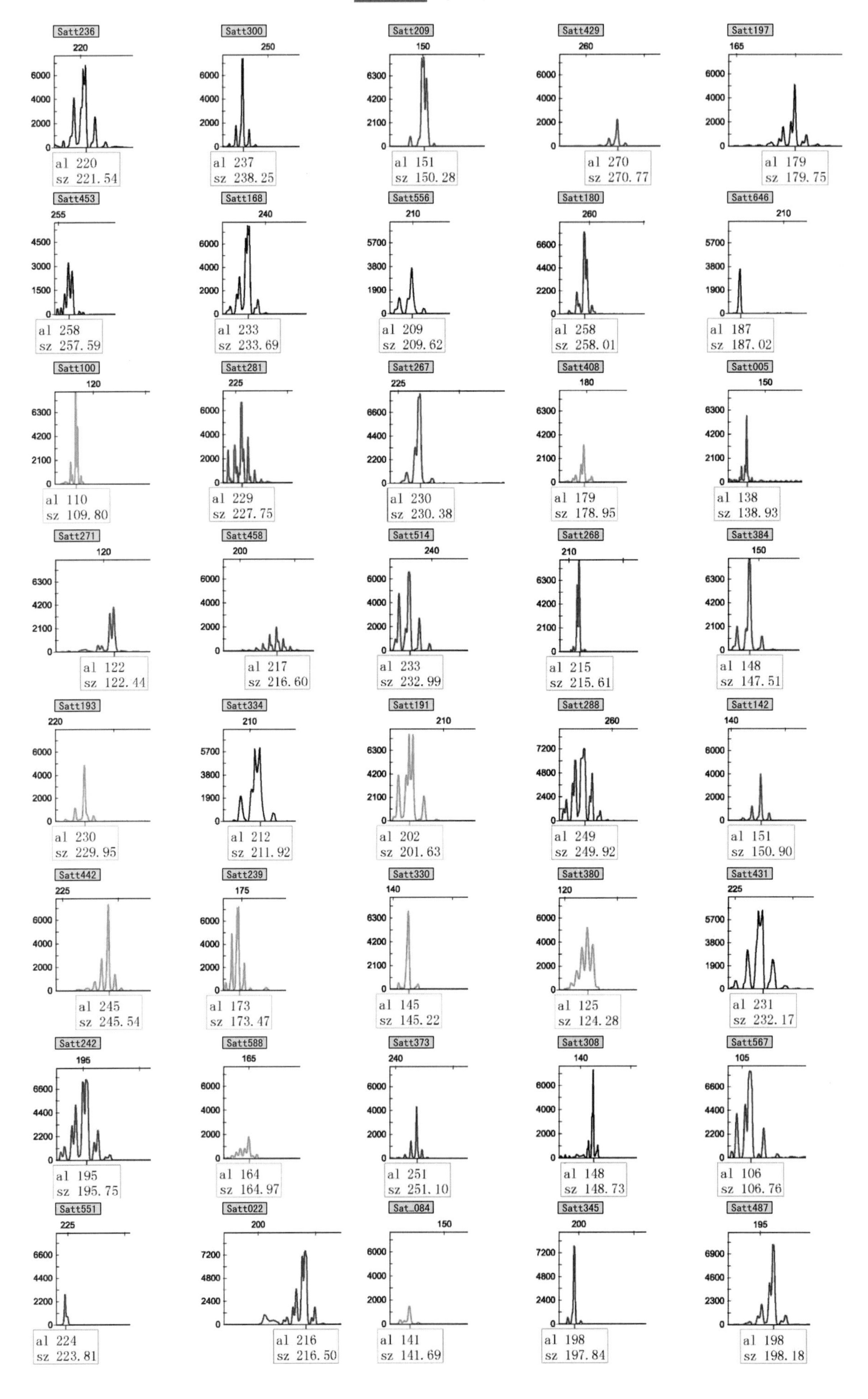
Satt236
al 220
sz 221.54
Satt300
al 237
sz 238.25
Satt209
al 151
sz 150.28
Satt429
al 270
sz 270.77
Satt197
al 179
sz 179.75
Satt453
al 258
sz 257.59
Satt168
al 233
sz 233.69
Satt556
al 209
sz 209.62
Satt180
al 258
sz 258.01
Satt646
al 187
sz 187.02
Satt100
al 110
sz 109.80
Satt281
al 229
sz 227.75
Satt267
al 230
sz 230.38
Satt408
al 179
sz 178.95
Satt005
al 138
sz 138.93
Satt271
al 122
sz 122.44
Satt458
al 217
sz 216.60
Satt514
al 233
sz 232.99
Satt268
al 215
sz 215.61
Satt384
al 148
sz 147.51
Satt193
al 230
sz 229.95
Satt334
al 212
sz 211.92
Satt191
al 202
sz 201.63
Satt288
al 249
sz 249.92
Satt142
al 151
sz 150.90
Satt442
al 245
sz 245.54
Satt239
al 173
sz 173.47
Satt330
al 145
sz 145.22
Satt380
al 125
sz 124.28
Satt431
al 231
sz 232.17
Satt242
al 195
sz 195.75
Satt588
al 164
sz 164.97
Satt373
al 251
sz 251.10
Satt308
al 148
sz 148.73
Satt567
al 106
sz 106.76
Satt551
al 224
sz 223.81
Satt022
al 216
sz 216.50
Sat_084
al 141
sz 141.69
Satt345
al 198
sz 197.84
Satt487
al 198
sz 198.18

103 绥农35

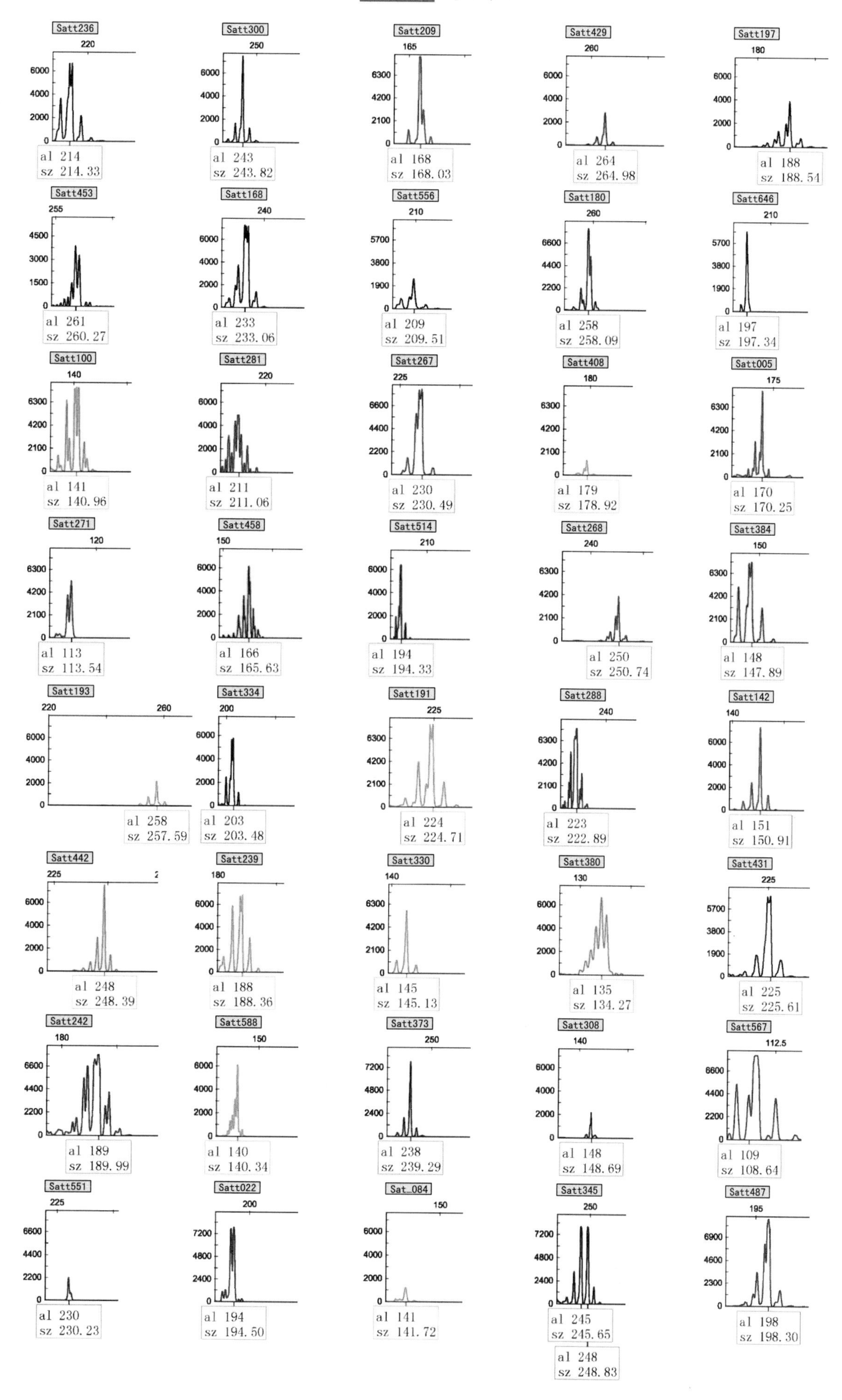
Satt236
al 214
sz 214.33
Satt300
al 243
sz 243.82
Satt209
al 168
sz 168.03
Satt429
al 264
sz 264.98
Satt197
al 188
sz 188.54
Satt453
al 261
sz 260.27
Satt168
al 233
sz 233.06
Satt556
al 209
sz 209.51
Satt180
al 258
sz 258.09
Satt646
al 197
sz 197.34
Satt100
al 141
sz 140.96
Satt281
al 211
sz 211.06
Satt267
al 230
sz 230.49
Satt408
al 179
sz 178.92
Satt005
al 170
sz 170.25
Satt271
al 113
sz 113.54
Satt458
al 166
sz 165.63
Satt514
al 194
sz 194.33
Satt268
al 250
sz 250.74
Satt384
al 148
sz 147.89
Satt193
al 258
sz 257.59
Satt334
al 203
sz 203.48
Satt191
al 224
sz 224.71
Satt288
al 223
sz 222.89
Satt142
al 151
sz 150.91
Satt442
al 248
sz 248.39
Satt239
al 188
sz 188.36
Satt330
al 145
sz 145.13
Satt380
al 135
sz 134.27
Satt431
al 225
sz 225.61
Satt242
al 189
sz 189.99
Satt588
al 140
sz 140.34
Satt373
al 238
sz 239.29
Satt308
al 148
sz 148.69
Satt567
al 109
sz 108.64
Satt551
al 230
sz 230.23
Satt022
al 194
sz 194.50
Sat_084
al 141
sz 141.72
Satt345
al 245
sz 245.65
al 248
sz 248.83
Satt487
al 198
sz 198.30

104 绥农 36

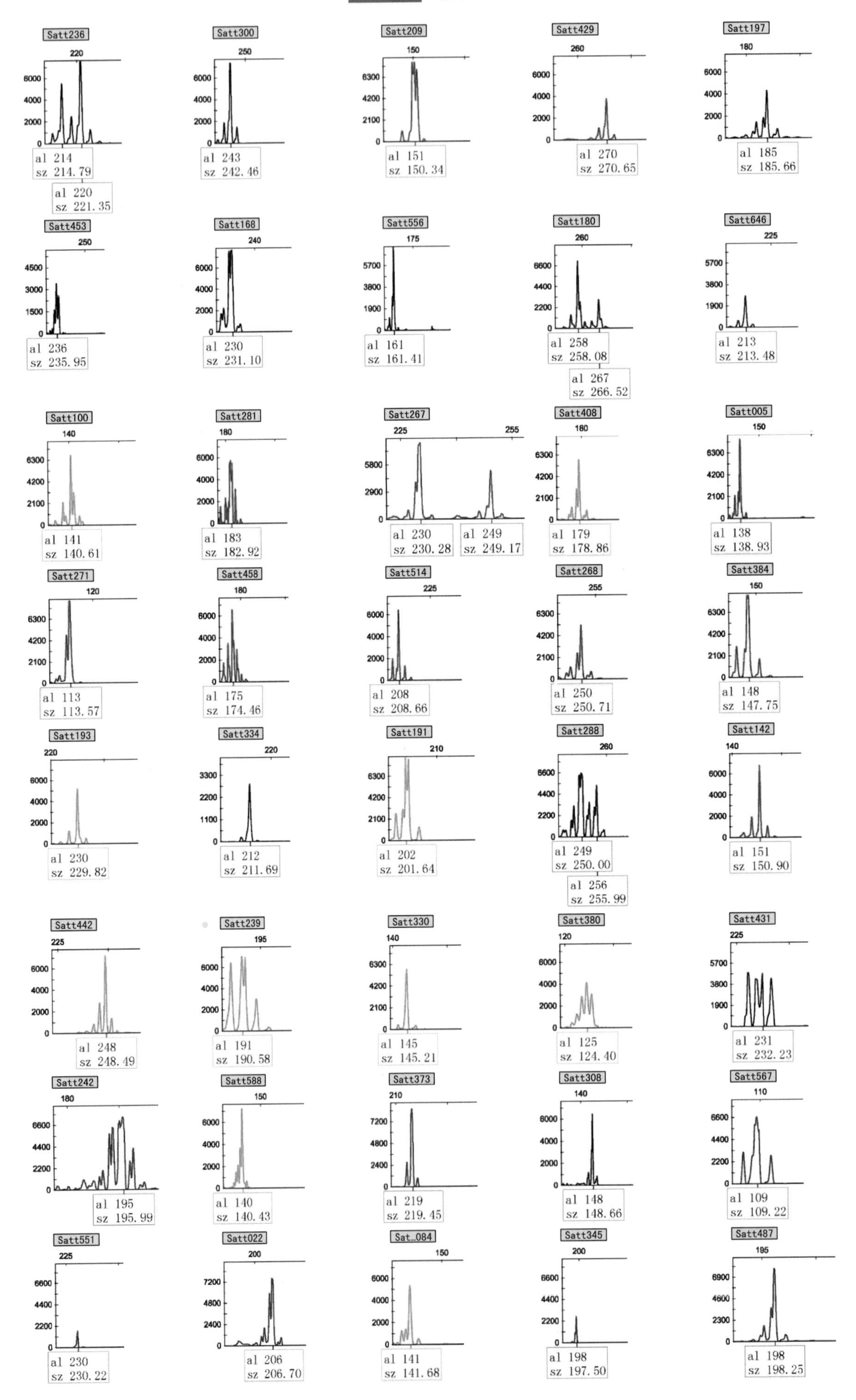
Satt236
al 214 sz 214.79
al 220 sz 221.35
Satt300
al 243 sz 242.46
Satt209
al 151 sz 150.34
Satt429
al 270 sz 270.65
Satt197
al 185 sz 185.66
Satt453
al 236 sz 235.95
Satt168
al 230 sz 231.10
Satt556
al 161 sz 161.41
Satt180
al 258 sz 258.08
al 267 sz 266.52
Satt646
al 213 sz 213.48
Satt100
al 141 sz 140.61
Satt281
al 183 sz 182.92
Satt267
al 230 sz 230.28
al 249 sz 249.17
Satt408
al 179 sz 178.86
Satt005
al 138 sz 138.93
Satt271
al 113 sz 113.57
Satt458
al 175 sz 174.46
Satt514
al 208 sz 208.66
Satt268
al 250 sz 250.71
Satt384
al 148 sz 147.75
Satt193
al 230 sz 229.82
Satt334
al 212 sz 211.69
Satt191
al 202 sz 201.64
Satt288
al 249 sz 250.00
al 256 sz 255.99
Satt142
al 151 sz 150.90
Satt442
al 248 sz 248.49
Satt239
al 191 sz 190.58
Satt330
al 145 sz 145.21
Satt380
al 125 sz 124.40
Satt431
al 231 sz 232.23
Satt242
al 195 sz 195.99
Satt588
al 140 sz 140.43
Satt373
al 219 sz 219.45
Satt308
al 148 sz 148.66
Satt567
al 109 sz 109.22
Satt551
al 230 sz 230.22
Satt022
al 206 sz 206.70
Sat_084
al 141 sz 141.68
Satt345
al 198 sz 197.50
Satt487
al 198 sz 198.25

105 绥农 37

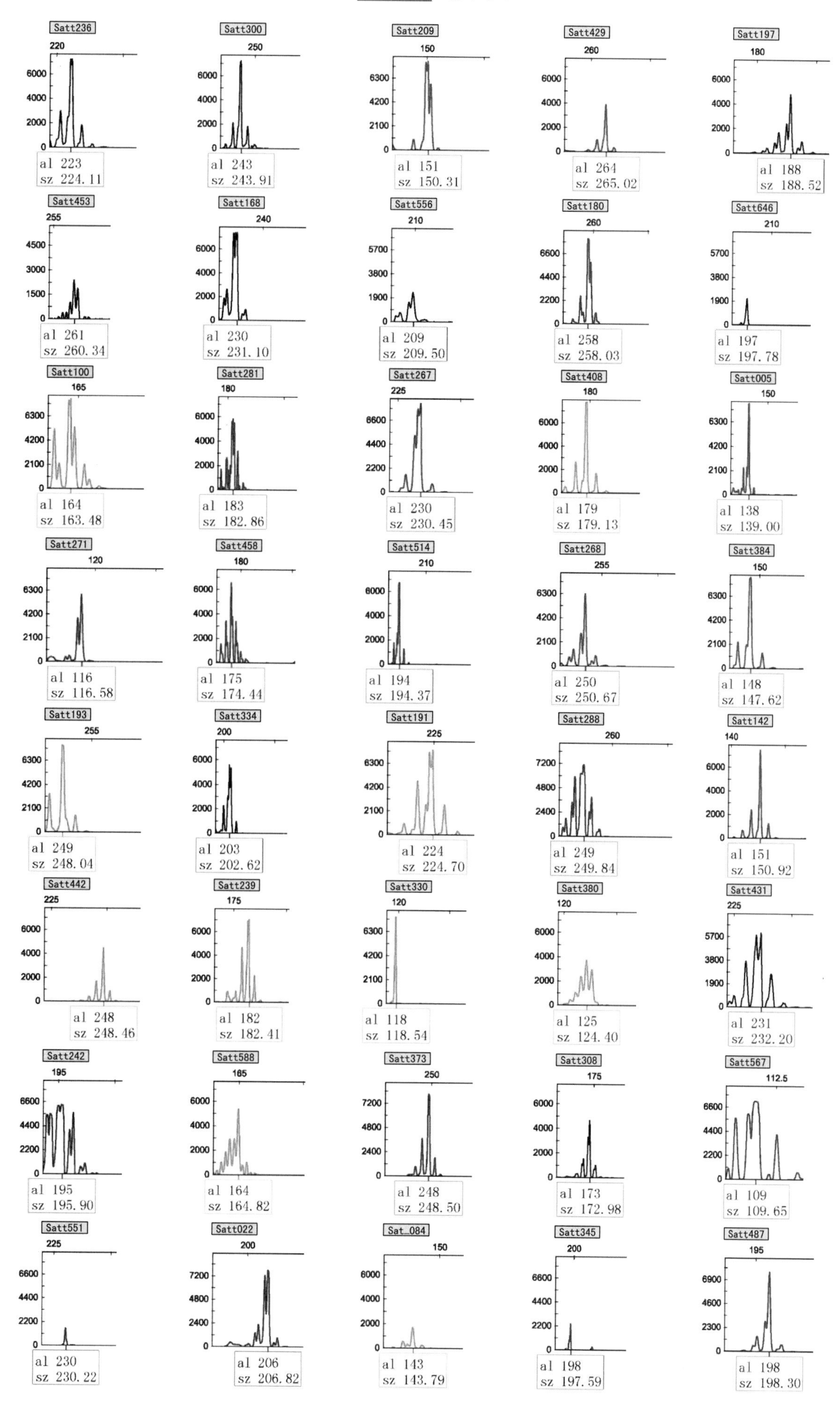

Satt236
al 223
sz 224.11
Satt300
al 243
sz 243.91
Satt209
al 151
sz 150.31
Satt429
al 264
sz 265.02
Satt197
al 188
sz 188.52
Satt453
al 261
sz 260.34
Satt168
al 230
sz 231.10
Satt556
al 209
sz 209.50
Satt180
al 258
sz 258.03
Satt646
al 197
sz 197.78
Satt100
al 164
sz 163.48
Satt281
al 183
sz 182.86
Satt267
al 230
sz 230.45
Satt408
al 179
sz 179.13
Satt005
al 138
sz 139.00
Satt271
al 116
sz 116.58
Satt458
al 175
sz 174.44
Satt514
al 194
sz 194.37
Satt268
al 250
sz 250.67
Satt384
al 148
sz 147.62
Satt193
al 249
sz 248.04
Satt334
al 203
sz 202.62
Satt191
al 224
sz 224.70
Satt288
al 249
sz 249.84
Satt142
al 151
sz 150.92
Satt442
al 248
sz 248.46
Satt239
al 182
sz 182.41
Satt330
al 118
sz 118.54
Satt380
al 125
sz 124.40
Satt431
al 231
sz 232.20
Satt242
al 195
sz 195.90
Satt588
al 164
sz 164.82
Satt373
al 248
sz 248.50
Satt308
al 173
sz 172.98
Satt567
al 109
sz 109.65
Satt551
al 230
sz 230.22
Satt022
al 206
sz 206.82
Sat_084
al 143
sz 143.79
Satt345
al 198
sz 197.59
Satt487
al 198
sz 198.30

106 绥农 38

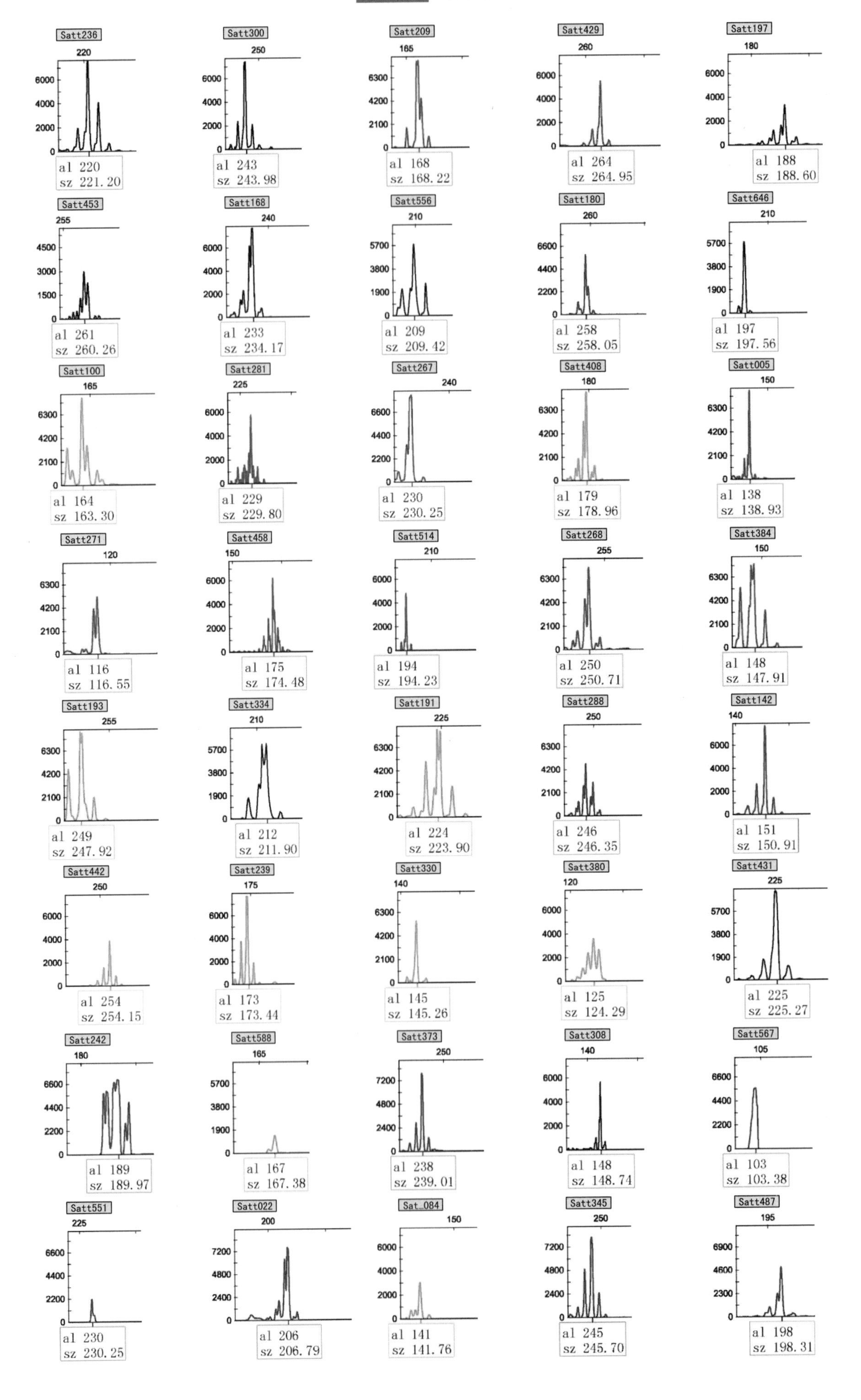
Satt236 220 al 220 sz 221.20
Satt300 250 al 243 sz 243.98
Satt209 165 al 168 sz 168.22
Satt429 260 al 264 sz 264.95
Satt197 180 al 188 sz 188.60
Satt453 255 al 261 sz 260.26
Satt168 240 al 233 sz 234.17
Satt556 210 al 209 sz 209.42
Satt180 260 al 258 sz 258.05
Satt646 210 al 197 sz 197.56
Satt100 165 al 164 sz 163.30
Satt281 225 al 229 sz 229.80
Satt267 240 al 230 sz 230.25
Satt408 180 al 179 sz 178.96
Satt005 150 al 138 sz 138.93
Satt271 120 al 116 sz 116.55
Satt458 150 al 175 sz 174.48
Satt514 210 al 194 sz 194.23
Satt268 255 al 250 sz 250.71
Satt384 150 al 148 sz 147.91
Satt193 255 al 249 sz 247.92
Satt334 210 al 212 sz 211.90
Satt191 225 al 224 sz 223.90
Satt288 250 al 246 sz 246.35
Satt142 140 al 151 sz 150.91
Satt442 250 al 254 sz 254.15
Satt239 175 al 173 sz 173.44
Satt330 140 al 145 sz 145.26
Satt380 120 al 125 sz 124.29
Satt431 225 al 225 sz 225.27
Satt242 180 al 189 sz 189.97
Satt588 165 al 167 sz 167.38
Satt373 250 al 238 sz 239.01
Satt308 140 al 148 sz 148.74
Satt567 105 al 103 sz 103.38
Satt551 225 al 230 sz 230.25
Satt022 200 al 206 sz 206.79
Sat_084 150 al 141 sz 141.76
Satt345 250 al 245 sz 245.70
Satt487 195 al 198 sz 198.31

107 绥农 39

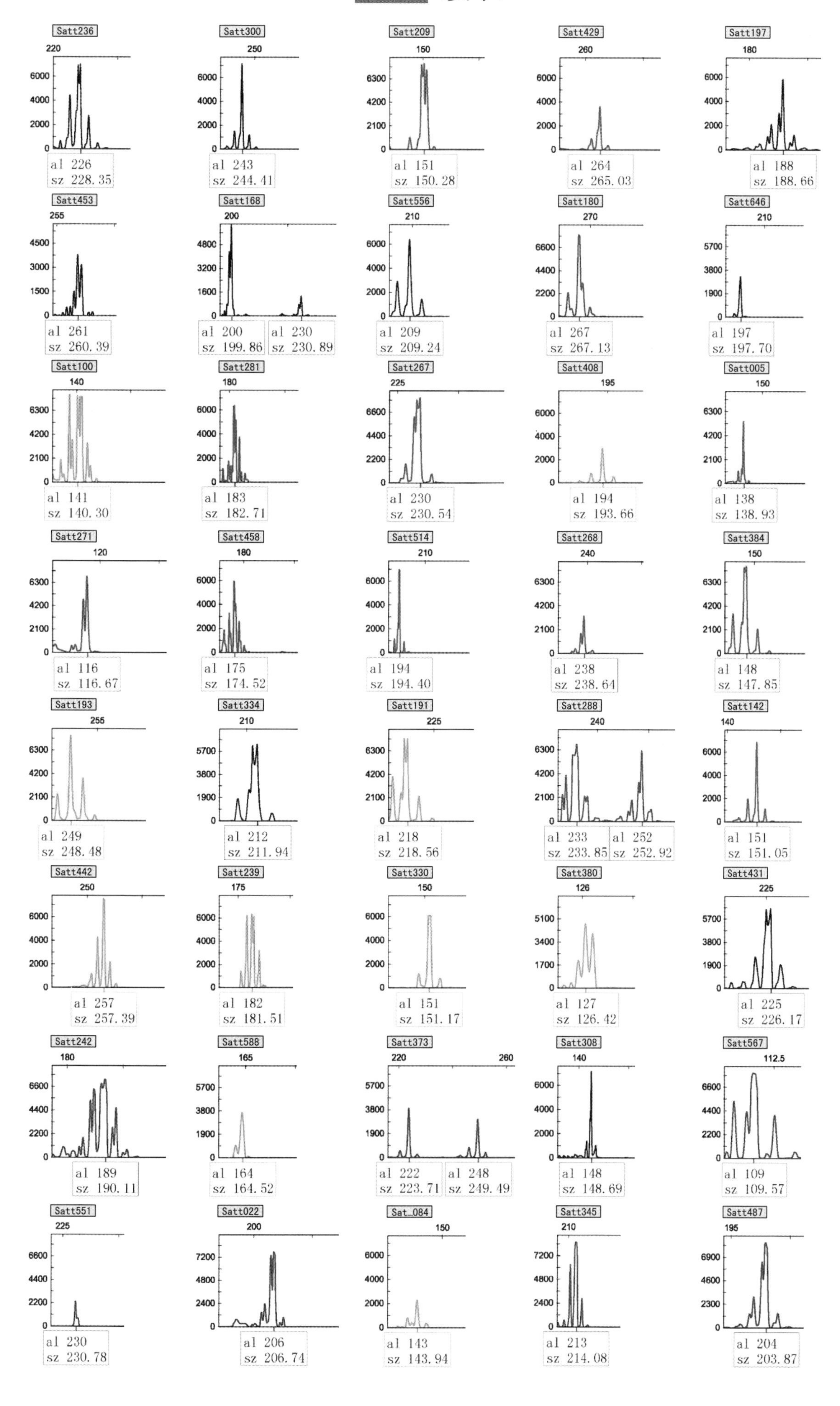
Satt236
al 226
sz 228.35
Satt300
al 243
sz 244.41
Satt209
al 151
sz 150.28
Satt429
al 264
sz 265.03
Satt197
al 188
sz 188.66
Satt453
al 261
sz 260.39
Satt168
al 200
sz 199.86
al 230
sz 230.89
Satt556
al 209
sz 209.24
Satt180
al 267
sz 267.13
Satt646
al 197
sz 197.70
Satt100
al 141
sz 140.30
Satt281
al 183
sz 182.71
Satt267
al 230
sz 230.54
Satt408
al 194
sz 193.66
Satt005
al 138
sz 138.93
Satt271
al 116
sz 116.67
Satt458
al 175
sz 174.52
Satt514
al 194
sz 194.40
Satt268
al 238
sz 238.64
Satt384
al 148
sz 147.85
Satt193
al 249
sz 248.48
Satt334
al 212
sz 211.94
Satt191
al 218
sz 218.56
Satt288
al 233
sz 233.85
al 252
sz 252.92
Satt142
al 151
sz 151.05
Satt442
al 257
sz 257.39
Satt239
al 182
sz 181.51
Satt330
al 151
sz 151.17
Satt380
al 127
sz 126.42
Satt431
al 225
sz 226.17
Satt242
al 189
sz 190.11
Satt588
al 164
sz 164.52
Satt373
al 222
sz 223.71
al 248
sz 249.49
Satt308
al 148
sz 148.69
Satt567
al 109
sz 109.57
Satt551
al 230
sz 230.78
Satt022
al 206
sz 206.74
Sat_084
al 143
sz 143.94
Satt345
al 213
sz 214.08
Satt487
al 204
sz 203.87

108 绥无腥豆2号

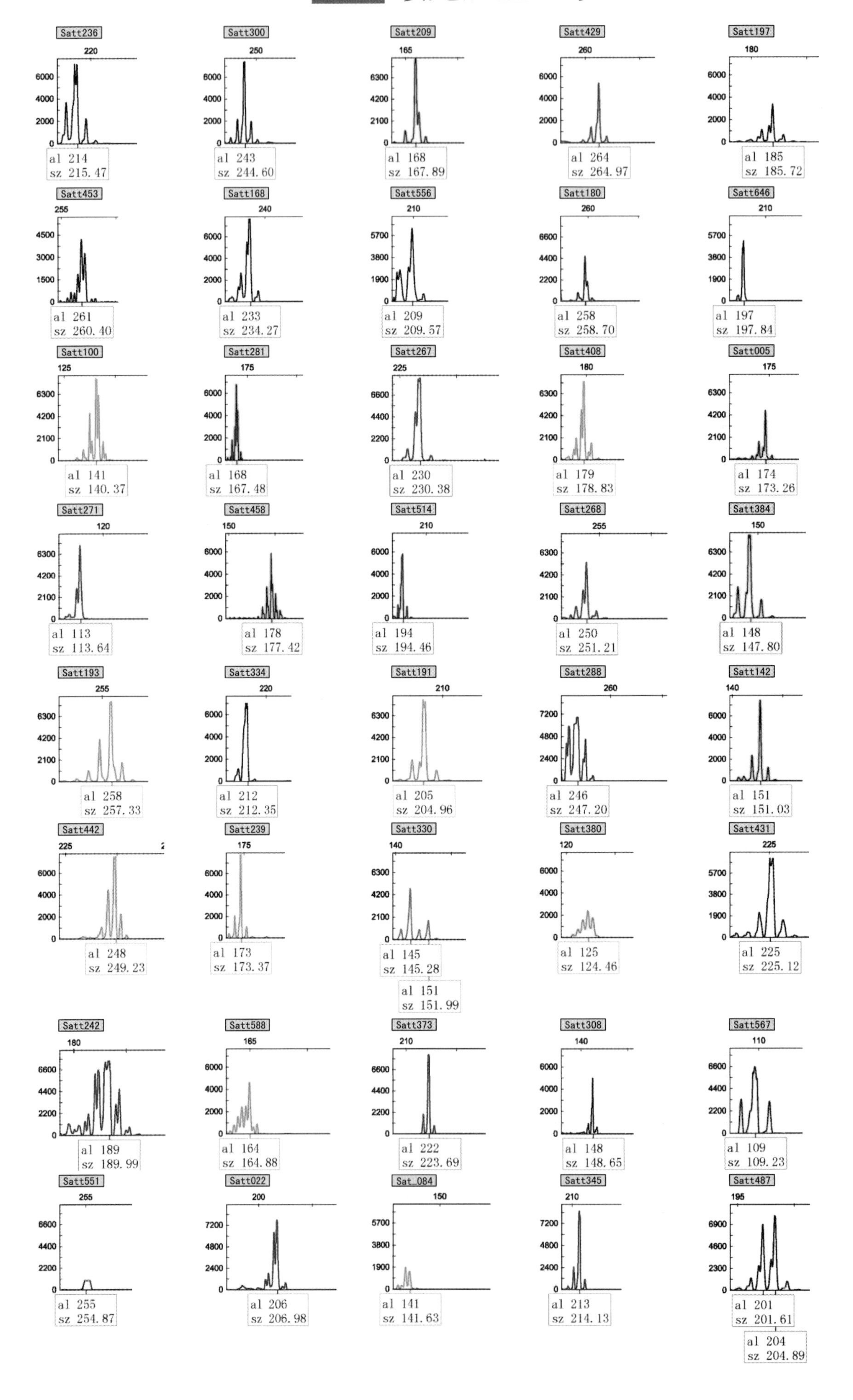

Satt236
al 214
sz 215.47
Satt300
al 243
sz 244.60
Satt209
al 168
sz 167.89
Satt429
al 264
sz 264.97
Satt197
al 185
sz 185.72
Satt453
al 261
sz 260.40
Satt168
al 233
sz 234.27
Satt556
al 209
sz 209.57
Satt180
al 258
sz 258.70
Satt646
al 197
sz 197.84
Satt100
al 141
sz 140.37
Satt281
al 168
sz 167.48
Satt267
al 230
sz 230.38
Satt408
al 179
sz 178.83
Satt005
al 174
sz 173.26
Satt271
al 113
sz 113.64
Satt458
al 178
sz 177.42
Satt514
al 194
sz 194.46
Satt268
al 250
sz 251.21
Satt384
al 148
sz 147.80
Satt193
al 258
sz 257.33
Satt334
al 212
sz 212.35
Satt191
al 205
sz 204.96
Satt288
al 246
sz 247.20
Satt142
al 151
sz 151.03
Satt442
al 248
sz 249.23
Satt239
al 173
sz 173.37
Satt330
al 145
sz 145.28
al 151
sz 151.99
Satt380
al 125
sz 124.46
Satt431
al 225
sz 225.12
Satt242
al 189
sz 189.99
Satt588
al 164
sz 164.88
Satt373
al 222
sz 223.69
Satt308
al 148
sz 148.65
Satt567
al 109
sz 109.23
Satt551
al 255
sz 254.87
Satt022
al 206
sz 206.98
Sat_084
al 141
sz 141.63
Satt345
al 213
sz 214.13
Satt487
al 201
sz 201.61
al 204
sz 204.89

109 五豆 188

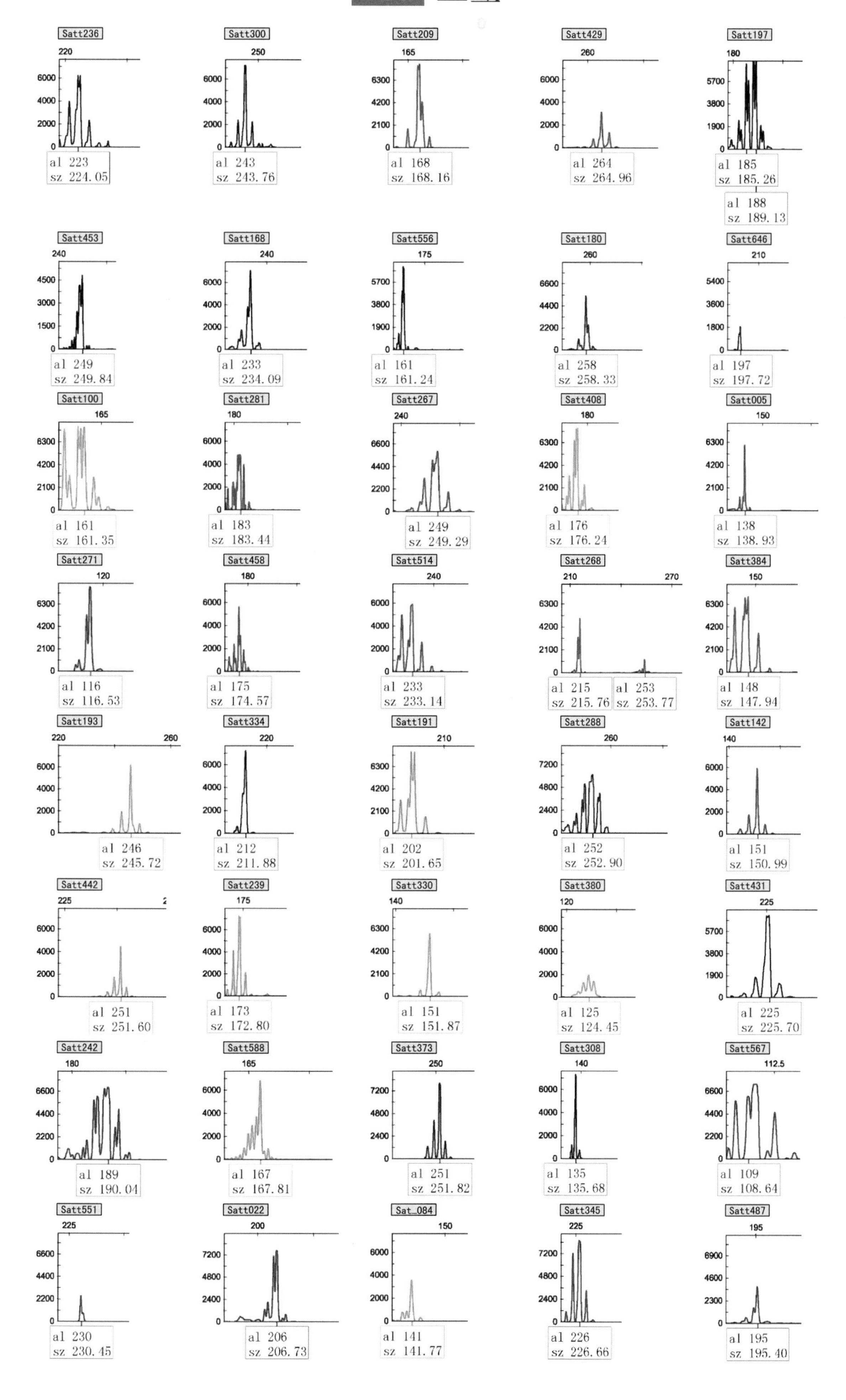
Satt236
al 223
sz 224.05
Satt300
al 243
sz 243.76
Satt209
al 168
sz 168.16
Satt429
al 264
sz 264.96
Satt197
al 185
sz 185.26
al 188
sz 189.13
Satt453
al 249
sz 249.84
Satt168
al 233
sz 234.09
Satt556
al 161
sz 161.24
Satt180
al 258
sz 258.33
Satt646
al 197
sz 197.72
Satt100
al 161
sz 161.35
Satt281
al 183
sz 183.44
Satt267
al 249
sz 249.29
Satt408
al 176
sz 176.24
Satt005
al 138
sz 138.93
Satt271
al 116
sz 116.53
Satt458
al 175
sz 174.57
Satt514
al 233
sz 233.14
Satt268
al 215
sz 215.76
al 253
sz 253.77
Satt384
al 148
sz 147.94
Satt193
al 246
sz 245.72
Satt334
al 212
sz 211.88
Satt191
al 202
sz 201.65
Satt288
al 252
sz 252.90
Satt142
al 151
sz 150.99
Satt442
al 251
sz 251.60
Satt239
al 173
sz 172.80
Satt330
al 151
sz 151.87
Satt380
al 125
sz 124.45
Satt431
al 225
sz 225.70
Satt242
al 189
sz 190.04
Satt588
al 167
sz 167.81
Satt373
al 251
sz 251.82
Satt308
al 135
sz 135.68
Satt567
al 109
sz 108.64
Satt551
al 230
sz 230.45
Satt022
al 206
sz 206.73
Sat_084
al 141
sz 141.77
Satt345
al 226
sz 226.66
Satt487
al 195
sz 195.40

110 先农 1 号

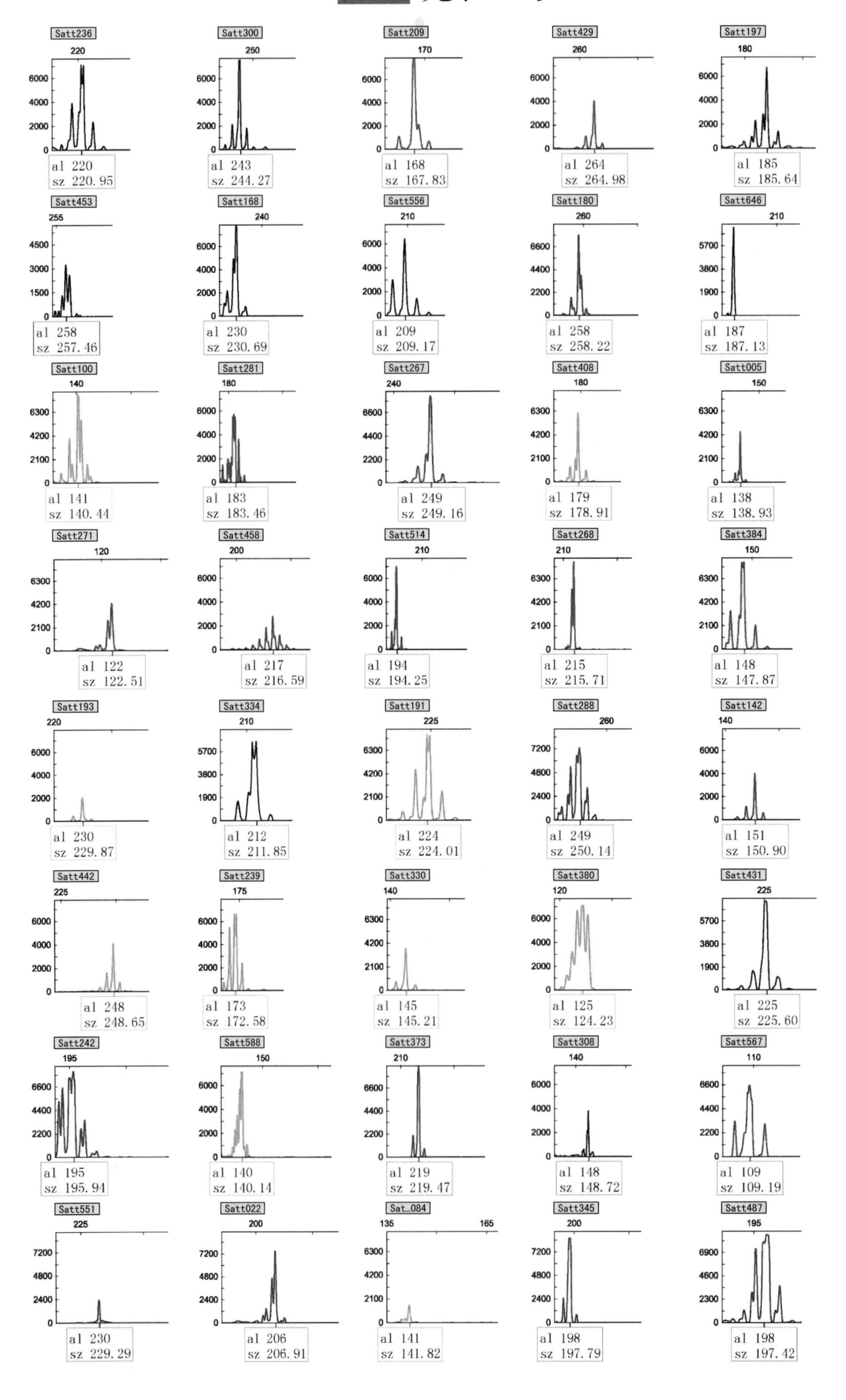
Satt236
al 220
sz 220.95
Satt300
al 243
sz 244.27
Satt209
al 168
sz 167.83
Satt429
al 264
sz 264.98
Satt197
al 185
sz 185.64
Satt453
al 258
sz 257.46
Satt168
al 230
sz 230.69
Satt556
al 209
sz 209.17
Satt180
al 258
sz 258.22
Satt646
al 187
sz 187.13
Satt100
al 141
sz 140.44
Satt281
al 183
sz 183.46
Satt267
al 249
sz 249.16
Satt408
al 179
sz 178.91
Satt005
al 138
sz 138.93
Satt271
al 122
sz 122.51
Satt458
al 217
sz 216.59
Satt514
al 194
sz 194.25
Satt268
al 215
sz 215.71
Satt384
al 148
sz 147.87
Satt193
al 230
sz 229.87
Satt334
al 212
sz 211.85
Satt191
al 224
sz 224.01
Satt288
al 249
sz 250.14
Satt142
al 151
sz 150.90
Satt442
al 248
sz 248.65
Satt239
al 173
sz 172.58
Satt330
al 145
sz 145.21
Satt380
al 125
sz 124.23
Satt431
al 225
sz 225.60
Satt242
al 195
sz 195.94
Satt588
al 140
sz 140.14
Satt373
al 219
sz 219.47
Satt308
al 148
sz 148.72
Satt567
al 109
sz 109.19
Satt551
al 230
sz 229.29
Satt022
al 206
sz 206.91
Sat_084
al 141
sz 141.82
Satt345
al 198
sz 197.79
Satt487
al 198
sz 197.42

111 长密豆 30 号

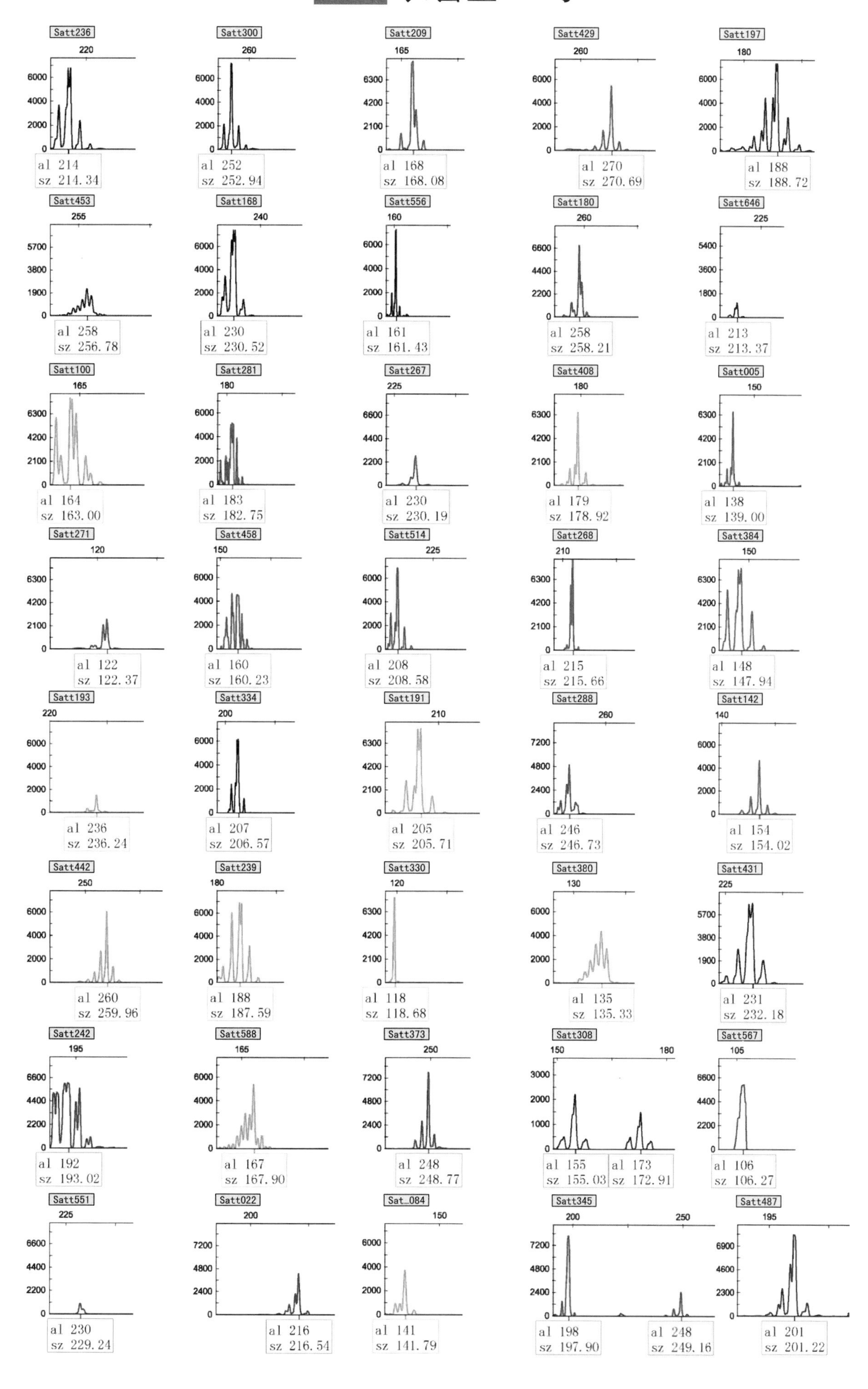
Satt236
al 214
sz 214.34
Satt300
al 252
sz 252.94
Satt209
al 168
sz 168.08
Satt429
al 270
sz 270.69
Satt197
al 188
sz 188.72
Satt453
al 258
sz 256.78
Satt168
al 230
sz 230.52
Satt556
al 161
sz 161.43
Satt180
al 258
sz 258.21
Satt646
al 213
sz 213.37
Satt100
al 164
sz 163.00
Satt281
al 183
sz 182.75
Satt267
al 230
sz 230.19
Satt408
al 179
sz 178.92
Satt005
al 138
sz 139.00
Satt271
al 122
sz 122.37
Satt458
al 160
sz 160.23
Satt514
al 208
sz 208.58
Satt268
al 215
sz 215.66
Satt384
al 148
sz 147.94
Satt193
al 236
sz 236.24
Satt334
al 207
sz 206.57
Satt191
al 205
sz 205.71
Satt288
al 246
sz 246.73
Satt142
al 154
sz 154.02
Satt442
al 260
sz 259.96
Satt239
al 188
sz 187.59
Satt330
al 118
sz 118.68
Satt380
al 135
sz 135.33
Satt431
al 231
sz 232.18
Satt242
al 192
sz 193.02
Satt588
al 167
sz 167.90
Satt373
al 248
sz 248.77
Satt308
al 155
sz 155.03
al 173
sz 172.91
Satt567
al 106
sz 106.27
Satt551
al 230
sz 229.24
Satt022
al 216
sz 216.54
Sat_084
al 141
sz 141.79
Satt345
al 198
sz 197.90
al 248
sz 249.16
Satt487
al 201
sz 201.22

112 长农 26

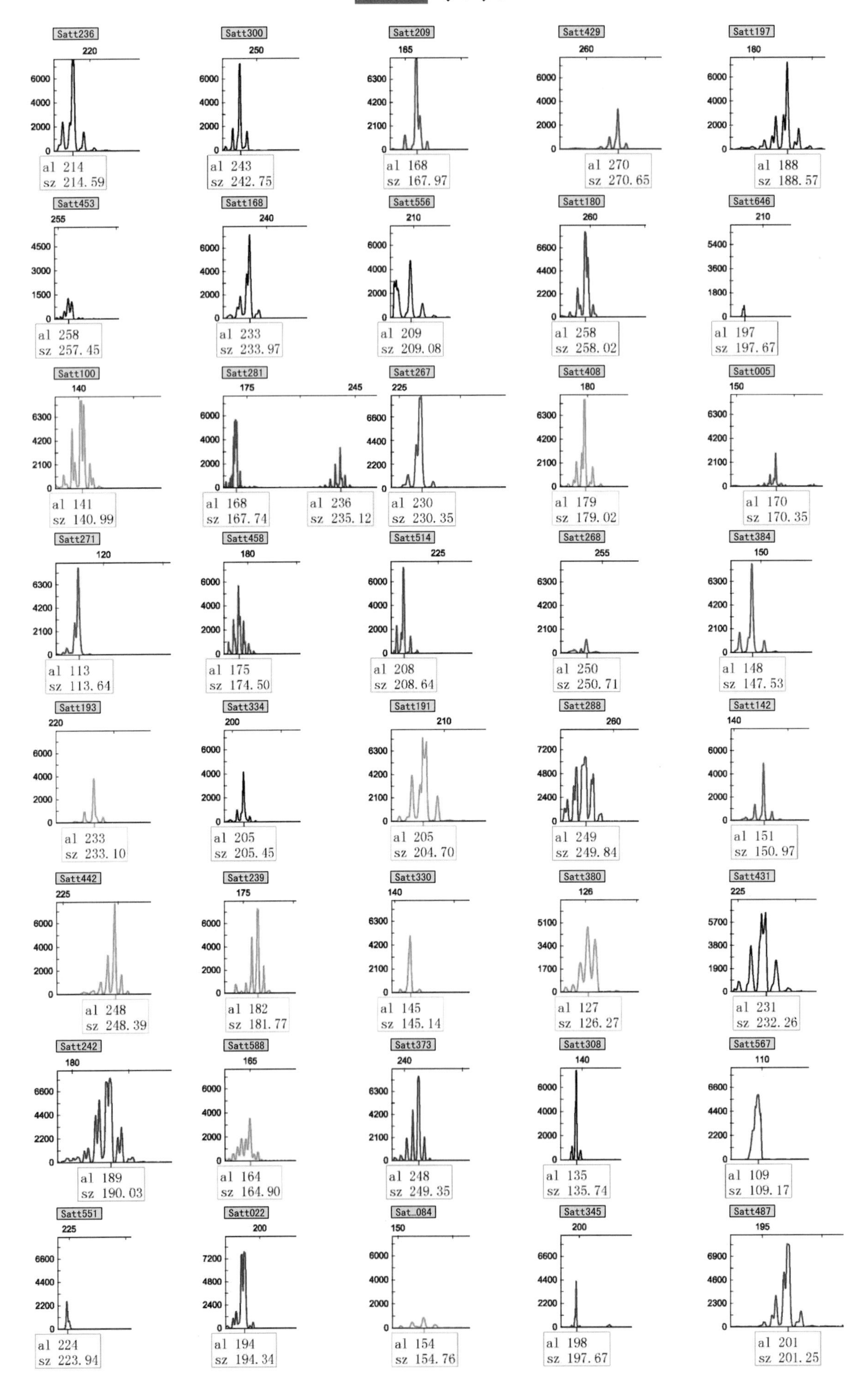

Satt236
al 214
sz 214.59
Satt300
al 243
sz 242.75
Satt209
al 168
sz 167.97
Satt429
al 270
sz 270.65
Satt197
al 188
sz 188.57
Satt453
al 258
sz 257.45
Satt168
al 233
sz 233.97
Satt556
al 209
sz 209.08
Satt180
al 258
sz 258.02
Satt646
al 197
sz 197.67
Satt100
al 141
sz 140.99
Satt281
al 168
sz 167.74
al 236
sz 235.12
Satt267
al 230
sz 230.35
Satt408
al 179
sz 179.02
Satt005
al 170
sz 170.35
Satt271
al 113
sz 113.64
Satt458
al 175
sz 174.50
Satt514
al 208
sz 208.64
Satt268
al 250
sz 250.71
Satt384
al 148
sz 147.53
Satt193
al 233
sz 233.10
Satt334
al 205
sz 205.45
Satt191
al 205
sz 204.70
Satt288
al 249
sz 249.84
Satt142
al 151
sz 150.97
Satt442
al 248
sz 248.39
Satt239
al 182
sz 181.77
Satt330
al 145
sz 145.14
Satt380
al 127
sz 126.27
Satt431
al 231
sz 232.26
Satt242
al 189
sz 190.03
Satt588
al 164
sz 164.90
Satt373
al 248
sz 249.35
Satt308
al 135
sz 135.74
Satt567
al 109
sz 109.17
Satt551
al 224
sz 223.94
Satt022
al 194
sz 194.34
Sat_084
al 154
sz 154.76
Satt345
al 198
sz 197.67
Satt487
al 201
sz 201.25

113 长农 27 号

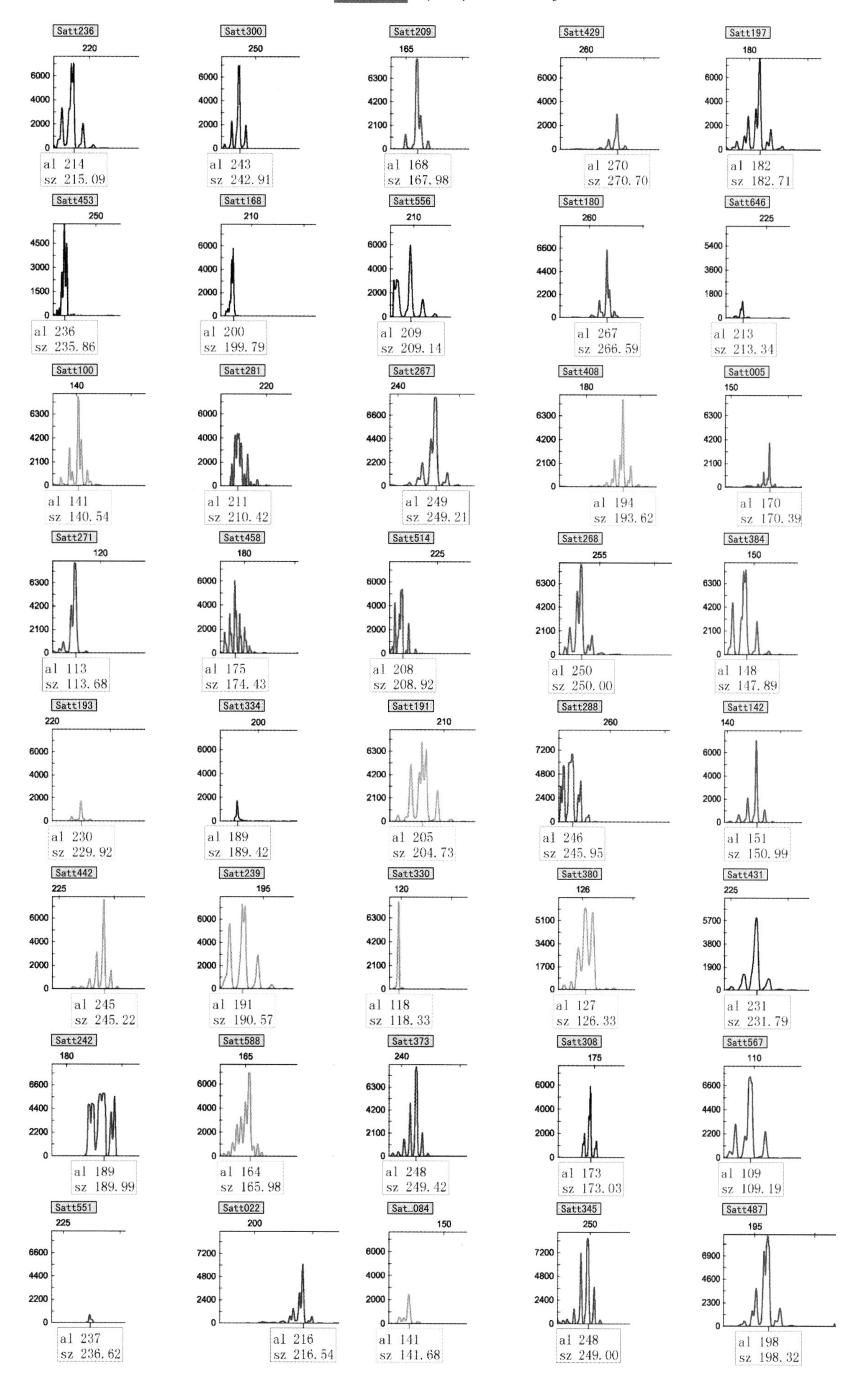

Satt236
al 214
sz 215.09
Satt300
al 243
sz 242.91
Satt209
al 168
sz 167.98
Satt429
al 270
sz 270.70
Satt197
al 182
sz 182.71
Satt453
al 236
sz 235.86
Satt168
al 200
sz 199.79
Satt556
al 209
sz 209.14
Satt180
al 267
sz 266.59
Satt646
al 213
sz 213.34
Satt100
al 141
sz 140.54
Satt281
al 211
sz 210.42
Satt267
al 249
sz 249.21
Satt408
al 194
sz 193.62
Satt005
al 170
sz 170.39
Satt271
al 113
sz 113.68
Satt458
al 175
sz 174.43
Satt514
al 208
sz 208.92
Satt268
al 250
sz 250.00
Satt384
al 148
sz 147.89
Satt193
al 230
sz 229.92
Satt334
al 189
sz 189.42
Satt191
al 205
sz 204.73
Satt288
al 246
sz 245.95
Satt142
al 151
sz 150.99
Satt442
al 245
sz 245.22
Satt239
al 191
sz 190.57
Satt330
al 118
sz 118.33
Satt380
al 127
sz 126.33
Satt431
al 231
sz 231.79
Satt242
al 189
sz 189.99
Satt588
al 164
sz 165.98
Satt373
al 248
sz 249.42
Satt308
al 173
sz 173.03
Satt567
al 109
sz 109.19
Satt551
al 237
sz 236.62
Satt022
al 216
sz 216.54
Sat_084
al 141
sz 141.68
Satt345
al 248
sz 249.00
Satt487
al 198
sz 198.32

114 吉大豆 3 号

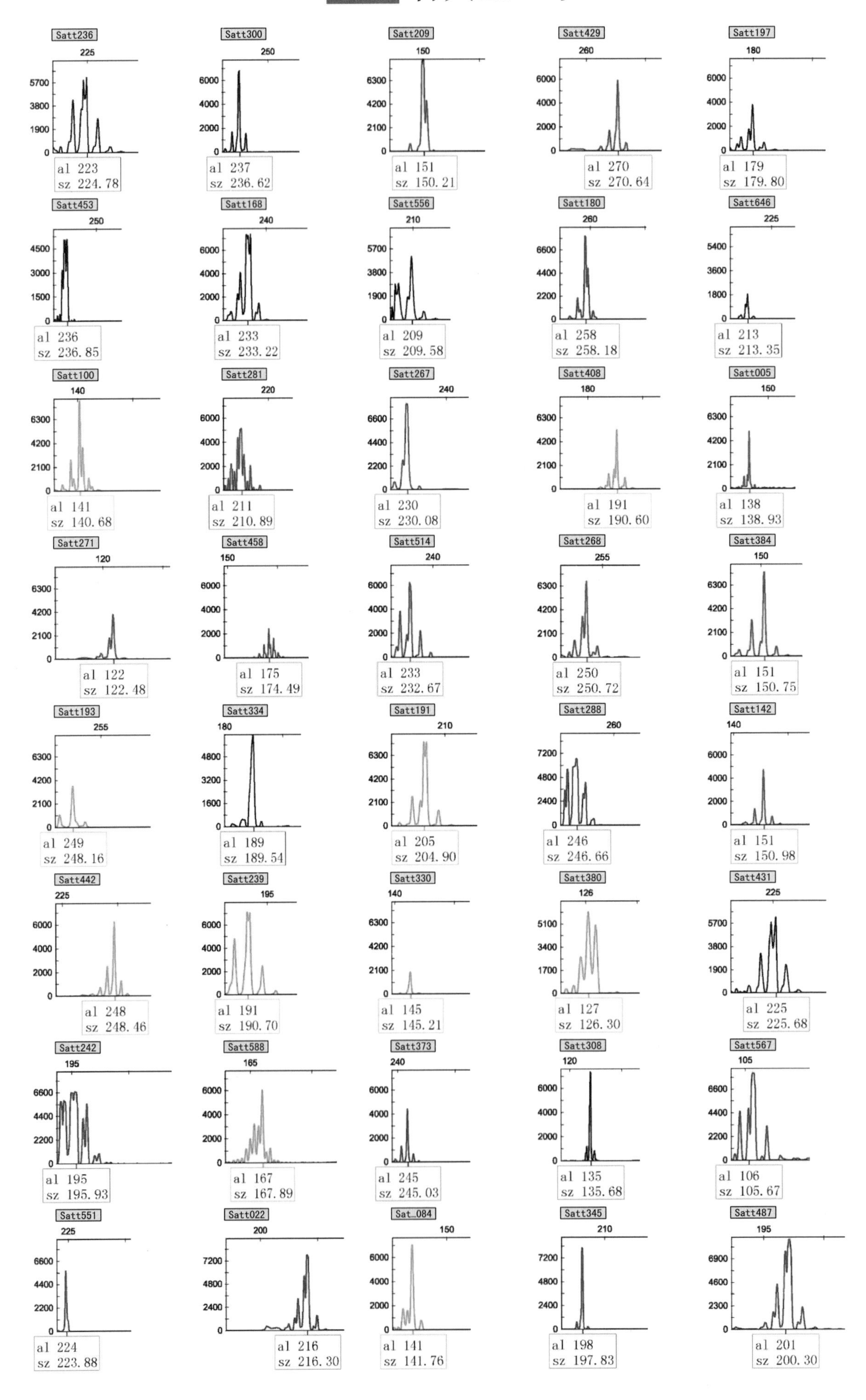
Satt236
al 223
sz 224.78
Satt300
al 237
sz 236.62
Satt209
al 151
sz 150.21
Satt429
al 270
sz 270.64
Satt197
al 179
sz 179.80
Satt453
al 236
sz 236.85
Satt168
al 233
sz 233.22
Satt556
al 209
sz 209.58
Satt180
al 258
sz 258.18
Satt646
al 213
sz 213.35
Satt100
al 141
sz 140.68
Satt281
al 211
sz 210.89
Satt267
al 230
sz 230.08
Satt408
al 191
sz 190.60
Satt005
al 138
sz 138.93
Satt271
al 122
sz 122.48
Satt458
al 175
sz 174.49
Satt514
al 233
sz 232.67
Satt268
al 250
sz 250.72
Satt384
al 151
sz 150.75
Satt193
al 249
sz 248.16
Satt334
al 189
sz 189.54
Satt191
al 205
sz 204.90
Satt288
al 246
sz 246.66
Satt142
al 151
sz 150.98
Satt442
al 248
sz 248.46
Satt239
al 191
sz 190.70
Satt330
al 145
sz 145.21
Satt380
al 127
sz 126.30
Satt431
al 225
sz 225.68
Satt242
al 195
sz 195.93
Satt588
al 167
sz 167.89
Satt373
al 245
sz 245.03
Satt308
al 135
sz 135.68
Satt567
al 106
sz 105.67
Satt551
al 224
sz 223.88
Satt022
al 216
sz 216.30
Sat_084
al 141
sz 141.76
Satt345
al 198
sz 197.83
Satt487
al 201
sz 200.30

115 吉恢 100 号

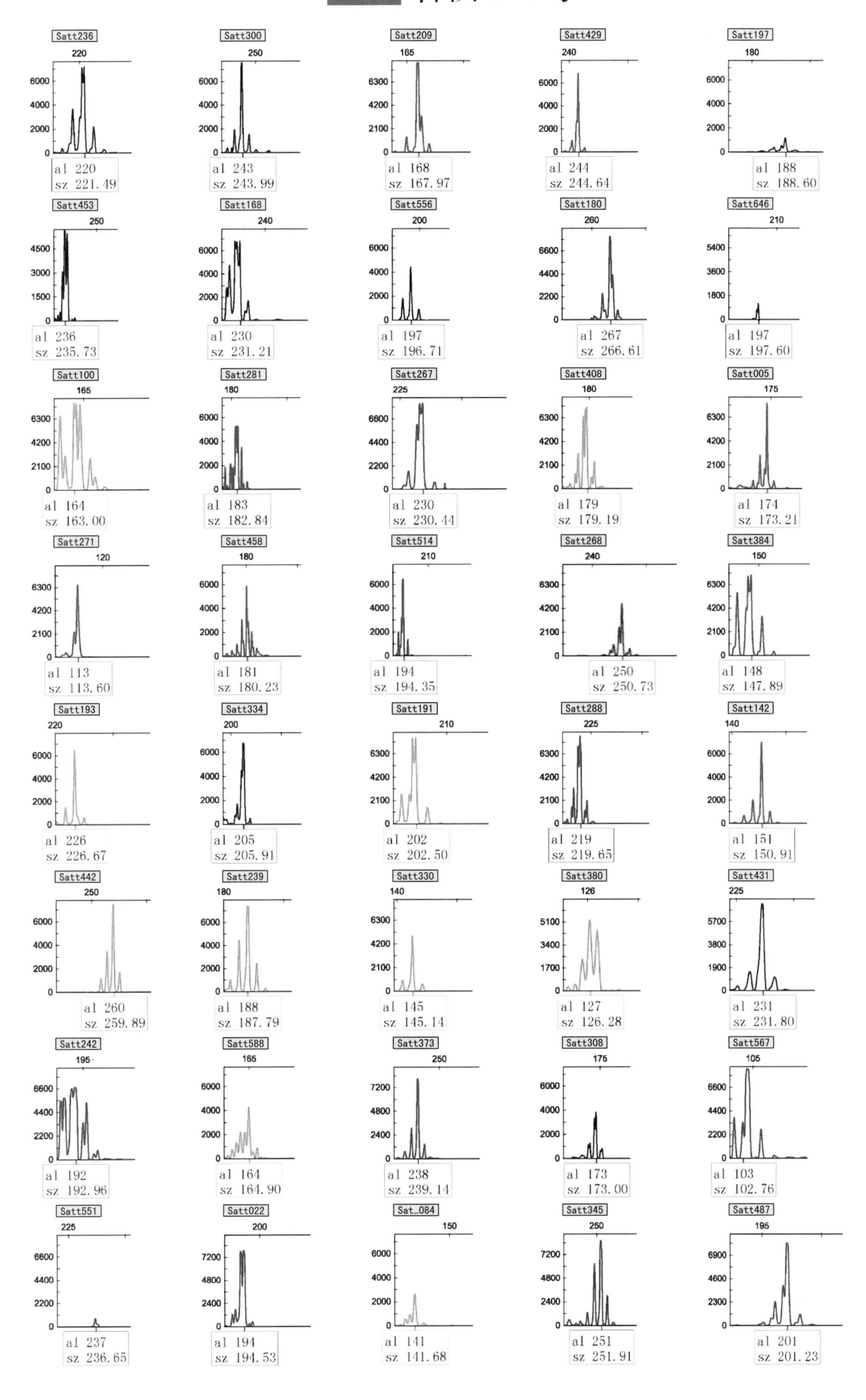

Satt236
al 220
sz 221.49
Satt300
al 243
sz 243.99
Satt209
al 168
sz 167.97
Satt429
al 244
sz 244.64
Satt197
al 188
sz 188.60
Satt453
al 236
sz 235.73
Satt168
al 230
sz 231.21
Satt556
al 197
sz 196.71
Satt180
al 267
sz 266.61
Satt646
al 197
sz 197.60
Satt100
al 164
sz 163.00
Satt281
al 183
sz 182.84
Satt267
al 230
sz 230.44
Satt408
al 179
sz 179.19
Satt005
al 174
sz 173.21
Satt271
al 113
sz 113.60
Satt458
al 181
sz 180.23
Satt514
al 194
sz 194.35
Satt268
al 250
sz 250.73
Satt384
al 148
sz 147.89
Satt193
al 226
sz 226.67
Satt334
al 205
sz 205.91
Satt191
al 202
sz 202.50
Satt288
al 219
sz 219.65
Satt142
al 151
sz 150.91
Satt442
al 260
sz 259.89
Satt239
al 188
sz 187.79
Satt330
al 145
sz 145.14
Satt380
al 127
sz 126.28
Satt431
al 231
sz 231.80
Satt242
al 192
sz 192.96
Satt588
al 164
sz 164.90
Satt373
al 238
sz 239.14
Satt308
al 173
sz 173.00
Satt567
al 103
sz 102.76
Satt551
al 237
sz 236.65
Satt022
al 194
sz 194.53
Sat_084
al 141
sz 141.68
Satt345
al 251
sz 251.91
Satt487
al 201
sz 201.23

116 吉农 17

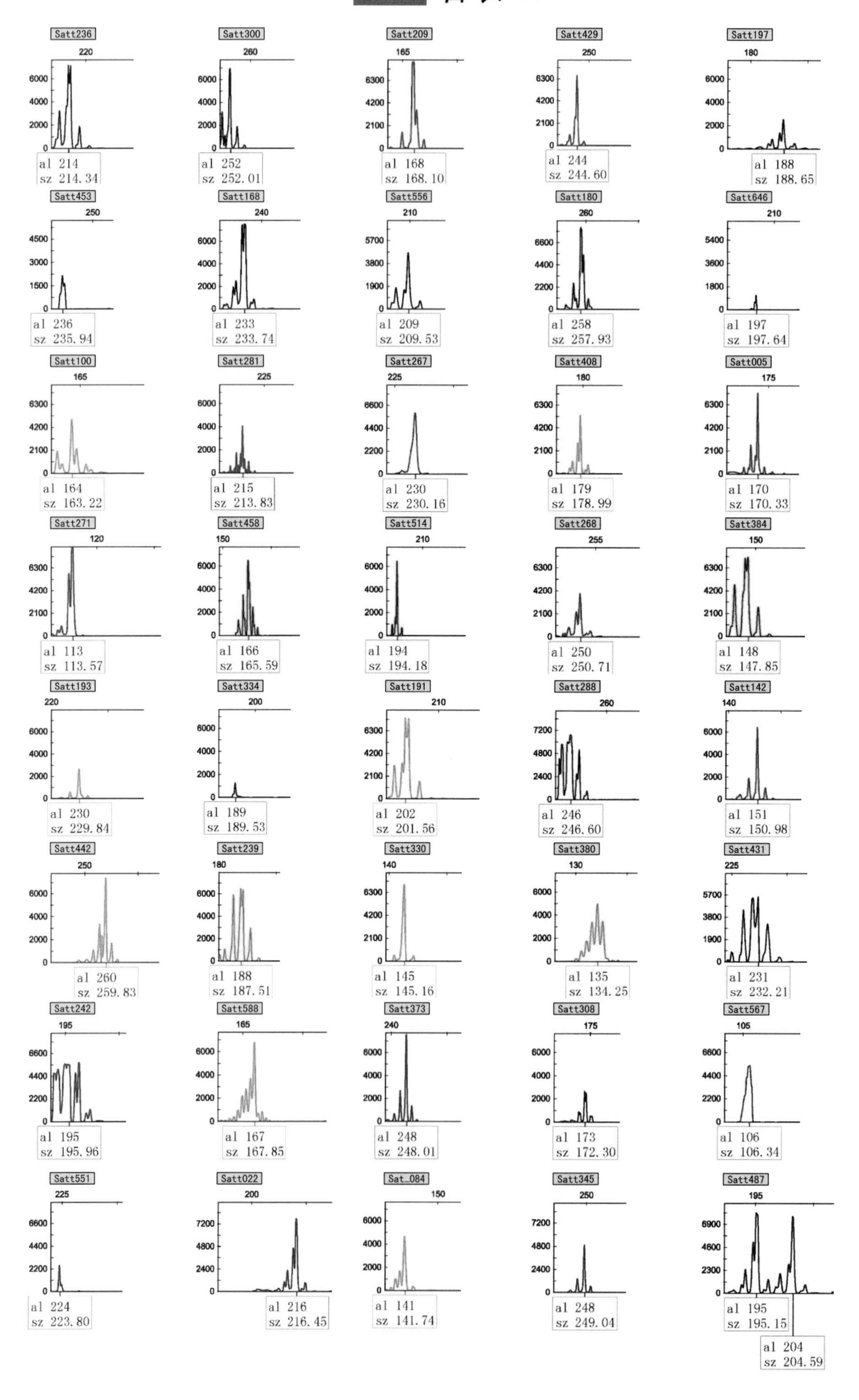

Satt236 al 214 sz 214.34
Satt300 al 252 sz 252.01
Satt209 al 168 sz 168.10
Satt429 al 244 sz 244.60
Satt197 al 188 sz 188.65
Satt453 al 236 sz 235.94
Satt168 al 233 sz 233.74
Satt556 al 209 sz 209.53
Satt180 al 258 sz 257.93
Satt646 al 197 sz 197.64
Satt100 al 164 sz 163.22
Satt281 al 215 sz 213.83
Satt267 al 230 sz 230.16
Satt408 al 179 sz 178.99
Satt005 al 170 sz 170.33
Satt271 al 113 sz 113.57
Satt458 al 166 sz 165.59
Satt514 al 194 sz 194.18
Satt268 al 250 sz 250.71
Satt384 al 148 sz 147.85
Satt193 al 230 sz 229.84
Satt334 al 189 sz 189.53
Satt191 al 202 sz 201.56
Satt288 al 246 sz 246.60
Satt142 al 151 sz 150.98
Satt442 al 260 sz 259.83
Satt239 al 188 sz 187.51
Satt330 al 145 sz 145.16
Satt380 al 135 sz 134.25
Satt431 al 231 sz 232.21
Satt242 al 195 sz 195.96
Satt588 al 167 sz 167.85
Satt373 al 248 sz 248.01
Satt308 al 173 sz 172.30
Satt567 al 106 sz 106.34
Satt551 al 224 sz 223.80
Satt022 al 216 sz 216.45
Sat_084 al 141 sz 141.74
Satt345 al 248 sz 249.04
Satt487 al 195 sz 195.15 al 204 sz 204.59

117 吉农 28

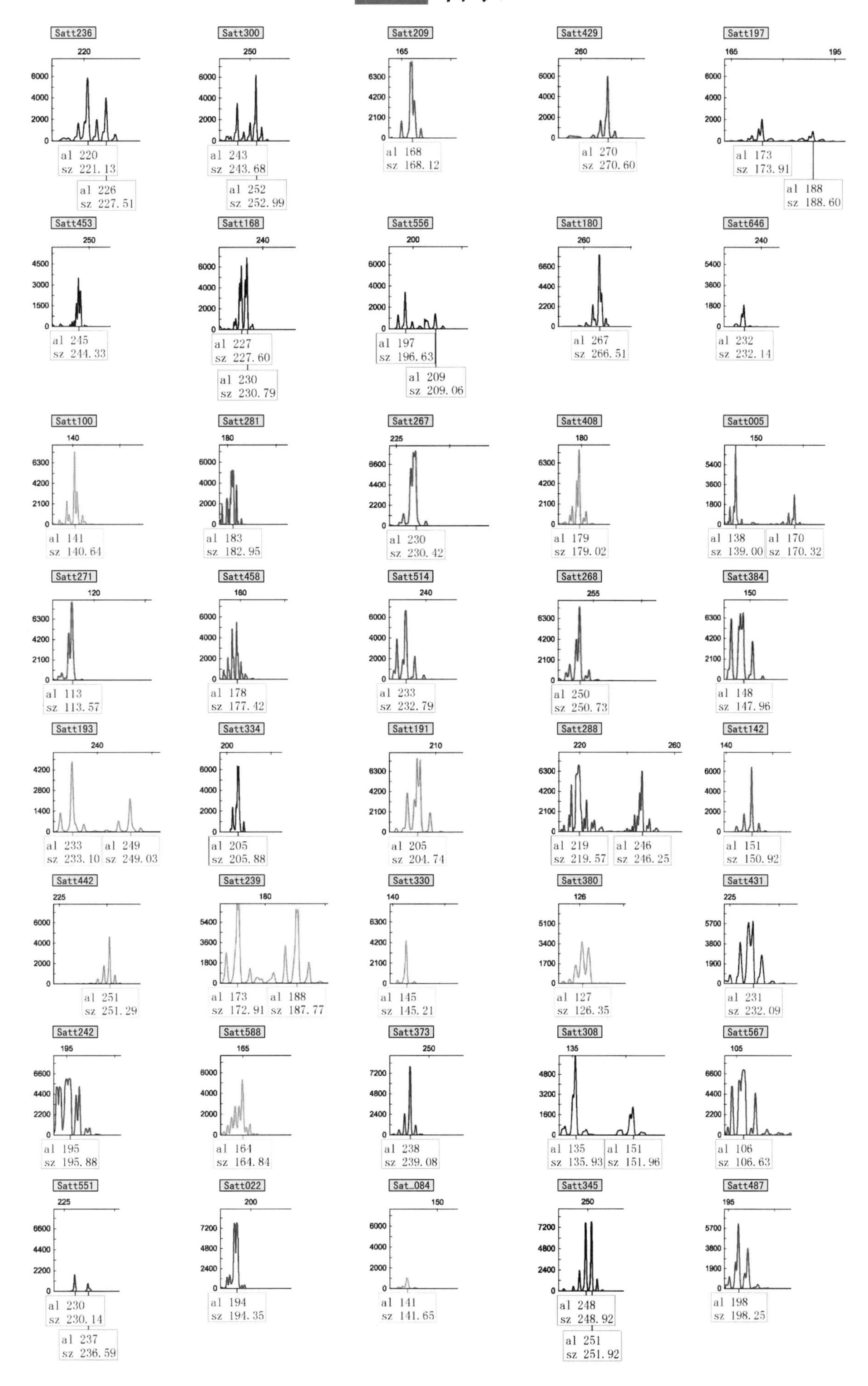
Satt236
al 220
sz 221.13
al 226
sz 227.51
Satt300
al 243
sz 243.68
al 252
sz 252.99
Satt209
al 168
sz 168.12
Satt429
al 270
sz 270.60
Satt197
al 173
sz 173.91
al 188
sz 188.60
Satt453
al 245
sz 244.33
Satt168
al 227
sz 227.60
al 230
sz 230.79
Satt556
al 197
sz 196.63
al 209
sz 209.06
Satt180
al 267
sz 266.51
Satt646
al 232
sz 232.14
Satt100
al 141
sz 140.64
Satt281
al 183
sz 182.95
Satt267
al 230
sz 230.42
Satt408
al 179
sz 179.02
Satt005
al 138
sz 139.00
al 170
sz 170.32
Satt271
al 113
sz 113.57
Satt458
al 178
sz 177.42
Satt514
al 233
sz 232.79
Satt268
al 250
sz 250.73
Satt384
al 148
sz 147.96
Satt193
al 233
sz 233.10
al 249
sz 249.03
Satt334
al 205
sz 205.88
Satt191
al 205
sz 204.74
Satt288
al 219
sz 219.57
al 246
sz 246.25
Satt142
al 151
sz 150.92
Satt442
al 251
sz 251.29
Satt239
al 173
sz 172.91
al 188
sz 187.77
Satt330
al 145
sz 145.21
Satt380
al 127
sz 126.35
Satt431
al 231
sz 232.09
Satt242
al 195
sz 195.88
Satt588
al 164
sz 164.84
Satt373
al 238
sz 239.08
Satt308
al 135
sz 135.93
al 151
sz 151.96
Satt567
al 106
sz 106.63
Satt551
al 230
sz 230.14
al 237
sz 236.59
Satt022
al 194
sz 194.35
Sat_084
al 141
sz 141.65
Satt345
al 248
sz 248.92
al 251
sz 251.92
Satt487
al 198
sz 198.25

118 吉农 31

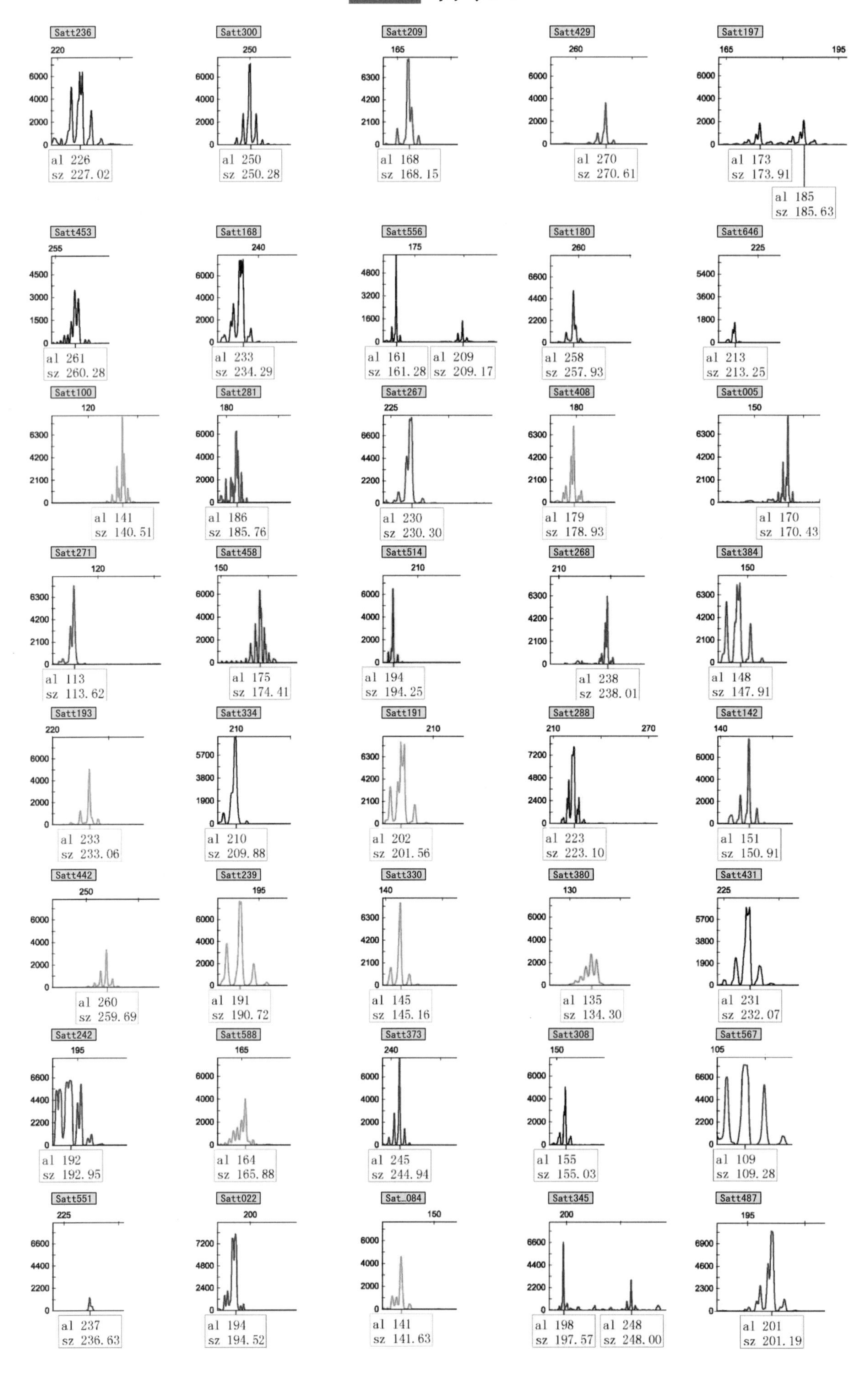
Satt236
al 226
sz 227.02
Satt300
al 250
sz 250.28
Satt209
al 168
sz 168.15
Satt429
al 270
sz 270.61
Satt197
al 173
sz 173.91
al 185
sz 185.63
Satt453
al 261
sz 260.28
Satt168
al 233
sz 234.29
Satt556
al 161
sz 161.28
al 209
sz 209.17
Satt180
al 258
sz 257.93
Satt646
al 213
sz 213.25
Satt100
al 141
sz 140.51
Satt281
al 186
sz 185.76
Satt267
al 230
sz 230.30
Satt408
al 179
sz 178.93
Satt005
al 170
sz 170.43
Satt271
al 113
sz 113.62
Satt458
al 175
sz 174.41
Satt514
al 194
sz 194.25
Satt268
al 238
sz 238.01
Satt384
al 148
sz 147.91
Satt193
al 233
sz 233.06
Satt334
al 210
sz 209.88
Satt191
al 202
sz 201.56
Satt288
al 223
sz 223.10
Satt142
al 151
sz 150.91
Satt442
al 260
sz 259.69
Satt239
al 191
sz 190.72
Satt330
al 145
sz 145.16
Satt380
al 135
sz 134.30
Satt431
al 231
sz 232.07
Satt242
al 192
sz 192.95
Satt588
al 164
sz 165.88
Satt373
al 245
sz 244.94
Satt308
al 155
sz 155.03
Satt567
al 109
sz 109.28
Satt551
al 237
sz 236.63
Satt022
al 194
sz 194.52
Sat_084
al 141
sz 141.63
Satt345
al 198
sz 197.57
al 248
sz 248.00
Satt487
al 201
sz 201.19

119 吉育 35

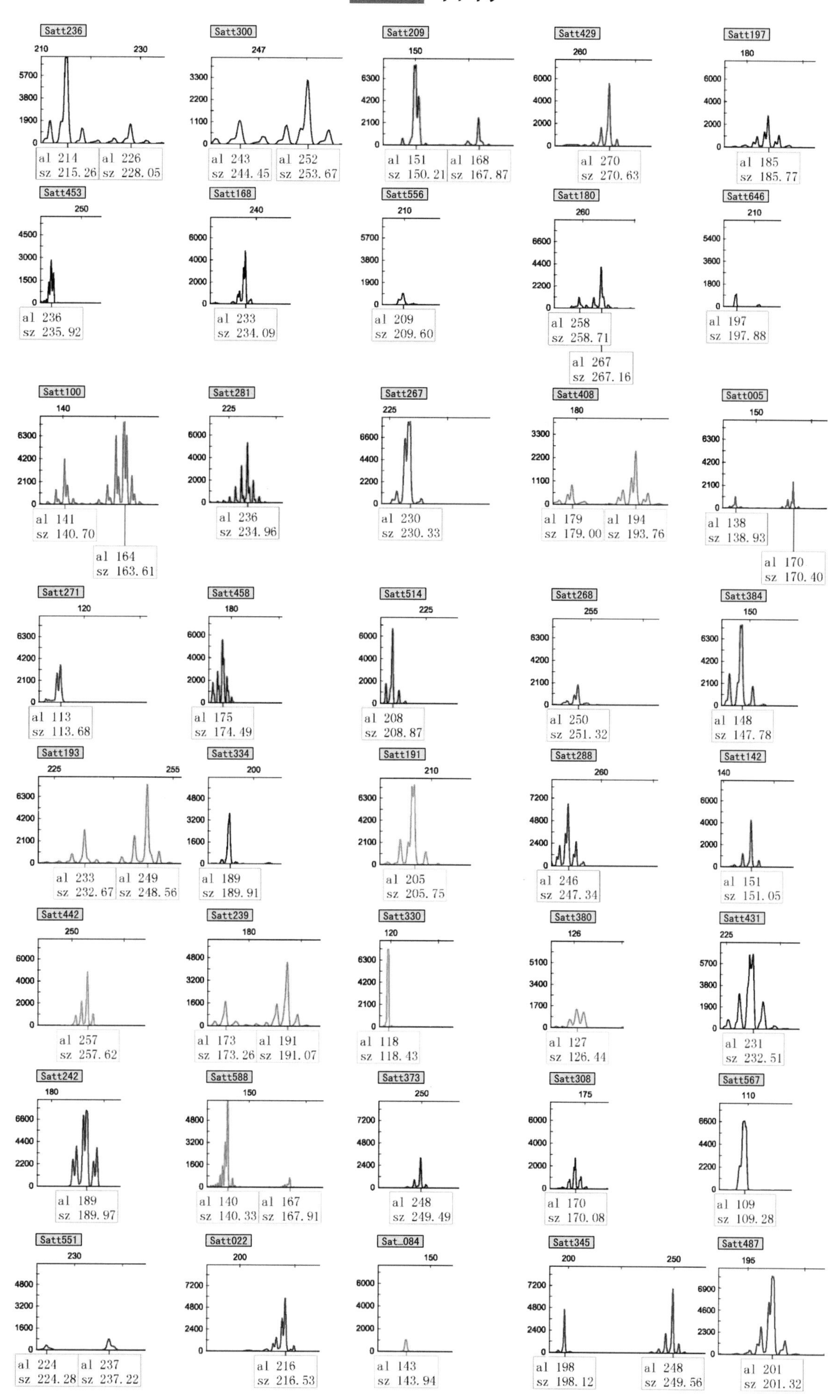

Satt236
al 214 sz 215.26
al 226 sz 228.05
Satt300
al 243 sz 244.45
al 252 sz 253.67
Satt209
al 151 sz 150.21
al 168 sz 167.87
Satt429
al 270 sz 270.63
Satt197
al 185 sz 185.77
Satt453
al 236 sz 235.92
Satt168
al 233 sz 234.09
Satt556
al 209 sz 209.60
Satt180
al 258 sz 258.71
al 267 sz 267.16
Satt646
al 197 sz 197.88
Satt100
al 141 sz 140.70
al 164 sz 163.61
Satt281
al 236 sz 234.96
Satt267
al 230 sz 230.33
Satt408
al 179 sz 179.00
al 194 sz 193.76
Satt005
al 138 sz 138.93
al 170 sz 170.40
Satt271
al 113 sz 113.68
Satt458
al 175 sz 174.49
Satt514
al 208 sz 208.87
Satt268
al 250 sz 251.32
Satt384
al 148 sz 147.78
Satt193
al 233 sz 232.67
al 249 sz 248.56
Satt334
al 189 sz 189.91
Satt191
al 205 sz 205.75
Satt288
al 246 sz 247.34
Satt142
al 151 sz 151.05
Satt442
al 257 sz 257.62
Satt239
al 173 sz 173.26
al 191 sz 191.07
Satt330
al 118 sz 118.43
Satt380
al 127 sz 126.44
Satt431
al 231 sz 232.51
Satt242
al 189 sz 189.97
Satt588
al 140 sz 140.33
al 167 sz 167.91
Satt373
al 248 sz 249.49
Satt308
al 170 sz 170.08
Satt567
al 109 sz 109.28
Satt551
al 224 sz 224.28
al 237 sz 237.22
Satt022
al 216 sz 216.53
Sat_084
al 143 sz 143.94
Satt345
al 198 sz 198.12
al 248 sz 249.56
Satt487
al 201 sz 201.32

120 吉育 99

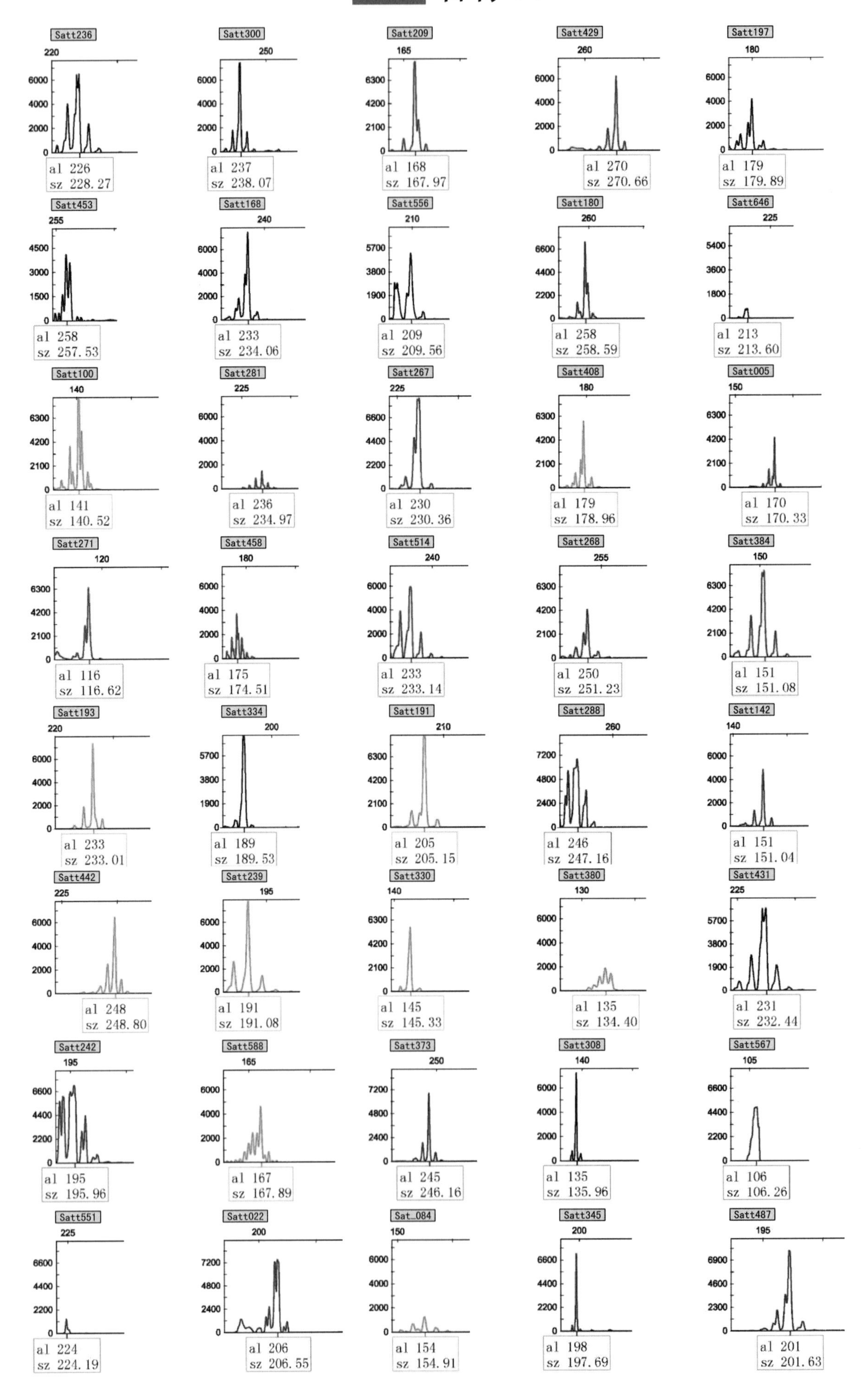
Satt236
al 226
sz 228.27
Satt300
al 237
sz 238.07
Satt209
al 168
sz 167.97
Satt429
al 270
sz 270.66
Satt197
al 179
sz 179.89
Satt453
al 258
sz 257.53
Satt168
al 233
sz 234.06
Satt556
al 209
sz 209.56
Satt180
al 258
sz 258.59
Satt646
al 213
sz 213.60
Satt100
al 141
sz 140.52
Satt281
al 236
sz 234.97
Satt267
al 230
sz 230.36
Satt408
al 179
sz 178.96
Satt005
al 170
sz 170.33
Satt271
al 116
sz 116.62
Satt458
al 175
sz 174.51
Satt514
al 233
sz 233.14
Satt268
al 250
sz 251.23
Satt384
al 151
sz 151.08
Satt193
al 233
sz 233.01
Satt334
al 189
sz 189.53
Satt191
al 205
sz 205.15
Satt288
al 246
sz 247.16
Satt142
al 151
sz 151.04
Satt442
al 248
sz 248.80
Satt239
al 191
sz 191.08
Satt330
al 145
sz 145.33
Satt380
al 135
sz 134.40
Satt431
al 231
sz 232.44
Satt242
al 195
sz 195.96
Satt588
al 167
sz 167.89
Satt373
al 245
sz 246.16
Satt308
al 135
sz 135.96
Satt567
al 106
sz 106.26
Satt551
al 224
sz 224.19
Satt022
al 206
sz 206.55
Sat_084
al 154
sz 154.91
Satt345
al 198
sz 197.69
Satt487
al 201
sz 201.63

121 九农 22 号

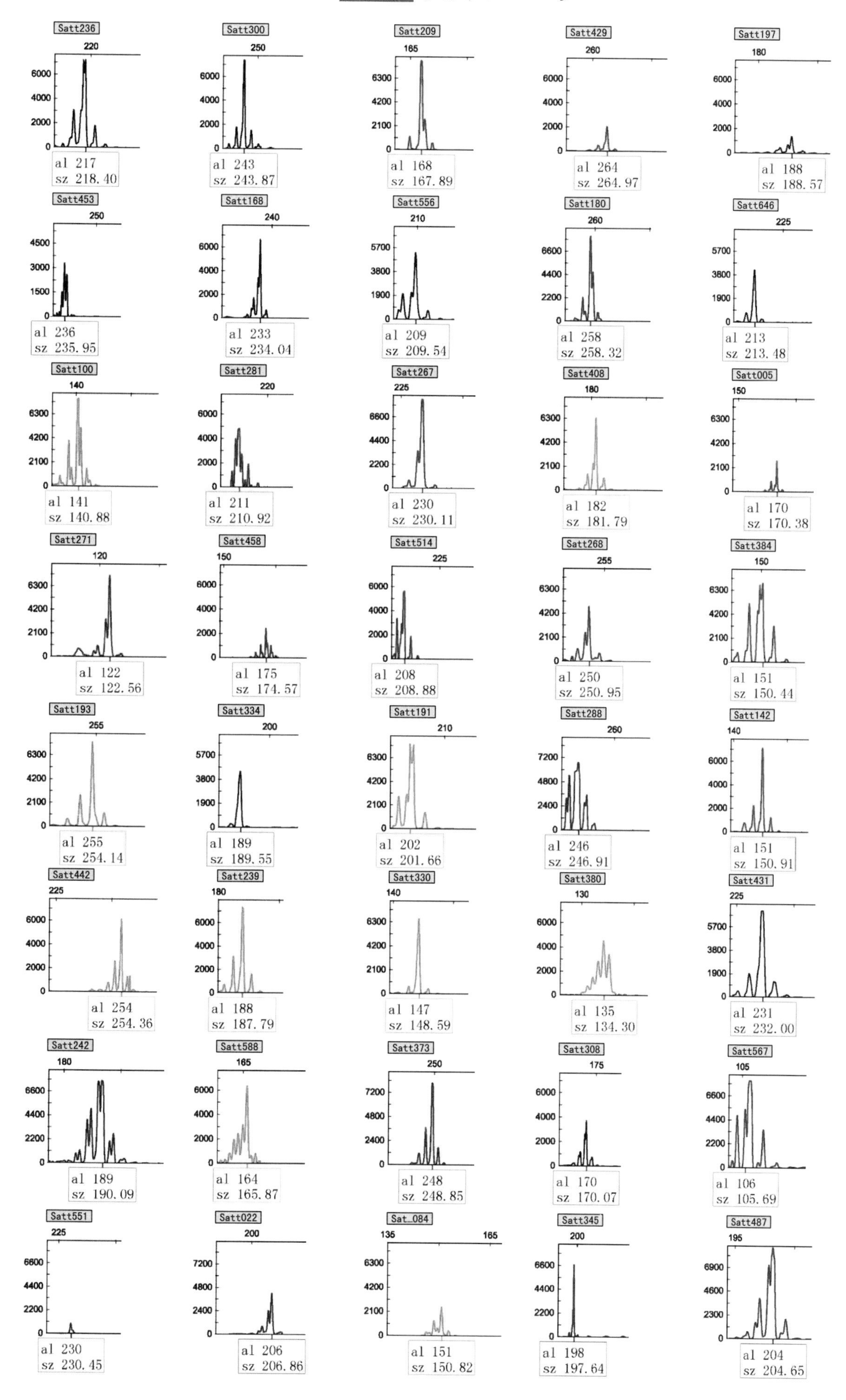

Satt236
al 217
sz 218.40
Satt300
al 243
sz 243.87
Satt209
al 168
sz 167.89
Satt429
al 264
sz 264.97
Satt197
al 188
sz 188.57
Satt453
al 236
sz 235.95
Satt168
al 233
sz 234.04
Satt556
al 209
sz 209.54
Satt180
al 258
sz 258.32
Satt646
al 213
sz 213.48
Satt100
al 141
sz 140.88
Satt281
al 211
sz 210.92
Satt267
al 230
sz 230.11
Satt408
al 182
sz 181.79
Satt005
al 170
sz 170.38
Satt271
al 122
sz 122.56
Satt458
al 175
sz 174.57
Satt514
al 208
sz 208.88
Satt268
al 250
sz 250.95
Satt384
al 151
sz 150.44
Satt193
al 255
sz 254.14
Satt334
al 189
sz 189.55
Satt191
al 202
sz 201.66
Satt288
al 246
sz 246.91
Satt142
al 151
sz 150.91
Satt442
al 254
sz 254.36
Satt239
al 188
sz 187.79
Satt330
al 147
sz 148.59
Satt380
al 135
sz 134.30
Satt431
al 231
sz 232.00
Satt242
al 189
sz 190.09
Satt588
al 164
sz 165.87
Satt373
al 248
sz 248.85
Satt308
al 170
sz 170.07
Satt567
al 106
sz 105.69
Satt551
al 230
sz 230.45
Satt022
al 206
sz 206.86
Sat_084
al 151
sz 150.82
Satt345
al 198
sz 197.64
Satt487
al 204
sz 204.65

122 牡试 401

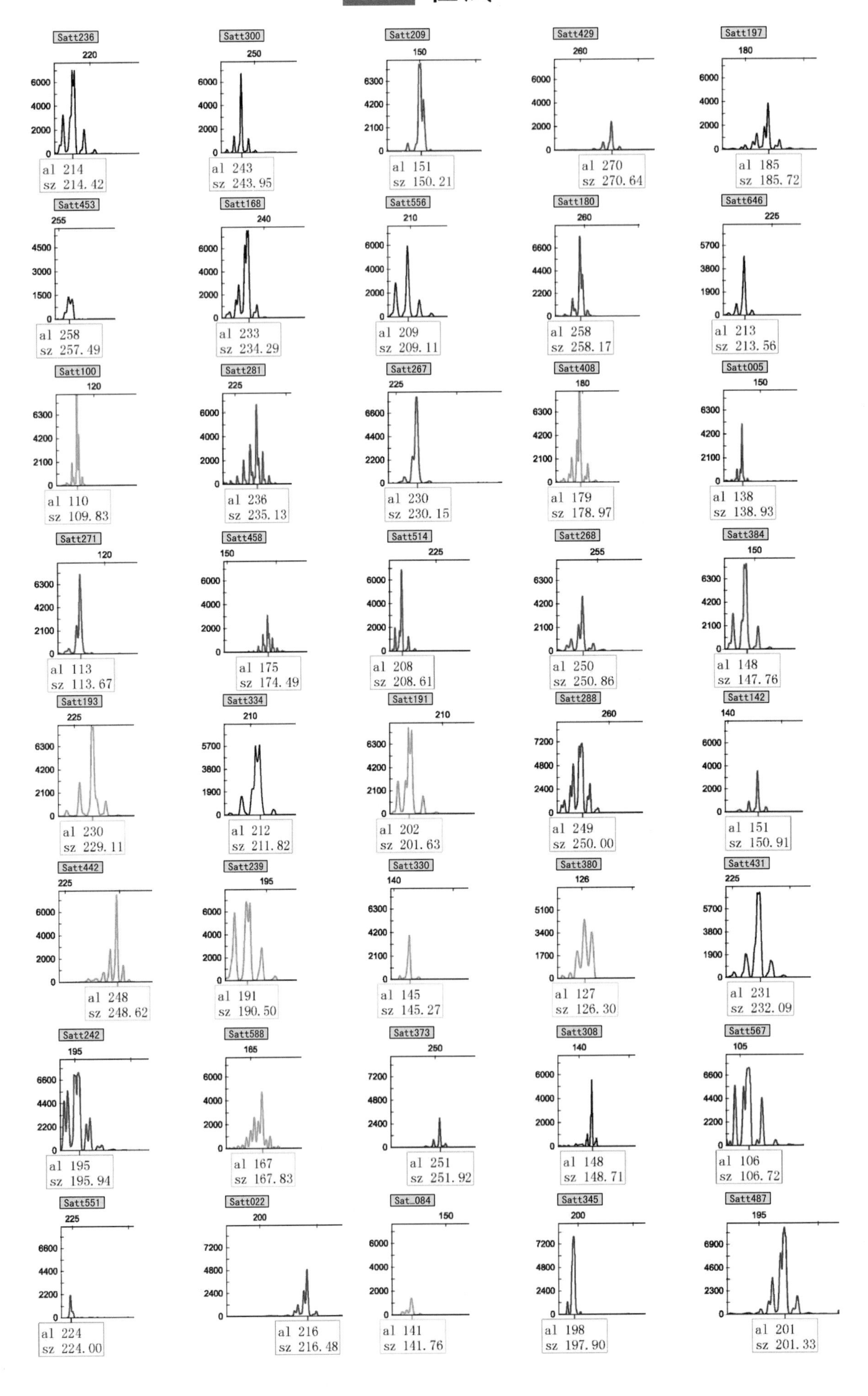
Satt236
al 214
sz 214.42
Satt300
al 243
sz 243.95
Satt209
al 151
sz 150.21
Satt429
al 270
sz 270.64
Satt197
al 185
sz 185.72
Satt453
al 258
sz 257.49
Satt168
al 233
sz 234.29
Satt556
al 209
sz 209.11
Satt180
al 258
sz 258.17
Satt646
al 213
sz 213.56
Satt100
al 110
sz 109.83
Satt281
al 236
sz 235.13
Satt267
al 230
sz 230.15
Satt408
al 179
sz 178.97
Satt005
al 138
sz 138.93
Satt271
al 113
sz 113.67
Satt458
al 175
sz 174.49
Satt514
al 208
sz 208.61
Satt268
al 250
sz 250.86
Satt384
al 148
sz 147.76
Satt193
al 230
sz 229.11
Satt334
al 212
sz 211.82
Satt191
al 202
sz 201.63
Satt288
al 249
sz 250.00
Satt142
al 151
sz 150.91
Satt442
al 248
sz 248.62
Satt239
al 191
sz 190.50
Satt330
al 145
sz 145.27
Satt380
al 127
sz 126.30
Satt431
al 231
sz 232.09
Satt242
al 195
sz 195.94
Satt588
al 167
sz 167.83
Satt373
al 251
sz 251.92
Satt308
al 148
sz 148.71
Satt567
al 106
sz 106.72
Satt551
al 224
sz 224.00
Satt022
al 216
sz 216.48
Sat_084
al 141
sz 141.76
Satt345
al 198
sz 197.90
Satt487
al 201
sz 201.33

123 南农 99－10

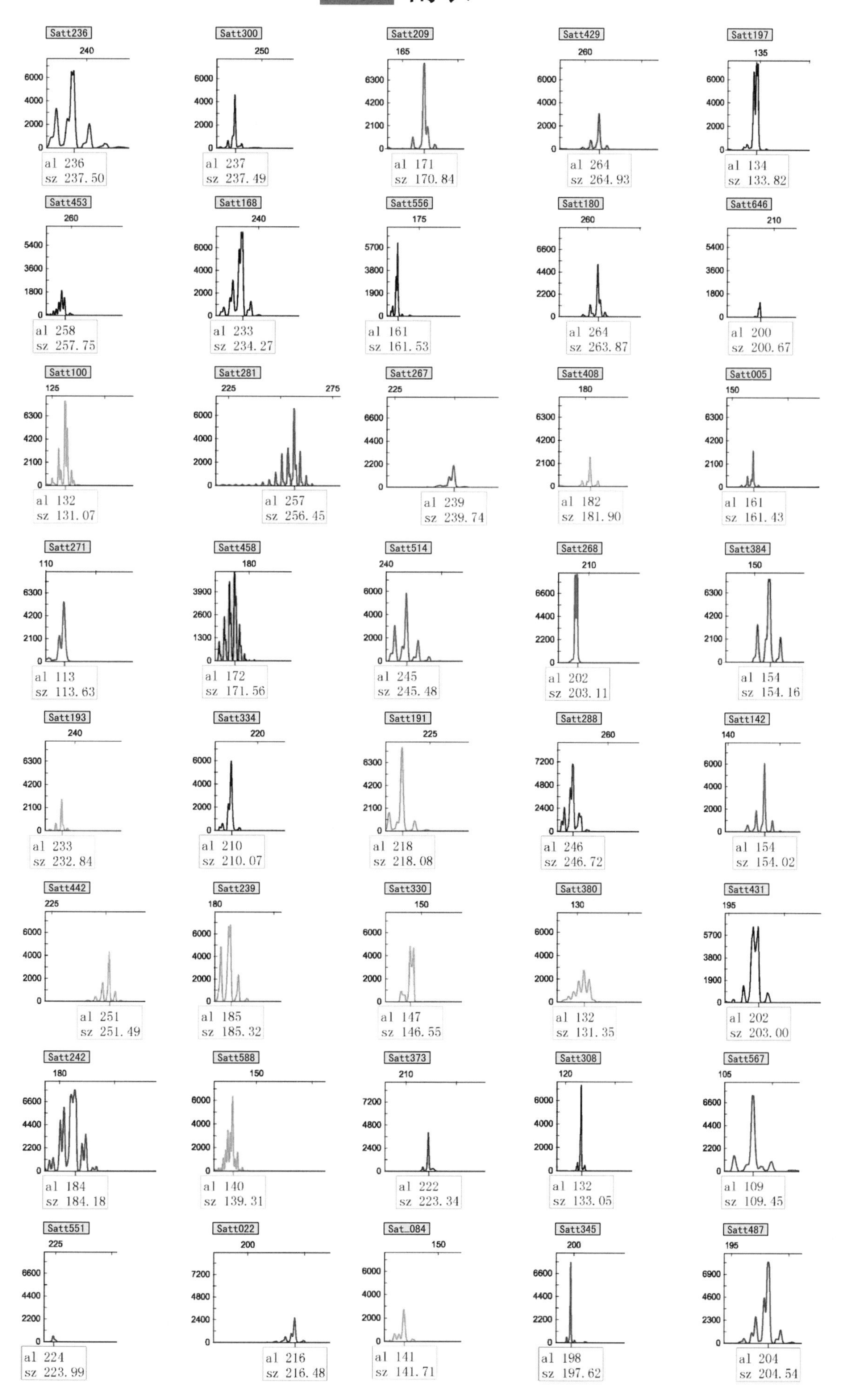
Satt236
al 236
sz 237.50
Satt300
al 237
sz 237.49
Satt209
al 171
sz 170.84
Satt429
al 264
sz 264.93
Satt197
al 134
sz 133.82
Satt453
al 258
sz 257.75
Satt168
al 233
sz 234.27
Satt556
al 161
sz 161.53
Satt180
al 264
sz 263.87
Satt646
al 200
sz 200.67
Satt100
al 132
sz 131.07
Satt281
al 257
sz 256.45
Satt267
al 239
sz 239.74
Satt408
al 182
sz 181.90
Satt005
al 161
sz 161.43
Satt271
al 113
sz 113.63
Satt458
al 172
sz 171.56
Satt514
al 245
sz 245.48
Satt268
al 202
sz 203.11
Satt384
al 154
sz 154.16
Satt193
al 233
sz 232.84
Satt334
al 210
sz 210.07
Satt191
al 218
sz 218.08
Satt288
al 246
sz 246.72
Satt142
al 154
sz 154.02
Satt442
al 251
sz 251.49
Satt239
al 185
sz 185.32
Satt330
al 147
sz 146.55
Satt380
al 132
sz 131.35
Satt431
al 202
sz 203.00
Satt242
al 184
sz 184.18
Satt588
al 140
sz 139.31
Satt373
al 222
sz 223.34
Satt308
al 132
sz 133.05
Satt567
al 109
sz 109.45
Satt551
al 224
sz 223.99
Satt022
al 216
sz 216.48
Sat_084
al 141
sz 141.71
Satt345
al 198
sz 197.62
Satt487
al 204
sz 204.54

124 苏豆 7 号

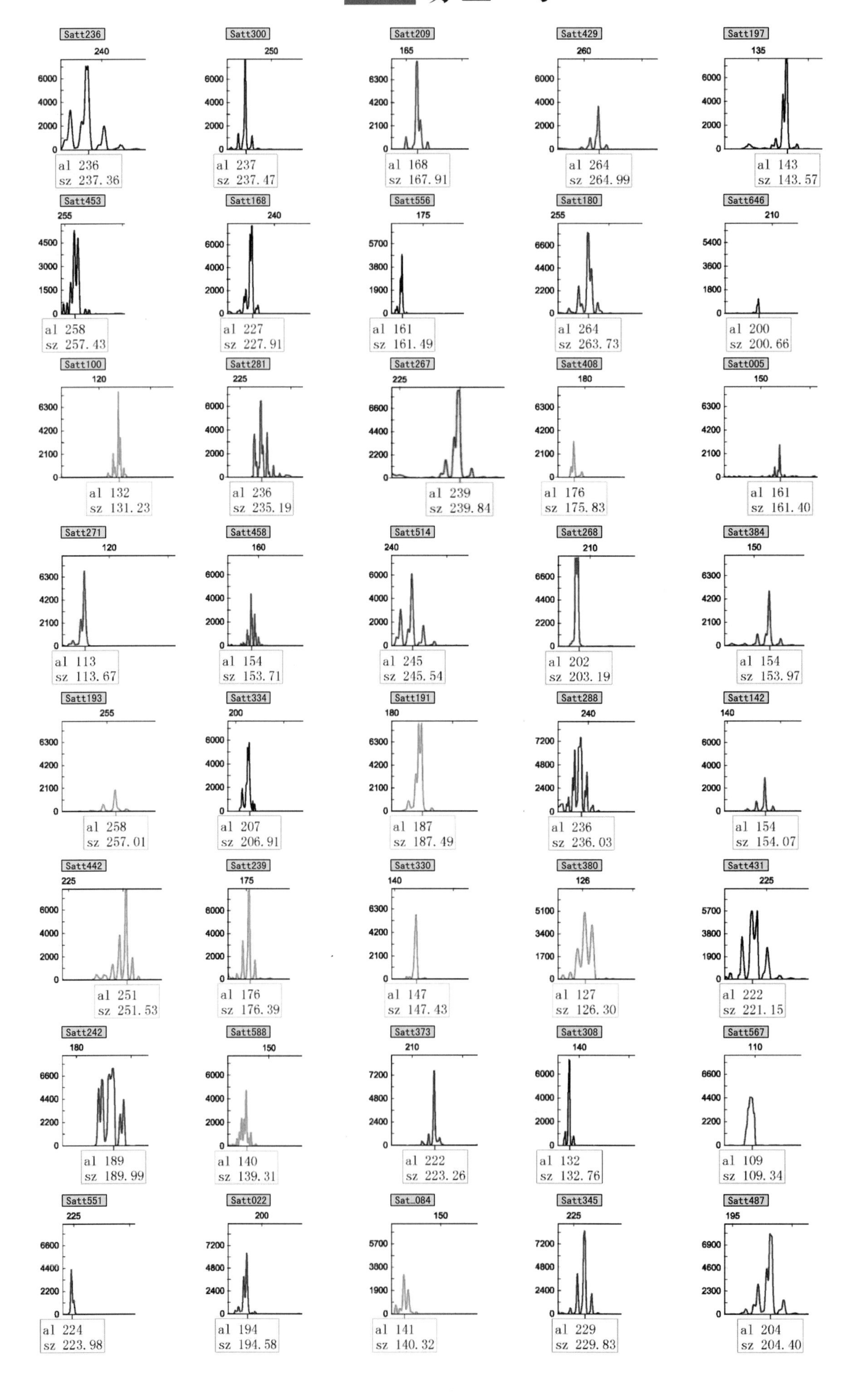

Satt236
al 236
sz 237.36
Satt300
al 237
sz 237.47
Satt209
al 168
sz 167.91
Satt429
al 264
sz 264.99
Satt197
al 143
sz 143.57
Satt453
al 258
sz 257.43
Satt168
al 227
sz 227.91
Satt556
al 161
sz 161.49
Satt180
al 264
sz 263.73
Satt646
al 200
sz 200.66
Satt100
al 132
sz 131.23
Satt281
al 236
sz 235.19
Satt267
al 239
sz 239.84
Satt408
al 176
sz 175.83
Satt005
al 161
sz 161.40
Satt271
al 113
sz 113.67
Satt458
al 154
sz 153.71
Satt514
al 245
sz 245.54
Satt268
al 202
sz 203.19
Satt384
al 154
sz 153.97
Satt193
al 258
sz 257.01
Satt334
al 207
sz 206.91
Satt191
al 187
sz 187.49
Satt288
al 236
sz 236.03
Satt142
al 154
sz 154.07
Satt442
al 251
sz 251.53
Satt239
al 176
sz 176.39
Satt330
al 147
sz 147.43
Satt380
al 127
sz 126.30
Satt431
al 222
sz 221.15
Satt242
al 189
sz 189.99
Satt588
al 140
sz 139.31
Satt373
al 222
sz 223.26
Satt308
al 132
sz 132.76
Satt567
al 109
sz 109.34
Satt551
al 224
sz 223.98
Satt022
al 194
sz 194.58
Sat_084
al 141
sz 140.32
Satt345
al 229
sz 229.83
Satt487
al 204
sz 204.40

125 徐豆 20

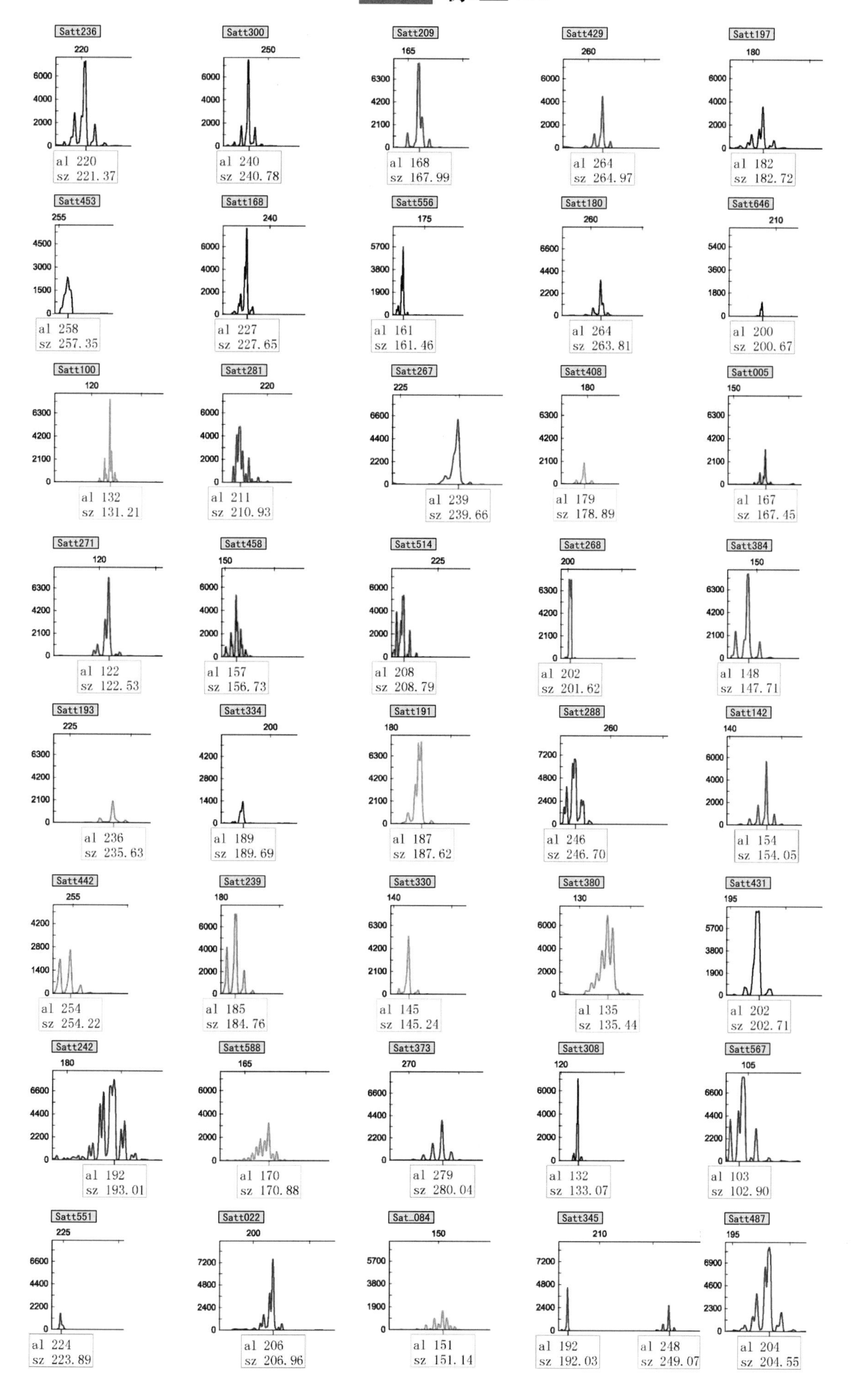
Satt236
al 220
sz 221.37
Satt300
al 240
sz 240.78
Satt209
al 168
sz 167.99
Satt429
al 264
sz 264.97
Satt197
al 182
sz 182.72
Satt453
al 258
sz 257.35
Satt168
al 227
sz 227.65
Satt556
al 161
sz 161.46
Satt180
al 264
sz 263.81
Satt646
al 200
sz 200.67
Satt100
al 132
sz 131.21
Satt281
al 211
sz 210.93
Satt267
al 239
sz 239.66
Satt408
al 179
sz 178.89
Satt005
al 167
sz 167.45
Satt271
al 122
sz 122.53
Satt458
al 157
sz 156.73
Satt514
al 208
sz 208.79
Satt268
al 202
sz 201.62
Satt384
al 148
sz 147.71
Satt193
al 236
sz 235.63
Satt334
al 189
sz 189.69
Satt191
al 187
sz 187.62
Satt288
al 246
sz 246.70
Satt142
al 154
sz 154.05
Satt442
al 254
sz 254.22
Satt239
al 185
sz 184.76
Satt330
al 145
sz 145.24
Satt380
al 135
sz 135.44
Satt431
al 202
sz 202.71
Satt242
al 192
sz 193.01
Satt588
al 170
sz 170.88
Satt373
al 279
sz 280.04
Satt308
al 132
sz 133.07
Satt567
al 103
sz 102.90
Satt551
al 224
sz 223.89
Satt022
al 206
sz 206.96
Sat_084
al 151
sz 151.14
Satt345
al 192
sz 192.03
al 248
sz 249.07
Satt487
al 204
sz 204.55

126 徐豆 21

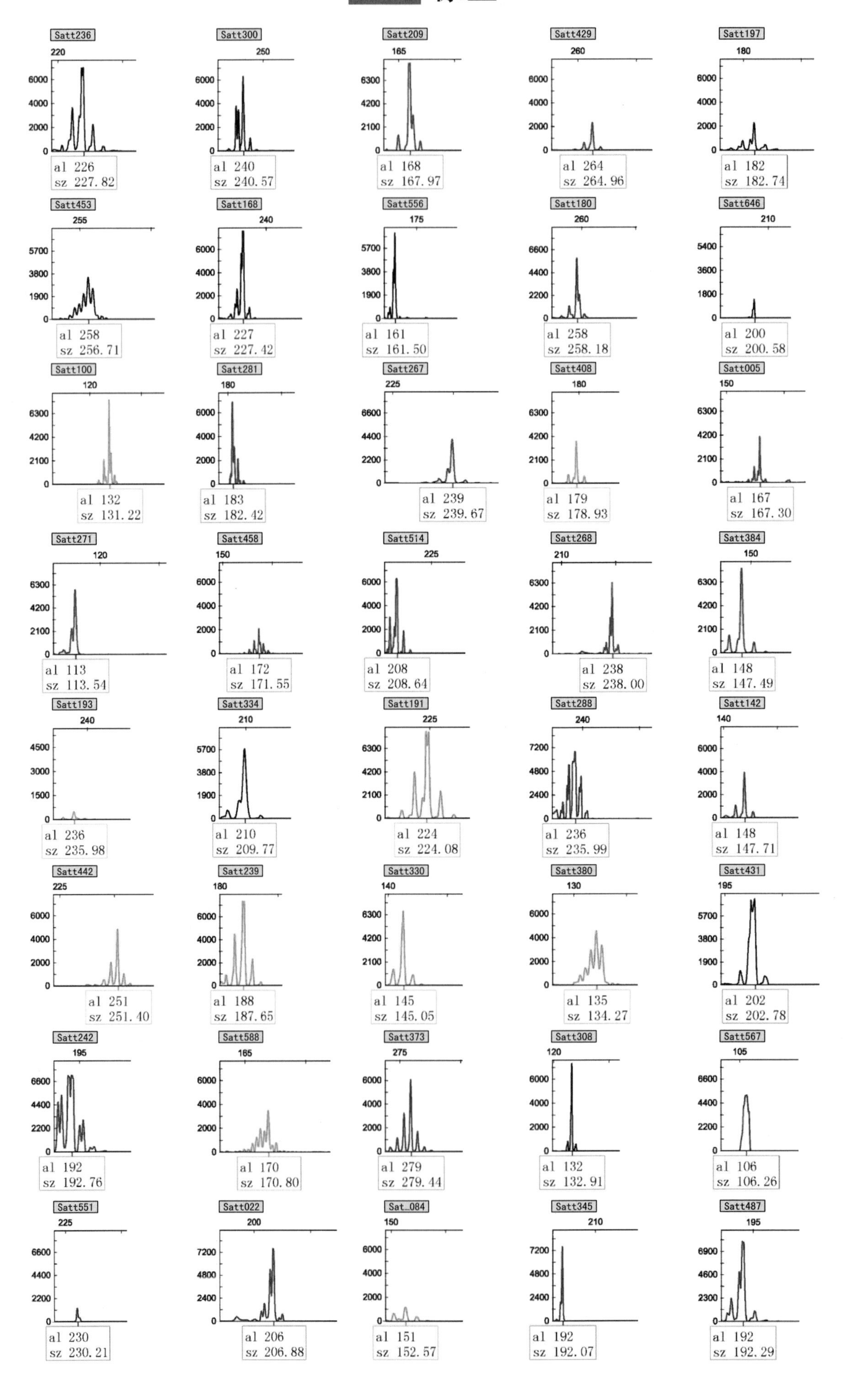

Satt236
al 226
sz 227.82
Satt300
al 240
sz 240.57
Satt209
al 168
sz 167.97
Satt429
al 264
sz 264.96
Satt197
al 182
sz 182.74
Satt453
al 258
sz 256.71
Satt168
al 227
sz 227.42
Satt556
al 161
sz 161.50
Satt180
al 258
sz 258.18
Satt646
al 200
sz 200.58
Satt100
al 132
sz 131.22
Satt281
al 183
sz 182.42
Satt267
al 239
sz 239.67
Satt408
al 179
sz 178.93
Satt005
al 167
sz 167.30
Satt271
al 113
sz 113.54
Satt458
al 172
sz 171.55
Satt514
al 208
sz 208.64
Satt268
al 238
sz 238.00
Satt384
al 148
sz 147.49
Satt193
al 236
sz 235.98
Satt334
al 210
sz 209.77
Satt191
al 224
sz 224.08
Satt288
al 236
sz 235.99
Satt142
al 148
sz 147.71
Satt442
al 251
sz 251.40
Satt239
al 188
sz 187.65
Satt330
al 145
sz 145.05
Satt380
al 135
sz 134.27
Satt431
al 202
sz 202.78
Satt242
al 192
sz 192.76
Satt588
al 170
sz 170.80
Satt373
al 279
sz 279.44
Satt308
al 132
sz 132.91
Satt567
al 106
sz 106.26
Satt551
al 230
sz 230.21
Satt022
al 206
sz 206.88
Sat_084
al 151
sz 152.57
Satt345
al 192
sz 192.07
Satt487
al 192
sz 192.29

127 铁豆 36 号

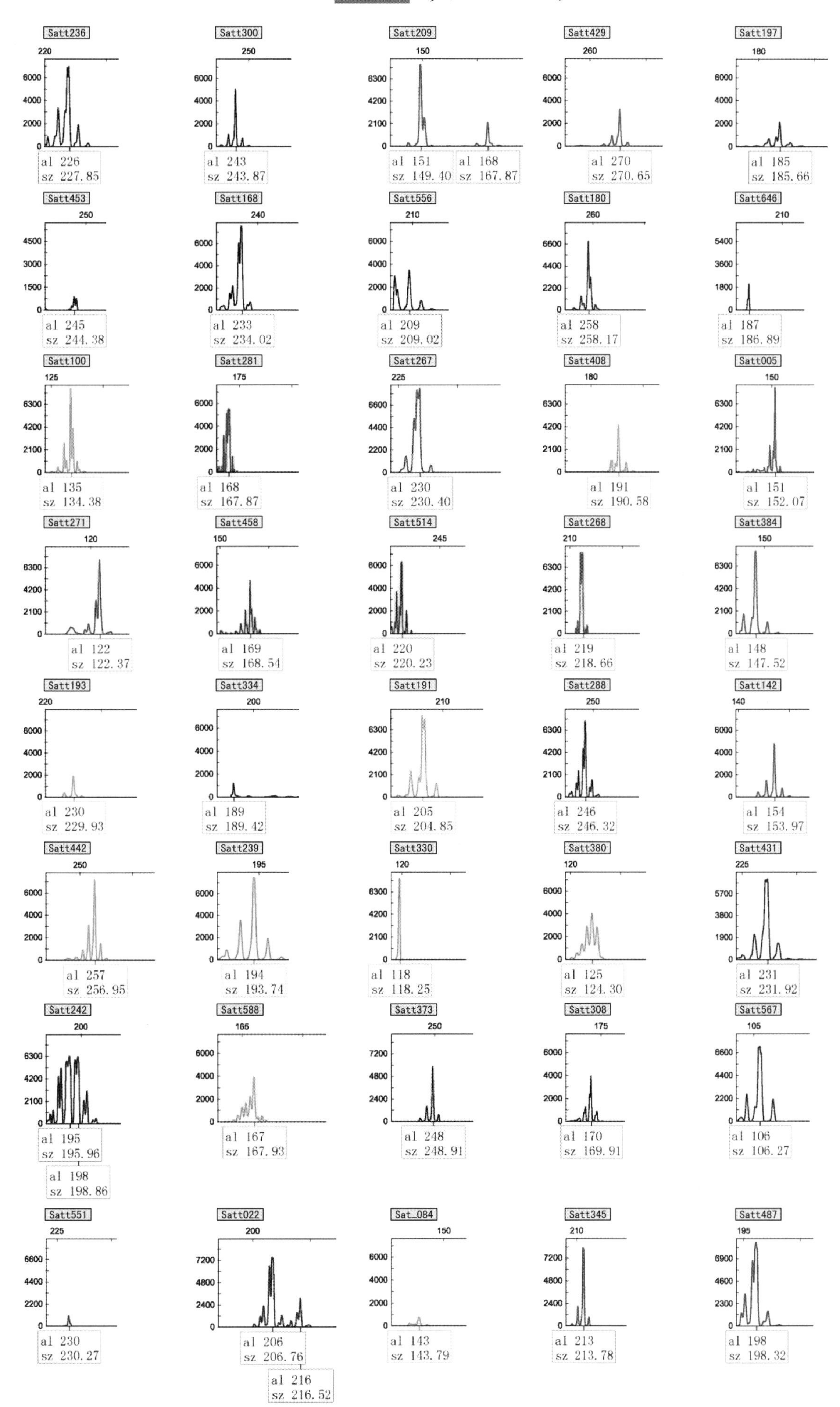
Satt236
al 226
sz 227.85
Satt300
al 243
sz 243.87
Satt209
al 151
sz 149.40
al 168
sz 167.87
Satt429
al 270
sz 270.65
Satt197
al 185
sz 185.66
Satt453
al 245
sz 244.38
Satt168
al 233
sz 234.02
Satt556
al 209
sz 209.02
Satt180
al 258
sz 258.17
Satt646
al 187
sz 186.89
Satt100
al 135
sz 134.38
Satt281
al 168
sz 167.87
Satt267
al 230
sz 230.40
Satt408
al 191
sz 190.58
Satt005
al 151
sz 152.07
Satt271
al 122
sz 122.37
Satt458
al 169
sz 168.54
Satt514
al 220
sz 220.23
Satt268
al 219
sz 218.66
Satt384
al 148
sz 147.52
Satt193
al 230
sz 229.93
Satt334
al 189
sz 189.42
Satt191
al 205
sz 204.85
Satt288
al 246
sz 246.32
Satt142
al 154
sz 153.97
Satt442
al 257
sz 256.95
Satt239
al 194
sz 193.74
Satt330
al 118
sz 118.25
Satt380
al 125
sz 124.30
Satt431
al 231
sz 231.92
Satt242
al 195
sz 195.96
al 198
sz 198.86
Satt588
al 167
sz 167.93
Satt373
al 248
sz 248.91
Satt308
al 170
sz 169.91
Satt567
al 106
sz 106.27
Satt551
al 230
sz 230.27
Satt022
al 206
sz 206.76
al 216
sz 216.52
Sat_084
al 143
sz 143.79
Satt345
al 213
sz 213.78
Satt487
al 198
sz 198.32

128 铁豆 37 号

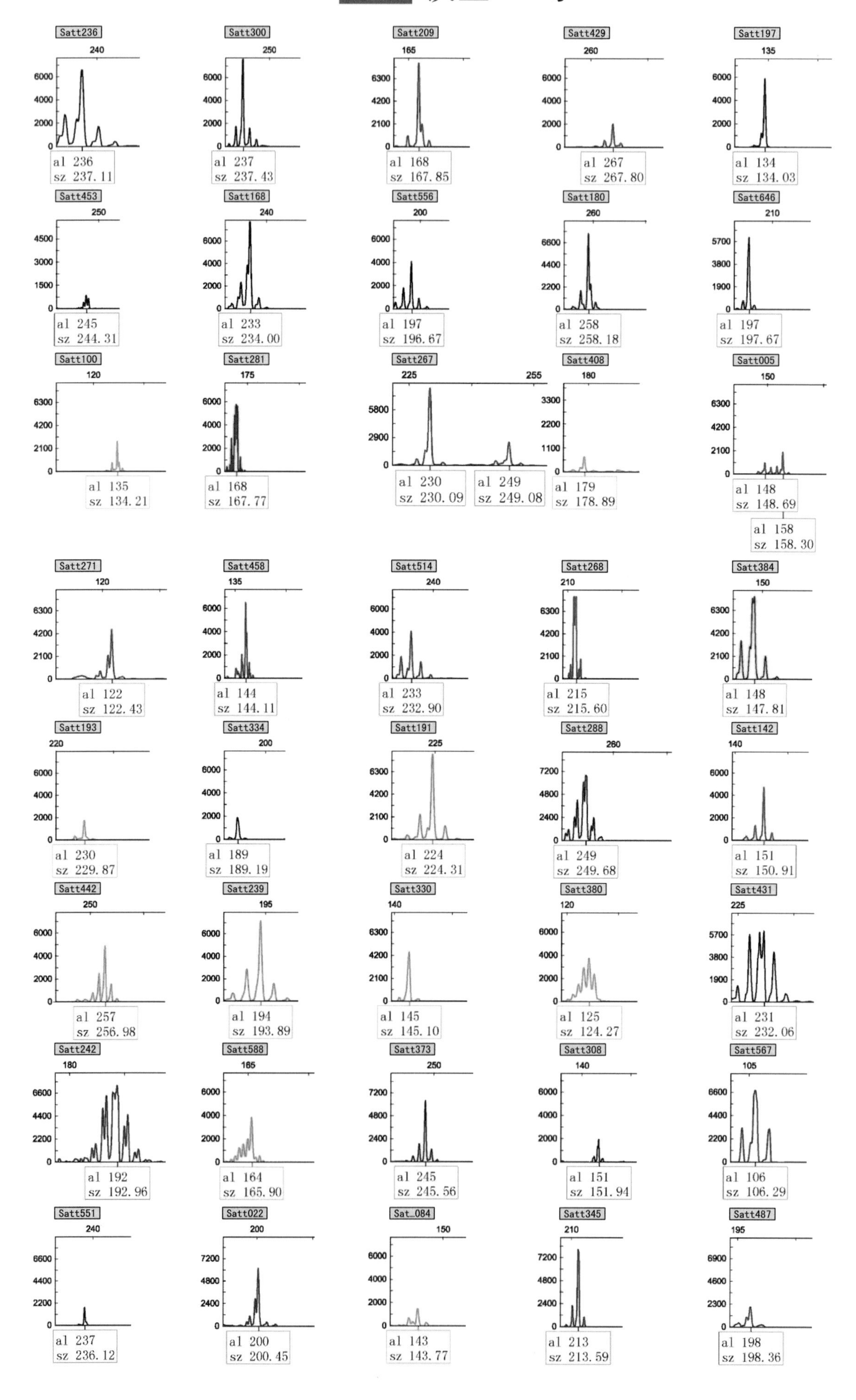

Satt236
al 236
sz 237.11
Satt300
al 237
sz 237.43
Satt209
al 168
sz 167.85
Satt429
al 267
sz 267.80
Satt197
al 134
sz 134.03
Satt453
al 245
sz 244.31
Satt168
al 233
sz 234.00
Satt556
al 197
sz 196.67
Satt180
al 258
sz 258.18
Satt646
al 197
sz 197.67
Satt100
al 135
sz 134.21
Satt281
al 168
sz 167.77
Satt267
al 230
sz 230.09
al 249
sz 249.08
Satt408
al 179
sz 178.89
Satt005
al 148
sz 148.69
al 158
sz 158.30
Satt271
al 122
sz 122.43
Satt458
al 144
sz 144.11
Satt514
al 233
sz 232.90
Satt268
al 215
sz 215.60
Satt384
al 148
sz 147.81
Satt193
al 230
sz 229.87
Satt334
al 189
sz 189.19
Satt191
al 224
sz 224.31
Satt288
al 249
sz 249.68
Satt142
al 151
sz 150.91
Satt442
al 257
sz 256.98
Satt239
al 194
sz 193.89
Satt330
al 145
sz 145.10
Satt380
al 125
sz 124.27
Satt431
al 231
sz 232.06
Satt242
al 192
sz 192.96
Satt588
al 164
sz 165.90
Satt373
al 245
sz 245.56
Satt308
al 151
sz 151.94
Satt567
al 106
sz 106.29
Satt551
al 237
sz 236.12
Satt022
al 200
sz 200.45
Sat_084
al 143
sz 143.77
Satt345
al 213
sz 213.59
Satt487
al 198
sz 198.36

129 铁豆 39 号

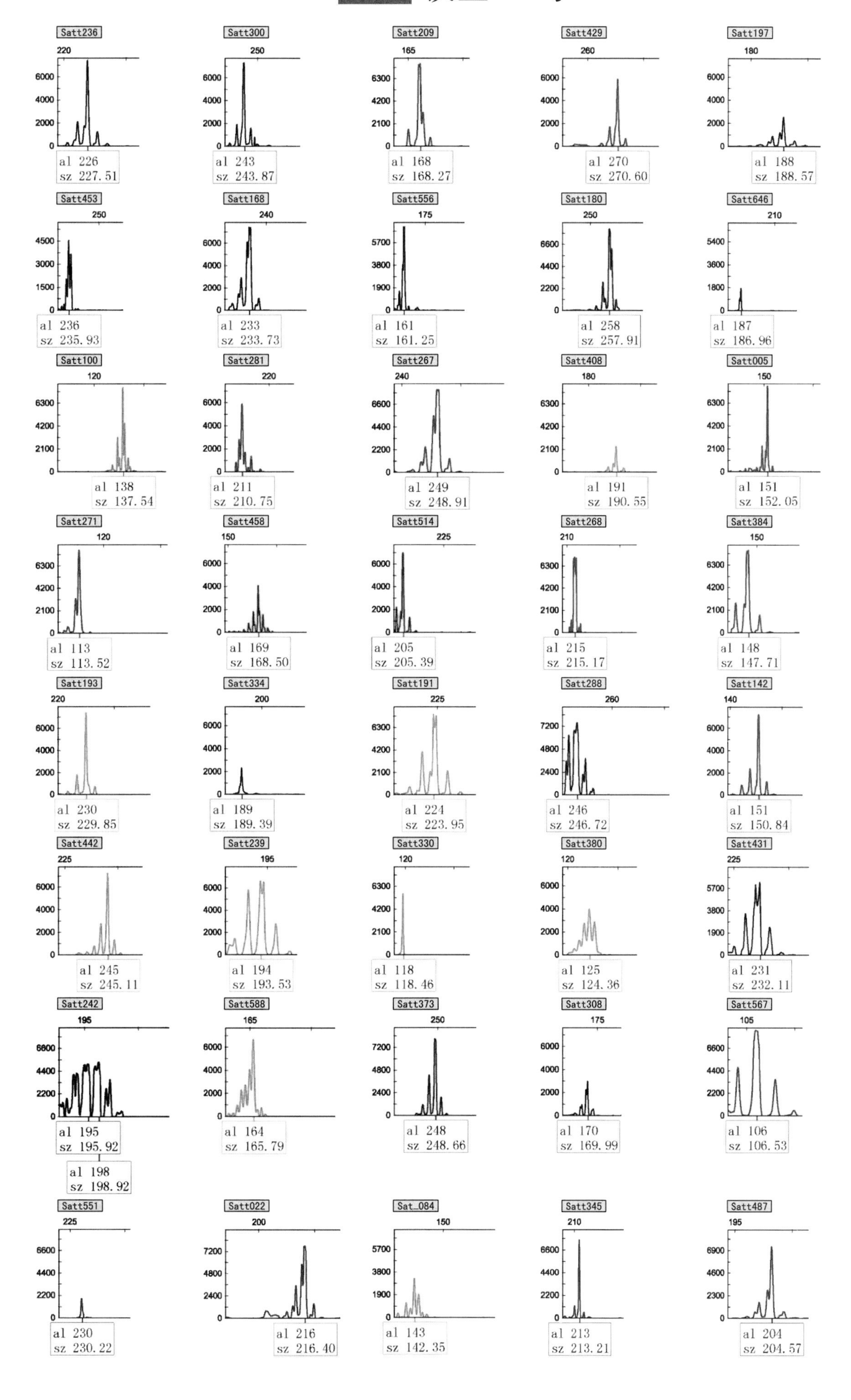
Satt236
al 226
sz 227.51
Satt300
al 243
sz 243.87
Satt209
al 168
sz 168.27
Satt429
al 270
sz 270.60
Satt197
al 188
sz 188.57
Satt453
al 236
sz 235.93
Satt168
al 233
sz 233.73
Satt556
al 161
sz 161.25
Satt180
al 258
sz 257.91
Satt646
al 187
sz 186.96
Satt100
al 138
sz 137.54
Satt281
al 211
sz 210.75
Satt267
al 249
sz 248.91
Satt408
al 191
sz 190.55
Satt005
al 151
sz 152.05
Satt271
al 113
sz 113.52
Satt458
al 169
sz 168.50
Satt514
al 205
sz 205.39
Satt268
al 215
sz 215.17
Satt384
al 148
sz 147.71
Satt193
al 230
sz 229.85
Satt334
al 189
sz 189.39
Satt191
al 224
sz 223.95
Satt288
al 246
sz 246.72
Satt142
al 151
sz 150.84
Satt442
al 245
sz 245.11
Satt239
al 194
sz 193.53
Satt330
al 118
sz 118.46
Satt380
al 125
sz 124.36
Satt431
al 231
sz 232.11
Satt242
al 195
sz 195.92
al 198
sz 198.92
Satt588
al 164
sz 165.79
Satt373
al 248
sz 248.66
Satt308
al 170
sz 169.99
Satt567
al 106
sz 106.53
Satt551
al 230
sz 230.22
Satt022
al 216
sz 216.40
Sat_084
al 143
sz 142.35
Satt345
al 213
sz 213.21
Satt487
al 204
sz 204.57

130 赤豆三号

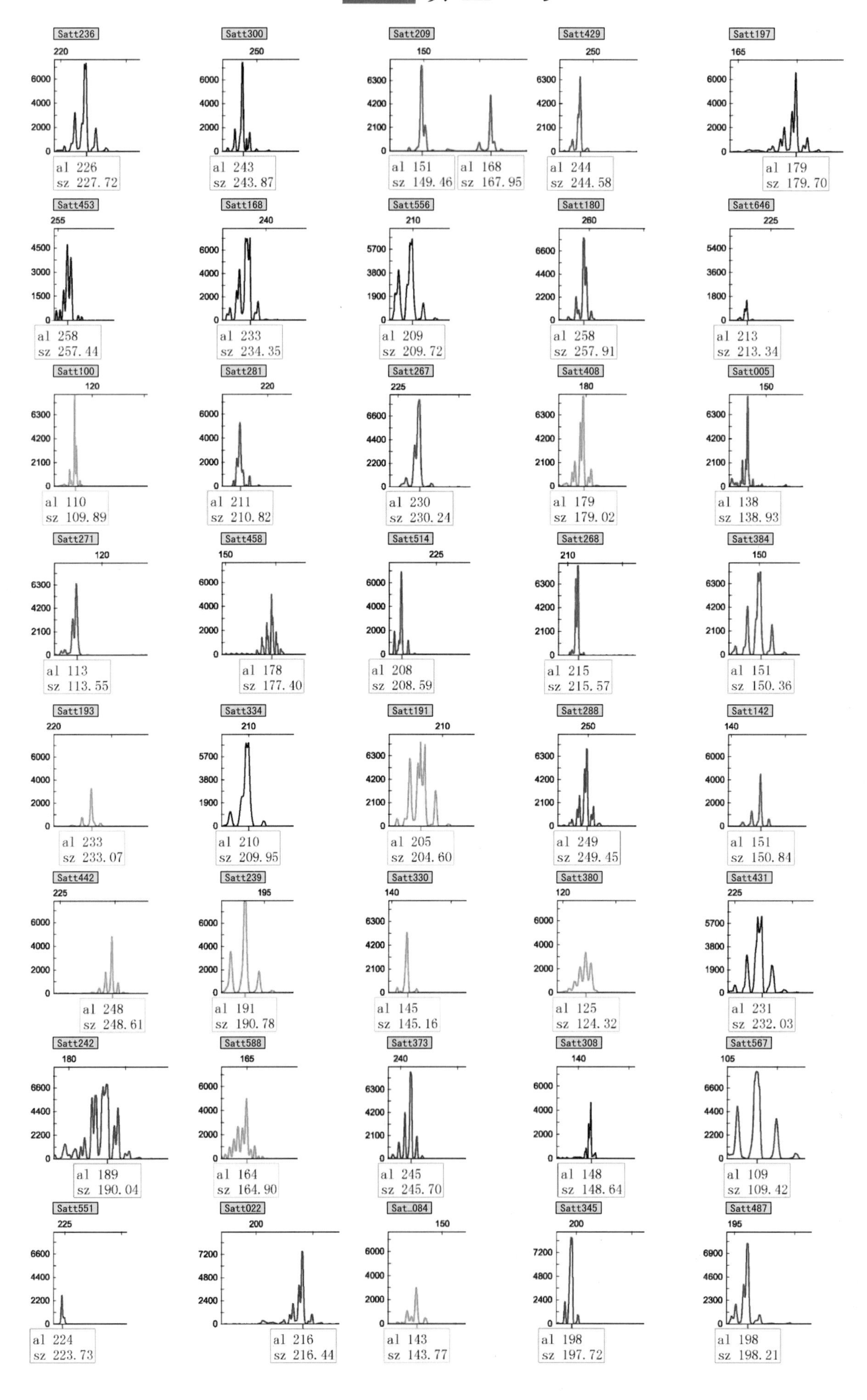
Satt236
al 226
sz 227.72
Satt300
al 243
sz 243.87
Satt209
al 151
sz 149.46
al 168
sz 167.95
Satt429
al 244
sz 244.58
Satt197
al 179
sz 179.70
Satt453
al 258
sz 257.44
Satt168
al 233
sz 234.35
Satt556
al 209
sz 209.72
Satt180
al 258
sz 257.91
Satt646
al 213
sz 213.34
Satt100
al 110
sz 109.89
Satt281
al 211
sz 210.82
Satt267
al 230
sz 230.24
Satt408
al 179
sz 179.02
Satt005
al 138
sz 138.93
Satt271
al 113
sz 113.55
Satt458
al 178
sz 177.40
Satt514
al 208
sz 208.59
Satt268
al 215
sz 215.57
Satt384
al 151
sz 150.36
Satt193
al 233
sz 233.07
Satt334
al 210
sz 209.95
Satt191
al 205
sz 204.60
Satt288
al 249
sz 249.45
Satt142
al 151
sz 150.84
Satt442
al 248
sz 248.61
Satt239
al 191
sz 190.78
Satt330
al 145
sz 145.16
Satt380
al 125
sz 124.32
Satt431
al 231
sz 232.03
Satt242
al 189
sz 190.04
Satt588
al 164
sz 164.90
Satt373
al 245
sz 245.70
Satt308
al 148
sz 148.64
Satt567
al 109
sz 109.42
Satt551
al 224
sz 223.73
Satt022
al 216
sz 216.44
Sat_084
al 143
sz 143.77
Satt345
al 198
sz 197.72
Satt487
al 198
sz 198.21

131 蒙豆 37 号

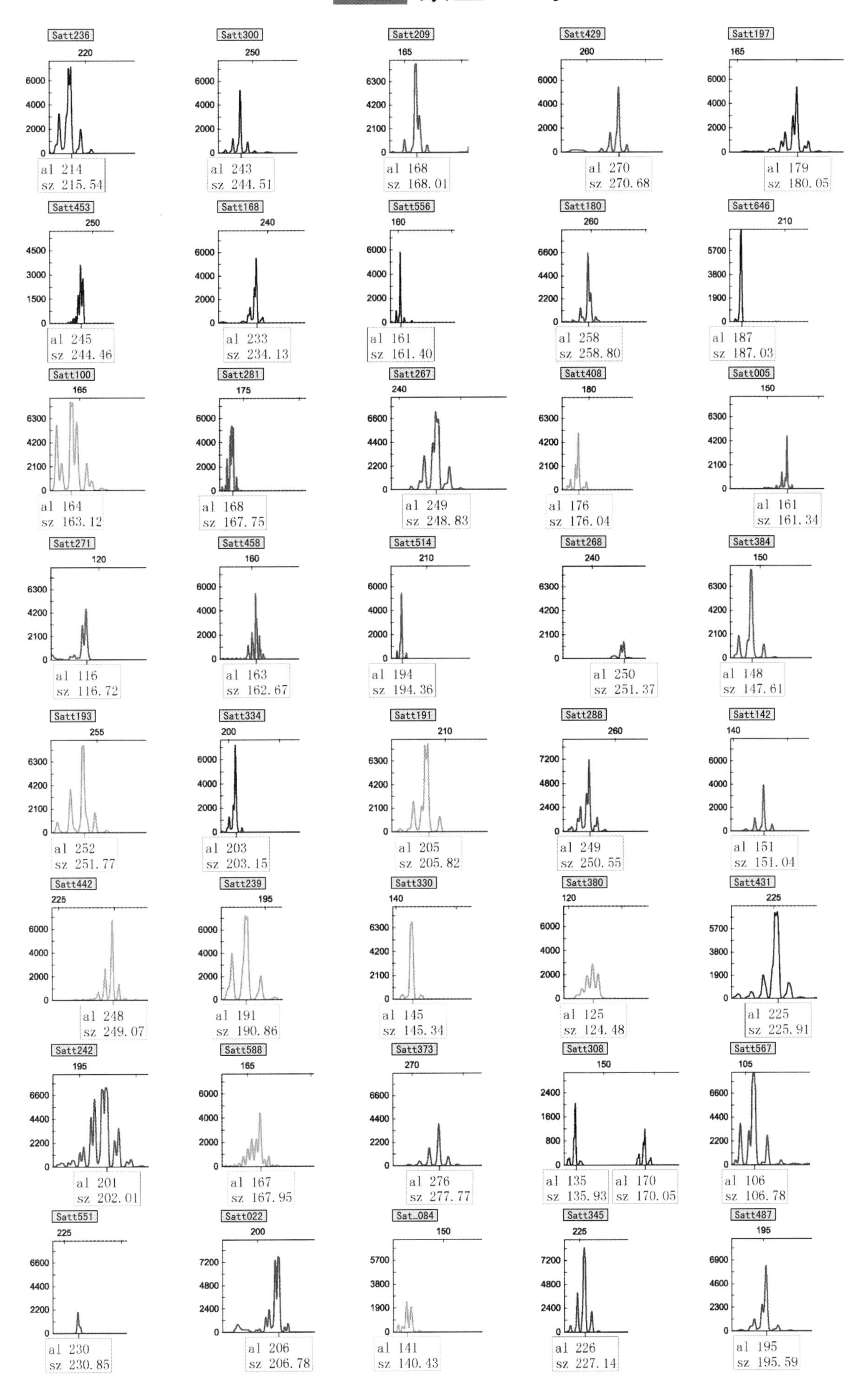
Satt236
al 214
sz 215.54
Satt300
al 243
sz 244.51
Satt209
al 168
sz 168.01
Satt429
al 270
sz 270.68
Satt197
al 179
sz 180.05
Satt453
al 245
sz 244.46
Satt168
al 233
sz 234.13
Satt556
al 161
sz 161.40
Satt180
al 258
sz 258.80
Satt646
al 187
sz 187.03
Satt100
al 164
sz 163.12
Satt281
al 168
sz 167.75
Satt267
al 249
sz 248.83
Satt408
al 176
sz 176.04
Satt005
al 161
sz 161.34
Satt271
al 116
sz 116.72
Satt458
al 163
sz 162.67
Satt514
al 194
sz 194.36
Satt268
al 250
sz 251.37
Satt384
al 148
sz 147.61
Satt193
al 252
sz 251.77
Satt334
al 203
sz 203.15
Satt191
al 205
sz 205.82
Satt288
al 249
sz 250.55
Satt142
al 151
sz 151.04
Satt442
al 248
sz 249.07
Satt239
al 191
sz 190.86
Satt330
al 145
sz 145.34
Satt380
al 125
sz 124.48
Satt431
al 225
sz 225.91
Satt242
al 201
sz 202.01
Satt588
al 167
sz 167.95
Satt373
al 276
sz 277.77
Satt308
al 135
sz 135.93
al 170
sz 170.05
Satt567
al 106
sz 106.78
Satt551
al 230
sz 230.85
Satt022
al 206
sz 206.78
Sat_084
al 141
sz 140.43
Satt345
al 226
sz 227.14
Satt487
al 195
sz 195.59

132 SFy0803

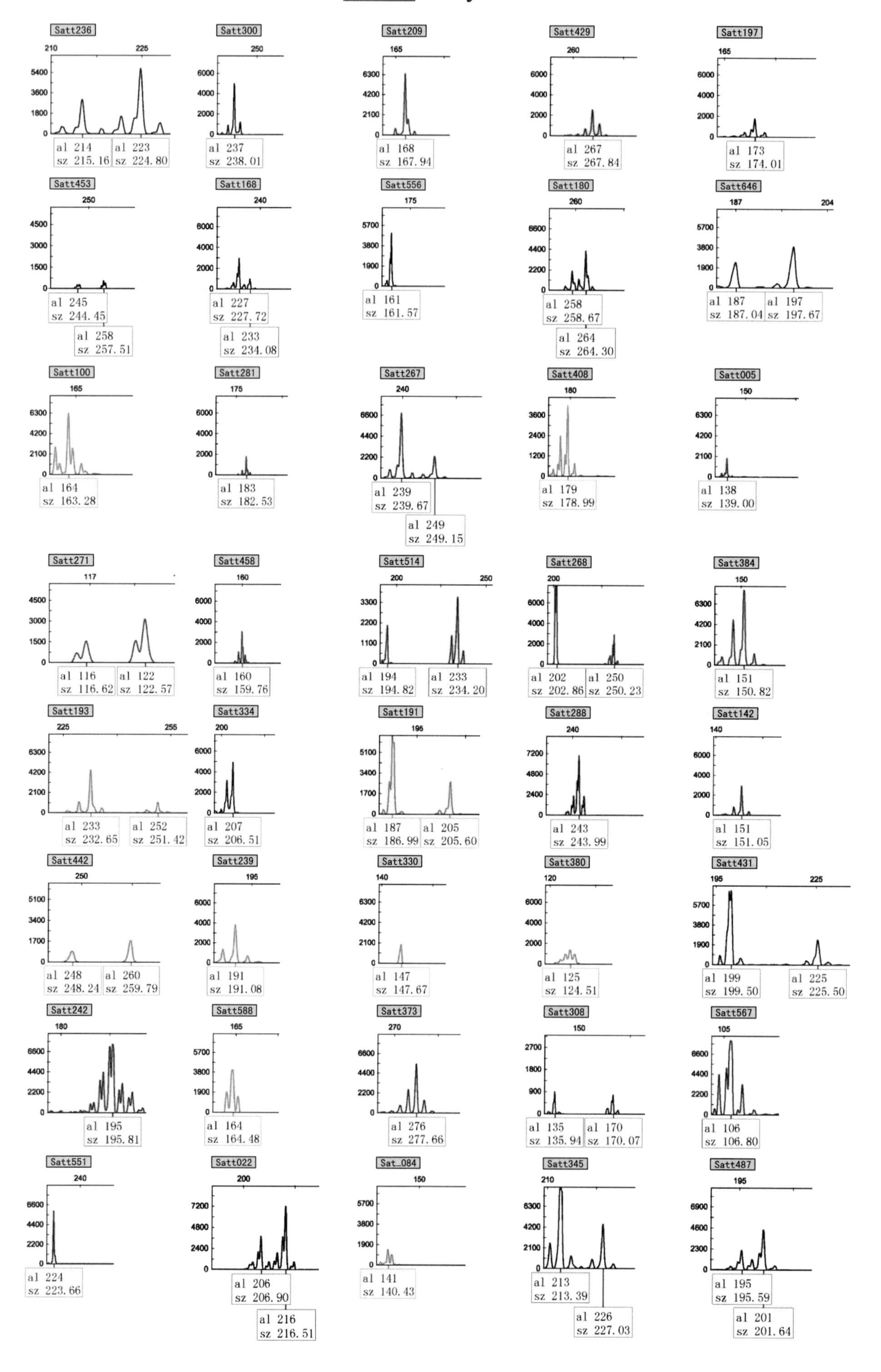
Satt236
al 214 sz 215.16
al 223 sz 224.80
Satt300
al 237 sz 238.01
Satt209
al 168 sz 167.94
Satt429
al 267 sz 267.84
Satt197
al 173 sz 174.01
Satt453
al 245 sz 244.45
al 258 sz 257.51
Satt168
al 227 sz 227.72
al 233 sz 234.08
Satt556
al 161 sz 161.57
Satt180
al 258 sz 258.67
al 264 sz 264.30
Satt646
al 187 sz 187.04
al 197 sz 197.67
Satt100
al 164 sz 163.28
Satt281
al 183 sz 182.53
Satt267
al 239 sz 239.67
al 249 sz 249.15
Satt408
al 179 sz 178.99
Satt005
al 138 sz 139.00
Satt271
al 116 sz 116.62
al 122 sz 122.57
Satt458
al 160 sz 159.76
Satt514
al 194 sz 194.82
al 233 sz 234.20
Satt268
al 202 sz 202.86
al 250 sz 250.23
Satt384
al 151 sz 150.82
Satt193
al 233 sz 232.65
al 252 sz 251.42
Satt334
al 207 sz 206.51
Satt191
al 187 sz 186.99
al 205 sz 205.60
Satt288
al 243 sz 243.99
Satt142
al 151 sz 151.05
Satt442
al 248 sz 248.24
al 260 sz 259.79
Satt239
al 191 sz 191.08
Satt330
al 147 sz 147.67
Satt380
al 125 sz 124.51
Satt431
al 199 sz 199.50
al 225 sz 225.50
Satt242
al 195 sz 195.81
Satt588
al 164 sz 164.48
Satt373
al 276 sz 277.66
Satt308
al 135 sz 135.94
al 170 sz 170.07
Satt567
al 106 sz 106.80
Satt551
al 224 sz 223.66
Satt022
al 206 sz 206.90
al 216 sz 216.51
Sat_084
al 141 sz 140.43
Satt345
al 213 sz 213.39
al 226 sz 227.03
Satt487
al 195 sz 195.59
al 201 sz 201.64

133 SFY1008

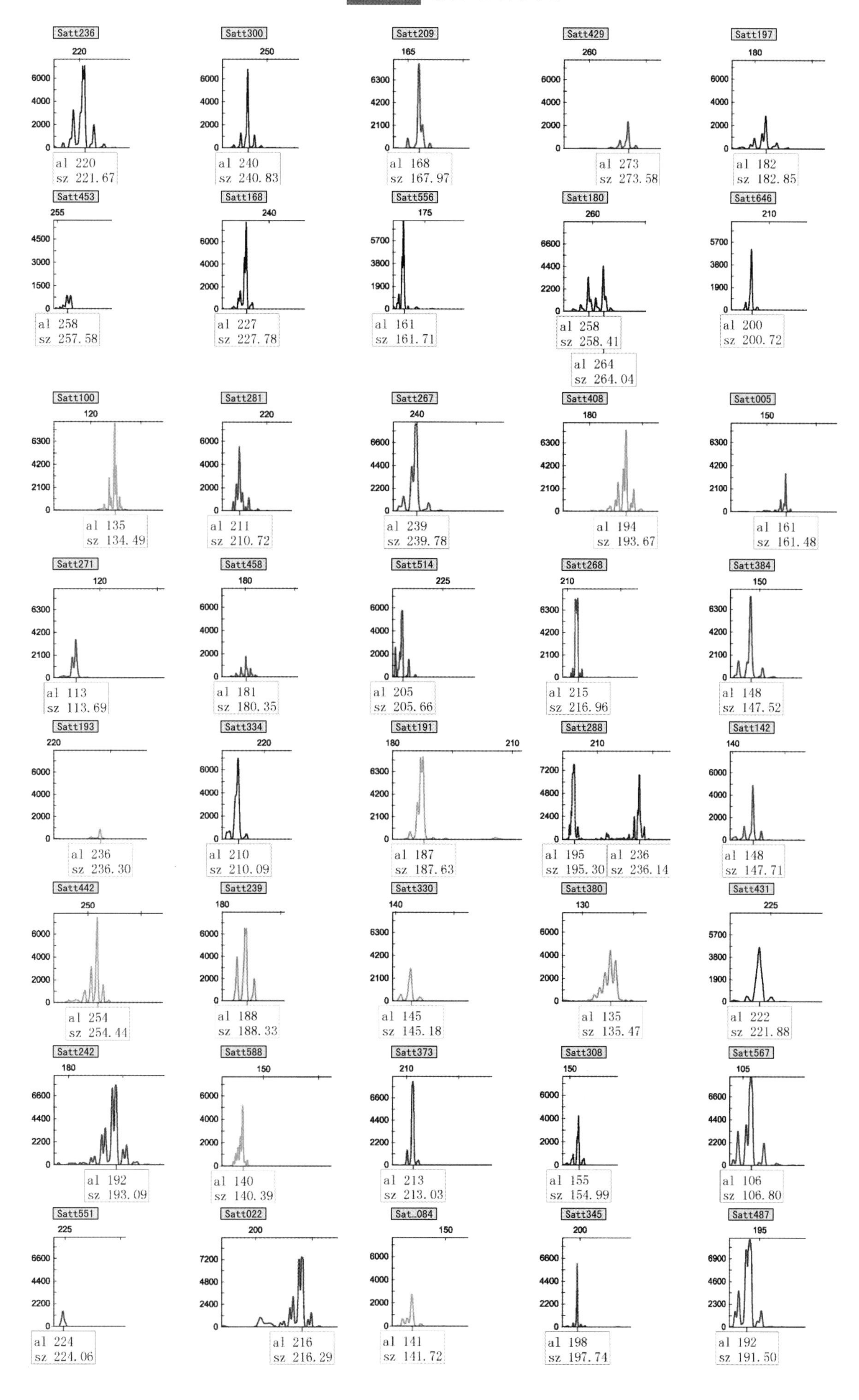

Satt236 al 220 sz 221.67
Satt300 al 240 sz 240.83
Satt209 al 168 sz 167.97
Satt429 al 273 sz 273.58
Satt197 al 182 sz 182.85
Satt453 al 258 sz 257.58
Satt168 al 227 sz 227.78
Satt556 al 161 sz 161.71
Satt180 al 258 sz 258.41 al 264 sz 264.04
Satt646 al 200 sz 200.72
Satt100 al 135 sz 134.49
Satt281 al 211 sz 210.72
Satt267 al 239 sz 239.78
Satt408 al 194 sz 193.67
Satt005 al 161 sz 161.48
Satt271 al 113 sz 113.69
Satt458 al 181 sz 180.35
Satt514 al 205 sz 205.66
Satt268 al 215 sz 216.96
Satt384 al 148 sz 147.52
Satt193 al 236 sz 236.30
Satt334 al 210 sz 210.09
Satt191 al 187 sz 187.63
Satt288 al 195 sz 195.30 al 236 sz 236.14
Satt142 al 148 sz 147.71
Satt442 al 254 sz 254.44
Satt239 al 188 sz 188.33
Satt330 al 145 sz 145.18
Satt380 al 135 sz 135.47
Satt431 al 222 sz 221.88
Satt242 al 192 sz 193.09
Satt588 al 140 sz 140.39
Satt373 al 213 sz 213.03
Satt308 al 155 sz 154.99
Satt567 al 106 sz 106.80
Satt551 al 224 sz 224.06
Satt022 al 216 sz 216.29
Sat_084 al 141 sz 141.72
Satt345 al 198 sz 197.74
Satt487 al 192 sz 191.50

134 苍黑一号

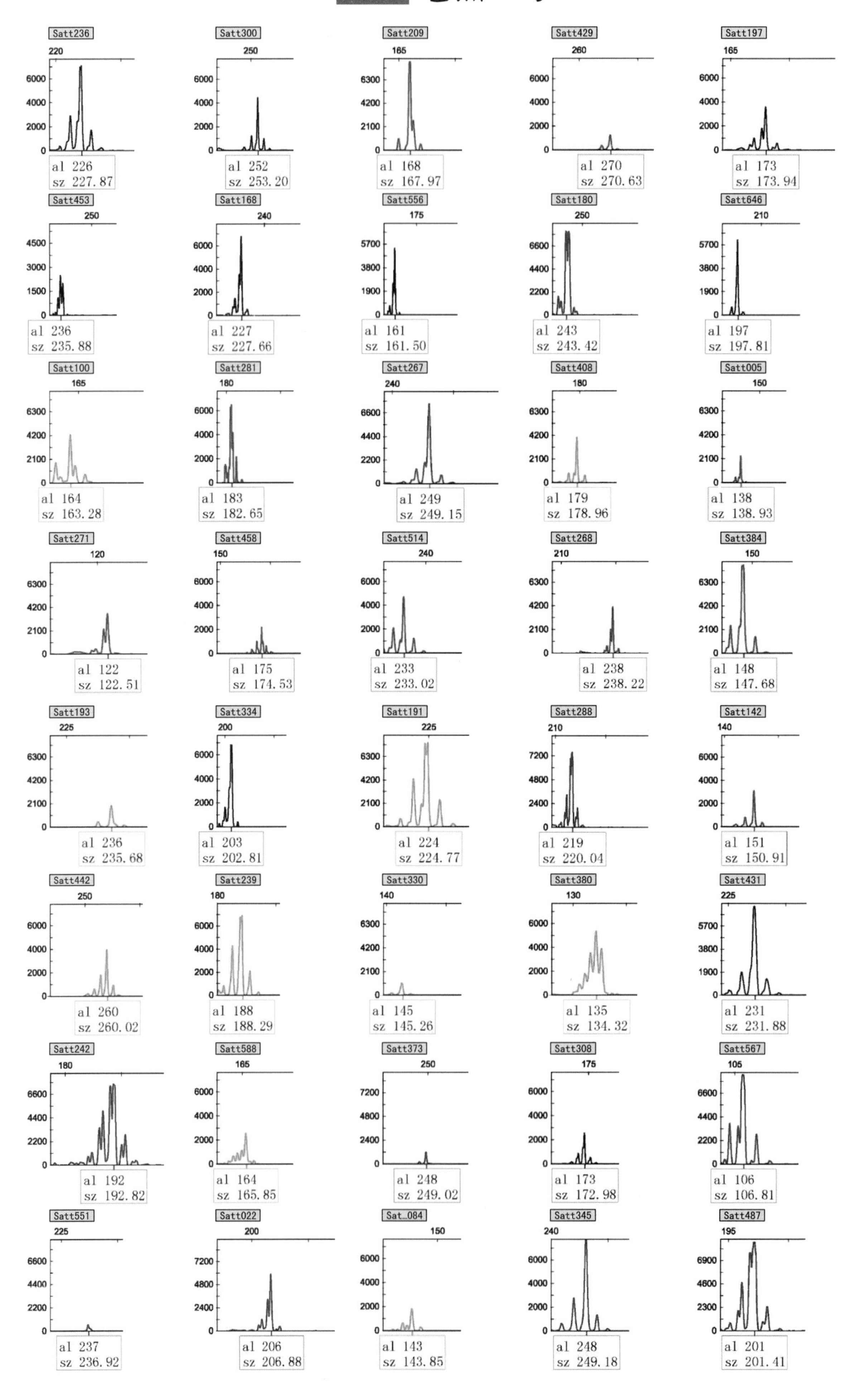
Satt236
al 226
sz 227.87
Satt300
al 252
sz 253.20
Satt209
al 168
sz 167.97
Satt429
al 270
sz 270.63
Satt197
al 173
sz 173.94
Satt453
al 236
sz 235.88
Satt168
al 227
sz 227.66
Satt556
al 161
sz 161.50
Satt180
al 243
sz 243.42
Satt646
al 197
sz 197.81
Satt100
al 164
sz 163.28
Satt281
al 183
sz 182.65
Satt267
al 249
sz 249.15
Satt408
al 179
sz 178.96
Satt005
al 138
sz 138.93
Satt271
al 122
sz 122.51
Satt458
al 175
sz 174.53
Satt514
al 233
sz 233.02
Satt268
al 238
sz 238.22
Satt384
al 148
sz 147.68
Satt193
al 236
sz 235.68
Satt334
al 203
sz 202.81
Satt191
al 224
sz 224.77
Satt288
al 219
sz 220.04
Satt142
al 151
sz 150.91
Satt442
al 260
sz 260.02
Satt239
al 188
sz 188.29
Satt330
al 145
sz 145.26
Satt380
al 135
sz 134.32
Satt431
al 231
sz 231.88
Satt242
al 192
sz 192.82
Satt588
al 164
sz 165.85
Satt373
al 248
sz 249.02
Satt308
al 173
sz 172.98
Satt567
al 106
sz 106.81
Satt551
al 237
sz 236.92
Satt022
al 206
sz 206.88
Sat_084
al 143
sz 143.85
Satt345
al 248
sz 249.18
Satt487
al 201
sz 201.41

135 菏豆 13

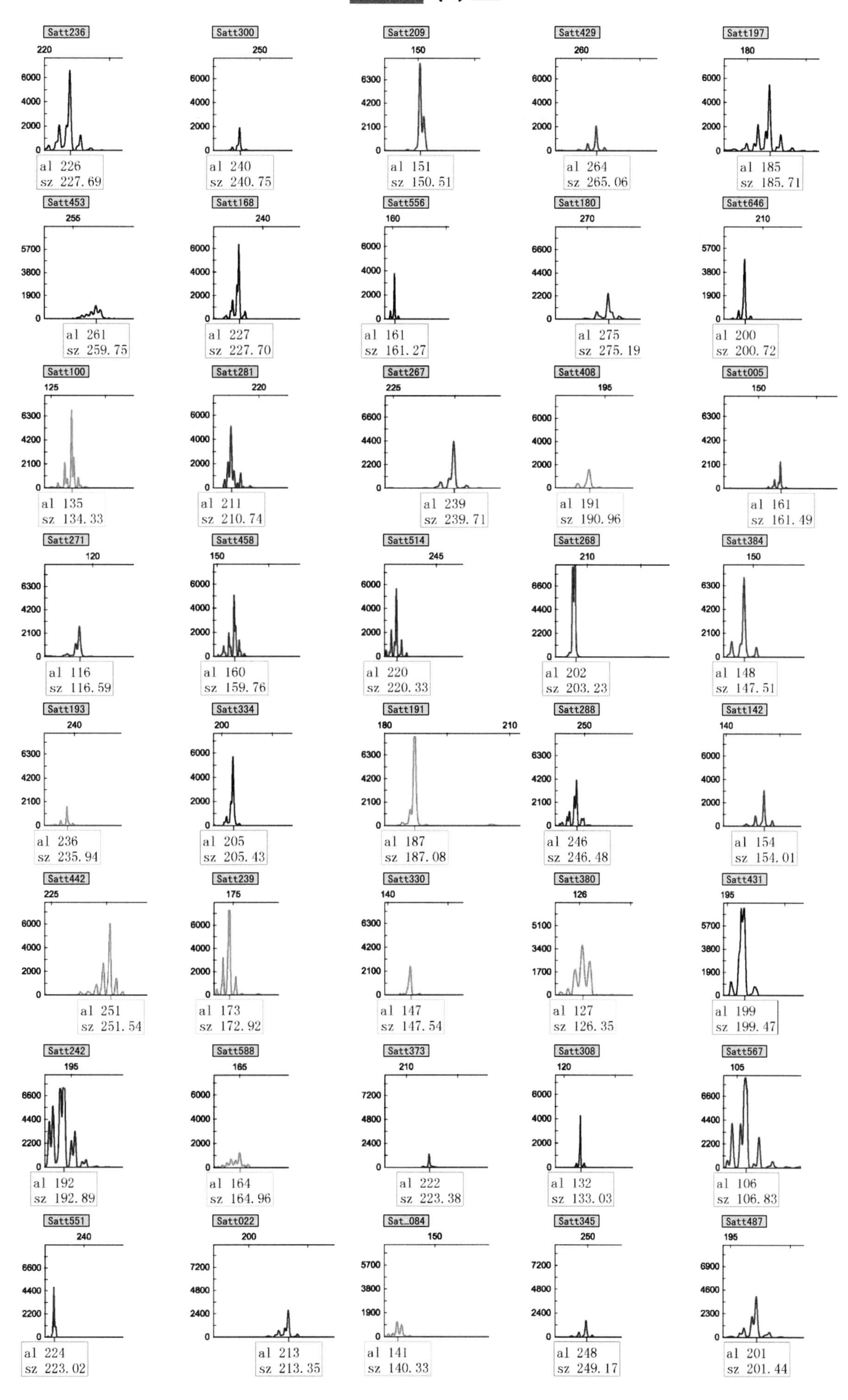
Satt236
al 226
sz 227.69
Satt300
al 240
sz 240.75
Satt209
al 151
sz 150.51
Satt429
al 264
sz 265.06
Satt197
al 185
sz 185.71
Satt453
al 261
sz 259.75
Satt168
al 227
sz 227.70
Satt556
al 161
sz 161.27
Satt180
al 275
sz 275.19
Satt646
al 200
sz 200.72
Satt100
al 135
sz 134.33
Satt281
al 211
sz 210.74
Satt267
al 239
sz 239.71
Satt408
al 191
sz 190.96
Satt005
al 161
sz 161.49
Satt271
al 116
sz 116.59
Satt458
al 160
sz 159.76
Satt514
al 220
sz 220.33
Satt268
al 202
sz 203.23
Satt384
al 148
sz 147.51
Satt193
al 236
sz 235.94
Satt334
al 205
sz 205.43
Satt191
al 187
sz 187.08
Satt288
al 246
sz 246.48
Satt142
al 154
sz 154.01
Satt442
al 251
sz 251.54
Satt239
al 173
sz 172.92
Satt330
al 147
sz 147.54
Satt380
al 127
sz 126.35
Satt431
al 199
sz 199.47
Satt242
al 192
sz 192.89
Satt588
al 164
sz 164.96
Satt373
al 222
sz 223.38
Satt308
al 132
sz 133.03
Satt567
al 106
sz 106.83
Satt551
al 224
sz 223.02
Satt022
al 213
sz 213.35
Sat_084
al 141
sz 140.33
Satt345
al 248
sz 249.17
Satt487
al 201
sz 201.44

136 菏豆 21 号

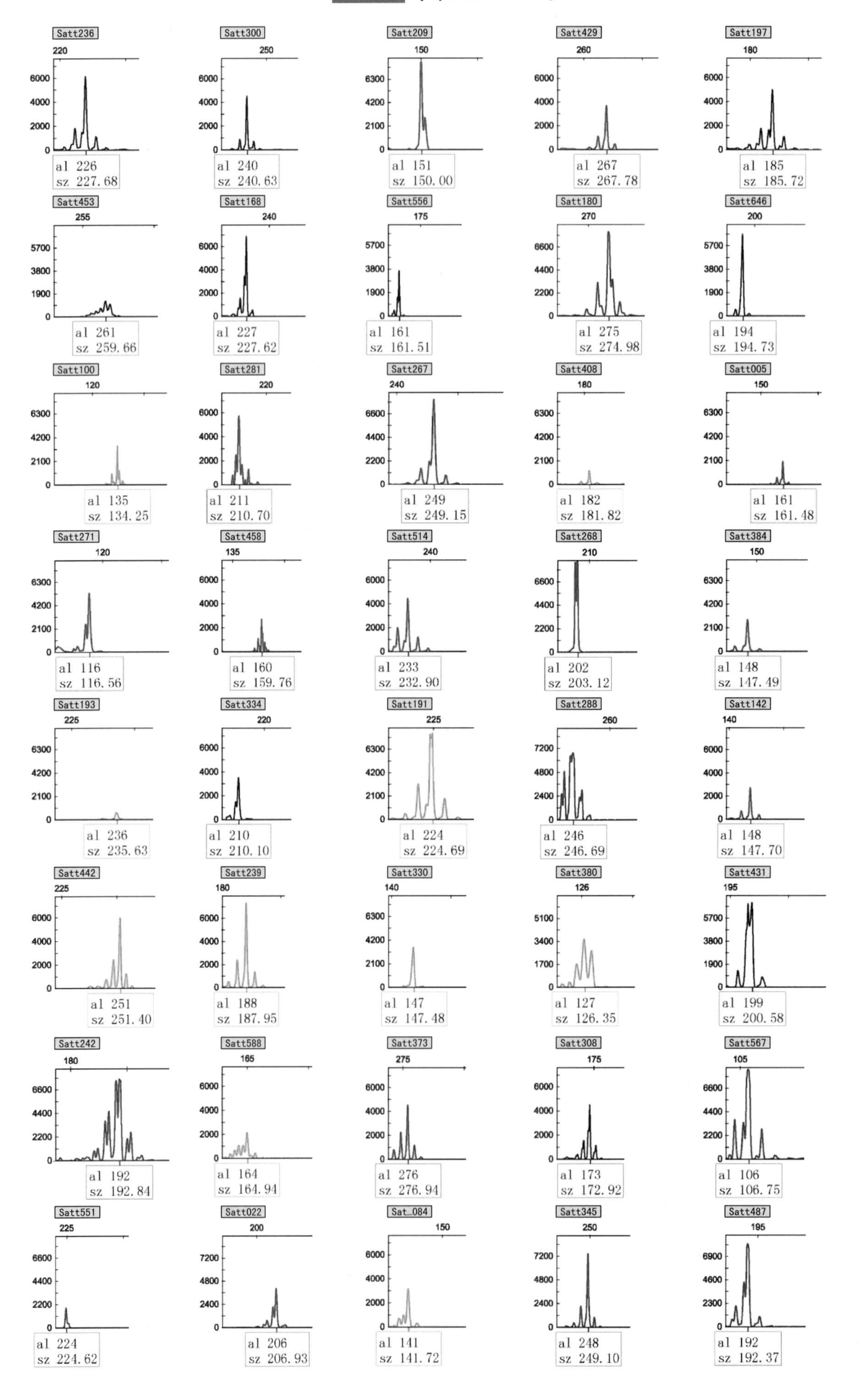
Satt236
al 226
sz 227.68
Satt300
al 240
sz 240.63
Satt209
al 151
sz 150.00
Satt429
al 267
sz 267.78
Satt197
al 185
sz 185.72
Satt453
al 261
sz 259.66
Satt168
al 227
sz 227.62
Satt556
al 161
sz 161.51
Satt180
al 275
sz 274.98
Satt646
al 194
sz 194.73
Satt100
al 135
sz 134.25
Satt281
al 211
sz 210.70
Satt267
al 249
sz 249.15
Satt408
al 182
sz 181.82
Satt005
al 161
sz 161.48
Satt271
al 116
sz 116.56
Satt458
al 160
sz 159.76
Satt514
al 233
sz 232.90
Satt268
al 202
sz 203.12
Satt384
al 148
sz 147.49
Satt193
al 236
sz 235.63
Satt334
al 210
sz 210.10
Satt191
al 224
sz 224.69
Satt288
al 246
sz 246.69
Satt142
al 148
sz 147.70
Satt442
al 251
sz 251.40
Satt239
al 188
sz 187.95
Satt330
al 147
sz 147.48
Satt380
al 127
sz 126.35
Satt431
al 199
sz 200.58
Satt242
al 192
sz 192.84
Satt588
al 164
sz 164.94
Satt373
al 276
sz 276.94
Satt308
al 173
sz 172.92
Satt567
al 106
sz 106.75
Satt551
al 224
sz 224.62
Satt022
al 206
sz 206.93
Sat_084
al 141
sz 141.72
Satt345
al 248
sz 249.10
Satt487
al 192
sz 192.37

137 菏豆 22 号

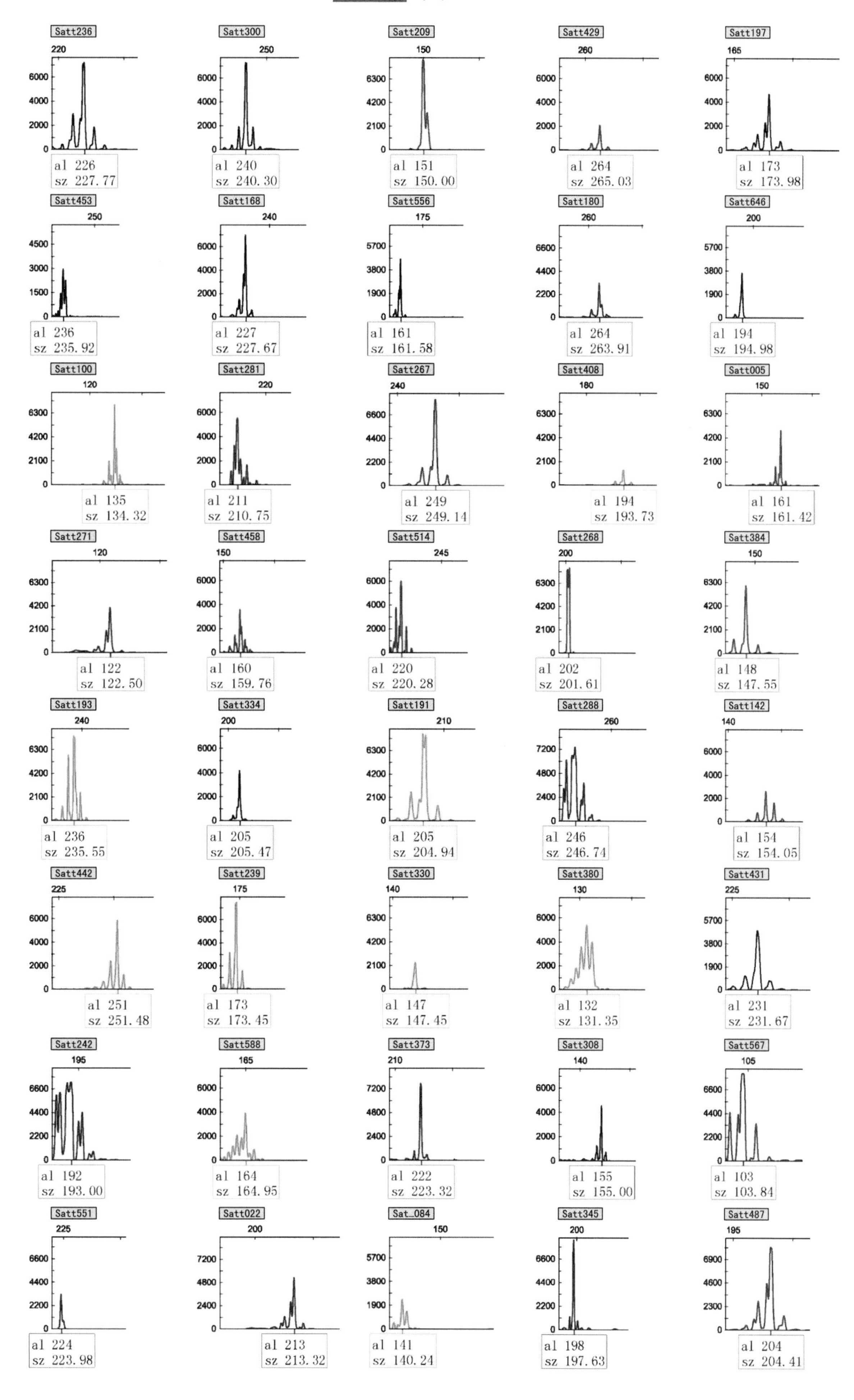
Satt236
al 226
sz 227.77
Satt300
al 240
sz 240.30
Satt209
al 151
sz 150.00
Satt429
al 264
sz 265.03
Satt197
al 173
sz 173.98
Satt453
al 236
sz 235.92
Satt168
al 227
sz 227.67
Satt556
al 161
sz 161.58
Satt180
al 264
sz 263.91
Satt646
al 194
sz 194.98
Satt100
al 135
sz 134.32
Satt281
al 211
sz 210.75
Satt267
al 249
sz 249.14
Satt408
al 194
sz 193.73
Satt005
al 161
sz 161.42
Satt271
al 122
sz 122.50
Satt458
al 160
sz 159.76
Satt514
al 220
sz 220.28
Satt268
al 202
sz 201.61
Satt384
al 148
sz 147.55
Satt193
al 236
sz 235.55
Satt334
al 205
sz 205.47
Satt191
al 205
sz 204.94
Satt288
al 246
sz 246.74
Satt142
al 154
sz 154.05
Satt442
al 251
sz 251.48
Satt239
al 173
sz 173.45
Satt330
al 147
sz 147.45
Satt380
al 132
sz 131.35
Satt431
al 231
sz 231.67
Satt242
al 192
sz 193.00
Satt588
al 164
sz 164.95
Satt373
al 222
sz 223.32
Satt308
al 155
sz 155.00
Satt567
al 103
sz 103.84
Satt551
al 224
sz 223.98
Satt022
al 213
sz 213.32
Sat_084
al 141
sz 140.24
Satt345
al 198
sz 197.63
Satt487
al 204
sz 204.41

138 菏豆 23 号

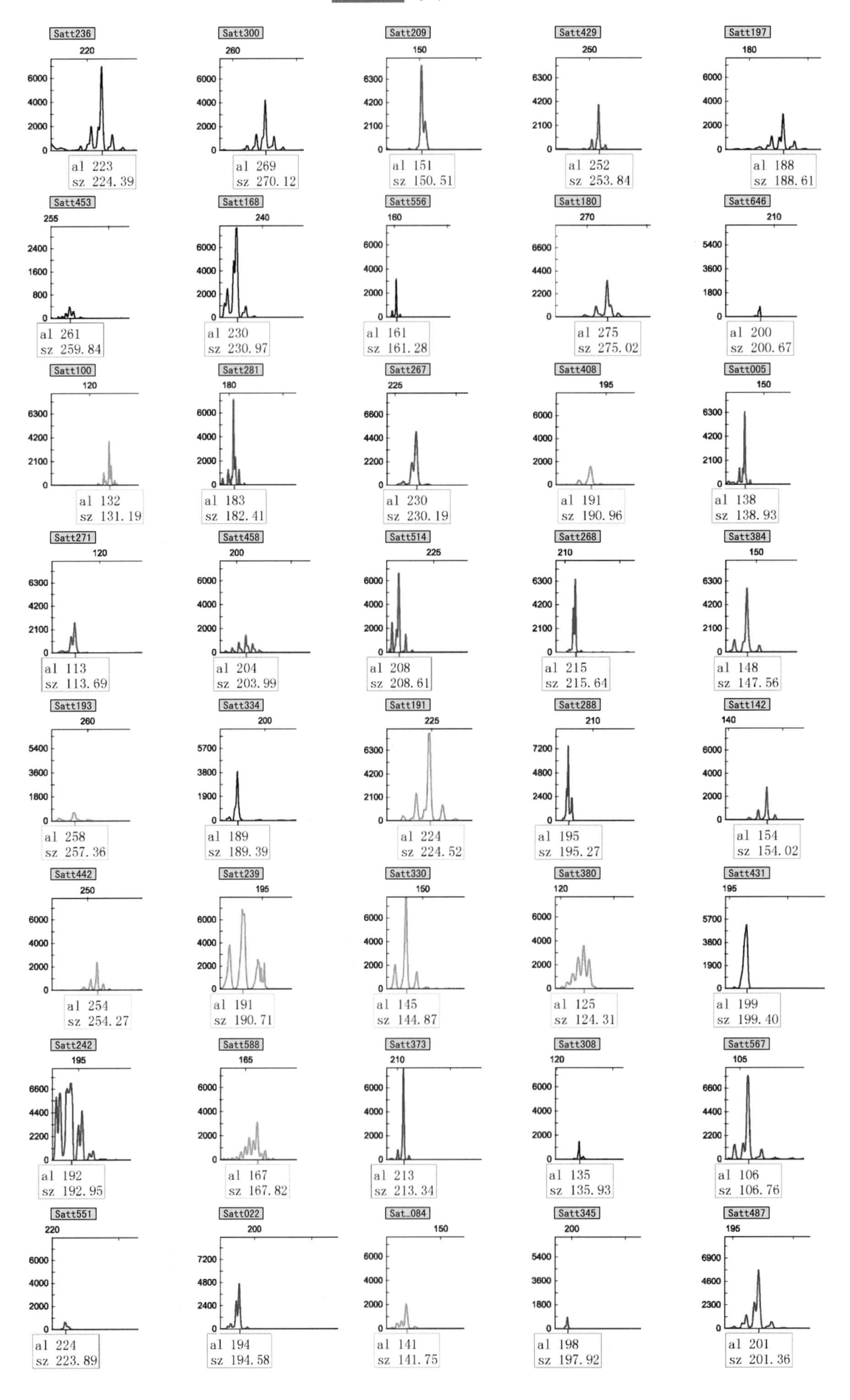

Satt236
al 223
sz 224.39
Satt300
al 269
sz 270.12
Satt209
al 151
sz 150.51
Satt429
al 252
sz 253.84
Satt197
al 188
sz 188.61
Satt453
al 261
sz 259.84
Satt168
al 230
sz 230.97
Satt556
al 161
sz 161.28
Satt180
al 275
sz 275.02
Satt646
al 200
sz 200.67
Satt100
al 132
sz 131.19
Satt281
al 183
sz 182.41
Satt267
al 230
sz 230.19
Satt408
al 191
sz 190.96
Satt005
al 138
sz 138.93
Satt271
al 113
sz 113.69
Satt458
al 204
sz 203.99
Satt514
al 208
sz 208.61
Satt268
al 215
sz 215.64
Satt384
al 148
sz 147.56
Satt193
al 258
sz 257.36
Satt334
al 189
sz 189.39
Satt191
al 224
sz 224.52
Satt288
al 195
sz 195.27
Satt142
al 154
sz 154.02
Satt442
al 254
sz 254.27
Satt239
al 191
sz 190.71
Satt330
al 145
sz 144.87
Satt380
al 125
sz 124.31
Satt431
al 199
sz 199.40
Satt242
al 192
sz 192.95
Satt588
al 167
sz 167.82
Satt373
al 213
sz 213.34
Satt308
al 135
sz 135.93
Satt567
al 106
sz 106.76
Satt551
al 224
sz 223.89
Satt022
al 194
sz 194.58
Sat_084
al 141
sz 141.75
Satt345
al 198
sz 197.92
Satt487
al 201
sz 201.36

139 键达 1 号

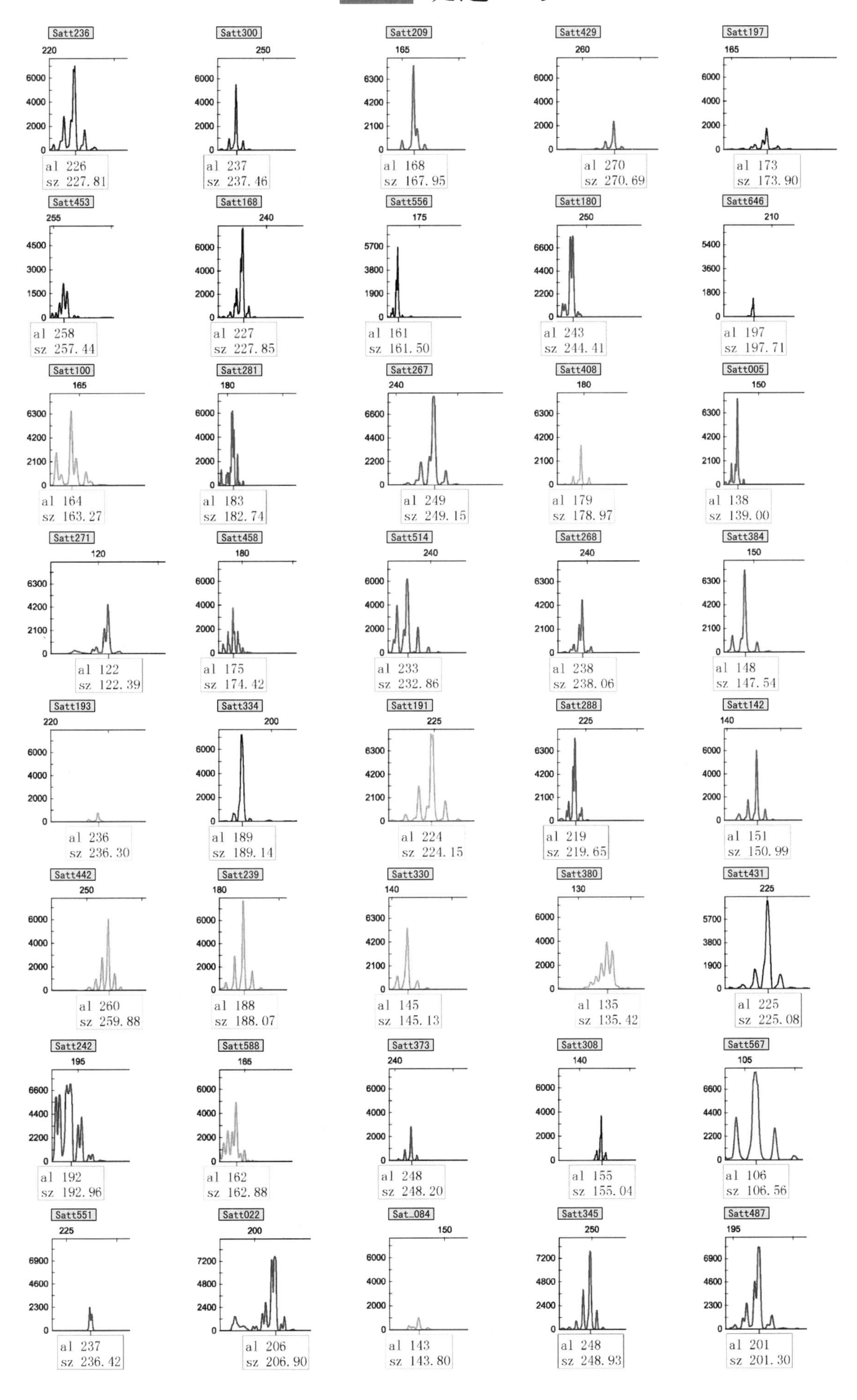
Satt236
al 226
sz 227.81
Satt300
al 237
sz 237.46
Satt209
al 168
sz 167.95
Satt429
al 270
sz 270.69
Satt197
al 173
sz 173.90
Satt453
al 258
sz 257.44
Satt168
al 227
sz 227.85
Satt556
al 161
sz 161.50
Satt180
al 243
sz 244.41
Satt646
al 197
sz 197.71
Satt100
al 164
sz 163.27
Satt281
al 183
sz 182.74
Satt267
al 249
sz 249.15
Satt408
al 179
sz 178.97
Satt005
al 138
sz 139.00
Satt271
al 122
sz 122.39
Satt458
al 175
sz 174.42
Satt514
al 233
sz 232.86
Satt268
al 238
sz 238.06
Satt384
al 148
sz 147.54
Satt193
al 236
sz 236.30
Satt334
al 189
sz 189.14
Satt191
al 224
sz 224.15
Satt288
al 219
sz 219.65
Satt142
al 151
sz 150.99
Satt442
al 260
sz 259.88
Satt239
al 188
sz 188.07
Satt330
al 145
sz 145.13
Satt380
al 135
sz 135.42
Satt431
al 225
sz 225.08
Satt242
al 192
sz 192.96
Satt588
al 162
sz 162.88
Satt373
al 248
sz 248.20
Satt308
al 155
sz 155.04
Satt567
al 106
sz 106.56
Satt551
al 237
sz 236.42
Satt022
al 206
sz 206.90
Sat_084
al 143
sz 143.80
Satt345
al 248
sz 248.93
Satt487
al 201
sz 201.30

140 临豆 10 号

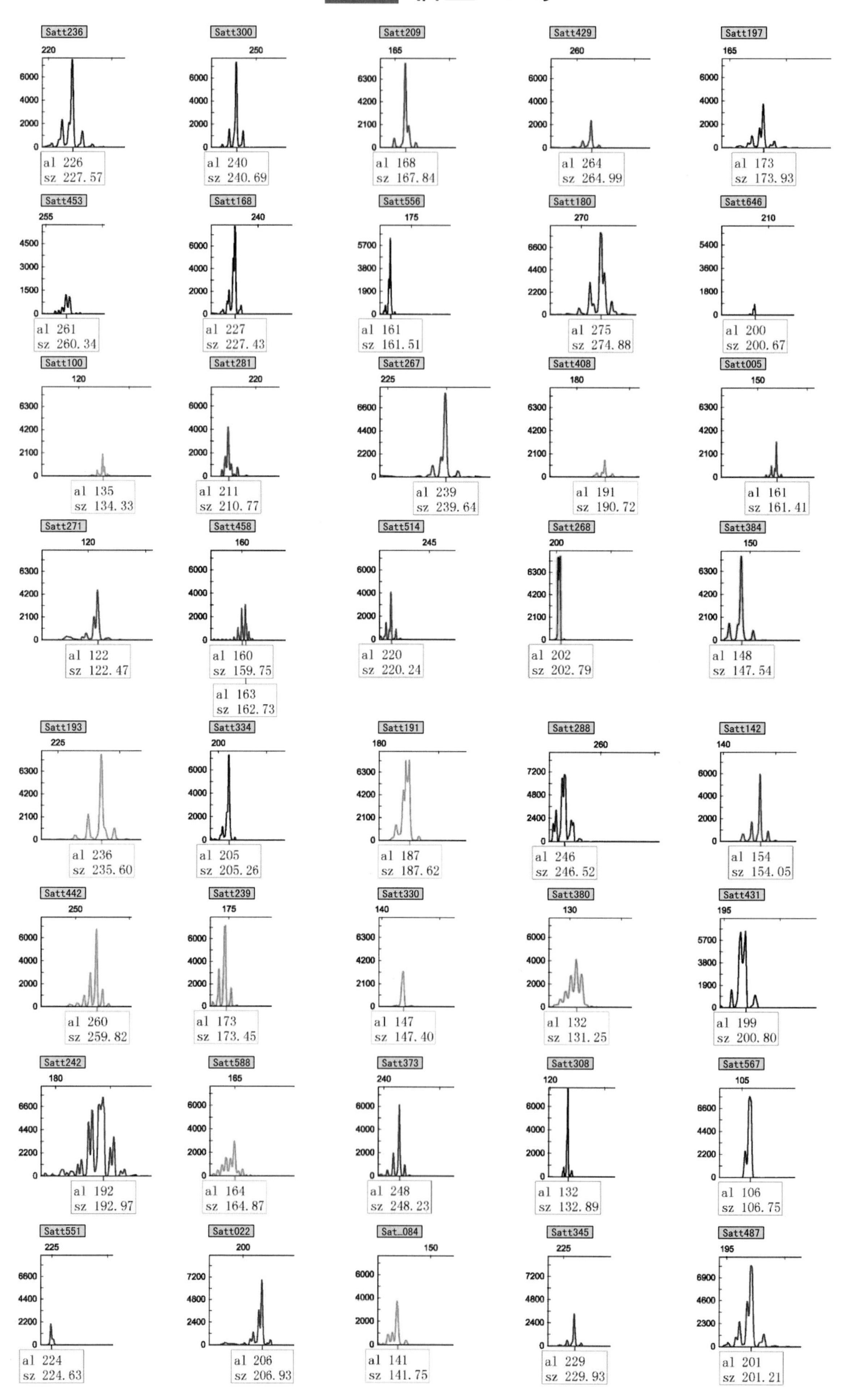
Satt236
al 226
sz 227.57
Satt300
al 240
sz 240.69
Satt209
al 168
sz 167.84
Satt429
al 264
sz 264.99
Satt197
al 173
sz 173.93
Satt453
al 261
sz 260.34
Satt168
al 227
sz 227.43
Satt556
al 161
sz 161.51
Satt180
al 275
sz 274.88
Satt646
al 200
sz 200.67
Satt100
al 135
sz 134.33
Satt281
al 211
sz 210.77
Satt267
al 239
sz 239.64
Satt408
al 191
sz 190.72
Satt005
al 161
sz 161.41
Satt271
al 122
sz 122.47
Satt458
al 160
sz 159.75
al 163
sz 162.73
Satt514
al 220
sz 220.24
Satt268
al 202
sz 202.79
Satt384
al 148
sz 147.54
Satt193
al 236
sz 235.60
Satt334
al 205
sz 205.26
Satt191
al 187
sz 187.62
Satt288
al 246
sz 246.52
Satt142
al 154
sz 154.05
Satt442
al 260
sz 259.82
Satt239
al 173
sz 173.45
Satt330
al 147
sz 147.40
Satt380
al 132
sz 131.25
Satt431
al 199
sz 200.80
Satt242
al 192
sz 192.97
Satt588
al 164
sz 164.87
Satt373
al 248
sz 248.23
Satt308
al 132
sz 132.89
Satt567
al 106
sz 106.75
Satt551
al 224
sz 224.63
Satt022
al 206
sz 206.93
Sat_084
al 141
sz 141.75
Satt345
al 229
sz 229.93
Satt487
al 201
sz 201.21

141 南圣 001

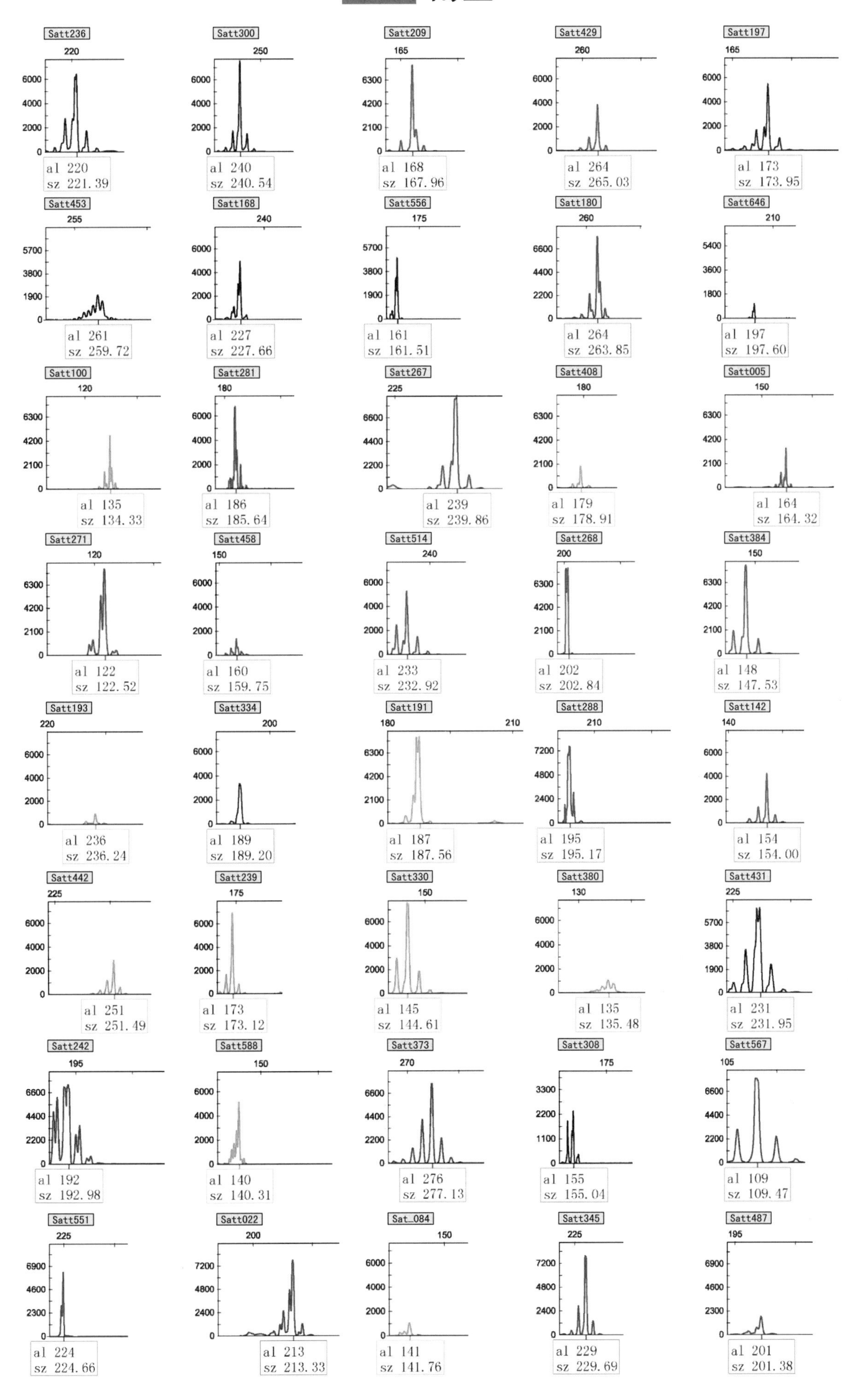
Satt236
al 220
sz 221.39
Satt300
al 240
sz 240.54
Satt209
al 168
sz 167.96
Satt429
al 264
sz 265.03
Satt197
al 173
sz 173.95
Satt453
al 261
sz 259.72
Satt168
al 227
sz 227.66
Satt556
al 161
sz 161.51
Satt180
al 264
sz 263.85
Satt646
al 197
sz 197.60
Satt100
al 135
sz 134.33
Satt281
al 186
sz 185.64
Satt267
al 239
sz 239.86
Satt408
al 179
sz 178.91
Satt005
al 164
sz 164.32
Satt271
al 122
sz 122.52
Satt458
al 160
sz 159.75
Satt514
al 233
sz 232.92
Satt268
al 202
sz 202.84
Satt384
al 148
sz 147.53
Satt193
al 236
sz 236.24
Satt334
al 189
sz 189.20
Satt191
al 187
sz 187.56
Satt288
al 195
sz 195.17
Satt142
al 154
sz 154.00
Satt442
al 251
sz 251.49
Satt239
al 173
sz 173.12
Satt330
al 145
sz 144.61
Satt380
al 135
sz 135.48
Satt431
al 231
sz 231.95
Satt242
al 192
sz 192.98
Satt588
al 140
sz 140.31
Satt373
al 276
sz 277.13
Satt308
al 155
sz 155.04
Satt567
al 109
sz 109.47
Satt551
al 224
sz 224.66
Satt022
al 213
sz 213.33
Sat_084
al 141
sz 141.76
Satt345
al 229
sz 229.69
Satt487
al 201
sz 201.38

142 南圣 105

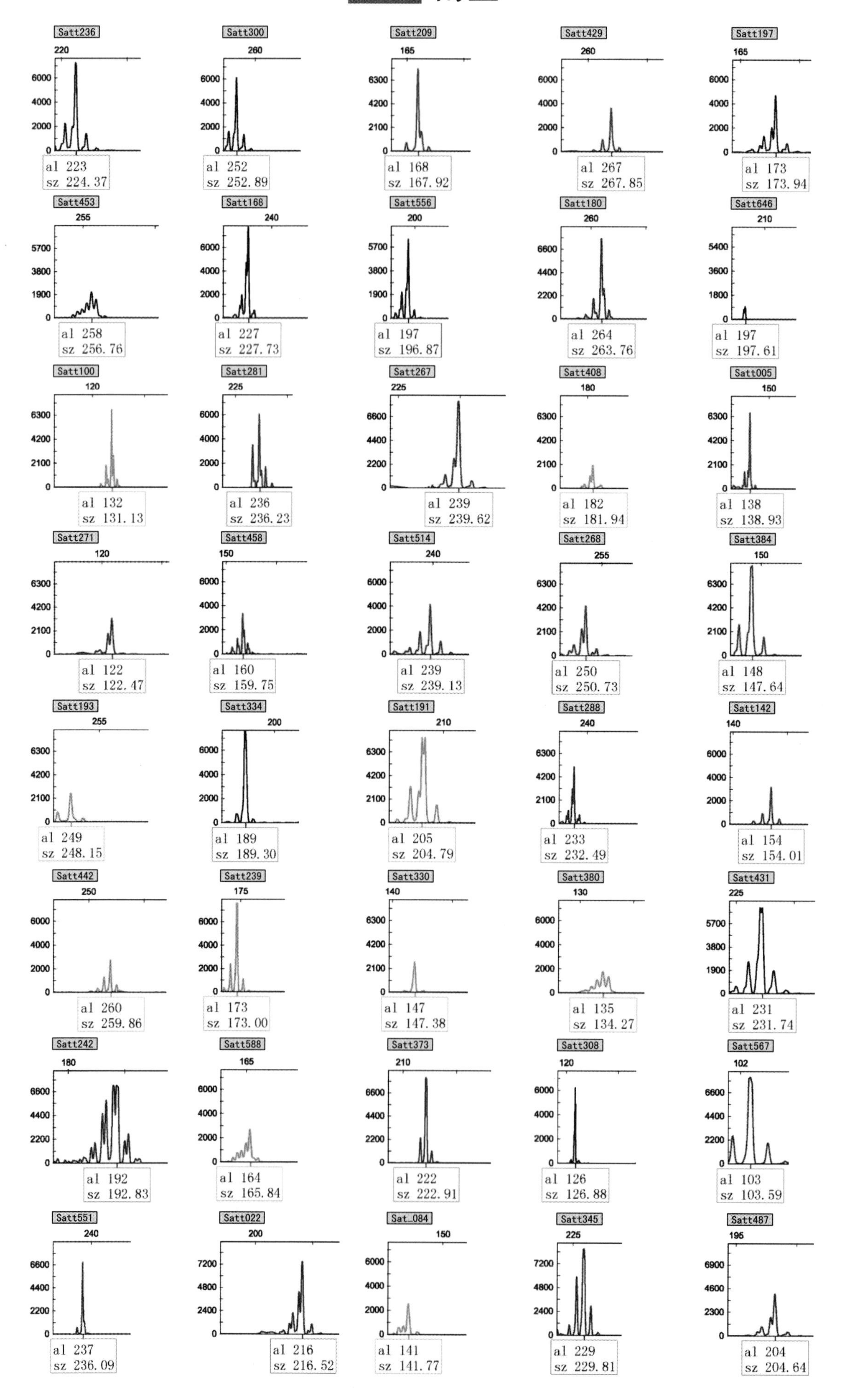

Satt236
al 223
sz 224.37
Satt300
al 252
sz 252.89
Satt209
al 168
sz 167.92
Satt429
al 267
sz 267.85
Satt197
al 173
sz 173.94
Satt453
al 258
sz 256.76
Satt168
al 227
sz 227.73
Satt556
al 197
sz 196.87
Satt180
al 264
sz 263.76
Satt646
al 197
sz 197.61
Satt100
al 132
sz 131.13
Satt281
al 236
sz 236.23
Satt267
al 239
sz 239.62
Satt408
al 182
sz 181.94
Satt005
al 138
sz 138.93
Satt271
al 122
sz 122.47
Satt458
al 160
sz 159.75
Satt514
al 239
sz 239.13
Satt268
al 250
sz 250.73
Satt384
al 148
sz 147.64
Satt193
al 249
sz 248.15
Satt334
al 189
sz 189.30
Satt191
al 205
sz 204.79
Satt288
al 233
sz 232.49
Satt142
al 154
sz 154.01
Satt442
al 260
sz 259.86
Satt239
al 173
sz 173.00
Satt330
al 147
sz 147.38
Satt380
al 135
sz 134.27
Satt431
al 231
sz 231.74
Satt242
al 192
sz 192.83
Satt588
al 164
sz 165.84
Satt373
al 222
sz 222.91
Satt308
al 126
sz 126.88
Satt567
al 103
sz 103.59
Satt551
al 237
sz 236.09
Satt022
al 216
sz 216.52
Sat_084
al 141
sz 141.77
Satt345
al 229
sz 229.81
Satt487
al 204
sz 204.64

143 南圣 210

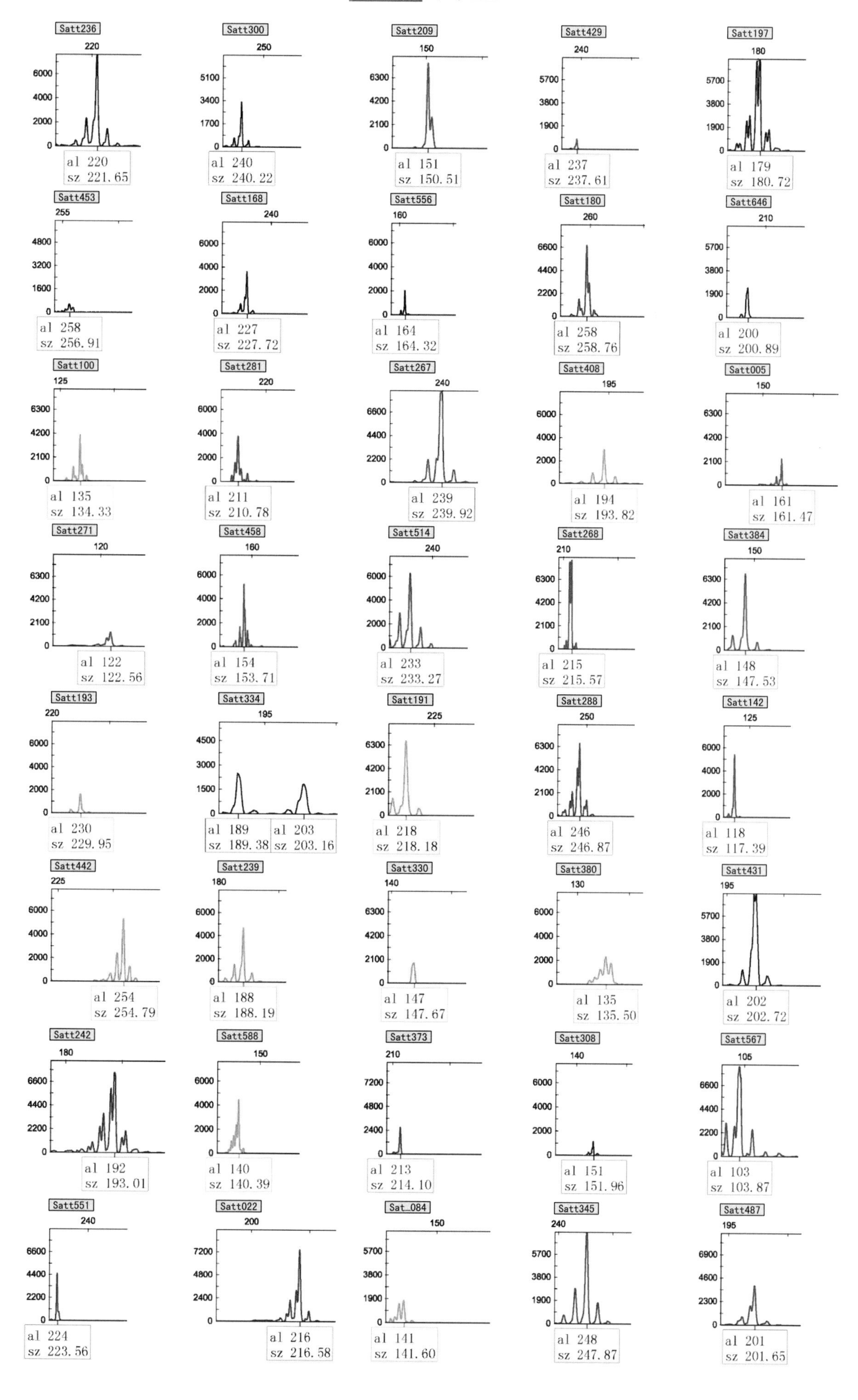
Satt236
al 220
sz 221.65
Satt300
al 240
sz 240.22
Satt209
al 151
sz 150.51
Satt429
al 237
sz 237.61
Satt197
al 179
sz 180.72
Satt453
al 258
sz 256.91
Satt168
al 227
sz 227.72
Satt556
al 164
sz 164.32
Satt180
al 258
sz 258.76
Satt646
al 200
sz 200.89
Satt100
al 135
sz 134.33
Satt281
al 211
sz 210.78
Satt267
al 239
sz 239.92
Satt408
al 194
sz 193.82
Satt005
al 161
sz 161.47
Satt271
al 122
sz 122.56
Satt458
al 154
sz 153.71
Satt514
al 233
sz 233.27
Satt268
al 215
sz 215.57
Satt384
al 148
sz 147.53
Satt193
al 230
sz 229.95
Satt334
al 189
sz 189.38
al 203
sz 203.16
Satt191
al 218
sz 218.18
Satt288
al 246
sz 246.87
Satt142
al 118
sz 117.39
Satt442
al 254
sz 254.79
Satt239
al 188
sz 188.19
Satt330
al 147
sz 147.67
Satt380
al 135
sz 135.50
Satt431
al 202
sz 202.72
Satt242
al 192
sz 193.01
Satt588
al 140
sz 140.39
Satt373
al 213
sz 214.10
Satt308
al 151
sz 151.96
Satt567
al 103
sz 103.87
Satt551
al 224
sz 223.56
Satt022
al 216
sz 216.58
Sat_084
al 141
sz 141.60
Satt345
al 248
sz 247.87
Satt487
al 201
sz 201.65

144 南圣 222

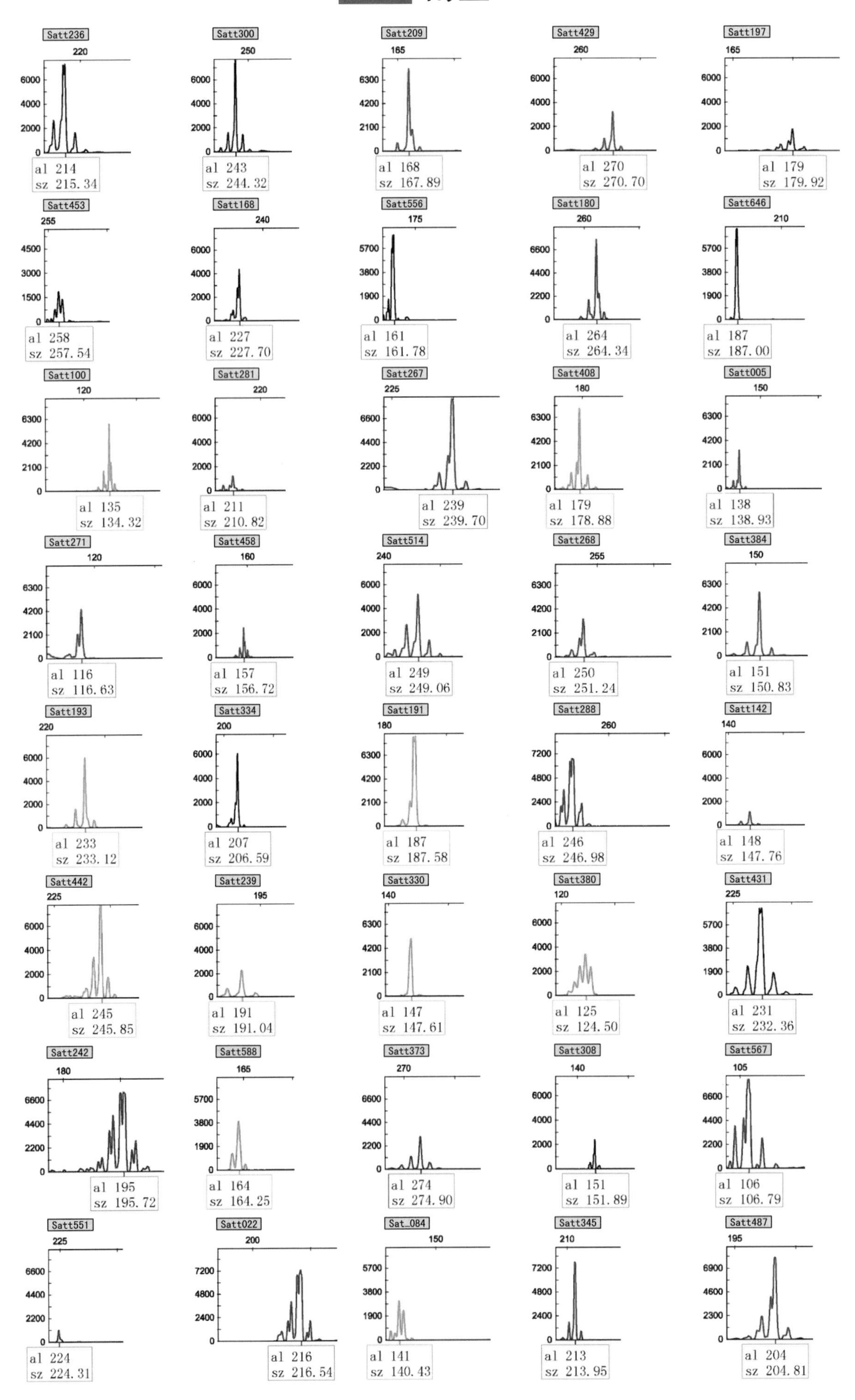
Satt236
220
al 214
sz 215.34
Satt300
250
al 243
sz 244.32
Satt209
165
al 168
sz 167.89
Satt429
260
al 270
sz 270.70
Satt197
165
al 179
sz 179.92
Satt453
255
al 258
sz 257.54
Satt168
240
al 227
sz 227.70
Satt556
175
al 161
sz 161.78
Satt180
260
al 264
sz 264.34
Satt646
210
al 187
sz 187.00
Satt100
120
al 135
sz 134.32
Satt281
220
al 211
sz 210.82
Satt267
225
al 239
sz 239.70
Satt408
180
al 179
sz 178.88
Satt005
150
al 138
sz 138.93
Satt271
120
al 116
sz 116.63
Satt458
160
al 157
sz 156.72
Satt514
240
al 249
sz 249.06
Satt268
255
al 250
sz 251.24
Satt384
150
al 151
sz 150.83
Satt193
220
al 233
sz 233.12
Satt334
200
al 207
sz 206.59
Satt191
180
al 187
sz 187.58
Satt288
260
al 246
sz 246.98
Satt142
140
al 148
sz 147.76
Satt442
225
al 245
sz 245.85
Satt239
195
al 191
sz 191.04
Satt330
140
al 147
sz 147.61
Satt380
120
al 125
sz 124.50
Satt431
225
al 231
sz 232.36
Satt242
180
al 195
sz 195.72
Satt588
165
al 164
sz 164.25
Satt373
270
al 274
sz 274.90
Satt308
140
al 151
sz 151.89
Satt567
105
al 106
sz 106.79
Satt551
225
al 224
sz 224.31
Satt022
200
al 216
sz 216.54
Sat_084
150
al 141
sz 140.43
Satt345
210
al 213
sz 213.95
Satt487
195
al 204
sz 204.81

145 南圣 270

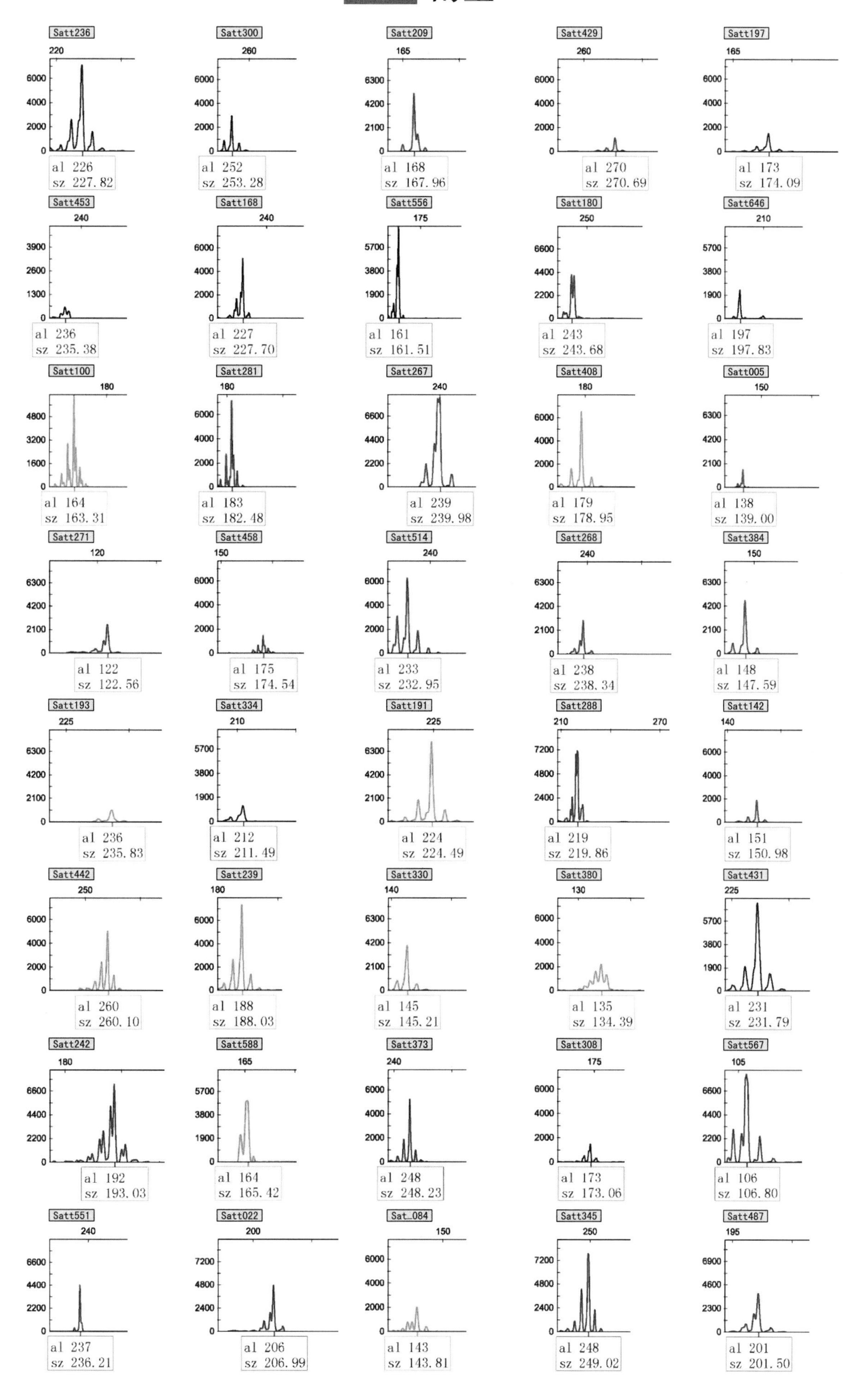

Satt236
al 226
sz 227.82
Satt300
al 252
sz 253.28
Satt209
al 168
sz 167.96
Satt429
al 270
sz 270.69
Satt197
al 173
sz 174.09
Satt453
al 236
sz 235.38
Satt168
al 227
sz 227.70
Satt556
al 161
sz 161.51
Satt180
al 243
sz 243.68
Satt646
al 197
sz 197.83
Satt100
al 164
sz 163.31
Satt281
al 183
sz 182.48
Satt267
al 239
sz 239.98
Satt408
al 179
sz 178.95
Satt005
al 138
sz 139.00
Satt271
al 122
sz 122.56
Satt458
al 175
sz 174.54
Satt514
al 233
sz 232.95
Satt268
al 238
sz 238.34
Satt384
al 148
sz 147.59
Satt193
al 236
sz 235.83
Satt334
al 212
sz 211.49
Satt191
al 224
sz 224.49
Satt288
al 219
sz 219.86
Satt142
al 151
sz 150.98
Satt442
al 260
sz 260.10
Satt239
al 188
sz 188.03
Satt330
al 145
sz 145.21
Satt380
al 135
sz 134.39
Satt431
al 231
sz 231.79
Satt242
al 192
sz 193.03
Satt588
al 164
sz 165.42
Satt373
al 248
sz 248.23
Satt308
al 173
sz 173.06
Satt567
al 106
sz 106.80
Satt551
al 237
sz 236.21
Satt022
al 206
sz 206.99
Sat_084
al 143
sz 143.81
Satt345
al 248
sz 249.02
Satt487
al 201
sz 201.50

146 南圣439

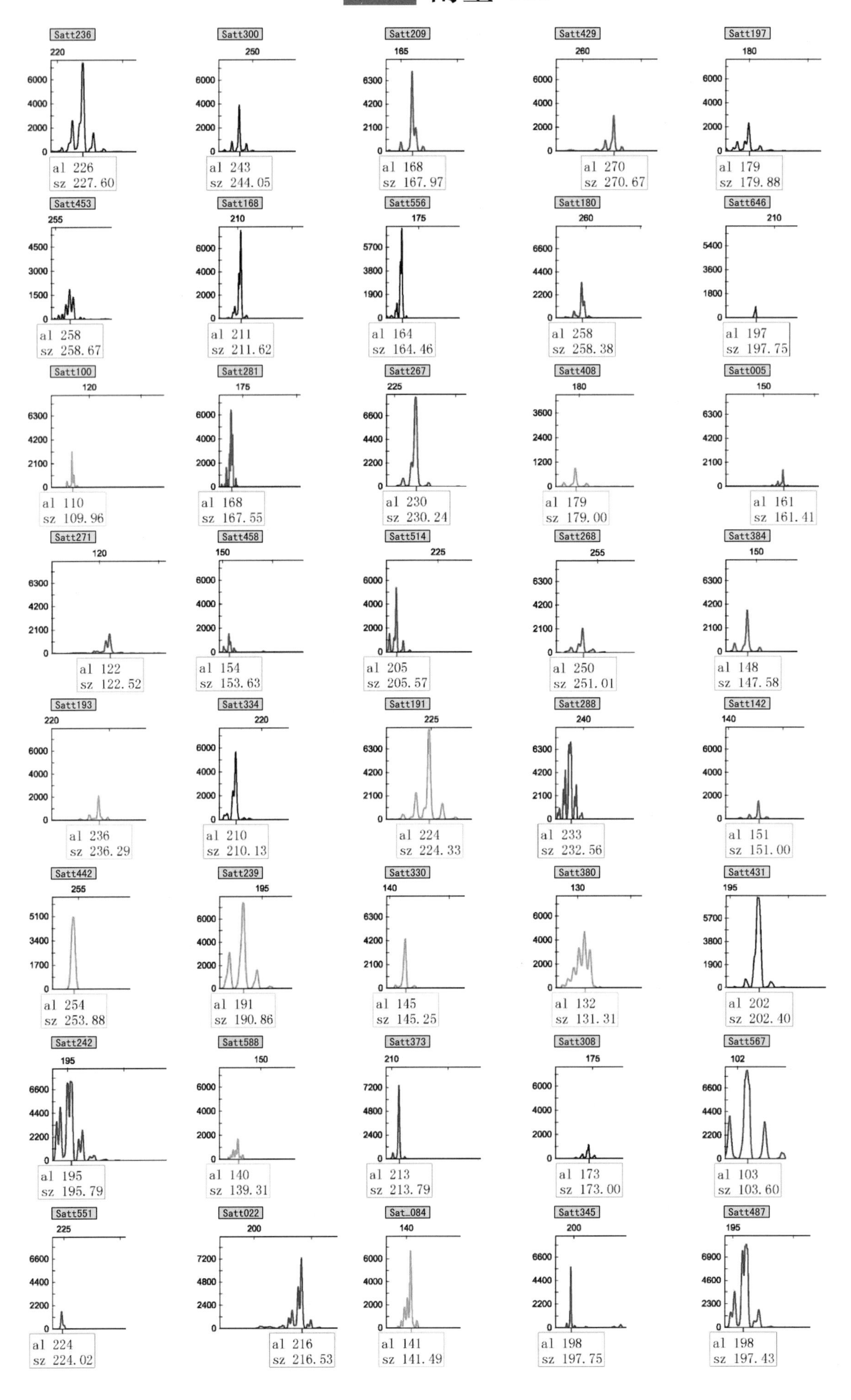
Satt236
al 226
sz 227.60
Satt300
al 243
sz 244.05
Satt209
al 168
sz 167.97
Satt429
al 270
sz 270.67
Satt197
al 179
sz 179.88
Satt453
al 258
sz 258.67
Satt168
al 211
sz 211.62
Satt556
al 164
sz 164.46
Satt180
al 258
sz 258.38
Satt646
al 197
sz 197.75
Satt100
al 110
sz 109.96
Satt281
al 168
sz 167.55
Satt267
al 230
sz 230.24
Satt408
al 179
sz 179.00
Satt005
al 161
sz 161.41
Satt271
al 122
sz 122.52
Satt458
al 154
sz 153.63
Satt514
al 205
sz 205.57
Satt268
al 250
sz 251.01
Satt384
al 148
sz 147.58
Satt193
al 236
sz 236.29
Satt334
al 210
sz 210.13
Satt191
al 224
sz 224.33
Satt288
al 233
sz 232.56
Satt142
al 151
sz 151.00
Satt442
al 254
sz 253.88
Satt239
al 191
sz 190.86
Satt330
al 145
sz 145.25
Satt380
al 132
sz 131.31
Satt431
al 202
sz 202.40
Satt242
al 195
sz 195.79
Satt588
al 140
sz 139.31
Satt373
al 213
sz 213.79
Satt308
al 173
sz 173.00
Satt567
al 103
sz 103.60
Satt551
al 224
sz 224.02
Satt022
al 216
sz 216.53
Sat_084
al 141
sz 141.49
Satt345
al 198
sz 197.75
Satt487
al 198
sz 197.43

147 齐黄30

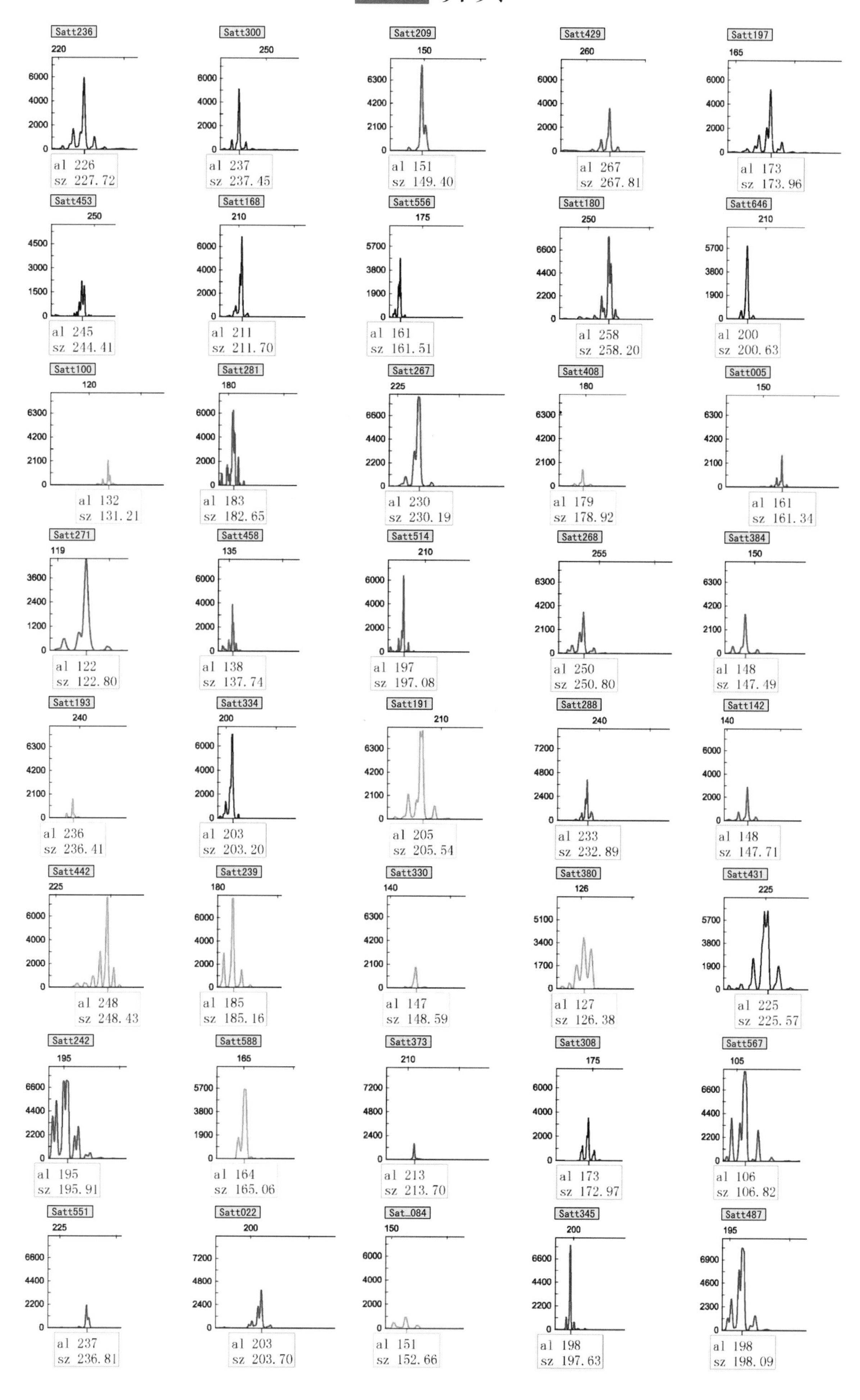
Satt236
al 226
sz 227.72
Satt300
al 237
sz 237.45
Satt209
al 151
sz 149.40
Satt429
al 267
sz 267.81
Satt197
al 173
sz 173.96
Satt453
al 245
sz 244.41
Satt168
al 211
sz 211.70
Satt556
al 161
sz 161.51
Satt180
al 258
sz 258.20
Satt646
al 200
sz 200.63
Satt100
al 132
sz 131.21
Satt281
al 183
sz 182.65
Satt267
al 230
sz 230.19
Satt408
al 179
sz 178.92
Satt005
al 161
sz 161.34
Satt271
al 122
sz 122.80
Satt458
al 138
sz 137.74
Satt514
al 197
sz 197.08
Satt268
al 250
sz 250.80
Satt384
al 148
sz 147.49
Satt193
al 236
sz 236.41
Satt334
al 203
sz 203.20
Satt191
al 205
sz 205.54
Satt288
al 233
sz 232.89
Satt142
al 148
sz 147.71
Satt442
al 248
sz 248.43
Satt239
al 185
sz 185.16
Satt330
al 147
sz 148.59
Satt380
al 127
sz 126.38
Satt431
al 225
sz 225.57
Satt242
al 195
sz 195.91
Satt588
al 164
sz 165.06
Satt373
al 213
sz 213.70
Satt308
al 173
sz 172.97
Satt567
al 106
sz 106.82
Satt551
al 237
sz 236.81
Satt022
al 203
sz 203.70
Sat_084
al 151
sz 152.66
Satt345
al 198
sz 197.63
Satt487
al 198
sz 198.09

148 山宁 17

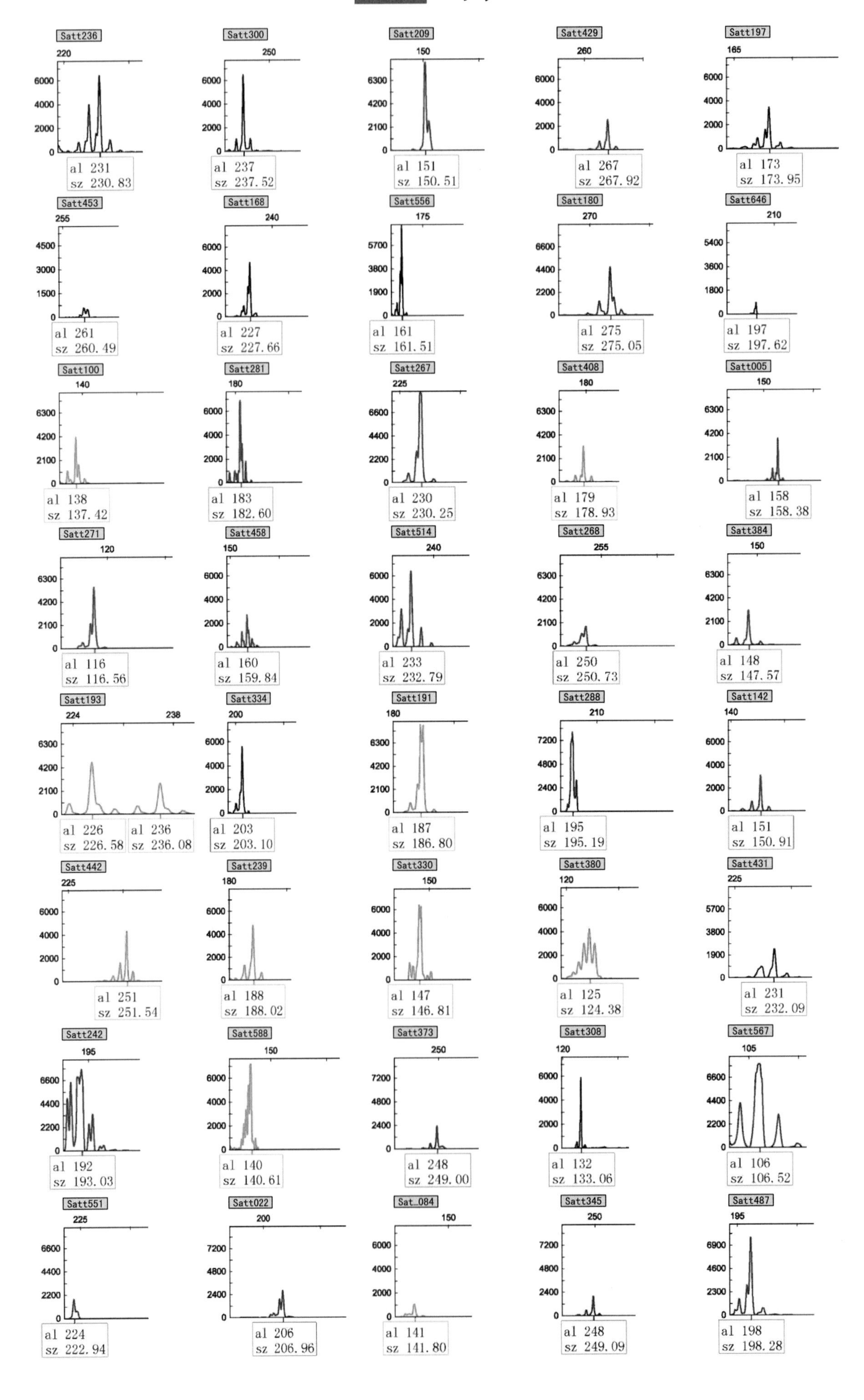
Satt236
al 231
sz 230.83
Satt300
al 237
sz 237.52
Satt209
al 151
sz 150.51
Satt429
al 267
sz 267.92
Satt197
al 173
sz 173.95
Satt453
al 261
sz 260.49
Satt168
al 227
sz 227.66
Satt556
al 161
sz 161.51
Satt180
al 275
sz 275.05
Satt646
al 197
sz 197.62
Satt100
al 138
sz 137.42
Satt281
al 183
sz 182.60
Satt267
al 230
sz 230.25
Satt408
al 179
sz 178.93
Satt005
al 158
sz 158.38
Satt271
al 116
sz 116.56
Satt458
al 160
sz 159.84
Satt514
al 233
sz 232.79
Satt268
al 250
sz 250.73
Satt384
al 148
sz 147.57
Satt193
al 226
sz 226.58
al 236
sz 236.08
Satt334
al 203
sz 203.10
Satt191
al 187
sz 186.80
Satt288
al 195
sz 195.19
Satt142
al 151
sz 150.91
Satt442
al 251
sz 251.54
Satt239
al 188
sz 188.02
Satt330
al 147
sz 146.81
Satt380
al 125
sz 124.38
Satt431
al 231
sz 232.09
Satt242
al 192
sz 193.03
Satt588
al 140
sz 140.61
Satt373
al 248
sz 249.00
Satt308
al 132
sz 133.06
Satt567
al 106
sz 106.52
Satt551
al 224
sz 222.94
Satt022
al 206
sz 206.96
Sat_084
al 141
sz 141.80
Satt345
al 248
sz 249.09
Satt487
al 198
sz 198.28

149 圣豆 14

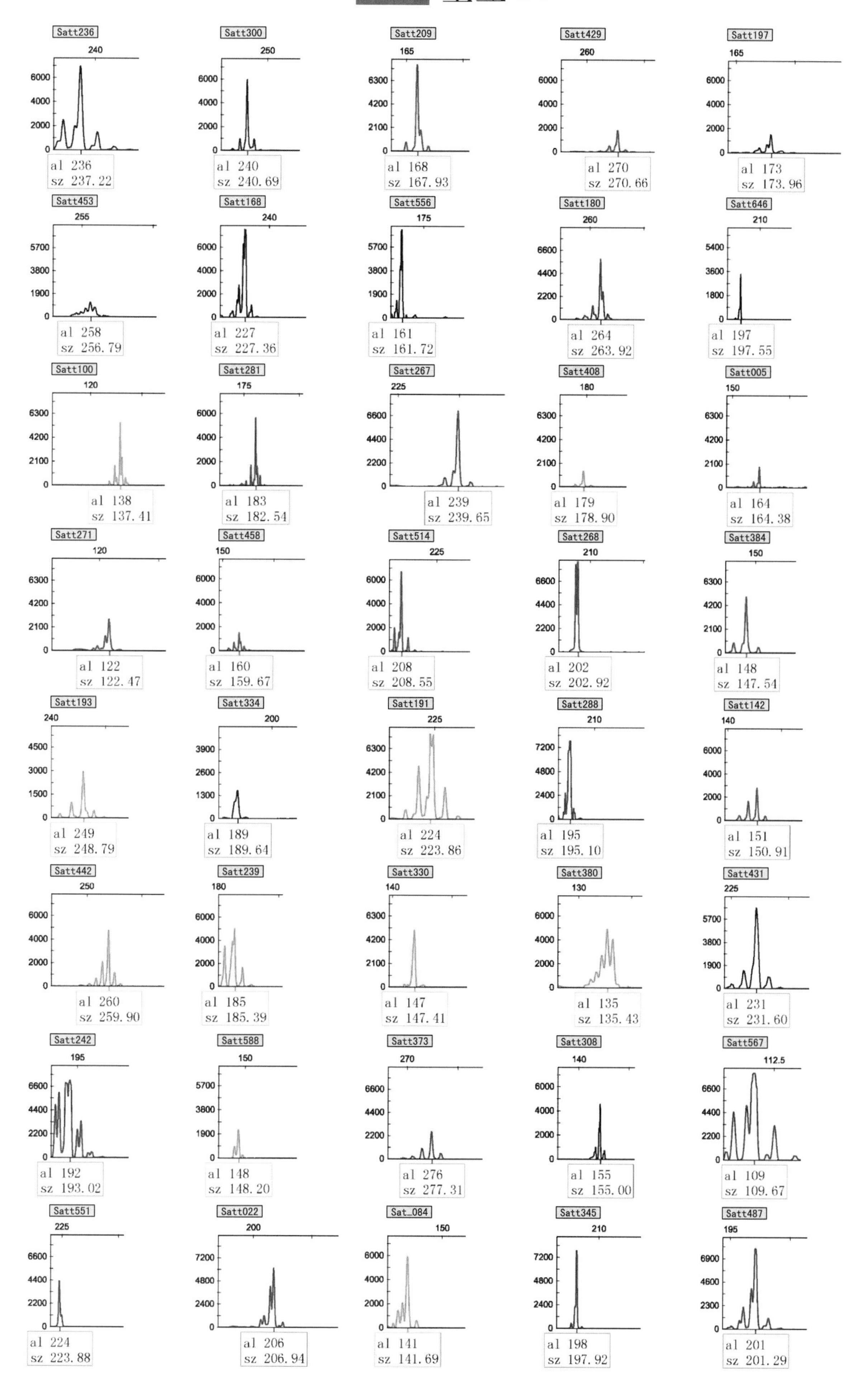
Satt236
al 236
sz 237.22
Satt300
al 240
sz 240.69
Satt209
al 168
sz 167.93
Satt429
al 270
sz 270.66
Satt197
al 173
sz 173.96
Satt453
al 258
sz 256.79
Satt168
al 227
sz 227.36
Satt556
al 161
sz 161.72
Satt180
al 264
sz 263.92
Satt646
al 197
sz 197.55
Satt100
al 138
sz 137.41
Satt281
al 183
sz 182.54
Satt267
al 239
sz 239.65
Satt408
al 179
sz 178.90
Satt005
al 164
sz 164.38
Satt271
al 122
sz 122.47
Satt458
al 160
sz 159.67
Satt514
al 208
sz 208.55
Satt268
al 202
sz 202.92
Satt384
al 148
sz 147.54
Satt193
al 249
sz 248.79
Satt334
al 189
sz 189.64
Satt191
al 224
sz 223.86
Satt288
al 195
sz 195.10
Satt142
al 151
sz 150.91
Satt442
al 260
sz 259.90
Satt239
al 185
sz 185.39
Satt330
al 147
sz 147.41
Satt380
al 135
sz 135.43
Satt431
al 231
sz 231.60
Satt242
al 192
sz 193.02
Satt588
al 148
sz 148.20
Satt373
al 276
sz 277.31
Satt308
al 155
sz 155.00
Satt567
al 109
sz 109.67
Satt551
al 224
sz 223.88
Satt022
al 206
sz 206.94
Sat_084
al 141
sz 141.69
Satt345
al 198
sz 197.92
Satt487
al 201
sz 201.29

150 潍科 12

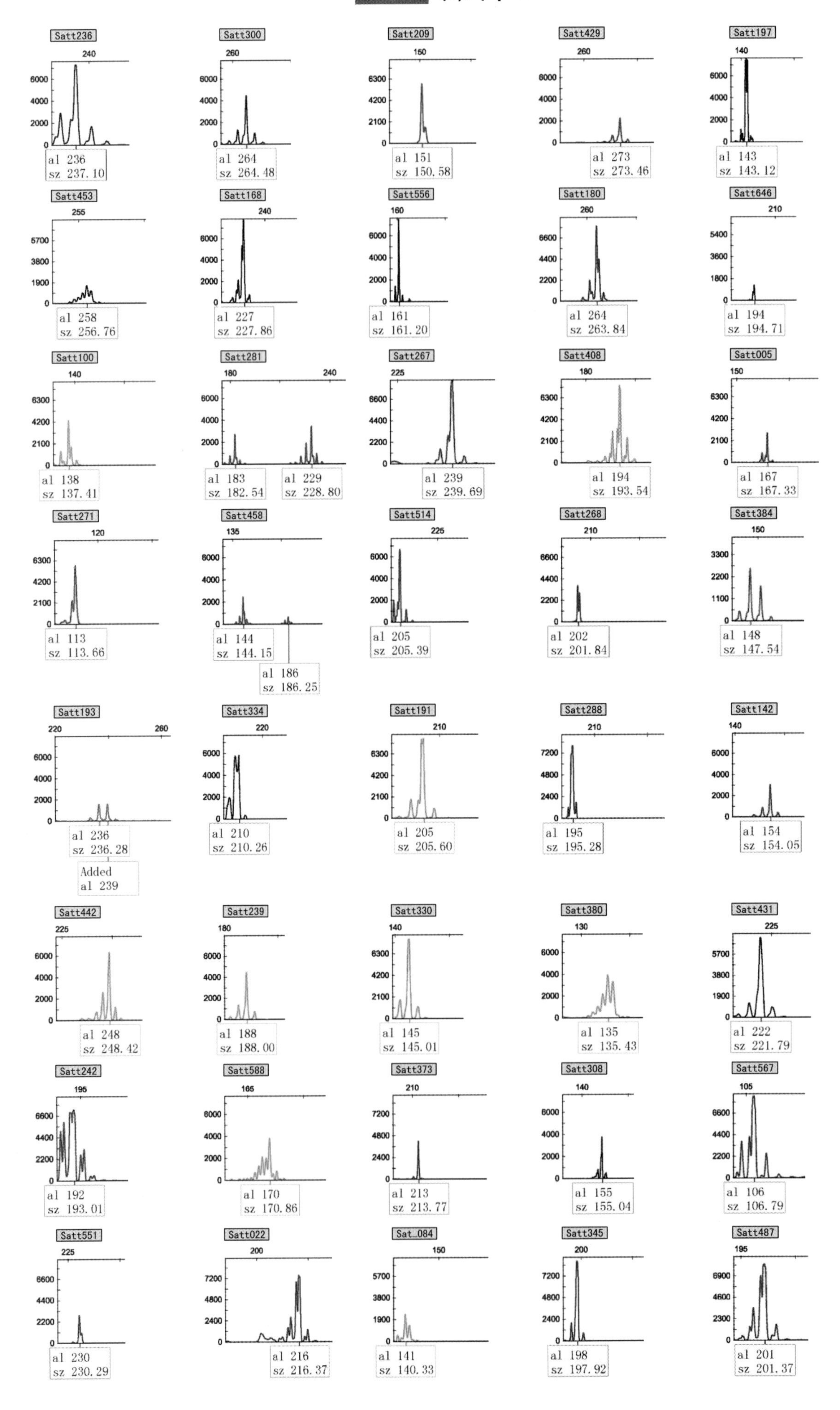

Satt236
al 236
sz 237.10
Satt300
al 264
sz 264.48
Satt209
al 151
sz 150.58
Satt429
al 273
sz 273.46
Satt197
al 143
sz 143.12
Satt453
al 258
sz 256.76
Satt168
al 227
sz 227.86
Satt556
al 161
sz 161.20
Satt180
al 264
sz 263.84
Satt646
al 194
sz 194.71
Satt100
al 138
sz 137.41
Satt281
al 183
sz 182.54
al 229
sz 228.80
Satt267
al 239
sz 239.69
Satt408
al 194
sz 193.54
Satt005
al 167
sz 167.33
Satt271
al 113
sz 113.66
Satt458
al 144
sz 144.15
al 186
sz 186.25
Satt514
al 205
sz 205.39
Satt268
al 202
sz 201.84
Satt384
al 148
sz 147.54
Satt193
al 236
sz 236.28
Added
al 239
Satt334
al 210
sz 210.26
Satt191
al 205
sz 205.60
Satt288
al 195
sz 195.28
Satt142
al 154
sz 154.05
Satt442
al 248
sz 248.42
Satt239
al 188
sz 188.00
Satt330
al 145
sz 145.01
Satt380
al 135
sz 135.43
Satt431
al 222
sz 221.79
Satt242
al 192
sz 193.01
Satt588
al 170
sz 170.86
Satt373
al 213
sz 213.77
Satt308
al 155
sz 155.04
Satt567
al 106
sz 106.79
Satt551
al 230
sz 230.29
Satt022
al 216
sz 216.37
Sat_084
al 141
sz 140.33
Satt345
al 198
sz 197.92
Satt487
al 201
sz 201.37

151 潍科 15

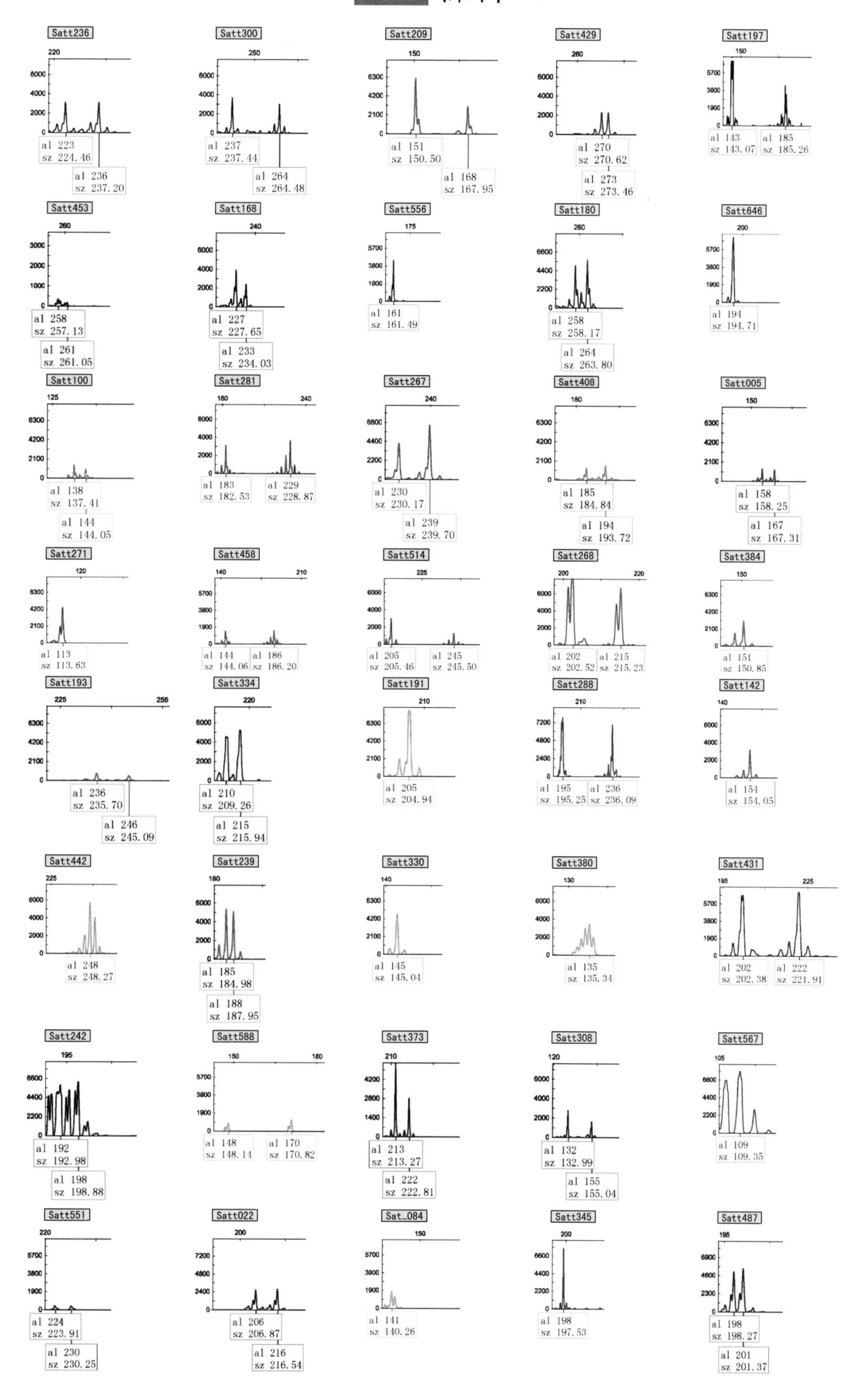

152 潍豆 8 号

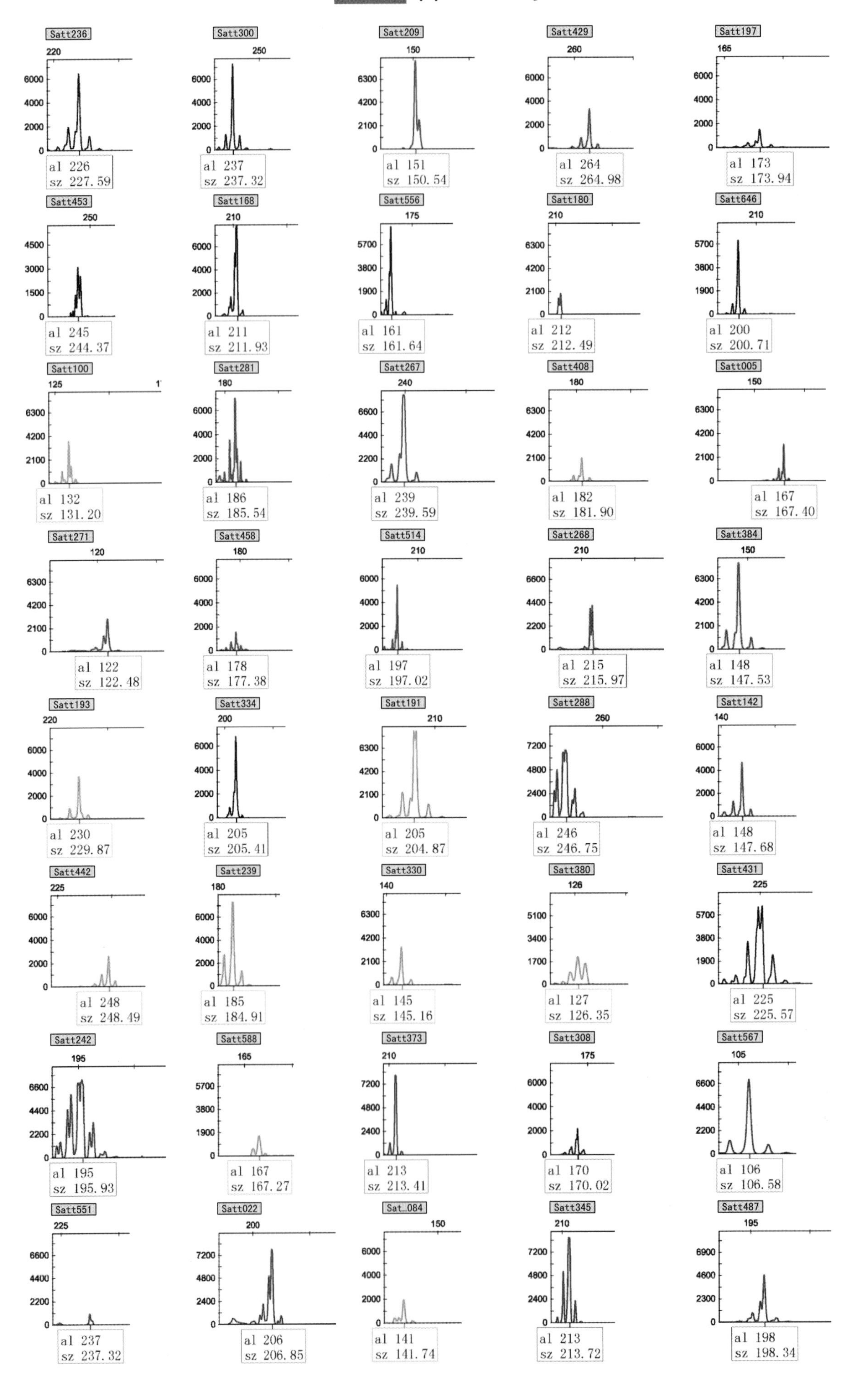
Satt236
al 226
sz 227.59
Satt300
al 237
sz 237.32
Satt209
al 151
sz 150.54
Satt429
al 264
sz 264.98
Satt197
al 173
sz 173.94
Satt453
al 245
sz 244.37
Satt168
al 211
sz 211.93
Satt556
al 161
sz 161.64
Satt180
al 212
sz 212.49
Satt646
al 200
sz 200.71
Satt100
al 132
sz 131.20
Satt281
al 186
sz 185.54
Satt267
al 239
sz 239.59
Satt408
al 182
sz 181.90
Satt005
al 167
sz 167.40
Satt271
al 122
sz 122.48
Satt458
al 178
sz 177.38
Satt514
al 197
sz 197.02
Satt268
al 215
sz 215.97
Satt384
al 148
sz 147.53
Satt193
al 230
sz 229.87
Satt334
al 205
sz 205.41
Satt191
al 205
sz 204.87
Satt288
al 246
sz 246.75
Satt142
al 148
sz 147.68
Satt442
al 248
sz 248.49
Satt239
al 185
sz 184.91
Satt330
al 145
sz 145.16
Satt380
al 127
sz 126.35
Satt431
al 225
sz 225.57
Satt242
al 195
sz 195.93
Satt588
al 167
sz 167.27
Satt373
al 213
sz 213.41
Satt308
al 170
sz 170.02
Satt567
al 106
sz 106.58
Satt551
al 237
sz 237.32
Satt022
al 206
sz 206.85
Sat_084
al 141
sz 141.74
Satt345
al 213
sz 213.72
Satt487
al 198
sz 198.34

153 院丰 1148

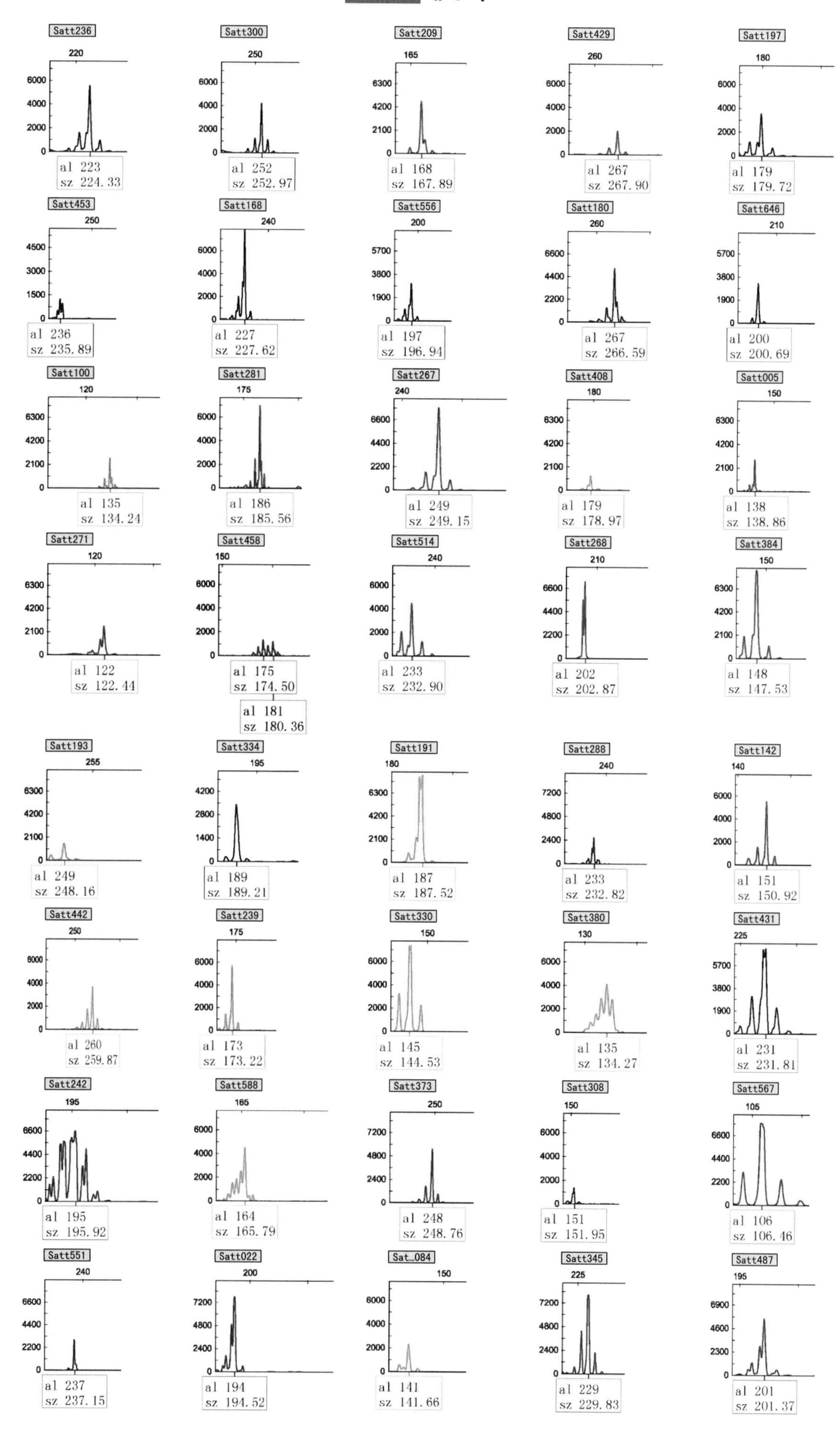
Satt236
al 223
sz 224.33
Satt300
al 252
sz 252.97
Satt209
al 168
sz 167.89
Satt429
al 267
sz 267.90
Satt197
al 179
sz 179.72
Satt453
al 236
sz 235.89
Satt168
al 227
sz 227.62
Satt556
al 197
sz 196.94
Satt180
al 267
sz 266.59
Satt646
al 200
sz 200.69
Satt100
al 135
sz 134.24
Satt281
al 186
sz 185.56
Satt267
al 249
sz 249.15
Satt408
al 179
sz 178.97
Satt005
al 138
sz 138.86
Satt271
al 122
sz 122.44
Satt458
al 175
sz 174.50
al 181
sz 180.36
Satt514
al 233
sz 232.90
Satt268
al 202
sz 202.87
Satt384
al 148
sz 147.53
Satt193
al 249
sz 248.16
Satt334
al 189
sz 189.21
Satt191
al 187
sz 187.52
Satt288
al 233
sz 232.82
Satt142
al 151
sz 150.92
Satt442
al 260
sz 259.87
Satt239
al 173
sz 173.22
Satt330
al 145
sz 144.53
Satt380
al 135
sz 134.27
Satt431
al 231
sz 231.81
Satt242
al 195
sz 195.92
Satt588
al 164
sz 165.79
Satt373
al 248
sz 248.76
Satt308
al 151
sz 151.95
Satt567
al 106
sz 106.46
Satt551
al 237
sz 237.15
Satt022
al 194
sz 194.52
Sat_084
al 141
sz 141.66
Satt345
al 229
sz 229.83
Satt487
al 201
sz 201.37

154 交大02－89

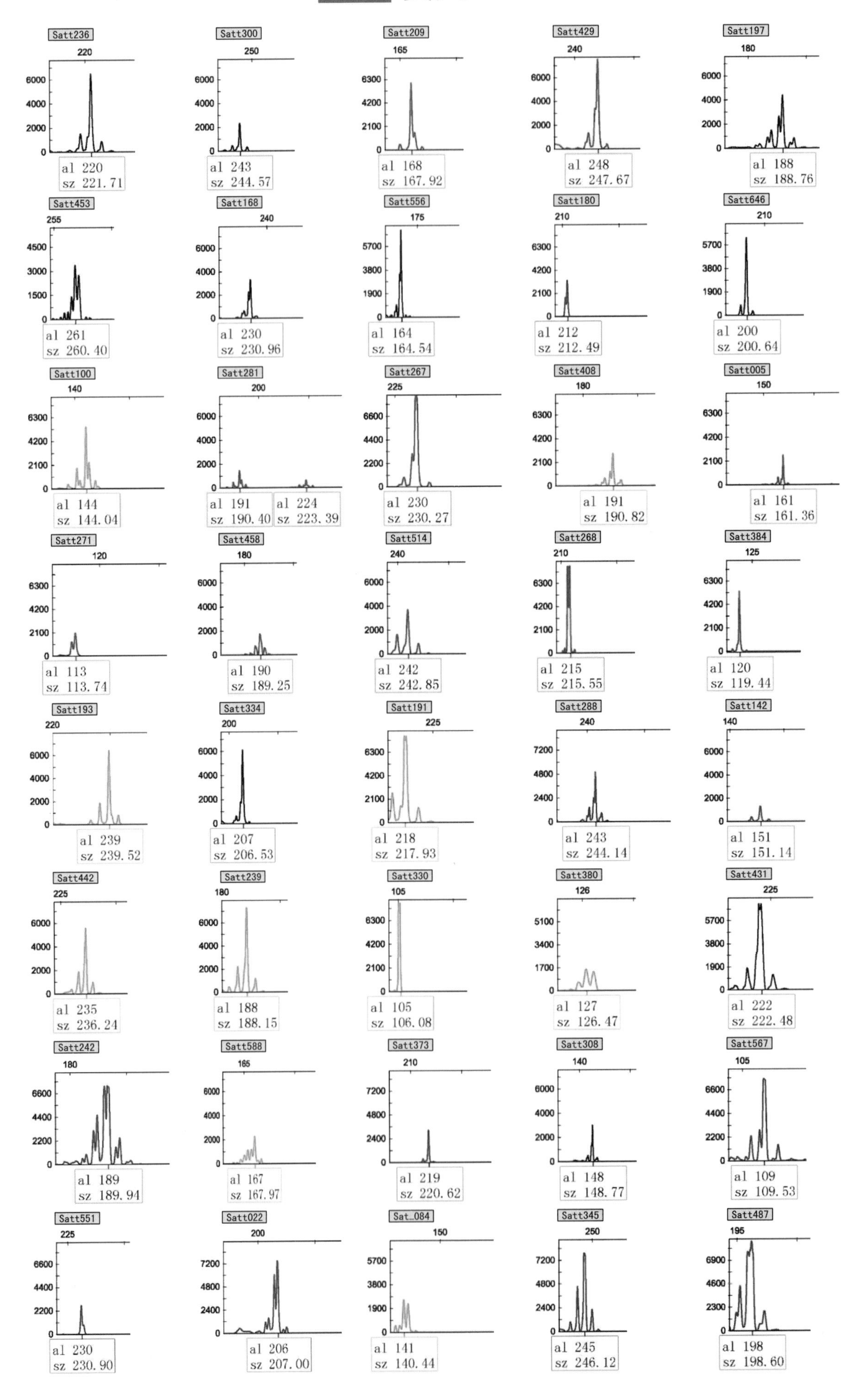
Satt236
al 220
sz 221.71
Satt300
al 243
sz 244.57
Satt209
al 168
sz 167.92
Satt429
al 248
sz 247.67
Satt197
al 188
sz 188.76
Satt453
al 261
sz 260.40
Satt168
al 230
sz 230.96
Satt556
al 164
sz 164.54
Satt180
al 212
sz 212.49
Satt646
al 200
sz 200.64
Satt100
al 144
sz 144.04
Satt281
al 191
sz 190.40
al 224
sz 223.39
Satt267
al 230
sz 230.27
Satt408
al 191
sz 190.82
Satt005
al 161
sz 161.36
Satt271
al 113
sz 113.74
Satt458
al 190
sz 189.25
Satt514
al 242
sz 242.85
Satt268
al 215
sz 215.55
Satt384
al 120
sz 119.44
Satt193
al 239
sz 239.52
Satt334
al 207
sz 206.53
Satt191
al 218
sz 217.93
Satt288
al 243
sz 244.14
Satt142
al 151
sz 151.14
Satt442
al 235
sz 236.24
Satt239
al 188
sz 188.15
Satt330
al 105
sz 106.08
Satt380
al 127
sz 126.47
Satt431
al 222
sz 222.48
Satt242
al 189
sz 189.94
Satt588
al 167
sz 167.97
Satt373
al 219
sz 220.62
Satt308
al 148
sz 148.77
Satt567
al 109
sz 109.53
Satt551
al 230
sz 230.90
Satt022
al 206
sz 207.00
Sat_084
al 141
sz 140.44
Satt345
al 245
sz 246.12
Satt487
al 198
sz 198.60

155 贡秋豆 4 号

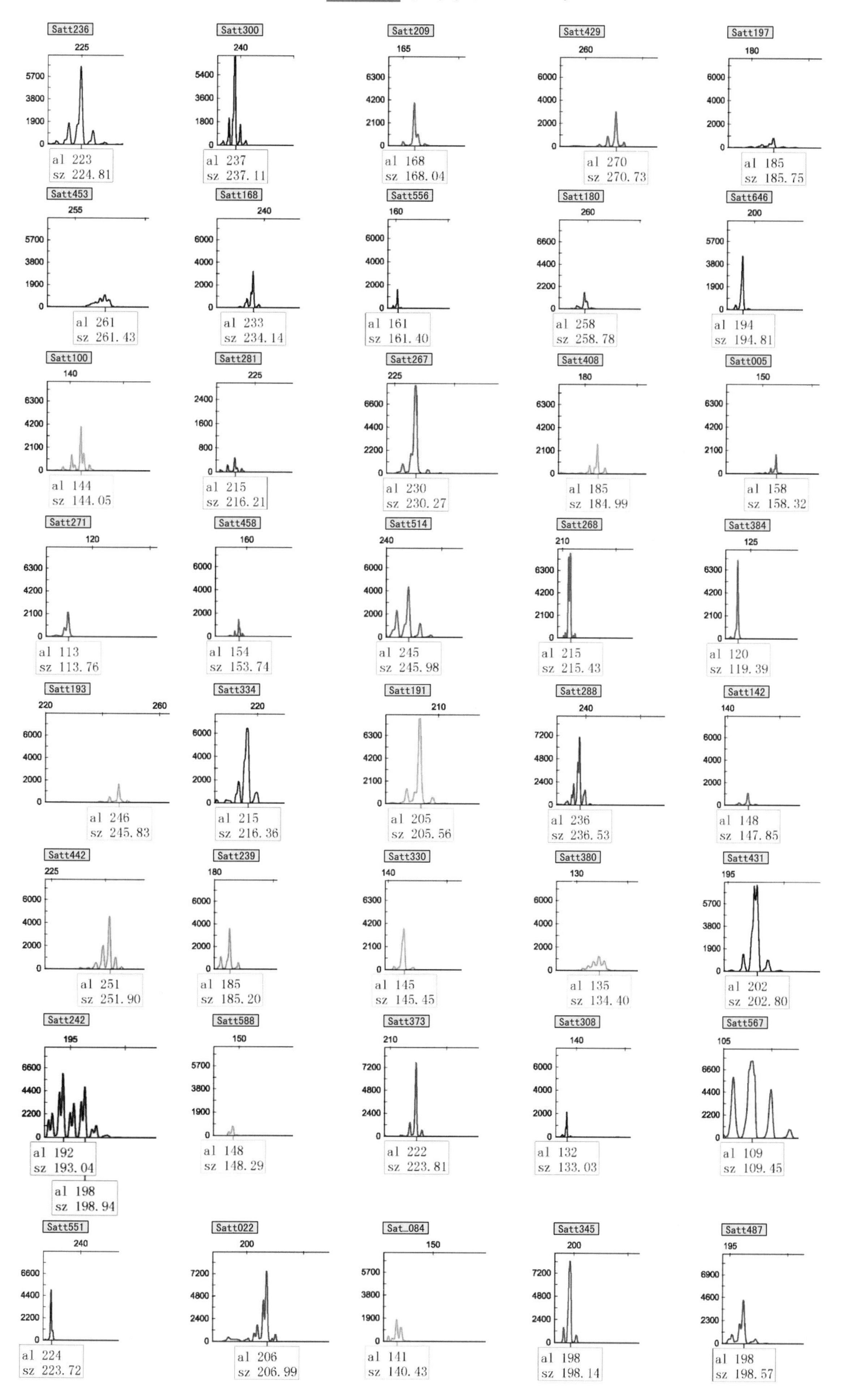
Satt236
al 223
sz 224.81
Satt300
al 237
sz 237.11
Satt209
al 168
sz 168.04
Satt429
al 270
sz 270.73
Satt197
al 185
sz 185.75
Satt453
al 261
sz 261.43
Satt168
al 233
sz 234.14
Satt556
al 161
sz 161.40
Satt180
al 258
sz 258.78
Satt646
al 194
sz 194.81
Satt100
al 144
sz 144.05
Satt281
al 215
sz 216.21
Satt267
al 230
sz 230.27
Satt408
al 185
sz 184.99
Satt005
al 158
sz 158.32
Satt271
al 113
sz 113.76
Satt458
al 154
sz 153.74
Satt514
al 245
sz 245.98
Satt268
al 215
sz 215.43
Satt384
al 120
sz 119.39
Satt193
al 246
sz 245.83
Satt334
al 215
sz 216.36
Satt191
al 205
sz 205.56
Satt288
al 236
sz 236.53
Satt142
al 148
sz 147.85
Satt442
al 251
sz 251.90
Satt239
al 185
sz 185.20
Satt330
al 145
sz 145.45
Satt380
al 135
sz 134.40
Satt431
al 202
sz 202.80
Satt242
al 192
sz 193.04
al 198
sz 198.94
Satt588
al 148
sz 148.29
Satt373
al 222
sz 223.81
Satt308
al 132
sz 133.03
Satt567
al 109
sz 109.45
Satt551
al 224
sz 223.72
Satt022
al 206
sz 206.99
Sat_084
al 141
sz 140.43
Satt345
al 198
sz 198.14
Satt487
al 198
sz 198.57

156 华严 0926

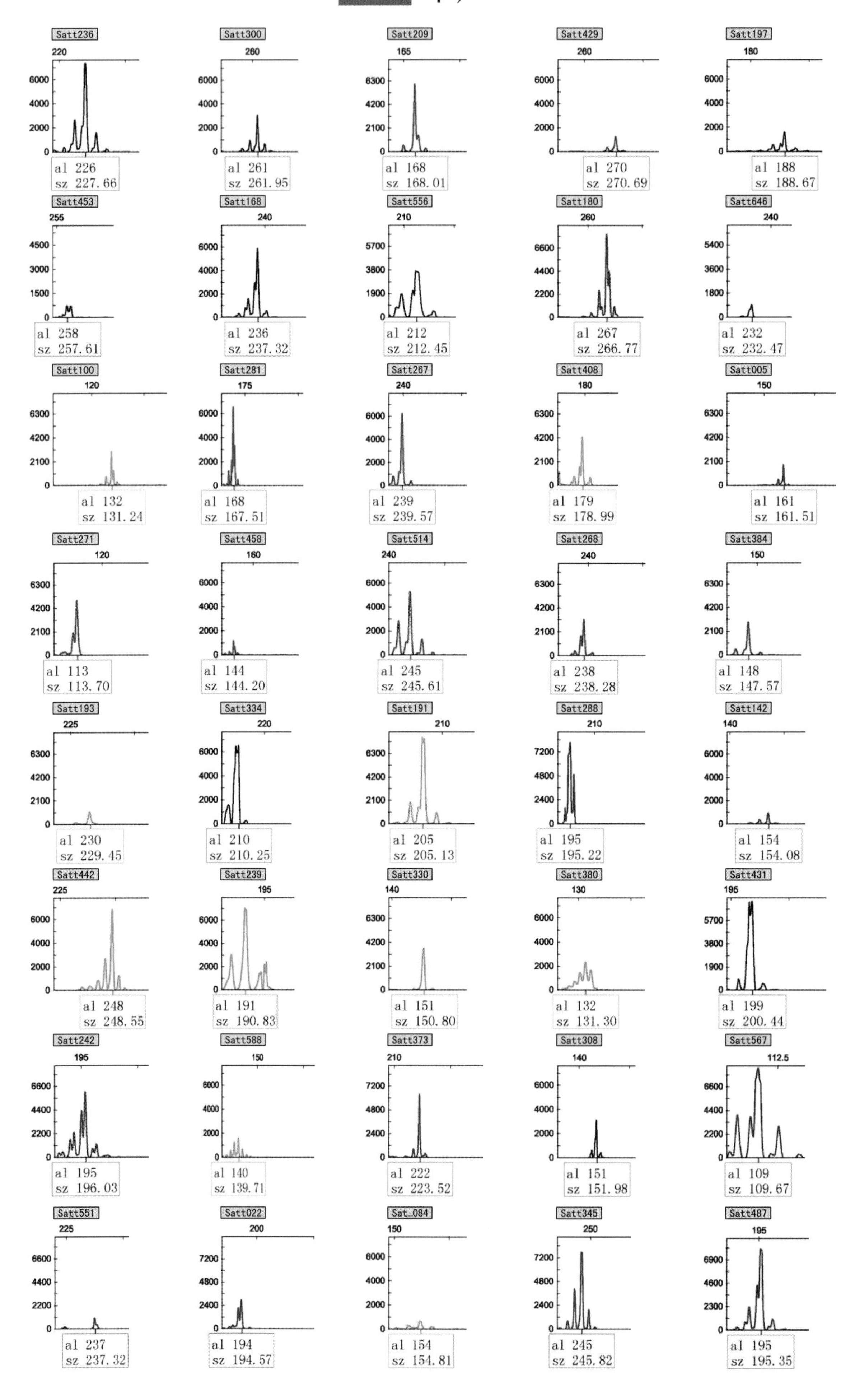
Satt236
al 226
sz 227.66
Satt300
al 261
sz 261.95
Satt209
al 168
sz 168.01
Satt429
al 270
sz 270.69
Satt197
al 188
sz 188.67
Satt453
al 258
sz 257.61
Satt168
al 236
sz 237.32
Satt556
al 212
sz 212.45
Satt180
al 267
sz 266.77
Satt646
al 232
sz 232.47
Satt100
al 132
sz 131.24
Satt281
al 168
sz 167.51
Satt267
al 239
sz 239.57
Satt408
al 179
sz 178.99
Satt005
al 161
sz 161.51
Satt271
al 113
sz 113.70
Satt458
al 144
sz 144.20
Satt514
al 245
sz 245.61
Satt268
al 238
sz 238.28
Satt384
al 148
sz 147.57
Satt193
al 230
sz 229.45
Satt334
al 210
sz 210.25
Satt191
al 205
sz 205.13
Satt288
al 195
sz 195.22
Satt142
al 154
sz 154.08
Satt442
al 248
sz 248.55
Satt239
al 191
sz 190.83
Satt330
al 151
sz 150.80
Satt380
al 132
sz 131.30
Satt431
al 199
sz 200.44
Satt242
al 195
sz 196.03
Satt588
al 140
sz 139.71
Satt373
al 222
sz 223.52
Satt308
al 151
sz 151.98
Satt567
al 109
sz 109.67
Satt551
al 237
sz 237.32
Satt022
al 194
sz 194.57
Sat_084
al 154
sz 154.81
Satt345
al 245
sz 245.82
Satt487
al 195
sz 195.35

157 华严 0955

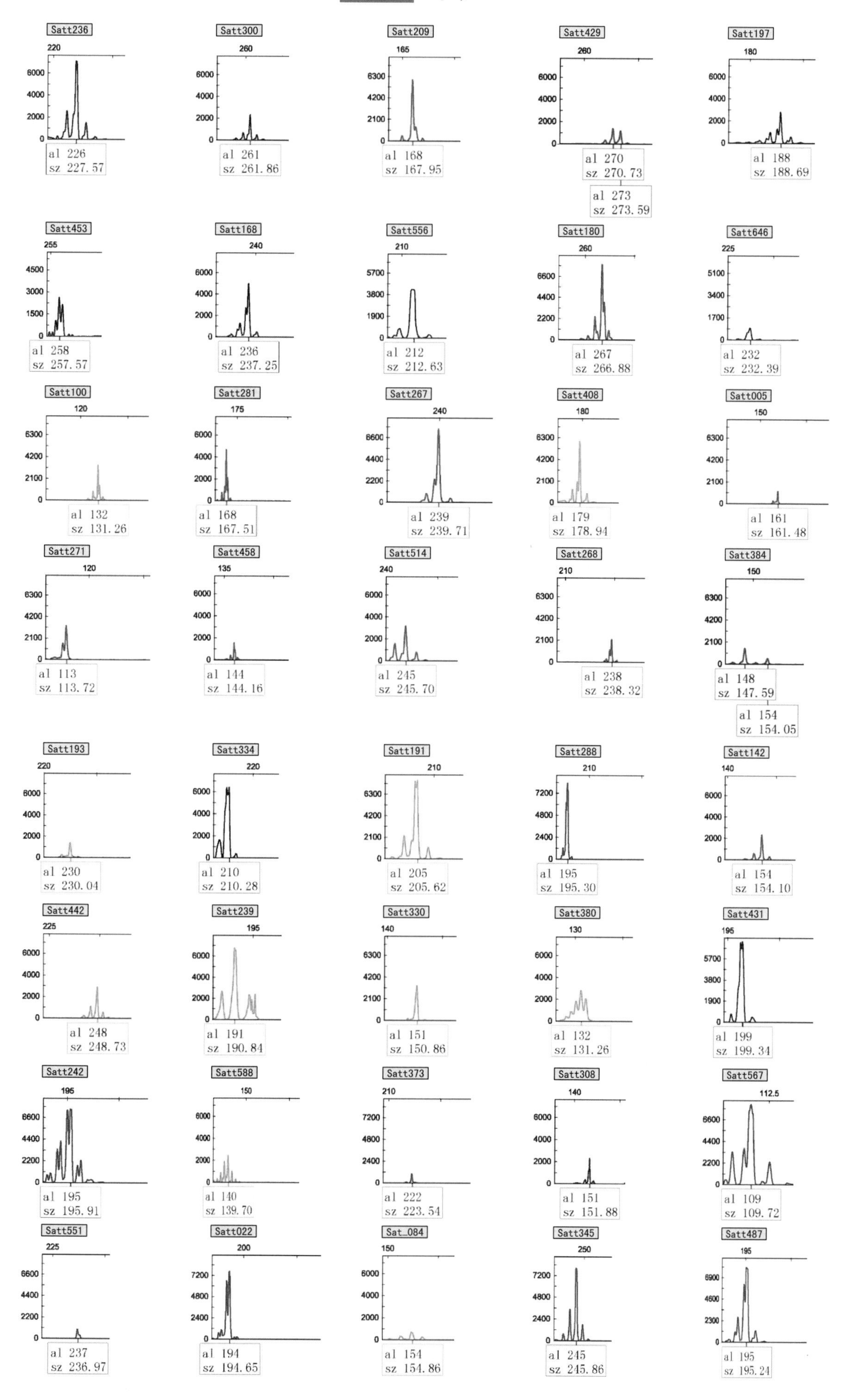
Satt236
al 226
sz 227.57
Satt300
al 261
sz 261.86
Satt209
al 168
sz 167.95
Satt429
al 270
sz 270.73
al 273
sz 273.59
Satt197
al 188
sz 188.69
Satt453
al 258
sz 257.57
Satt168
al 236
sz 237.25
Satt556
al 212
sz 212.63
Satt180
al 267
sz 266.88
Satt646
al 232
sz 232.39
Satt100
al 132
sz 131.26
Satt281
al 168
sz 167.51
Satt267
al 239
sz 239.71
Satt408
al 179
sz 178.94
Satt005
al 161
sz 161.48
Satt271
al 113
sz 113.72
Satt458
al 144
sz 144.16
Satt514
al 245
sz 245.70
Satt268
al 238
sz 238.32
Satt384
al 148
sz 147.59
al 154
sz 154.05
Satt193
al 230
sz 230.04
Satt334
al 210
sz 210.28
Satt191
al 205
sz 205.62
Satt288
al 195
sz 195.30
Satt142
al 154
sz 154.10
Satt442
al 248
sz 248.73
Satt239
al 191
sz 190.84
Satt330
al 151
sz 150.86
Satt380
al 132
sz 131.26
Satt431
al 199
sz 199.34
Satt242
al 195
sz 195.91
Satt588
al 140
sz 139.70
Satt373
al 222
sz 223.54
Satt308
al 151
sz 151.88
Satt567
al 109
sz 109.72
Satt551
al 237
sz 236.97
Satt022
al 194
sz 194.65
Sat_084
al 154
sz 154.86
Satt345
al 245
sz 245.86
Satt487
al 195
sz 195.24

158 华严 286 号

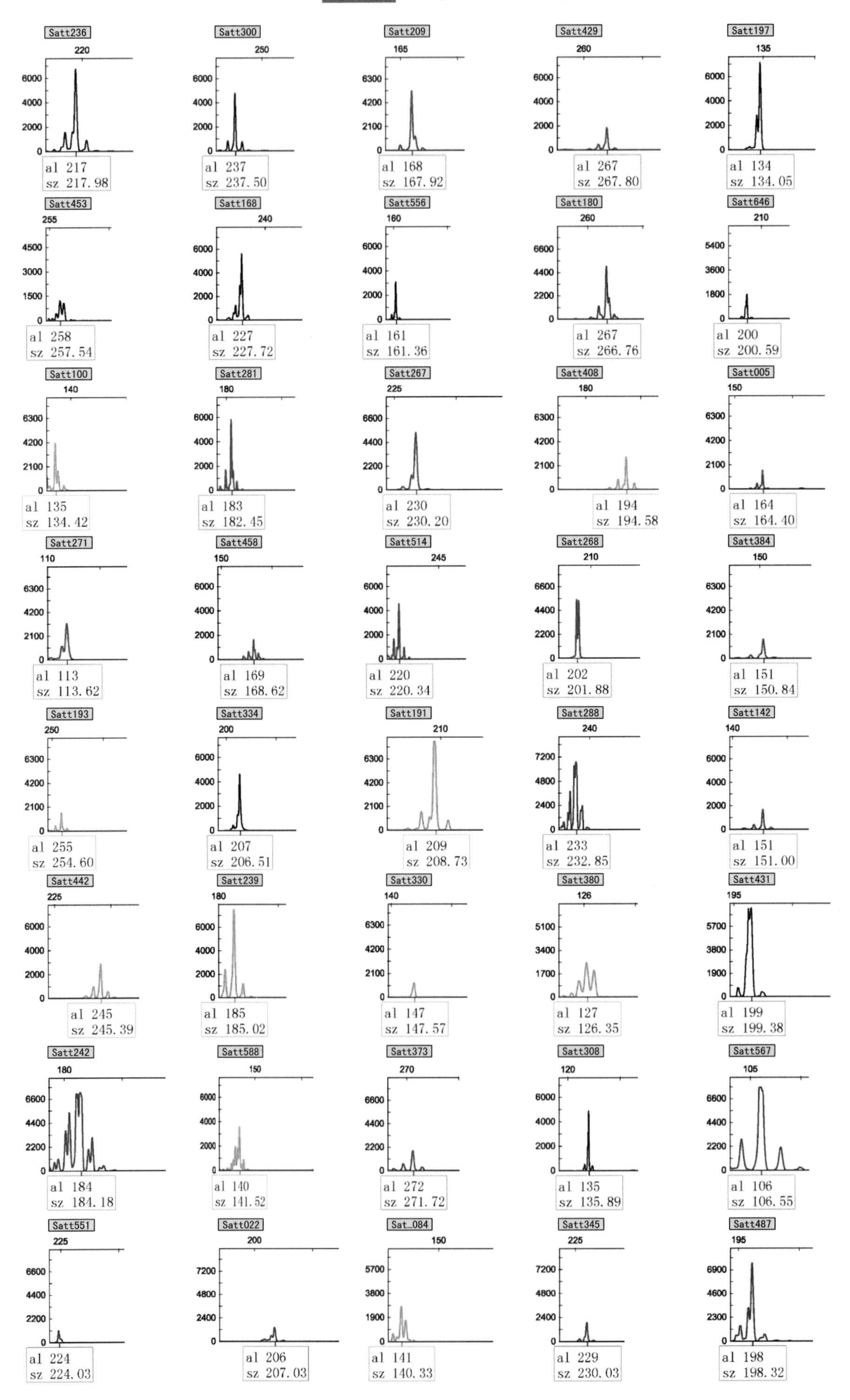

Satt236
al 217
sz 217.98
Satt300
al 237
sz 237.50
Satt209
al 168
sz 167.92
Satt429
al 267
sz 267.80
Satt197
al 134
sz 134.05
Satt453
al 258
sz 257.54
Satt168
al 227
sz 227.72
Satt556
al 161
sz 161.36
Satt180
al 267
sz 266.76
Satt646
al 200
sz 200.59
Satt100
al 135
sz 134.42
Satt281
al 183
sz 182.45
Satt267
al 230
sz 230.20
Satt408
al 194
sz 194.58
Satt005
al 164
sz 164.40
Satt271
al 113
sz 113.62
Satt458
al 169
sz 168.62
Satt514
al 220
sz 220.34
Satt268
al 202
sz 201.88
Satt384
al 151
sz 150.84
Satt193
al 255
sz 254.60
Satt334
al 207
sz 206.51
Satt191
al 209
sz 208.73
Satt288
al 233
sz 232.85
Satt142
al 151
sz 151.00
Satt442
al 245
sz 245.39
Satt239
al 185
sz 185.02
Satt330
al 147
sz 147.57
Satt380
al 127
sz 126.35
Satt431
al 199
sz 199.38
Satt242
al 184
sz 184.18
Satt588
al 140
sz 141.52
Satt373
al 272
sz 271.72
Satt308
al 135
sz 135.89
Satt567
al 106
sz 106.55
Satt551
al 224
sz 224.03
Satt022
al 206
sz 207.03
Sat_084
al 141
sz 140.33
Satt345
al 229
sz 230.03
Satt487
al 198
sz 198.32

159 华严 2 号

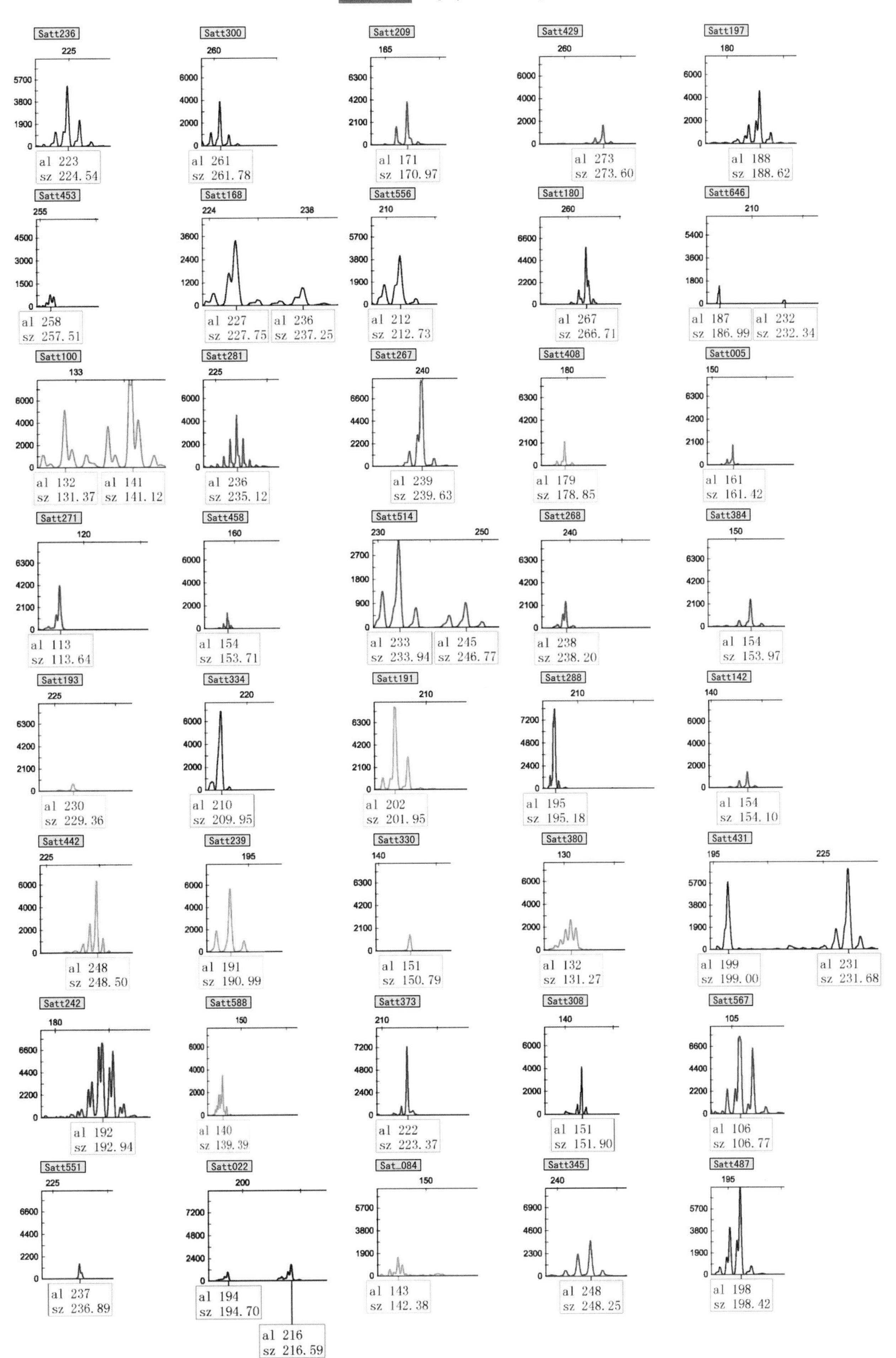
Satt236
al 223
sz 224.54
Satt300
al 261
sz 261.78
Satt209
al 171
sz 170.97
Satt429
al 273
sz 273.60
Satt197
al 188
sz 188.62
Satt453
al 258
sz 257.51
Satt168
al 227
sz 227.75
al 236
sz 237.25
Satt556
al 212
sz 212.73
Satt180
al 267
sz 266.71
Satt646
al 187
sz 186.99
al 232
sz 232.34
Satt100
al 132
sz 131.37
al 141
sz 141.12
Satt281
al 236
sz 235.12
Satt267
al 239
sz 239.63
Satt408
al 179
sz 178.85
Satt005
al 161
sz 161.42
Satt271
al 113
sz 113.64
Satt458
al 154
sz 153.71
Satt514
al 233
sz 233.94
al 245
sz 246.77
Satt268
al 238
sz 238.20
Satt384
al 154
sz 153.97
Satt193
al 230
sz 229.36
Satt334
al 210
sz 209.95
Satt191
al 202
sz 201.95
Satt288
al 195
sz 195.18
Satt142
al 154
sz 154.10
Satt442
al 248
sz 248.50
Satt239
al 191
sz 190.99
Satt330
al 151
sz 150.79
Satt380
al 132
sz 131.27
Satt431
al 199
sz 199.00
al 231
sz 231.68
Satt242
al 192
sz 192.94
Satt588
al 140
sz 139.39
Satt373
al 222
sz 223.37
Satt308
al 151
sz 151.90
Satt567
al 106
sz 106.77
Satt551
al 237
sz 236.89
Satt022
al 194
sz 194.70
al 216
sz 216.59
Sat_084
al 143
sz 142.38
Satt345
al 248
sz 248.25
Satt487
al 198
sz 198.42

160 华严 3 号

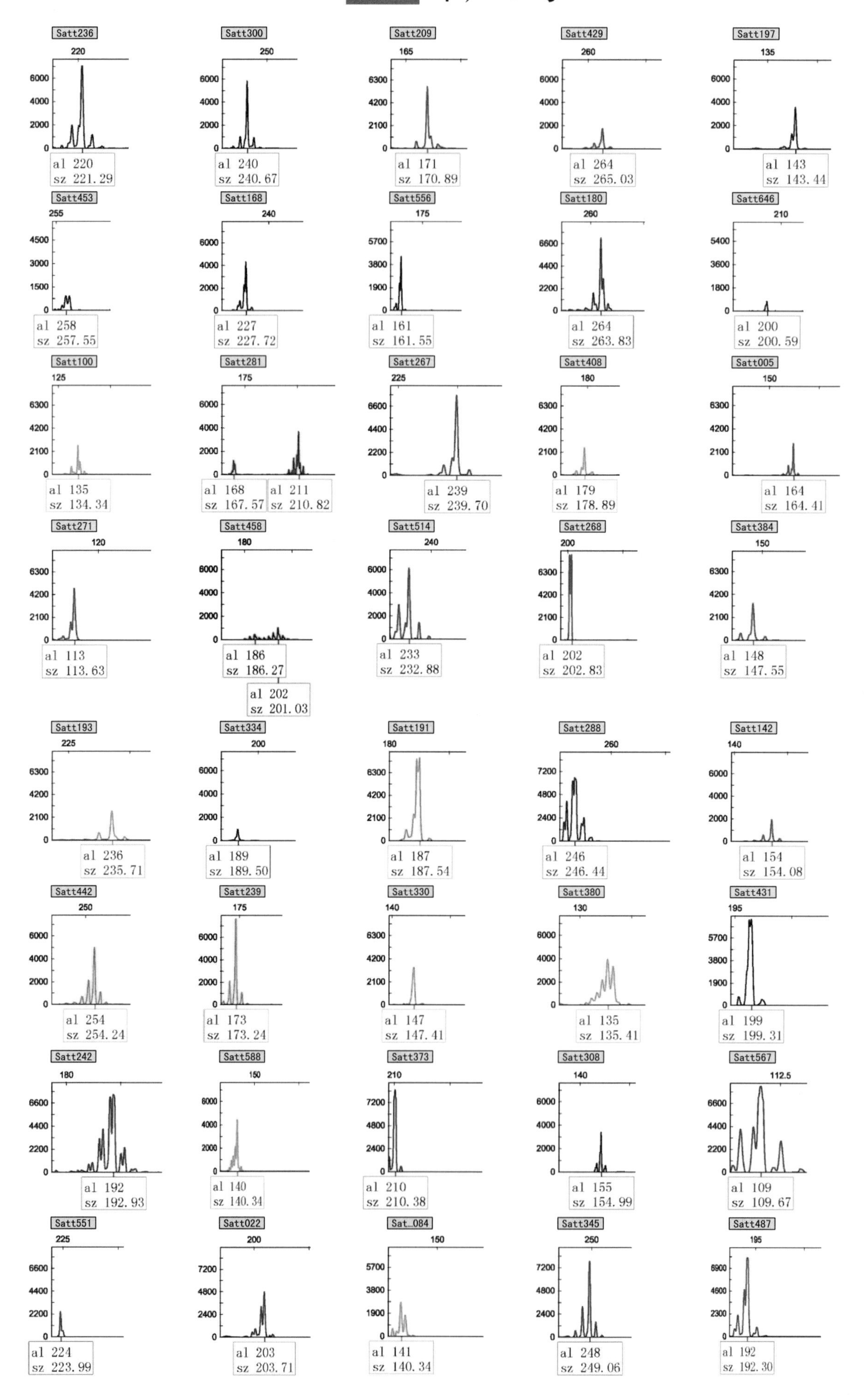
Satt236
al 220
sz 221.29
Satt300
al 240
sz 240.67
Satt209
al 171
sz 170.89
Satt429
al 264
sz 265.03
Satt197
al 143
sz 143.44
Satt453
al 258
sz 257.55
Satt168
al 227
sz 227.72
Satt556
al 161
sz 161.55
Satt180
al 264
sz 263.83
Satt646
al 200
sz 200.59
Satt100
al 135
sz 134.34
Satt281
al 168
sz 167.57
al 211
sz 210.82
Satt267
al 239
sz 239.70
Satt408
al 179
sz 178.89
Satt005
al 164
sz 164.41
Satt271
al 113
sz 113.63
Satt458
al 186
sz 186.27
al 202
sz 201.03
Satt514
al 233
sz 232.88
Satt268
al 202
sz 202.83
Satt384
al 148
sz 147.55
Satt193
al 236
sz 235.71
Satt334
al 189
sz 189.50
Satt191
al 187
sz 187.54
Satt288
al 246
sz 246.44
Satt142
al 154
sz 154.08
Satt442
al 254
sz 254.24
Satt239
al 173
sz 173.24
Satt330
al 147
sz 147.41
Satt380
al 135
sz 135.41
Satt431
al 199
sz 199.31
Satt242
al 192
sz 192.93
Satt588
al 140
sz 140.34
Satt373
al 210
sz 210.38
Satt308
al 155
sz 154.99
Satt567
al 109
sz 109.67
Satt551
al 224
sz 223.99
Satt022
al 203
sz 203.71
Sat_084
al 141
sz 140.34
Satt345
al 248
sz 249.06
Satt487
al 192
sz 192.30

161 华严 94 号

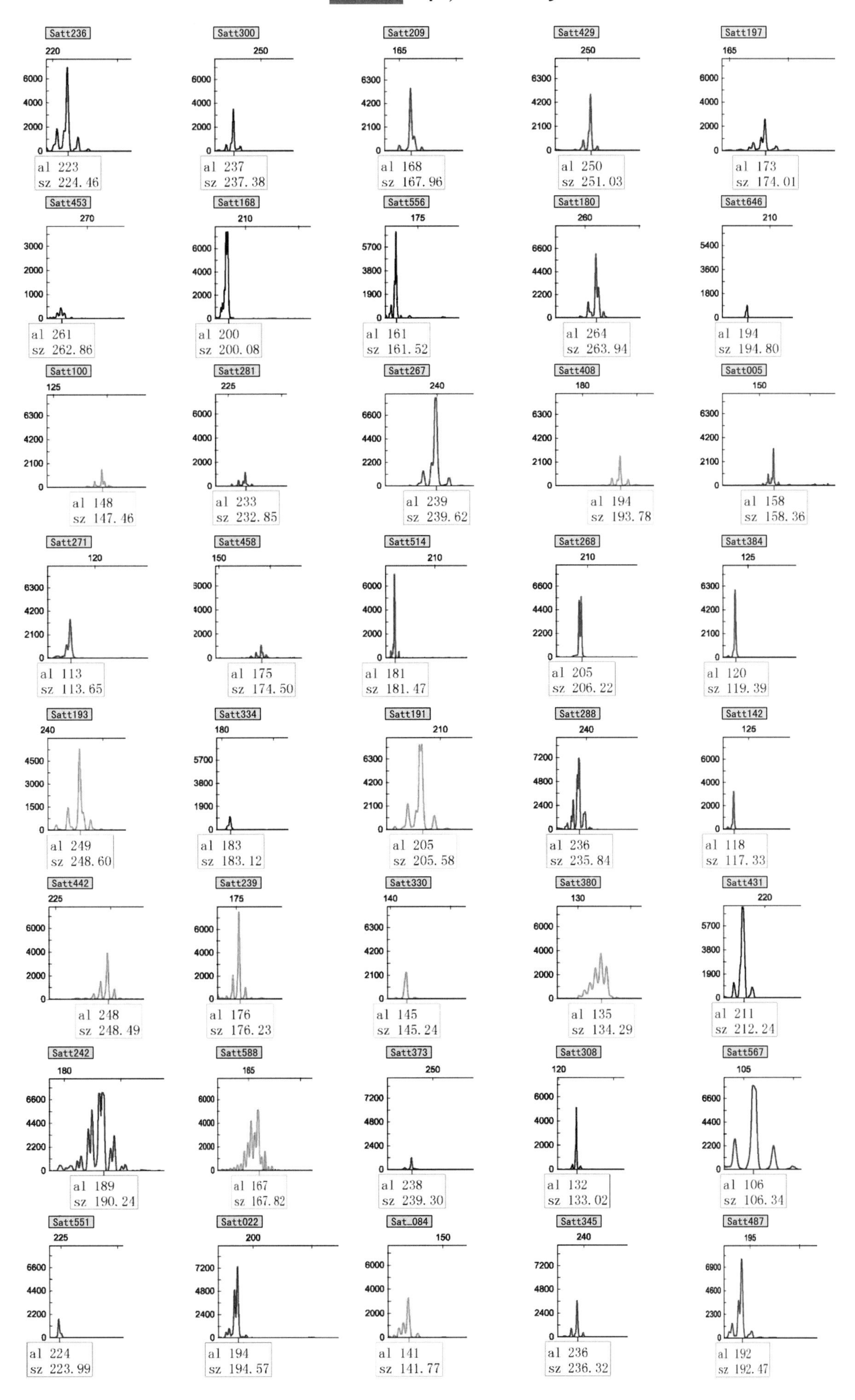
Satt236
al 223
sz 224.46
Satt300
al 237
sz 237.38
Satt209
al 168
sz 167.96
Satt429
al 250
sz 251.03
Satt197
al 173
sz 174.01
Satt453
al 261
sz 262.86
Satt168
al 200
sz 200.08
Satt556
al 161
sz 161.52
Satt180
al 264
sz 263.94
Satt646
al 194
sz 194.80
Satt100
al 148
sz 147.46
Satt281
al 233
sz 232.85
Satt267
al 239
sz 239.62
Satt408
al 194
sz 193.78
Satt005
al 158
sz 158.36
Satt271
al 113
sz 113.65
Satt458
al 175
sz 174.50
Satt514
al 181
sz 181.47
Satt268
al 205
sz 206.22
Satt384
al 120
sz 119.39
Satt193
al 249
sz 248.60
Satt334
al 183
sz 183.12
Satt191
al 205
sz 205.58
Satt288
al 236
sz 235.84
Satt142
al 118
sz 117.33
Satt442
al 248
sz 248.49
Satt239
al 176
sz 176.23
Satt330
al 145
sz 145.24
Satt380
al 135
sz 134.29
Satt431
al 211
sz 212.24
Satt242
al 189
sz 190.24
Satt588
al 167
sz 167.82
Satt373
al 238
sz 239.30
Satt308
al 132
sz 133.02
Satt567
al 106
sz 106.34
Satt551
al 224
sz 223.99
Satt022
al 194
sz 194.57
Sat_084
al 141
sz 141.77
Satt345
al 236
sz 236.32
Satt487
al 192
sz 192.47

162 衢鲜 3 号

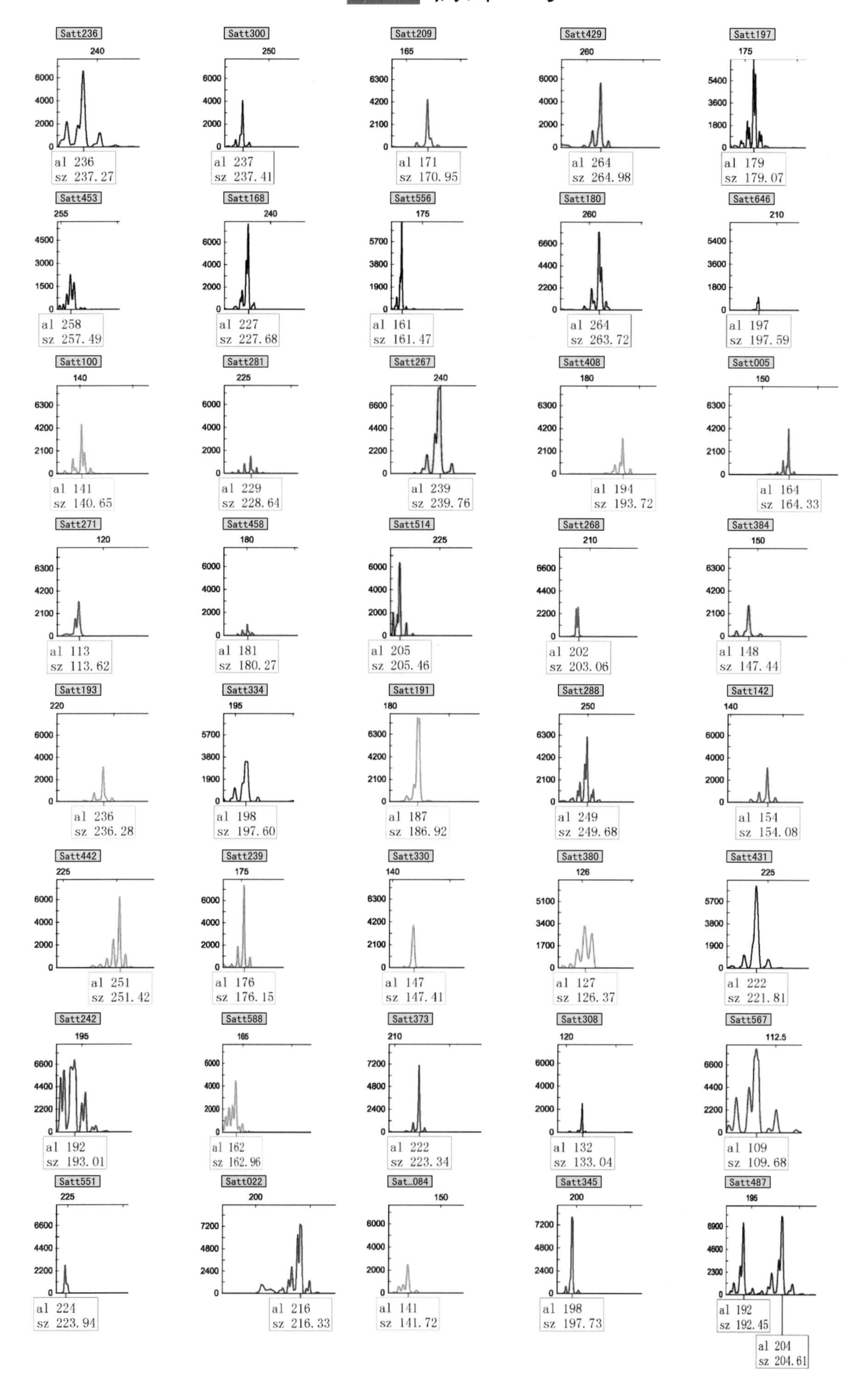
Satt236
240
al 236
sz 237.27
Satt300
250
al 237
sz 237.41
Satt209
165
al 171
sz 170.95
Satt429
260
al 264
sz 264.98
Satt197
175
al 179
sz 179.07
Satt453
255
al 258
sz 257.49
Satt168
240
al 227
sz 227.68
Satt556
175
al 161
sz 161.47
Satt180
260
al 264
sz 263.72
Satt646
210
al 197
sz 197.59
Satt100
140
al 141
sz 140.65
Satt281
225
al 229
sz 228.64
Satt267
240
al 239
sz 239.76
Satt408
180
al 194
sz 193.72
Satt005
150
al 164
sz 164.33
Satt271
120
al 113
sz 113.62
Satt458
180
al 181
sz 180.27
Satt514
225
al 205
sz 205.46
Satt268
210
al 202
sz 203.06
Satt384
150
al 148
sz 147.44
Satt193
220
al 236
sz 236.28
Satt334
195
al 198
sz 197.60
Satt191
180
al 187
sz 186.92
Satt288
250
al 249
sz 249.68
Satt142
140
al 154
sz 154.08
Satt442
225
al 251
sz 251.42
Satt239
175
al 176
sz 176.15
Satt330
140
al 147
sz 147.41
Satt380
126
al 127
sz 126.37
Satt431
225
al 222
sz 221.81
Satt242
195
al 192
sz 193.01
Satt588
165
al 162
sz 162.96
Satt373
210
al 222
sz 223.34
Satt308
120
al 132
sz 133.04
Satt567
112.5
al 109
sz 109.68
Satt551
225
al 224
sz 223.94
Satt022
200
al 216
sz 216.33
Sat_084
150
al 141
sz 141.72
Satt345
200
al 198
sz 197.73
Satt487
195
al 192
sz 192.45
al 204
sz 204.61

163 浙鲜豆 8 号

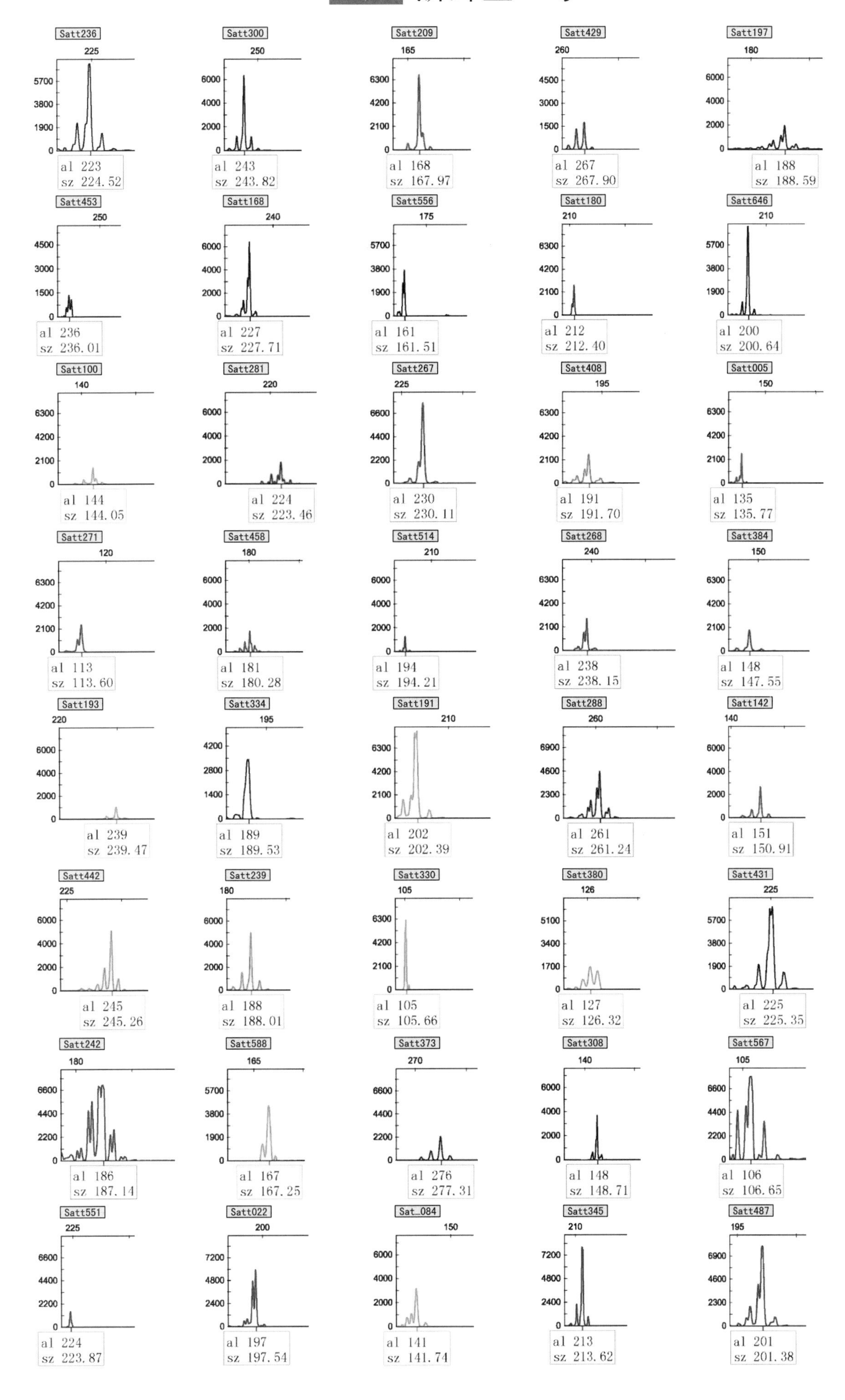
Satt236
225
al 223
sz 224.52
Satt300
250
al 243
sz 243.82
Satt209
165
al 168
sz 167.97
Satt429
260
al 267
sz 267.90
Satt197
180
al 188
sz 188.59
Satt453
250
al 236
sz 236.01
Satt168
240
al 227
sz 227.71
Satt556
175
al 161
sz 161.51
Satt180
210
al 212
sz 212.40
Satt646
210
al 200
sz 200.64
Satt100
140
al 144
sz 144.05
Satt281
220
al 224
sz 223.46
Satt267
225
al 230
sz 230.11
Satt408
195
al 191
sz 191.70
Satt005
150
al 135
sz 135.77
Satt271
120
al 113
sz 113.60
Satt458
180
al 181
sz 180.28
Satt514
210
al 194
sz 194.21
Satt268
240
al 238
sz 238.15
Satt384
150
al 148
sz 147.55
Satt193
220
al 239
sz 239.47
Satt334
195
al 189
sz 189.53
Satt191
210
al 202
sz 202.39
Satt288
260
al 261
sz 261.24
Satt142
140
al 151
sz 150.91
Satt442
225
al 245
sz 245.26
Satt239
180
al 188
sz 188.01
Satt330
105
al 105
sz 105.66
Satt380
126
al 127
sz 126.32
Satt431
225
al 225
sz 225.35
Satt242
180
al 186
sz 187.14
Satt588
165
al 167
sz 167.25
Satt373
270
al 276
sz 277.31
Satt308
140
al 148
sz 148.71
Satt567
105
al 106
sz 106.65
Satt551
225
al 224
sz 223.87
Satt022
200
al 197
sz 197.54
Sat_084
150
al 141
sz 141.74
Satt345
210
al 213
sz 213.62
Satt487
195
al 201
sz 201.38

164 滋身源 1 号

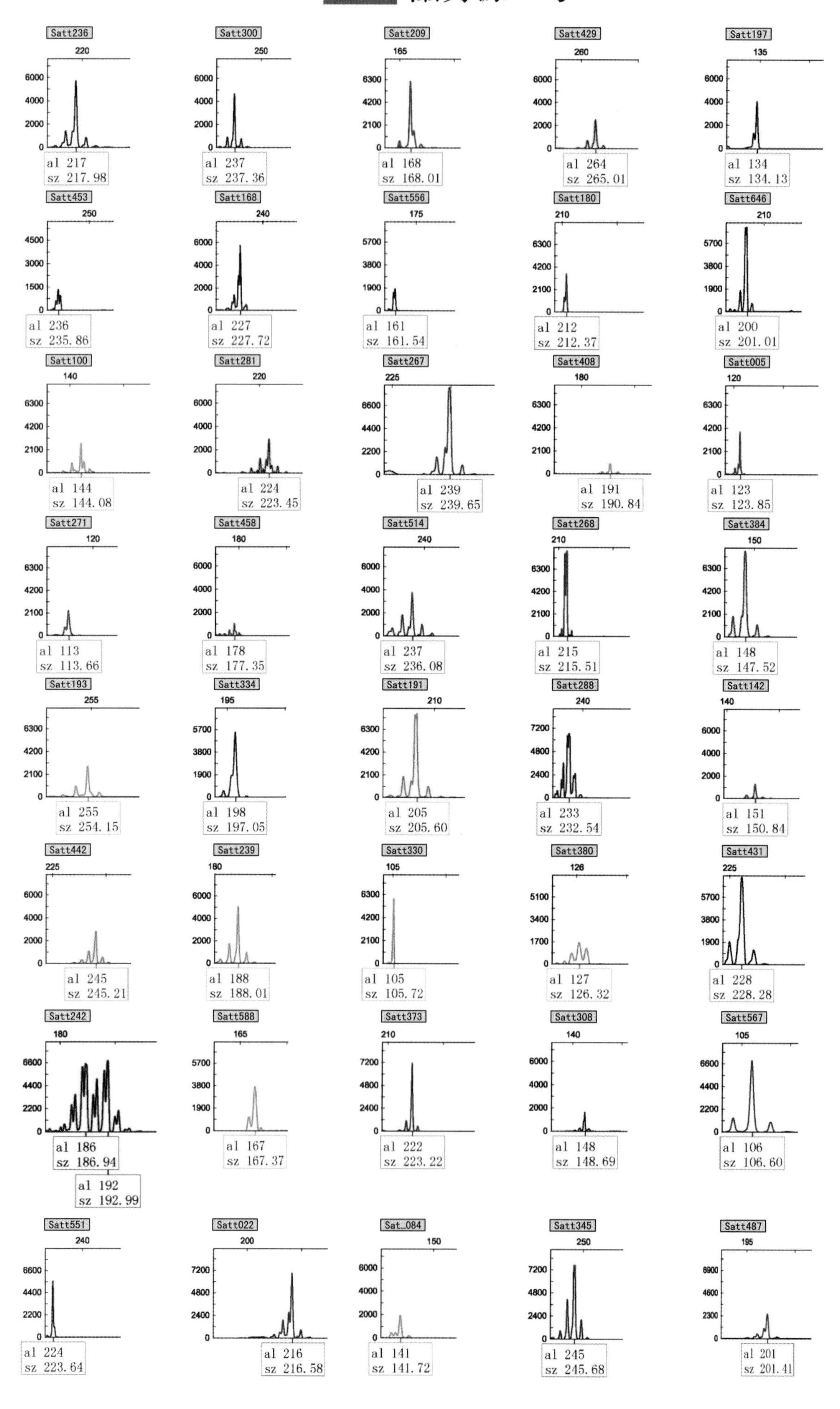
Satt236
al 217
sz 217.98
Satt300
al 237
sz 237.36
Satt209
al 168
sz 168.01
Satt429
al 264
sz 265.01
Satt197
al 134
sz 134.13
Satt453
al 236
sz 235.86
Satt168
al 227
sz 227.72
Satt556
al 161
sz 161.54
Satt180
al 212
sz 212.37
Satt646
al 200
sz 201.01
Satt100
al 144
sz 144.08
Satt281
al 224
sz 223.45
Satt267
al 239
sz 239.65
Satt408
al 191
sz 190.84
Satt005
al 123
sz 123.85
Satt271
al 113
sz 113.66
Satt458
al 178
sz 177.35
Satt514
al 237
sz 236.08
Satt268
al 215
sz 215.51
Satt384
al 148
sz 147.52
Satt193
al 255
sz 254.15
Satt334
al 198
sz 197.05
Satt191
al 205
sz 205.60
Satt288
al 233
sz 232.54
Satt142
al 151
sz 150.84
Satt442
al 245
sz 245.21
Satt239
al 188
sz 188.01
Satt330
al 105
sz 105.72
Satt380
al 127
sz 126.32
Satt431
al 228
sz 228.28
Satt242
al 186
sz 186.94
al 192
sz 192.99
Satt588
al 167
sz 167.37
Satt373
al 222
sz 223.22
Satt308
al 148
sz 148.69
Satt567
al 106
sz 106.60
Satt551
al 224
sz 223.64
Satt022
al 216
sz 216.58
Sat_084
al 141
sz 141.72
Satt345
al 245
sz 245.68
Satt487
al 201
sz 201.41

165 滋身源 2 号

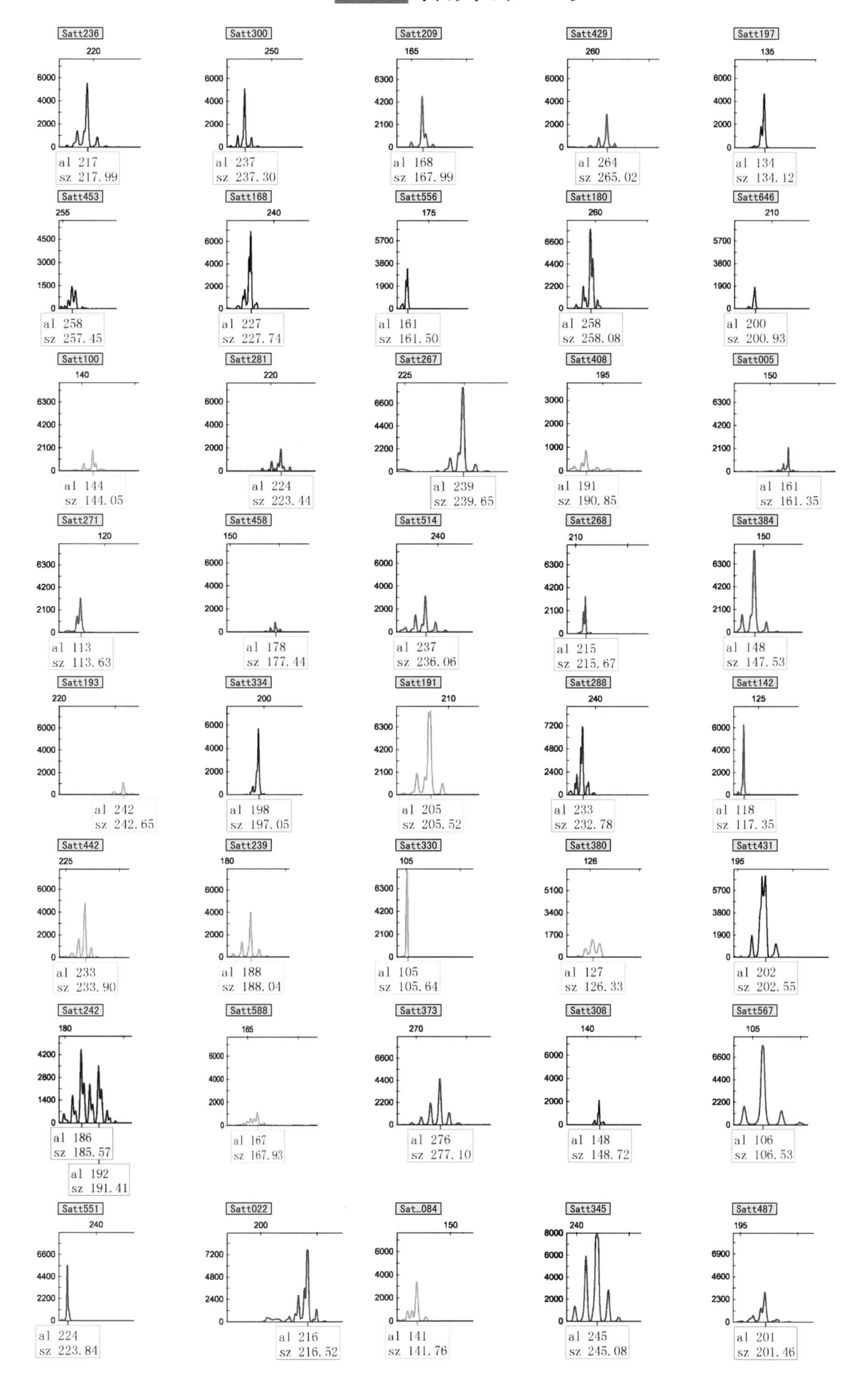
Satt236
al 217
sz 217.99
Satt300
al 237
sz 237.30
Satt209
al 168
sz 167.99
Satt429
al 264
sz 265.02
Satt197
al 134
sz 134.12
Satt453
al 258
sz 257.45
Satt168
al 227
sz 227.74
Satt556
al 161
sz 161.50
Satt180
al 258
sz 258.08
Satt646
al 200
sz 200.93
Satt100
al 144
sz 144.05
Satt281
al 224
sz 223.44
Satt267
al 239
sz 239.65
Satt408
al 191
sz 190.85
Satt005
al 161
sz 161.35
Satt271
al 113
sz 113.63
Satt458
al 178
sz 177.44
Satt514
al 237
sz 236.06
Satt268
al 215
sz 215.67
Satt384
al 148
sz 147.53
Satt193
al 242
sz 242.65
Satt334
al 198
sz 197.05
Satt191
al 205
sz 205.52
Satt288
al 233
sz 232.78
Satt142
al 118
sz 117.35
Satt442
al 233
sz 233.90
Satt239
al 188
sz 188.04
Satt330
al 105
sz 105.64
Satt380
al 127
sz 126.33
Satt431
al 202
sz 202.55
Satt242
al 186
sz 185.57
al 192
sz 191.41
Satt588
al 167
sz 167.93
Satt373
al 276
sz 277.10
Satt308
al 148
sz 148.72
Satt567
al 106
sz 106.53
Satt551
al 224
sz 223.84
Satt022
al 216
sz 216.52
Sat_084
al 141
sz 141.76
Satt345
al 245
sz 245.08
Satt487
al 201
sz 201.46

第二部分

指纹数据表及实验相关信息

1 165份大豆品种信息

165份大豆品种信息见表1。

表1 165份大豆品种信息

序号	品种名称	保藏编号	选育/申报单位
1	科龙188	XIN19672	安徽皖垦种业股份有限公司
2	蒙1001	XIN17182	安徽省农业科学院作物研究所
3	蒙1101	XIN17180	安徽省农业科学院作物研究所
4	蒙1102	XIN20604	安徽省农业科学院作物研究所
5	皖豆31	XIN17178	安徽省农业科学院作物研究所
6	皖豆33	XIN19260	安徽省农业科学院作物研究所
7	皖豆34	XIN19364	安徽省农业科学院作物研究所
8	皖豆35	XIN20633	安徽省农业科学院作物研究所
9	皖宿2156	XIN17550	宿州市农业科学院
10	皖宿5717	XIN17994	宿州市农业科学院
11	益科豆112	XIN19362	—
12	保豆3号	XIN16549	河北农业大学
13	冀豆22	XIN17588	河北省农林科学院粮油作物研究所
14	北农106	XIN16554	北京农学院
15	北农107	XIN16556	北京农学院
16	北农108	XIN16557	北京农学院
17	中黄66	XIN18257	中国农业科学院作物科学研究所
18	中黄68	XIN19265	中国农业科学院作物科学研究所
19	中黄688	XIN18982	中国农业科学院作物科学研究所
20	中黄70	XIN18259	中国农业科学院作物科学研究所
21	中黄74	XIN18255	中国农业科学院作物科学研究所
22	中黄75	XIN20208	中国农业科学院作物科学研究所
23	濮豆857	XIN21195	濮阳市农业科学院
24	濮豆955	XIN22531	濮阳市农业科学院
25	商豆14号	XIN18038	商丘市农林科学院
26	辛豆12	XIN20692	—
27	永育1号	XIN22498	永城市永民种植专业合作社
28	郑7051	XIN16800	河南省农业科学院
29	郑滑1号	XIN20123	—
30	周豆23号	XIN19264	周口市农业科学院
31	北豆28	XIN09481	黑龙江省农垦科研育种中心华疆科研所
32	北豆40	XIN19773	北安市华疆种业有限责任公司
33	北豆42	XIN19775	北安市华疆种业有限责任公司
34	北豆51	XIN19777	黑龙江省农垦科研育种中心华疆科研所
35	北豆52	XIN19380	北大荒垦丰种业股份有限公司
36	北豆53	XIN19373	北大荒垦丰种业股份有限公司
37	北豆54	XIN19378	北大荒垦丰种业股份有限公司
38	北豆56	XIN19374	北大荒垦丰种业股份有限公司

（续）

序号	品种名称	保藏编号	选育/申报单位
39	北豆 57	XIN19372	北大荒垦丰种业股份有限公司
40	北兴 1 号	XIN20073	孙吴县北早种业有限责任公司
41	北兴 2 号	XIN19382	孙吴县北早种业有限责任公司
42	登科 5 号	XIN21960	五大连池市富民种子有限公司
43	登科 7 号	XIN22495	五大连池市富民种子有限公司
44	登科 8 号	XIN21958	五大连池市富民种子有限公司
45	东农 3399	XIN17931	东北农业大学
46	东农 51	XIN06639	东北农业大学
47	东农 53	XIN06640	东北农业大学
48	东农 56	XIN20402	东北农业大学
49	东农 59	XIN20405	东北农业大学
50	东农 60	XIN20403	东北农业大学
51	东农豆 251	XIN22502	东北农业大学
52	东农豆 252	XIN22503	东北农业大学
53	东农豆 253	XIN22501	东北农业大学
54	东生 5 号	XIN16672	中国科学院东北地理与农业生态研究所
55	东生 6 号	XIN16674	中国科学院东北地理与农业生态研究所
56	东生 7 号	XIN16676	中国科学院东北地理与农业生态研究所
57	广兴黑大豆 1 号	XIN13982	—
58	合农 63	XIN14029	黑龙江省农业科学院佳木斯分院
59	黑河 44	XIN19641	黑龙江省农业科学院黑河分院
60	黑河 50	XIN09891	黑龙江省农业科学院黑河分院
61	黑河 51	XIN09889	黑龙江省农业科学院黑河分院
62	黑科 56 号	XIN18621	黑龙江省农业科学院黑河分院
63	黑农 57	XIN08283	黑龙江省农业科学院大豆研究所
64	黑农 58	XIN08252	黑龙江省农业科学院大豆研究所
65	黑农 69	XIN16316	黑龙江省农业科学院大豆研究所
66	金源 1 号	XIN01797	黑龙江省农业科学院黑河农业科学研究所
67	金源 55 号	XIN15537	黑龙江省农业科学院黑河农业科学研究所
68	垦保 1 号	XIN18965	北大荒垦丰种业股份有限公司
69	垦保 2 号	XIN18798	北大荒垦丰种业股份有限公司
70	垦保小粒豆 1 号	XIN20075	北大荒垦丰种业股份有限公司
71	垦豆 25	XIN10695	黑龙江省农垦科学院
72	垦豆 31	XIN16519	黑龙江省农垦科学院
73	垦豆 33	XIN16517	黑龙江省农垦科学院
74	垦豆 34	XIN18570	黑龙江省农垦科学院
75	垦豆 35	XIN18436	黑龙江省农垦科学院
76	垦豆 36	XIN18572	黑龙江省农垦科学院
77	垦豆 37	XIN19366	黑龙江省农垦科学院
78	垦豆 38	XIN19368	黑龙江省农垦科学院
79	垦豆 39	XIN19370	黑龙江省农垦科学院
80	龙达 1 号	XIN19770	北安市大龙种业有限责任公司

（续）

序号	品种名称	保藏编号	选育/申报单位
81	龙豆 4 号	XIN17560	黑龙江省农业科学院作物育种研究所
82	龙豆 5 号	XIN17868	黑龙江省农业科学院作物育种研究所
83	龙黄 1 号	XIN13798	黑龙江省葳锦科技有限责任公司
84	龙黄 2 号	XIN17165	黑龙江省葳锦科技有限责任公司
85	龙垦 332	XIN21318	北大荒垦丰种业股份有限公司
86	龙垦 335	XIN21316	北大荒垦丰种业股份有限公司
87	牡 602	XIN18829	中国科学院东北地理与农业生态研究所
88	牡豆 8 号	XIN16798	黑龙江省农业科学院牡丹江分院
89	穆选 1 号	XIN20087	穆棱市丰源种子有限责任公司
90	嫩奥 1 号	XIN20406	嫩江县远东种业有限责任公司
91	嫩奥 2 号	XIN20408	嫩江县远东种业有限责任公司
92	嫩奥 4 号	XIN20410	嫩江县远东种业有限责任公司
93	嫩奥 5 号	XIN20411	嫩江县远东种业有限责任公司
94	农菁豆 1 号	XIN10205	黑龙江省农业科学院草业研究所
95	农菁豆 2 号	XIN10203	黑龙江省农业科学院草业研究所
96	绥农 23	XIN04290	黑龙江省农业科学院绥化分院
97	绥农 24	XIN06425	黑龙江省农业科学院绥化分院
98	绥农 25	XIN05995	黑龙江省农业科学院绥化分院
99	绥农 26	XIN07896	黑龙江省农业科学院绥化分院
100	绥农 32	XIN16310	黑龙江省农业科学院绥化分院
101	绥农 33	XIN16312	黑龙江省农业科学院绥化分院
102	绥农 34	XIN16308	黑龙江省农业科学院绥化分院
103	绥农 35	XIN16306	黑龙江省农业科学院绥化分院
104	绥农 36	XIN18594	黑龙江省农业科学院绥化分院
105	绥农 37	XIN18596	黑龙江省农业科学院绥化分院
106	绥农 38	XIN18598	黑龙江省农业科学院绥化分院
107	绥农 39	XIN18600	黑龙江省农业科学院绥化分院
108	绥无腥豆 2 号	XIN16314	黑龙江省农业科学院绥化分院
109	五豆 188	XIN21956	五大连池市富民种子有限公司
110	先农 1 号	XIN18079	—
111	长密豆 30 号	XIN21484	长春市农业科学院
112	长农 26	XIN21482	长春市农业科学院
113	长农 27 号	XIN21013	长春市农业科学院
114	吉大豆 3 号	XIN17583	吉林大学
115	吉恢 100 号	XIN15287	吉林省农业科学院
116	吉农 17	XIN05461	吉林农业大学
117	吉农 28	XIN16551	吉林农业大学
118	吉农 31	XIN16552	吉林农业大学
119	吉育 35	XIN00255	吉林省农业科学院
120	吉育 99	XIN16304	吉林省农业科学院
121	九农 22 号	XIN01061	吉林市农业科学院
122	牡试 401	XIN18831	南京农业大学

（续）

序号	品种名称	保藏编号	选育/申报单位
123	南农 99－10	XIN03902	南京农业大学
124	苏豆 7 号	XIN19121	江苏省农业科学院
125	徐豆 20	XIN21193	江苏徐淮地区徐州农业科学研究所
126	徐豆 21	XIN21194	江苏徐淮地区徐州农业科学研究所
127	铁豆 36 号	XIN05701	铁岭市农业科学院
128	铁豆 37 号	XIN05702	铁岭市农业科学院
129	铁豆 39 号	XIN06460	铁岭市农业科学院
130	赤豆三号	XIN16251	赤峰市农牧科学研究院
131	蒙豆 37 号	XIN20624	呼伦贝尔市农业科学研究所
132	SFy0803	XIN17235	山东圣丰种业科技有限公司
133	SFY1008	XIN17462	山东圣丰种业科技有限公司
134	苍黑一号	XIN19783	山东省临沂市兰陵农垦实业总公司
135	菏豆 13	XIN04552	菏泽市农业科学院
136	菏豆 21 号	XIN17281	菏泽市农业科学院
137	菏豆 22 号	XIN18082	菏泽市农业科学院
138	菏豆 23 号	XIN20602	菏泽市农业科学院
139	键达 1 号	XIN22513	山东键达生物科技有限公司
140	临豆 10 号	XIN11277	山东省临沂市农业科学院
141	南圣 001	XIN17233	山东圣丰种业科技有限公司
142	南圣 105	XIN17232	山东圣丰种业科技有限公司
143	南圣 210	XIN17463	山东圣丰种业科技有限公司
144	南圣 222	XIN17236	山东圣丰种业科技有限公司
145	南圣 270	XIN17237	山东圣丰种业科技有限公司
146	南圣 439	XIN17238	山东圣丰种业科技有限公司
147	齐黄 30	XIN07545	山东省农业科学院作物研究所
148	山宁 17	XIN18827	济宁市农业科学研究院
149	圣豆 14	XIN16609	山东圣丰种业科技有限公司
150	潍科 12	XIN18247	山东圣丰种业科技有限公司
151	潍科 15	XIN18237	山东圣丰种业科技有限公司
152	潍豆 8 号	XIN18410	山东省潍坊市农业科学院
153	皖丰 1148	XIN17231	山东圣丰种业科技有限公司
154	交大 02－89	XIN08670	上海交通大学
155	贡秋豆 4 号	XIN20694	自贡市农业科学研究所
156	华严 0926	XIN16721	云南农业大学
157	华严 0955	XIN16722	云南农业大学
158	华严 286 号	XIN17396	云南农业大学
159	华严 2 号	XIN16719	云南农业大学
160	华严 3 号	XIN16720	云南农业大学
161	华严 94 号	XIN17397	云南农业大学
162	衢鲜 3 号	XIN18506	衢州市农业科学研究院
163	浙鲜豆 8 号	XIN20603	浙江省农业科学院
164	滋身源 1 号	XIN20696	杭州中泽生物科技有限公司
165	滋身源 2 号	XIN20697	杭州中泽生物科技有限公司

2 40对SSR引物名称及系列

40对SSR引物名称及系列见表2。

表2　40对SSR引物名称及系列

引物名称	所在染色体	正向引物序列	反向引物序列
Satt236	A1	GCGCCCACACAACCTTTAATCTT	GCGGCGACTGTTAACGTGTC
Satt300	A1	GCGACCATCATCTAATCACAATCTACTA	TCCCCATCATTTATCGAAAATAATAATT
Satt209	A2	GCGGTGGATAAAAGCCATCTCTA	TCCATAGGCTTAATTCTTATGATGTT
Satt429	A2	GCGACCATCATCTAATCACAATCTACTA	TCCCCATCATTTATCGAAAATAATAATT
Satt197	B1	CACTGCTTTTTCCCCTCTCT	AAGATACCCCCAACATTATTTGTAA
Satt453	B1	GCGGAAAAAAAACAATAAACAACA	TAGTGGGGAAGGGAAGTTACC
Satt168	B2	CGCTTGCCCAAAAATTAATAGTA	CCATTCTCCAACCTCAATCTTATAT
Satt556	B2	GCGATAAAACCCGATAAATAA	GCGTTGTGCACCTTGTTTTCT
Satt180	C1	TCGCGTTTGTCAGC	TTGATTGAAACCCAACTA
Satt646	C1	GCGGGGTATGAATTAATTAATGTAGAAT	GCGCCTTCAAAAACTAATGACATATCAT
Satt100	C2	ACCTCATTTTGGCATAAA	TTGGAAAACAAGTAATAATAACA
Satt281	C2	AAGCTCCACATGCAGTTCAAAAC	TGCATGGCACGAGAAAGAAGTA
Satt267	D1a	CCGGTCTGACCTATTCTCAT	CACGGCGTATTTTTATTTTG
Satt408	D1a	GCGGTCCGTGCTGTTAATTCTATA	GCGTGATTTATTCATGATATATTTTTG
Satt005	D1b	TATCCTAGAGAAGAACTAAAAAA	GTCGATTAGGCTTGAAATA
Satt271	D1b	GTTGCAGTTGTGCGTGGGAGAGAG	GCGACATAGCTAATTAAGTAAGTT
Satt458	D2	TTGGGTTGACCGTGAGAGGGAGAA	GCGAACCACAAACAACAATCTTCA
Satt514	D2	GCGCCAACAAATCAAGTCAAGTAGAAAT	GCGGTCATCTAATTAATCCCTTTTTGAA
Satt268	E	TCAGGGGTGGACCTATATAAAATA	CAGTGGTGGCAGATGTAGAA
Satt384	E	TGGGGGTCAATTTTAATTTGTGC	ATTTCCCTTTCACCCACCTCTGTTT
Satt193	F	GCGTTTCGATAAAAATGTTACACCTC	TGTTCGCATTATTGATCAAAAAT
Satt334	F	GCGTTAAGAATGCATTTATGTTTAGTC	GCGAGTTTTTGGTTGGATTGAGTTG
Satt191	G	CGCGATCATGTCTCTG	GGGAGTTGGTGTTTTCTTGTG
Satt288	G	GCGGGGTGATTTAGTGTTTGACACCT	GCGCTTATAATTAAGAGCAAAAGAAG
Satt142	H	GGACAACAACAGCGTTTTTAC	TTTGCCACAAAGTTAATTAATGTC
Satt442	H	CCTGGACTTGTTTGCTCATCAA	GCGGTTCAAGGCTTCAAGTAGTCAC
Satt239	I	GCGCCAAAAAATGAATCACAAT	GCGAACACAATCAACATCCTTGAAC
Satt330	I	GCGCCTCCATTCCACAACAAATA	GCGGCATCCGTTTCTAAGATAGTTA
Satt380	J	GCGAGTAACGGTCTTCTAACAAGGAAAG	GCGTGCCCTTACTCTCAAAAAAAAA
Satt431	J	GCGTGGCACCCTTGATAAATAA	GCGCACGAAAGTTTTTCTGTAACA
Satt242	K	GCGTTGATCAGGTCGATTTTTATTTGT	GCGAGTGCCAACTAACTACTTTTATGA
Satt588	K	GCTGCATATCCACTCTCATTGACT	GAGCCAAAACCAAAGTGAAGAAC
Satt373	L	TCCGCGAGATAAATTCGTAAAAT	GGCCAGATACCCAAGTTGTACTTGT
Satt308	M	GCGTTAAGGTTGGCAGGGTGGAAGTG	GCGCAGCTTTATACAAAAATCAACAA
Satt567	M	GGCTAACCCGCTCTATGT	GGGCCATGCACCTGCTACT
Satt551	M	GAATATCACGCGAGAATTTTAC	TATATGCGAACCCTCTTACAAT
Satt022	N	GGGGGATCTGATTGTATTTTACCT	CGGGTTTCAAAAAACCATCCTTAC
Sat_084	N	AAAAAAGTATCCATGAAACAA	TTGGGACCTTAGAAGCTA
Satt345	O	CCCCTATTTCAAGAGAATAAGGAA	CCATGCTCTACATCTTCATCATC
Satt487	O	ATCACGGACCAGTTCATTTGA	TGAACCGCGTATTCTTTTAATCT

3 165 份大豆品种指纹数据

165 份大豆品种指纹数据见表 3。

表 3　165 份大豆品种指纹数据

引物名称	品种名称								
	科龙 188	蒙 1001	蒙 1101	蒙 1102	皖豆 31	皖豆 33	皖豆 34	皖豆 35	皖宿 2156
Satt236	226/226	226/226	226/226	226/226	226/226	236/236	236/236	211/211	226/226
Satt300	243/243	240/240	240/240	240/240	252/252	240/240	237/237	264/264	269/269
Satt209	171/171	151/151	151/151	151/151	151/171	151/151	168/168	168/168	168/168
Satt429	264/264	264/264	264/264	264/264	273/273	273/273	264/264	267/267	264/264
Satt197	143/182	179/179	179/179	182/182	173/182	179/179	143/143	179/179	185/185
Satt453	258/258	261/261	261/261	258/258	236/236	258/258	258/258	258/258	258/258
Satt168	227/227	227/227	227/227	227/227	227/233	227/227	227/227	227/227	227/227
Satt556	161/161	161/161	161/161	164/164	161/209	161/161	161/161	197/197	161/161
Satt180	264/264	275/275	275/275	258/258	258/264	264/264	264/264	247/247	264/264
Satt646	200/200	200/200	200/200	200/200	197/197	200/200	200/200	200/200	200/200
Satt100	138/138	135/135	135/135	138/138	141/141	138/138	132/132	132/132	138/138
Satt281	179/179	211/211	183/211	183/183	183/211	183/233	186/236	229/229	183/183
Satt267	239/239	239/239	239/239	239/239	249/249	230/230	239/239	249/249	239/239
Satt408	179/179	179/179	179/179	179/179	179/182	194/194	179/179	194/194	179/179
Satt005	132/132	161/161	161/161	158/158	167/167	138/138	167/167	138/138	132/132
Satt271	113/113	116/116	116/116	113/113	113/122	116/116	113/113	122/122	116/116
Satt458	144/144	160/160	160/172	144/144	157/175	160/160	157/157	175/175	160/160
Satt514	205/205	220/220	220/220	205/205	233/233	233/233	245/245	194/194	205/205
Satt268	253/253	202/202	202/202	215/215	250/250	215/215	202/202	202/202	215/215
Satt384	148/148	148/148	148/148	148/148	148/148	148/148	120/148	151/151	148/148
Satt193	236/236	236/236	236/236	236/236	236/236	258/258	258/258	255/255	236/236
Satt334	210/210	189/189	189/189	189/189	210/210	207/207	189/189	205/205	205/205
Satt191	202/202	187/187	187/187	202/202	187/202	218/218	187/187	205/205	187/187
Satt288	243/243	246/246	246/246	195/195	219/219	246/246	236/236	233/233	246/246
Satt142	148/148	154/154	154/154	154/154	151/151	118/118	157/157	151/151	154/154
Satt442	251/251	251/251	251/251	248/248	242/254	254/254	254/254	254/254	251/251
Satt239	179/179	173/173	173/173	179/179	188/188	188/188	176/176	188/188	173/179
Satt330	145/145	145/145	145/145	145/145	105/145	147/147	145/145	145/145	147/147
Satt380	125/125	135/135	135/135	125/125	125/135	125/125	125/125	135/135	125/125
Satt431	199/231	231/231	231/231	225/225	231/231	202/202	202/202	231/231	199/199
Satt242	195/195	192/192	192/192	192/192	192/192	174/192	192/192	192/192	192/192
Satt588	164/164	164/164	164/164	148/148	164/164	148/148	167/167	164/164	167/167
Satt373	213/219	276/276	276/276	213/213	248/248	213/213	213/213	248/248	213/213
Satt308	139/148	132/132	132/132	155/155	135/155	132/132	139/139	135/135	132/132
Satt567	106/106	109/109	109/109	106/106	103/103	103/103	109/109	106/106	106/106
Satt551	224/224	224/224	224/224	224/224	224/237	224/224	230/230	224/224	224/224
Satt022	194/216	213/213	213/213	194/194	206/216	216/216	194/194	206/206	194/194
Sat_084	141/141	141/141	141/141	141/141	132/141	141/141	151/151	143/143	141/141
Satt345	198/198	248/248	248/248	198/198	198/229	198/198	198/198	229/229	248/248
Satt487	204/204	201/201	201/201	204/204	201/201	204/204	192/192	201/201	201/201

（续）

引物名称	品种名称								
	皖宿 5717	益科豆 112	保豆 3 号	冀豆 22	北农 106	北农 107	北农 108	中黄 66	中黄 68
Satt236	226/226	226/236	226/226	220/220	226/226	226/226	236/236	214/214	223/223
Satt300	264/264	240/240	240/240	237/264	237/237	237/237	237/237	252/252	252/252
Satt209	168/168	151/151	168/168	168/168	151/151	151/151	151/151	168/168	168/168
Satt429	264/264	264/264	264/264	264/264	264/264	264/264	264/264	270/270	270/270
Satt197	182/182	182/185	185/185	173/173	185/185	179/179	185/185	173/173	173/173
Satt453	258/258	261/261	249/258	236/236	261/261	261/261	261/261	224/226	236/236
Satt168	227/227	227/227	233/233	227/227	227/227	227/227	200/200	227/227	227/227
Satt556	161/161	161/161	161/161	209/209	161/161	212/212	212/212	161/161	161/161
Satt180	258/258	275/275	275/275	243/243	264/264	264/264	264/264	258/258	243/258
Satt646	200/200	200/200	200/200	200/200	200/200	200/200	200/200	187/187	197/197
Satt100	132/132	135/135	164/164	164/164	164/164	138/138	138/138	164/164	164/164
Satt281	229/229	183/211	211/211	183/224	183/183	211/211	183/211	183/183	224/224
Satt267	239/239	239/239	230/230	239/249	239/239	230/230	230/230	249/249	249/249
Satt408	179/179	191/194	179/179	179/179	182/182	182/182	182/182	191/191	179/179
Satt005	167/167	158/161	161/161	151/170	161/161	161/161	161/161	158/158	138/138
Satt271	113/113	113/113	113/113	122/122	122/122	113/113	122/122	122/122	122/122
Satt458	157/157	160/160	160/160	175/175	160/160	160/160	157/157	169/169	175/175
Satt514	208/208	220/245	208/208	233/233	220/220	220/220	220/220	208/208	233/233
Satt268	202/202	202/202	250/250	238/253	250/250	202/202	250/250	250/250	238/238
Satt384	148/148	148/148	148/148	148/148	148/148	148/148	148/148	148/148	148/148
Satt193	252/252	236/252	236/239	230/242	236/236	236/236	236/236	230/230	236/236
Satt334	205/205	205/205	189/189	189/189	189/189	189/189	189/212	189/189	189/189
Satt191	187/187	187/187	187/205	224/224	187/205	187/187	187/205	187/187	224/224
Satt288	236/236	246/246	233/233	219/246	195/195	195/195	233/233	246/246	219/219
Satt142	154/154	154/154	151/151	151/151	148/148	148/148	151/151	151/151	148/151
Satt442	254/254	248/248	254/254	242/242	251/251	251/251	251/251	257/257	260/260
Satt239	185/185	185/185	188/188	188/188	185/185	185/185	188/188	188/188	188/188
Satt330	145/145	145/145	145/145	145/145	147/147	145/145	147/147	118/118	145/145
Satt380	125/125	127/127	125/135	127/127	127/127	127/127	125/125	135/135	135/135
Satt431	202/202	199/199	199/199	231/231	231/231	231/231	199/231	222/222	202/202
Satt242	192/192	192/192	192/192	195/195	192/192	192/192	192/192	192/192	192/192
Satt588	140/140	164/164	148/148	164/164	148/148	170/170	170/170	164/164	164/164
Satt373	248/248	213/276	276/276	248/248	276/276	276/276	248/248	213/213	248/248
Satt308	132/132	132/139	155/155	155/155	173/173	161/161	161/161	173/173	135/135
Satt567	106/106	106/106	109/109	103/103	109/109	106/106	106/106	106/106	106/106
Satt551	230/230	224/224	224/224	230/230	224/224	224/224	224/224	224/224	230/230
Satt022	203/203	213/216	213/213	203/203	203/216	216/216	203/203	206/206	206/206
Sat_084	141/141	141/141	141/141	143/143	141/141	143/143	141/141	151/151	143/143
Satt345	192/192	248/248	213/213	248/248	198/198	198/198	198/198	248/248	248/248
Satt487	204/204	201/201	201/201	201/204	198/198	201/201	198/198	201/201	195/195

（续）

引物名称	品种名称								
	中黄 688	中黄 70	中黄 74	中黄 75	濮豆 857	濮豆 955	商豆 14 号	辛豆 12	永育 1 号
Satt236	226/226	226/226	214/214	214/214	236/236	236/236	226/226	226/226	236/236
Satt300	252/252	240/240	240/240	250/250	240/240	237/237	269/269	258/258	237/237
Satt209	168/168	151/151	151/151	168/168	151/151	151/151	171/171	151/151	151/151
Satt429	270/270	264/264	264/264	244/244	264/264	270/270	270/270	264/264	270/270
Satt197	173/173	185/185	185/185	182/182	182/182	143/143	173/173	182/182	143/143
Satt453	236/236	245/245	245/245	258/258	258/258	258/258	261/261	258/258	258/258
Satt168	227/227	211/211	227/227	227/227	227/227	227/227	227/227	227/227	227/227
Satt556	161/161	161/161	161/161	197/197	161/161	161/161	161/161	161/161	164/164
Satt180	243/243	258/258	275/275	267/267	264/264	258/258	264/264	258/264	258/258
Satt646	197/197	187/187	187/187	232/232	194/194	200/200	200/200	200/200	200/200
Satt100	164/164	132/132	135/135	164/164	138/138	138/138	132/132	138/138	138/138
Satt281	183/183	183/211	171/171	183/183	183/229	183/183	183/183	183/183	179/179
Satt267	249/249	230/230	230/230	230/230	239/239	239/239	239/239	239/239	239/239
Satt408	179/179	179/179	191/191	179/179	194/194	194/194	182/182	194/194	194/194
Satt005	138/138	161/161	161/161	170/170	164/164	161/161	167/167	167/167	138/161
Satt271	122/122	113/113	116/116	116/116	122/122	113/113	122/122	113/113	113/113
Satt458	175/175	169/169	169/169	181/181	186/186	154/154	166/166	144/144	154/154
Satt514	233/233	208/208	220/220	194/194	233/233	245/245	239/239	245/245	239/239
Satt268	238/238	250/250	250/250	247/247	253/253	215/215	253/253	215/215	215/215
Satt384	148/148	148/148	151/151	148/148	148/148	148/148	148/148	148/148	148/148
Satt193	236/236	236/236	236/236	249/249	236/236	236/236	236/236	246/246	236/236
Satt334	203/203	205/205	189/189	189/189	189/189	189/189	189/189	205/205	189/189
Satt191	224/224	205/205	187/187	202/202	202/202	202/202	209/209	218/218	218/218
Satt288	219/219	246/246	246/246	223/223	246/246	246/246	236/236	246/246	246/246
Satt142	151/151	148/148	151/151	151/151	154/154	154/154	154/154	118/118	154/154
Satt442	260/260	251/251	251/251	242/242	251/251	257/257	248/248	257/257	257/257
Satt239	188/188	173/173	173/173	188/188	188/188	173/173	185/185	188/188	173/173
Satt330	145/145	147/147	147/147	145/145	145/145	145/145	147/147	147/147	145/145
Satt380	135/135	127/127	125/125	135/135	125/125	125/125	135/135	132/132	125/125
Satt431	228/228	225/225	222/222	231/231	222/222	225/225	231/231	231/231	199/199
Satt242	195/195	192/192	192/192	192/192	192/192	192/192	189/189	192/192	192/192
Satt588	164/164	164/164	164/164	167/167	148/148	170/170	167/167	148/148	140/140
Satt373	248/248	213/213	276/276	245/245	213/213	276/276	213/213	279/279	276/276
Satt308	173/173	170/170	132/132	135/135	155/155	139/139	173/173	155/155	151/151
Satt567	106/106	106/106	106/106	106/106	106/106	103/103	109/109	106/106	103/103
Satt551	230/230	237/237	224/224	224/224	224/224	224/224	230/230	224/224	224/224
Satt022	206/206	206/206	206/206	206/206	216/216	194/194	216/216	216/216	194/194
Sat_084	143/143	141/141	141/151	141/141	141/141	141/141	141/141	141/147	141/141
Satt345	248/248	248/248	248/248	198/198	198/198	251/251	198/198	198/198	198/251
Satt487	201/201	198/198	198/198	198/198	201/201	201/201	204/204	201/201	201/201

（续）

引物名称	品种名称								
	郑 7051	郑滑 1 号	周豆 23 号	北豆 28	北豆 40	北豆 42	北豆 51	北豆 52	北豆 53
Satt236	214/214	226/226	223/223	223/223	223/223	220/220	223/223	223/223	220/220
Satt300	264/264	237/237	237/237	243/243	243/243	243/243	243/243	243/243	237/237
Satt209	168/168	151/151	151/171	168/168	168/168	168/168	165/168	168/168	151/168
Satt429	267/267	270/270	270/270	267/267	264/264	267/267	267/267	264/264	270/270
Satt197	173/173	188/188	143/143	185/185	185/188	185/185	188/188	185/185	179/179
Satt453	258/258	258/258	258/258	249/249	249/258	236/236	249/249	249/249	249/249
Satt168	227/227	233/233	227/227	233/233	233/233	233/233	230/230	233/233	230/230
Satt556	161/161	161/161	191/191	209/209	209/209	209/209	209/209	209/209	212/212
Satt180	258/258	258/258	264/264	258/258	258/258	258/258	258/267	243/243	267/267
Satt646	200/200	187/197	200/200	197/197	197/197	197/197	197/197	197/197	187/187
Satt100	141/141	164/164	164/164	161/161	148/161	164/164	164/164	161/161	161/161
Satt281	183/183	183/211	233/233	183/183	183/183	183/183	183/183	183/183	168/189
Satt267	230/230	230/230	239/239	249/249	230/230	249/249	249/249	249/249	230/230
Satt408	179/179	194/194	194/194	179/179	179/179	179/179	179/179	179/179	179/179
Satt005	161/161	138/138	161/161	138/138	138/138	138/138	138/138	138/138	170/170
Satt271	113/113	113/113	113/113	116/116	116/116	116/116	113/113	116/116	113/113
Satt458	160/160	166/166	151/151	175/175	175/175	175/175	175/175	175/175	175/175
Satt514	205/205	233/233	205/205	194/194	194/194	194/194	194/194	194/194	194/194
Satt268	250/250	238/238	250/250	253/253	250/250	253/253	253/253	250/250	250/250
Satt384	148/148	148/148	151/151	148/148	148/148	148/148	148/148	148/148	120/148
Satt193	236/236	236/236	236/236	246/246	246/246	246/246	246/246	246/246	246/246
Satt334	210/210	189/189	210/210	212/212	203/212	212/212	212/212	212/212	210/210
Satt191	202/202	205/205	202/202	202/202	202/202	202/202	202/202	202/202	202/202
Satt288	219/219	233/233	243/243	249/249	249/249	249/249	249/249	249/249	195/195
Satt142	118/118	151/151	118/118	151/151	151/151	151/151	151/151	151/151	151/151
Satt442	242/257	245/245	257/257	251/251	251/251	251/251	251/251	257/257	245/245
Satt239	188/188	188/188	185/185	173/173	173/173	173/173	173/173	173/173	173/173
Satt330	147/147	118/118	145/145	151/151	145/145	151/151	151/151	145/145	151/151
Satt380	132/132	127/135	132/132	125/125	125/125	125/125	125/125	125/125	135/135
Satt431	202/202	225/225	202/202	225/225	225/225	225/225	225/225	225/225	225/225
Satt242	192/192	192/192	192/192	195/195	189/189	189/195	195/195	189/189	201/201
Satt588	164/164	140/140	140/140	130/130	130/130	130/130	130/167	130/130	130/130
Satt373	213/213	248/248	213/213	251/251	238/238	251/251	251/251	238/238	251/251
Satt308	148/148	170/170	155/155	173/173	173/173	173/173	135/135	173/173	135/135
Satt567	106/106	103/103	103/103	109/109	109/109	109/109	109/109	109/109	109/109
Satt551	224/224	237/237	224/224	237/237	224/224	224/224	230/230	230/230	230/230
Satt022	216/216	203/203	216/216	206/206	206/206	206/206	206/206	206/206	194/194
Sat_084	147/147	141/141	141/141	141/141	141/141	141/141	141/154	141/141	141/141
Satt345	198/198	248/248	198/198	245/245	213/226	213/245	213/213	213/213	213/213
Satt487	201/201	195/201	201/201	195/195	204/204	195/195	195/195	204/204	195/195

（续）

引物名称	品种名称								
	北豆 54	北豆 56	北豆 57	北兴 1 号	北兴 2 号	登科 5 号	登科 7 号	登科 8 号	东农 3399
Satt236	223/223	214/214	223/223	223/223	223/223	223/223	220/220	223/223	223/223
Satt300	243/243	243/243	237/237	237/243	237/237	243/243	243/243	243/243	237/243
Satt209	168/168	168/168	168/168	168/168	168/168	168/168	151/151	168/168	168/168
Satt429	267/267	264/264	267/267	264/264	244/264	264/264	264/264	267/267	262/262
Satt197	185/185	185/185	179/179	185/185	188/188	188/188	188/188	185/188	188/188
Satt453	249/249	258/258	249/249	261/261	261/261	261/261	249/249	249/249	236/236
Satt168	233/233	230/230	233/233	230/230	233/233	233/233	233/233	233/233	230/230
Satt556	209/209	209/209	209/209	161/161	209/209	209/209	161/209	209/209	209/209
Satt180	258/258	258/258	264/264	258/258	258/258	258/258	258/258	258/258	258/258
Satt646	197/197	197/197	197/197	197/197	197/197	197/197	197/197	197/197	197/197
Satt100	161/161	141/141	164/164	164/164	164/164	141/141	161/161	164/164	110/110
Satt281	183/183	183/183	168/168	183/183	183/183	183/183	183/183	183/183	168/168
Satt267	249/249	230/230	230/230	249/249	249/249	230/230	249/249	230/230	249/249
Satt408	179/179	179/179	179/179	179/179	182/182	176/176	179/191	179/179	176/176
Satt005	138/138	170/170	170/170	138/138	158/170	138/138	138/138	170/170	170/170
Satt271	116/116	122/122	113/113	116/116	116/116	116/116	116/116	116/116	113/113
Satt458	175/175	175/175	166/166	175/175	163/163	181/181	175/175	175/175	178/178
Satt514	194/194	194/194	194/194	194/194	220/220	233/233	233/233	194/194	233/233
Satt268	253/253	253/253	253/253	238/238	253/253	215/215	253/253	253/253	250/250
Satt384	148/148	148/148	120/120	148/148	148/148	148/148	148/148	148/148	148/148
Satt193	246/246	249/249	246/246	246/246	249/249	246/246	230/230	246/246	249/249
Satt334	212/212	212/212	203/203	212/212	203/203	212/212	212/212	203/203	203/203
Satt191	202/202	205/205	202/202	205/205	205/205	205/205	205/205	224/224	224/224
Satt288	249/249	233/233	249/249	252/252	233/249	249/249	249/249	223/223	246/246
Satt142	151/151	154/154	151/151	151/151	151/151	151/151	151/151	151/151	151/151
Satt442	251/251	248/248	251/251	251/251	245/245	245/245	251/251	248/248	257/257
Satt239	173/173	173/173	173/173	173/173	173/173	173/173	173/173	173/182	155/173
Satt330	151/151	151/151	145/145	145/145	145/145	145/145	151/151	145/145	145/145
Satt380	125/125	127/127	135/135	125/125	127/127	135/135	125/125	125/125	125/125
Satt431	225/225	231/231	231/231	225/225	225/225	225/225	225/225	228/228	231/231
Satt242	195/195	195/195	192/192	195/195	192/192	189/189	201/201	195/195	201/201
Satt588	130/130	167/167	164/164	167/167	130/167	167/167	130/167	164/164	167/167
Satt373	251/251	238/238	238/238	253/253	251/251	251/251	251/251	251/251	251/251
Satt308	173/173	135/135	151/151	135/135	135/135	173/173	173/173	173/173	148/148
Satt567	109/109	106/106	103/103	109/109	109/109	109/109	109/109	103/103	106/106
Satt551	230/230	224/224	230/230	230/230	230/230	230/230	230/230	230/230	237/237
Satt022	206/206	206/206	206/206	206/206	206/206	206/206	206/206	206/206	206/206
Sat_084	141/141	141/141	147/147	141/141	141/141	141/141	141/141	141/141	154/154
Satt345	213/245	198/213	192/192	245/245	226/226	226/226	226/226	213/213	248/248
Satt487	195/195	201/201	195/195	204/204	195/195	195/195	195/195	198/198	195/195

（续）

引物名称	品种名称								
	东农 51	东农 53	东农 56	东农 59	东农 60	东农豆 251	东农豆 252	东农豆 253	东生 5 号
Satt236	223/223	220/220	223/223	223/223	220/220	220/220	220/220	220/220	223/223
Satt300	243/243	243/243	243/243	237/237	237/237	243/243	243/243	243/243	237/237
Satt209	168/168	168/168	168/168	168/168	151/151	151/151	151/151	151/151	168/168
Satt429	264/264	267/267	267/267	270/270	267/267	270/270	270/270	270/270	270/270
Satt197	179/179	188/188	185/185	188/188	188/188	185/185	185/185	185/185	185/185
Satt453	258/258	261/261	242/242	258/258	236/236	261/261	261/261	261/261	258/258
Satt168	200/200	233/233	230/230	200/200	233/233	233/233	233/233	233/233	233/233
Satt556	161/161	209/209	161/161	209/209	197/197	209/209	209/209	209/209	209/209
Satt180	258/258	258/258	258/258	261/261	258/258	258/258	258/258	258/258	258/258
Satt646	187/213	197/197	197/197	213/213	217/217	197/197	197/197	197/197	197/197
Satt100	141/141	167/167	110/110	141/141	141/141	141/141	141/141	141/141	144/144
Satt281	236/236	168/168	183/183	168/183	183/183	168/168	211/211	211/211	183/183
Satt267	230/230	230/230	230/230	230/230	249/249	230/230	230/230	230/230	230/230
Satt408	191/191	179/179	179/179	194/194	179/179	179/179	179/179	179/179	179/179
Satt005	158/158	138/138	138/138	138/138	138/138	138/138	138/138	138/138	170/170
Satt271	113/113	122/122	122/122	122/122	116/116	113/113	116/116	116/116	113/113
Satt458	175/175	175/175	175/175	175/175	175/175	163/163	163/163	163/163	166/166
Satt514	194/194	208/208	194/194	194/194	205/205	208/208	233/233	233/233	194/194
Satt268	253/253	250/250	238/238	253/253	250/250	238/238	238/238	238/238	250/250
Satt384	148/148	148/148	148/148	148/148	148/148	148/148	151/151	151/151	148/148
Satt193	239/239	249/249	249/249	236/236	233/249	249/249	249/249	249/249	258/258
Satt334	203/203	212/212	189/189	189/189	198/198	189/189	189/189	189/189	212/212
Satt191	224/224	224/224	205/205	224/224	205/205	202/202	202/202	202/202	224/224
Satt288	252/252	249/249	252/252	246/246	236/236	246/246	246/246	246/246	249/249
Satt142	151/151	151/151	154/154	151/151	151/151	151/151	151/151	151/151	154/154
Satt442	248/248	248/248	245/245	260/260	260/260	248/248	248/248	248/248	248/248
Satt239	173/173	173/173	188/188	191/191	176/176	191/191	191/191	191/191	173/173
Satt330	145/145	145/145	145/145	145/145	145/145	147/147	145/145	145/145	118/118
Satt380	125/125	125/125	135/135	135/135	127/127	125/125	125/125	125/125	127/127
Satt431	231/231	225/225	225/225	231/231	225/225	231/231	231/231	231/231	225/225
Satt242	195/195	201/201	195/195	189/189	195/195	189/189	189/189	189/189	201/201
Satt588	164/164	164/164	164/164	140/140	130/130	164/164	164/164	164/164	164/164
Satt373	248/248	238/238	248/248	248/248	276/276	248/248	238/238	238/238	251/251
Satt308	135/161	148/148	155/155	135/135	173/173	148/148	148/148	148/148	135/135
Satt567	106/106	109/109	106/106	103/103	109/109	109/109	109/109	109/109	109/109
Satt551	224/224	224/224	237/237	224/224	230/230	230/230	230/230	230/230	230/230
Satt022	206/206	194/194	206/206	206/206	206/206	206/206	206/206	206/206	206/206
Sat_084	141/141	143/143	141/141	143/143	141/141	141/141	154/154	154/154	141/141
Satt345	213/226	198/198	226/226	198/198	207/245	198/198	198/198	198/198	213/213
Satt487	195/195	204/204	201/201	195/195	204/204	198/198	198/198	198/198	198/198

（续）

引物名称	品种名称								
	东生6号	东生7号	广兴黑大豆1号	合农63	黑河44	黑河50	黑河51	黑科56号	黑农57
Satt236	223/223	220/220	220/220	223/223	220/220	220/220	223/223	220/220	223/223
Satt300	237/237	237/237	243/243	243/243	243/243	243/243	237/237	243/243	243/243
Satt209	151/151	151/168	168/168	168/168	168/168	168/168	168/168	168/168	168/168
Satt429	244/244	264/264	267/267	267/267	270/270	270/270	264/264	264/264	267/267
Satt197	188/188	188/188	185/185	188/188	188/188	188/188	188/188	188/188	179/179
Satt453	258/258	236/236	261/261	261/261	261/261	249/249	261/261	261/261	261/261
Satt168	233/233	233/233	200/200	233/233	233/233	233/233	233/233	233/233	233/233
Satt556	209/209	161/161	161/161	209/209	209/209	209/209	209/209	209/209	209/209
Satt180	258/258	258/258	258/258	258/258	258/258	258/258	258/258	258/258	258/258
Satt646	197/197	197/197	197/197	187/197	197/197	197/197	197/197	197/197	197/197
Satt100	141/141	141/141	164/164	167/167	164/164	164/164	164/164	164/164	164/164
Satt281	183/183	168/168	224/224	168/168	168/168	183/183	215/215	211/211	183/183
Satt267	230/230	249/249	249/249	249/249	230/230	230/230	230/230	230/230	230/230
Satt408	191/191	179/191	191/191	179/179	179/179	179/179	179/179	179/179	179/179
Satt005	170/170	170/170	174/174	138/138	170/170	170/170	170/170	170/170	138/138
Satt271	116/116	113/113	116/116	113/113	116/116	113/113	116/116	113/113	122/122
Satt458	175/175	166/166	195/198	175/175	175/175	157/157	163/163	166/166	178/178
Satt514	194/194	194/194	194/194	208/208	194/194	194/194	194/194	194/220	208/208
Satt268	215/215	215/215	250/250	250/250	250/250	253/253	253/253	250/250	238/238
Satt384	148/148	148/148	148/148	148/148	148/148	148/148	148/148	148/148	148/148
Satt193	230/230	258/258	246/246	249/258	230/230	249/249	230/230	249/249	233/233
Satt334	212/212	198/198	203/203	203/203	212/212	212/212	198/198	203/203	212/212
Satt191	224/224	205/205	202/202	205/224	205/205	205/205	205/205	205/205	205/205
Satt288	233/233	228/228	243/243	249/249	249/249	252/252	246/246	249/249	233/233
Satt142	151/151	151/151	151/151	151/151	151/151	151/151	151/151	151/151	151/151
Satt442	248/248	248/248	245/245	248/248	251/251	248/248	248/248	248/248	248/248
Satt239	173/173	173/173	173/173	188/188	188/188	173/173	182/182	182/182	191/191
Satt330	151/151	151/151	151/151	145/145	145/145	145/145	145/145	145/145	145/145
Satt380	127/127	135/135	135/135	125/125	135/135	127/127	127/127	127/127	135/135
Satt431	225/225	225/225	225/225	228/228	225/225	225/225	222/222	228/228	231/231
Satt242	189/189	201/201	195/195	195/195	189/189	201/201	192/192	189/189	195/195
Satt588	167/167	164/164	140/140	164/164	167/167	167/167	164/164	140/140	164/164
Satt373	251/251	248/251	251/251	238/248	219/219	238/238	248/248	238/238	248/248
Satt308	173/173	135/148	173/173	173/173	135/135	135/135	148/148	173/173	135/135
Satt567	109/109	109/109	109/109	103/103	106/106	103/103	106/106	103/103	103/103
Satt551	224/224	230/230	230/230	224/224	230/230	230/230	230/230	230/230	224/224
Satt022	206/206	194/194	209/209	194/194	194/194	206/206	206/206	194/194	206/206
Sat_084	141/141	141/141	141/141	143/143	141/141	141/141	143/143	141/141	141/141
Satt345	213/213	213/213	213/213	198/198	226/226	192/192	226/226	226/226	198/198
Satt487	198/198	204/204	204/204	204/204	204/204	195/195	201/201	195/195	198/198

（续）

引物名称	品种名称								
	黑农 58	黑农 69	金源 1 号	金源 55 号	垦保 1 号	垦保 2 号	垦保小粒豆 1 号	垦豆 25	垦豆 31
Satt236	220/220	214/214	220/220	223/223	223/223	223/223	223/223	223/223	223/223
Satt300	237/237	243/243	243/243	243/243	243/243	243/243	267/267	243/243	243/243
Satt209	151/151	168/168	151/151	168/168	168/168	168/168	168/168	168/168	168/168
Satt429	270/270	264/264	244/270	264/264	270/270	264/264	270/270	264/264	270/270
Satt197	179/179	188/188	188/188	188/188	185/185	185/185	188/188	185/185	185/185
Satt453	258/258	245/245	261/261	258/258	261/261	261/261	258/258	245/245	261/261
Satt168	233/233	233/233	233/233	233/233	233/233	233/233	233/233	233/233	233/233
Satt556	209/209	209/209	209/209	161/161	209/209	209/209	209/209	209/209	209/209
Satt180	258/258	243/243	258/258	258/258	258/258	267/267	243/243	258/258	258/258
Satt646	187/187	197/197	197/197	197/197	197/197	197/197	197/197	197/197	213/213
Satt100	110/110	110/110	164/164	141/141	141/141	167/167	164/164	141/141	164/167
Satt281	229/229	236/236	183/183	183/183	168/168	183/183	168/168	183/183	183/183
Satt267	230/230	249/249	230/230	249/249	230/230	249/249	249/249	230/230	230/249
Satt408	194/194	179/179	191/191	176/176	179/179	179/179	179/179	182/182	179/179
Satt005	138/138	138/138	170/170	138/138	138/138	138/138	170/170	138/138	170/170
Satt271	113/113	113/113	116/116	122/122	113/122	122/122	113/113	122/122	113/113
Satt458	217/217	178/178	181/181	214/214	175/175	175/175	198/198	217/217	166/166
Satt514	233/233	208/208	233/233	233/233	233/233	194/194	205/205	194/194	194/194
Satt268	215/215	250/250	215/215	215/215	250/250	250/250	253/253	250/250	250/250
Satt384	148/148	148/148	148/148	148/148	148/148	148/148	148/148	148/148	148/148
Satt193	230/230	230/230	230/230	246/246	233/233	233/233	246/246	230/230	258/258
Satt334	212/212	212/212	212/212	212/212	203/203	212/212	189/189	212/212	203/203
Satt191	202/202	202/202	205/205	224/224	205/205	224/224	202/202	205/205	224/224
Satt288	249/249	249/249	249/249	252/252	249/249	252/252	246/246	249/249	246/246
Satt142	151/151	151/151	151/151	151/151	151/151	151/151	151/151	151/151	151/151
Satt442	245/245	248/248	257/257	245/245	248/248	248/248	257/257	248/248	245/245
Satt239	173/173	191/191	173/173	173/173	188/188	188/188	176/176	173/173	182/182
Satt330	145/145	145/145	145/145	151/151	118/118	145/145	147/147	145/151	145/145
Satt380	125/125	127/127	135/135	125/125	125/125	125/125	127/127	125/125	127/127
Satt431	231/231	231/231	225/225	225/225	225/225	225/225	205/205	231/231	228/228
Satt242	195/195	195/195	189/189	189/189	189/189	189/189	179/179	201/201	195/195
Satt588	164/164	167/167	167/167	167/167	167/167	140/140	167/167	167/167	164/164
Satt373	248/248	219/251	238/238	251/251	238/238	238/238	238/238	251/251	245/245
Satt308	148/148	148/148	173/173	135/135	173/173	173/173	173/173	151/151	135/135
Satt567	106/106	106/106	109/109	109/109	109/109	109/109	109/109	109/109	109/109
Satt551	224/224	224/224	230/230	230/230	230/230	230/230	224/224	224/224	230/230
Satt022	216/216	216/216	206/206	206/206	194/194	194/206	206/206	206/206	206/206
Sat_084	141/141	141/141	141/141	141/141	141/141	143/143	141/141	141/141	141/141
Satt345	198/198	226/226	226/226	226/226	198/198	198/198	198/198	213/213	213/245
Satt487	198/198	198/198	195/195	195/195	198/198	198/198	198/198	198/198	198/198

（续）

引物名称	品种名称								
	垦豆 33	垦豆 34	垦豆 35	垦豆 36	垦豆 37	垦豆 38	垦豆 39	龙达 1 号	龙豆 4 号
Satt236	223/223	223/223	220/220	223/223	223/223	223/223	223/223	223/223	223/223
Satt300	243/243	237/237	243/243	237/237	237/237	243/243	243/243	243/243	237/243
Satt209	168/168	168/168	168/168	168/168	168/168	168/168	151/151	168/168	168/168
Satt429	267/267	267/267	264/264	267/267	264/264	264/264	264/264	267/267	267/267
Satt197	188/188	188/188	188/188	188/188	188/188	188/188	188/188	185/185	179/179
Satt453	261/261	258/258	261/261	258/258	258/258	258/258	261/261	249/249	249/249
Satt168	230/230	230/230	230/230	230/230	230/230	233/233	233/233	233/233	233/233
Satt556	161/161	161/161	161/161	161/161	209/209	209/209	209/209	209/209	209/209
Satt180	258/258	258/258	267/267	258/258	258/258	258/258	258/258	258/258	258/258
Satt646	197/197	197/197	197/197	197/197	197/197	197/197	197/197	197/197	197/197
Satt100	141/141	141/141	141/141	164/164	141/141	141/141	167/167	161/161	141/141
Satt281	168/168	211/211	183/183	183/183	211/211	211/211	211/211	183/183	168/168
Satt267	230/230	230/230	249/249	230/230	249/249	230/230	230/230	249/249	249/249
Satt408	179/179	179/179	179/179	179/179	179/179	179/179	179/179	179/179	179/179
Satt005	138/138	138/138	138/138	138/138	170/170	138/138	138/138	138/138	164/164
Satt271	113/113	113/113	122/122	113/113	116/116	113/113	113/113	116/116	116/122
Satt458	175/175	175/175	175/175	175/175	166/166	175/175	175/175	175/175	181/181
Satt514	208/208	208/208	194/194	208/208	208/208	208/208	208/208	194/194	194/194
Satt268	250/250	250/250	250/250	253/253	250/250	253/253	250/250	253/253	215/215
Satt384	148/148	148/148	148/148	148/148	148/148	148/148	148/148	148/148	148/148
Satt193	249/249	233/233	249/249	258/258	249/249	233/233	255/255	246/246	230/230
Satt334	212/212	212/212	212/212	212/212	212/212	212/212	212/212	212/212	203/212
Satt191	224/224	205/205	224/224	224/224	224/224	205/205	224/224	202/202	202/202
Satt288	246/246	246/246	233/233	246/246	246/246	246/246	246/246	249/249	249/249
Satt142	151/151	151/151	151/151	151/151	151/151	151/151	151/151	151/151	151/151
Satt442	248/248	248/248	248/248	245/245	248/248	248/248	257/257	251/251	248/248
Satt239	188/188	182/182	173/173	173/173	173/173	194/194	173/173	173/173	191/191
Satt330	145/145	145/145	151/151	145/145	145/145	145/145	145/145	151/151	145/145
Satt380	125/125	127/135	125/125	125/125	135/135	135/135	125/125	125/125	135/135
Satt431	202/202	202/202	228/228	202/202	202/202	202/202	202/202	225/225	202/202
Satt242	189/189	195/195	201/201	195/195	189/189	195/195	189/189	195/195	195/195
Satt588	164/164	167/167	140/140	164/164	167/167	167/167	164/164	130/130	164/164
Satt373	251/251	248/248	251/251	251/251	238/238	248/248	251/251	251/251	251/251
Satt308	135/148	135/135	135/135	135/135	135/135	148/148	135/135	173/173	135/135
Satt567	109/109	109/109	109/109	106/106	109/109	109/109	103/103	109/109	109/109
Satt551	224/224	224/224	230/230	230/230	224/224	224/224	237/237	230/230	224/224
Satt022	194/194	194/194	206/206	194/194	194/194	194/194	194/194	206/206	206/206
Sat_084	143/143	154/154	141/141	154/154	154/154	141/154	143/143	141/141	141/141
Satt345	198/198	198/198	213/213	226/226	226/226	226/226	198/198	213/213	226/226
Satt487	204/204	204/204	198/198	198/198	198/198	201/201	198/198	195/195	198/198

（续）

引物名称	品种名称								
	龙豆5号	龙黄1号	龙黄2号	龙垦332	龙垦335	牡602	牡豆8号	穆选1号	嫩奥1号
Satt236	223/223	214/223	220/220	223/223	223/223	220/220	223/223	223/223	223/223
Satt300	243/243	237/237	243/243	243/243	243/243	243/243	237/237	243/243	237/243
Satt209	168/168	168/168	168/168	168/168	168/168	168/168	151/151	168/168	168/168
Satt429	273/273	270/270	270/270	267/267	270/270	270/270	270/270	267/267	264/264
Satt197	179/179	188/188	188/188	185/185	188/188	188/188	179/179	185/185	185/185
Satt453	261/261	245/261	236/258	249/249	261/261	236/236	261/261	261/261	258/258
Satt168	233/233	230/233	233/233	233/233	233/233	233/233	233/233	230/230	233/233
Satt556	209/209	161/161	209/209	209/209	209/209	161/161	209/209	161/161	209/209
Satt180	267/267	258/258	258/258	243/258	258/258	258/258	258/258	258/258	258/258
Satt646	197/213	197/197	187/187	197/197	197/197	197/197	197/197	213/213	197/197
Satt100	141/141	141/164	141/141	161/164	167/167	141/141	141/141	164/164	164/164
Satt281	183/183	168/211	229/229	183/183	168/168	183/183	211/211	211/211	183/183
Satt267	249/249	230/249	249/249	230/230	230/230	249/249	249/249	230/230	249/249
Satt408	179/179	179/179	179/179	179/179	179/179	179/179	179/179	179/179	179/179
Satt005	138/138	170/170	138/138	138/170	138/138	138/138	138/138	138/138	138/138
Satt271	122/122	122/122	122/122	116/116	122/122	113/113	122/122	113/113	116/116
Satt458	178/178	169/175	217/217	175/175	175/175	178/178	178/178	175/175	172/172
Satt514	208/208	233/233	233/233	194/194	208/208	194/194	194/194	208/208	194/194
Satt268	215/215	238/250	253/253	253/253	250/250	238/238	253/253	253/253	238/250
Satt384	148/148	148/148	148/148	148/148	148/148	148/148	148/148	148/148	148/148
Satt193	226/226	226/258	230/249	246/246	233/233	249/249	249/249	255/255	230/249
Satt334	212/212	189/189	212/212	212/212	210/210	189/189	212/212	198/198	212/212
Satt191	205/205	224/224	224/224	202/202	224/224	224/224	205/205	224/224	205/205
Satt288	233/233	252/252	252/252	233/249	249/249	252/252	246/246	246/246	252/252
Satt142	154/154	151/151	151/151	151/151	154/154	151/151	151/151	151/151	154/154
Satt442	248/248	245/245	245/245	251/251	248/248	248/248	248/248	257/257	251/251
Satt239	188/188	173/173	173/173	173/194	188/188	173/173	191/191	176/176	173/191
Satt330	118/118	145/151	145/145	145/145	145/145	145/145	145/145	151/151	145/151
Satt380	135/135	125/135	125/125	125/125	125/125	125/125	127/127	125/125	125/135
Satt431	231/231	225/225	225/225	225/231	225/225	222/222	225/225	225/225	225/225
Satt242	195/195	195/195	189/189	174/189	201/201	189/189	195/195	201/201	195/195
Satt588	164/164	140/167	164/164	130/130	167/167	140/140	167/167	164/164	167/167
Satt373	251/251	248/251	238/238	238/238	238/238	238/238	245/245	238/251	238/253
Satt308	173/173	135/148	148/148	173/173	173/173	135/135	173/173	148/148	135/135
Satt567	109/109	103/103	109/109	109/109	109/109	109/109	109/109	109/109	109/109
Satt551	237/237	230/230	224/224	230/230	230/230	224/224	237/237	230/230	224/224
Satt022	216/216	194/206	216/216	206/206	194/194	206/206	206/206	194/194	206/206
Sat_084	141/141	141/154	141/141	141/141	143/143	154/154	141/141	154/154	141/141
Satt345	198/198	198/245	198/198	213/213	198/198	226/226	226/226	245/245	213/226
Satt487	198/198	198/198	198/198	201/201	204/204	198/198	198/198	195/195	195/204

（续）

引物名称	品种名称								
	嫩奥 2 号	嫩奥 4 号	嫩奥 5 号	农菁豆 1 号	农菁豆 2 号	绥农 23	绥农 24	绥农 25	绥农 26
Satt236	220/223	223/223	223/223	220/220	214/214	223/223	223/223	214/214	214/223
Satt300	243/243	237/237	237/237	237/237	243/243	243/243	243/243	243/243	243/243
Satt209	168/168	168/168	168/168	151/151	168/168	151/151	168/168	168/168	168/168
Satt429	267/267	264/264	264/264	270/270	270/270	264/264	270/270	264/264	264/264
Satt197	188/188	185/185	188/188	188/188	188/188	188/188	188/188	188/188	185/188
Satt453	249/249	258/258	258/258	245/245	261/261	261/261	258/258	258/258	261/261
Satt168	233/233	233/233	233/233	233/233	233/233	233/233	200/200	233/233	233/233
Satt556	209/209	209/209	209/209	209/209	209/209	209/209	209/209	161/209	161/209
Satt180	258/258	258/258	267/267	258/258	267/267	258/258	258/258	267/267	258/267
Satt646	197/197	197/197	197/197	197/197	197/213	197/197	197/197	197/197	197/197
Satt100	164/164	164/164	164/164	110/110	141/141	164/164	141/141	141/164	164/164
Satt281	183/183	183/183	183/183	229/229	236/236	218/218	183/183	183/183	211/211
Satt267	230/249	249/249	249/249	249/249	230/249	230/230	249/249	230/230	230/230
Satt408	179/179	179/179	182/182	191/191	179/179	179/179	179/179	179/179	176/176
Satt005	138/138	138/138	155/170	151/151	170/170	170/170	170/170	170/170	138/170
Satt271	116/116	116/116	116/116	116/116	113/113	122/122	113/113	116/116	113/113
Satt458	175/175	172/172	166/166	217/217	178/178	175/175	175/175	175/175	175/175
Satt514	194/194	194/194	194/233	233/233	208/208	233/233	194/194	208/208	208/208
Satt268	238/238	250/250	215/215	215/215	250/250	250/250	250/250	250/250	238/250
Satt384	120/120	148/148	148/148	148/148	148/148	148/148	148/148	148/148	148/148
Satt193	230/246	230/230	230/230	230/230	236/236	249/249	252/252	246/249	249/249
Satt334	212/212	212/212	212/212	212/212	210/210	203/203	212/212	212/212	203/212
Satt191	224/224	205/205	205/205	202/202	224/224	224/224	224/224	224/224	224/224
Satt288	252/252	252/252	233/233	249/249	249/249	246/246	233/233	233/252	223/233
Satt142	151/151	154/154	154/154	151/151	154/154	151/151	154/154	151/151	151/151
Satt442	254/254	251/251	245/245	245/245	242/242	248/248	257/257	245/245	245/248
Satt239	173/173	173/173	173/173	191/191	191/191	173/173	173/173	173/182	173/182
Satt330	145/151	145/151	151/151	145/145	118/151	151/151	151/151	145/145	145/145
Satt380	125/125	125/125	135/135	125/125	135/135	135/135	135/135	125/125	125/135
Satt431	225/225	225/225	225/225	231/231	225/225	225/225	225/225	231/231	225/231
Satt242	195/195	195/195	201/201	174/174	201/201	195/195	195/195	174/201	174/189
Satt588	130/130	167/167	164/164	164/164	164/164	164/164	140/140	164/164	140/167
Satt373	238/251	253/253	251/251	251/251	248/248	238/238	251/251	222/238	238/238
Satt308	173/173	135/135	148/148	148/148	135/135	135/135	135/135	135/135	135/135
Satt567	106/109	109/109	109/109	106/106	109/109	103/103	103/103	109/109	103/109
Satt551	230/230	224/224	224/224	224/224	224/224	230/230	230/230	230/230	230/230
Satt022	206/206	206/206	206/206	216/216	216/216	206/206	206/206	206/206	206/206
Sat_084	141/141	141/141	141/141	141/141	141/141	154/154	141/141	141/141	141/141
Satt345	213/213	213/213	213/213	213/213	198/198	226/226	213/213	198/213	198/198
Satt487	195/195	195/195	198/198	198/198	201/201	198/198	198/198	195/195	195/198

（续）

引物名称	品种名称							
	绥农 32	绥农 33	绥农 34	绥农 35	绥农 36	绥农 37	绥农 38	绥农 39	绥无腥豆 2 号
Satt236	220/220	220/220	220/220	214/214	214/220	223/223	220/220	226/226	214/214
Satt300	240/240	240/240	237/237	243/243	243/243	243/243	243/243	243/243	243/243
Satt209	168/168	151/168	151/151	168/168	151/151	151/151	168/168	151/151	168/168
Satt429	264/264	264/264	270/270	264/264	270/270	264/264	264/264	264/264	264/264
Satt197	188/188	188/188	179/179	188/188	185/185	188/188	188/188	188/188	185/185
Satt453	245/245	258/258	258/258	261/261	236/236	261/261	261/261	261/261	261/261
Satt168	200/200	233/233	233/233	233/233	230/230	230/230	233/233	200/230	233/233
Satt556	209/209	161/209	209/209	209/209	161/161	209/209	209/209	209/209	209/209
Satt180	267/267	258/258	258/258	258/258	258/267	258/258	258/258	267/267	258/258
Satt646	187/187	187/187	187/187	197/197	213/213	197/197	197/197	197/197	197/197
Satt100	164/164	141/141	110/110	141/141	141/141	164/164	164/164	141/141	141/141
Satt281	211/211	211/211	229/229	211/211	183/183	183/183	229/229	183/183	168/168
Satt267	249/249	230/230	230/230	230/230	230/249	230/230	230/230	230/230	230/230
Satt408	179/179	179/179	179/179	179/179	179/179	179/179	179/179	194/194	179/179
Satt005	138/138	138/138	138/138	170/170	138/138	138/138	138/138	138/138	174/174
Satt271	122/122	113/122	122/122	113/113	113/113	116/116	116/116	116/116	113/113
Satt458	166/166	175/175	217/217	166/166	175/175	175/175	175/175	175/175	178/178
Satt514	194/194	208/233	233/233	194/194	208/208	194/194	194/194	194/194	194/194
Satt268	253/253	215/250	215/215	250/250	250/250	250/250	250/250	238/238	250/250
Satt384	148/148	148/148	148/148	148/148	148/148	148/148	148/148	148/148	148/148
Satt193	249/249	230/249	230/230	258/258	230/230	249/249	249/249	249/249	258/258
Satt334	203/203	203/203	212/212	203/203	212/212	203/203	212/212	212/212	212/212
Satt191	224/224	205/205	202/202	224/224	202/202	224/224	224/224	218/218	205/205
Satt288	246/246	249/249	249/249	223/223	249/256	249/249	246/246	233/252	246/246
Satt142	151/151	151/151	151/151	151/151	151/151	151/151	151/151	151/151	151/151
Satt442	248/248	248/248	245/245	248/248	248/248	248/248	254/254	257/257	248/248
Satt239	191/191	173/188	173/173	188/188	191/191	182/182	173/173	182/182	173/173
Satt330	145/145	145/145	145/145	145/145	145/145	118/118	145/145	151/151	145/151
Satt380	125/125	125/135	125/125	135/135	125/125	125/125	125/125	127/127	125/125
Satt431	225/225	225/225	231/231	225/225	231/231	231/231	225/225	225/225	225/225
Satt242	189/189	195/195	195/195	189/189	195/195	195/195	189/189	189/189	189/189
Satt588	140/140	140/164	164/164	140/140	140/140	164/164	167/167	164/164	164/164
Satt373	245/245	245/245	251/251	238/238	219/219	248/248	238/238	222/248	222/222
Satt308	148/148	148/148	148/148	148/148	148/148	173/173	148/148	148/148	148/148
Satt567	109/109	109/109	106/106	109/109	109/109	109/109	103/103	109/109	109/109
Satt551	230/230	224/230	224/224	230/230	230/230	230/230	230/230	230/230	255/255
Satt022	216/216	206/216	216/216	194/194	206/206	206/206	206/206	206/206	206/206
Sat_084	141/141	141/141	141/141	141/141	141/141	143/143	141/141	143/143	141/141
Satt345	226/226	198/198	198/198	245/248	198/198	198/198	245/245	213/213	213/213
Satt487	195/195	195/195	198/198	198/198	198/198	198/198	198/198	204/204	201/204

（续）

引物名称	品种名称								
	五豆188	先农1号	长密豆30号	长农26	长农27号	吉大豆3号	吉恢100号	吉农17	吉农28
Satt236	223/223	220/220	214/214	214/214	214/214	223/223	220/220	214/214	220/226
Satt300	243/243	243/243	252/252	243/243	243/243	237/237	243/243	252/252	243/252
Satt209	168/168	168/168	168/168	168/168	168/168	151/151	168/168	168/168	168/168
Satt429	264/264	264/264	270/270	270/270	270/270	270/270	244/244	244/244	270/270
Satt197	185/188	185/185	188/188	188/188	182/182	179/179	188/188	188/188	173/188
Satt453	249/249	258/258	258/258	258/258	236/236	236/236	236/236	236/236	245/245
Satt168	233/233	230/230	230/230	233/233	200/200	233/233	230/230	233/233	227/230
Satt556	161/161	209/209	161/161	209/209	209/209	209/209	197/197	209/209	197/209
Satt180	258/258	258/258	258/258	258/258	267/267	258/258	267/267	258/258	267/267
Satt646	197/197	187/187	213/213	197/197	213/213	213/213	197/197	197/197	232/232
Satt100	161/161	141/141	164/164	141/141	141/141	141/141	164/164	164/164	141/141
Satt281	183/183	183/183	183/183	168/236	211/211	211/211	183/183	215/215	183/183
Satt267	249/249	249/249	230/230	230/230	249/249	230/230	230/230	230/230	230/230
Satt408	176/176	179/179	179/179	179/179	194/194	191/191	179/179	179/179	179/179
Satt005	138/138	138/138	138/138	170/170	170/170	138/138	174/174	170/170	138/170
Satt271	116/116	122/122	122/122	113/113	113/113	122/122	113/113	113/113	113/113
Satt458	175/175	217/217	160/160	175/175	175/175	175/175	181/181	166/166	178/178
Satt514	233/233	194/194	208/208	208/208	208/208	233/233	194/194	194/194	233/233
Satt268	215/253	215/215	215/215	250/250	250/250	250/250	250/250	250/250	250/250
Satt384	148/148	148/148	148/148	148/148	148/148	151/151	148/148	148/148	148/148
Satt193	246/246	230/230	236/236	233/233	230/230	249/249	226/226	230/230	233/249
Satt334	212/212	212/212	207/207	205/205	189/189	189/189	205/205	189/189	205/205
Satt191	202/202	224/224	205/205	205/205	205/205	205/205	202/202	202/202	205/205
Satt288	252/252	249/249	246/246	249/249	246/246	246/246	219/219	246/246	219/246
Satt142	151/151	151/151	154/154	151/151	151/151	151/151	151/151	151/151	151/151
Satt442	251/251	248/248	260/260	248/248	245/245	248/248	260/260	260/260	251/251
Satt239	173/173	173/173	188/188	182/182	191/191	191/191	188/188	188/188	173/188
Satt330	151/151	145/145	118/118	145/145	118/118	145/145	145/145	145/145	145/145
Satt380	125/125	125/125	135/135	127/127	127/127	127/127	127/127	135/135	127/127
Satt431	225/225	225/225	231/231	231/231	231/231	225/225	231/231	231/231	231/231
Satt242	189/189	195/195	192/192	189/189	189/189	195/195	192/192	195/195	195/195
Satt588	167/167	140/140	167/167	164/164	164/164	167/167	164/164	167/167	164/164
Satt373	251/251	219/219	248/248	248/248	248/248	245/245	238/238	248/248	238/238
Satt308	135/135	148/148	155/173	135/135	173/173	135/135	173/173	173/173	135/151
Satt567	109/109	109/109	106/106	109/109	109/109	106/106	103/103	106/106	106/106
Satt551	230/230	230/230	230/230	224/224	237/237	224/224	237/237	224/224	230/237
Satt022	206/206	206/206	216/216	194/194	216/216	216/216	194/194	216/216	194/194
Sat_084	141/141	141/141	141/141	154/154	141/141	141/141	141/141	141/141	141/141
Satt345	226/226	198/198	198/248	198/198	248/248	198/198	251/251	248/248	248/251
Satt487	195/195	198/198	201/201	201/201	198/198	201/201	201/201	195/204	198/198

（续）

引物名称	品种名称								
	吉农 31	吉育 35	吉育 99	九农 22 号	牡试 401	南农 99-10	苏豆 7 号	徐豆 20	徐豆 21
Satt236	226/226	214/226	226/226	217/217	214/214	236/236	236/236	220/220	226/226
Satt300	250/250	243/252	237/237	243/243	243/243	237/237	237/237	240/240	240/240
Satt209	168/168	151/168	168/168	168/168	151/151	171/171	168/168	168/168	168/168
Satt429	270/270	270/270	270/270	264/264	270/270	264/264	264/264	264/264	264/264
Satt197	173/185	185/185	179/179	188/188	185/185	134/134	143/143	182/182	182/182
Satt453	261/261	236/236	258/258	236/236	258/258	258/258	258/258	258/258	258/258
Satt168	233/233	233/233	233/233	233/233	233/233	233/233	227/227	227/227	227/227
Satt556	161/209	209/209	209/209	209/209	209/209	161/161	161/161	161/161	161/161
Satt180	258/258	258/267	258/258	258/258	258/258	264/264	264/264	264/264	258/258
Satt646	213/213	197/197	213/213	213/213	213/213	200/200	200/200	200/200	200/200
Satt100	141/141	141/164	141/141	141/141	110/110	132/132	132/132	132/132	132/132
Satt281	186/186	236/236	236/236	211/211	236/236	257/257	236/236	211/211	183/183
Satt267	230/230	230/230	230/230	230/230	230/230	239/239	239/239	239/239	239/239
Satt408	179/179	179/194	179/179	182/182	179/179	182/182	176/176	179/179	179/179
Satt005	170/170	138/170	170/170	170/170	138/138	161/161	161/161	167/167	167/167
Satt271	113/113	113/113	116/116	122/122	113/113	113/113	113/113	122/122	113/113
Satt458	175/175	175/175	175/175	175/175	175/175	172/172	154/154	157/157	172/172
Satt514	194/194	208/208	233/233	208/208	208/208	245/245	245/245	208/208	208/208
Satt268	238/238	250/250	250/250	250/250	250/250	202/202	202/202	202/202	238/238
Satt384	148/148	148/148	151/151	151/151	148/148	154/154	154/154	148/148	148/148
Satt193	233/233	233/249	233/233	255/255	230/230	233/233	258/258	236/236	236/236
Satt334	210/210	189/189	189/189	189/189	212/212	210/210	207/207	189/189	210/210
Satt191	202/202	205/205	205/205	202/202	202/202	218/218	187/187	187/187	224/224
Satt288	223/223	246/246	246/246	246/246	249/249	246/246	236/236	246/246	236/236
Satt142	151/151	151/151	151/151	151/151	151/151	154/154	154/154	154/154	148/148
Satt442	260/260	257/257	248/248	254/254	248/248	251/251	251/251	254/254	251/251
Satt239	191/191	173/191	191/191	188/188	191/191	185/185	176/176	185/185	188/188
Satt330	145/145	118/118	145/145	147/147	145/145	147/147	147/147	145/145	145/145
Satt380	135/135	127/127	135/135	135/135	127/127	132/132	127/127	135/135	135/135
Satt431	231/231	231/231	231/231	231/231	231/231	202/202	222/222	202/202	202/202
Satt242	192/192	189/189	195/195	189/189	195/195	184/184	189/189	192/192	192/192
Satt588	164/164	140/167	167/167	164/164	167/167	140/140	140/140	170/170	170/170
Satt373	245/245	248/248	245/245	248/248	251/251	222/222	222/222	279/279	279/279
Satt308	155/155	170/170	135/135	170/170	148/148	132/132	132/132	132/132	132/132
Satt567	109/109	109/109	106/106	106/106	106/106	109/109	109/109	103/103	106/106
Satt551	237/237	224/237	224/224	230/230	224/224	224/224	224/224	224/224	230/230
Satt022	194/194	216/216	206/206	206/206	216/216	216/216	194/194	206/206	206/206
Sat_084	141/141	143/143	154/154	151/151	141/141	141/141	141/141	151/151	151/151
Satt345	198/248	198/248	198/198	198/198	198/198	198/198	229/229	192/248	192/192
Satt487	201/201	201/201	201/201	204/204	201/201	204/204	204/204	204/204	192/192

（续）

引物名称	品种名称								
	铁豆 36 号	铁豆 37 号	铁豆 39 号	赤豆三号	蒙豆 37 号	SFy0803	SFY1008	苍黑一号	菏豆 13
Satt236	226/226	236/236	226/226	226/226	214/214	214/223	220/220	226/226	226/226
Satt300	243/243	237/237	243/243	243/243	243/243	237/237	240/240	252/252	240/240
Satt209	151/168	168/168	168/168	151/168	168/168	168/168	168/168	168/168	151/151
Satt429	270/270	267/267	270/270	244/244	270/270	267/267	273/273	270/270	264/264
Satt197	185/185	134/134	188/188	179/179	179/179	173/173	182/182	173/173	185/185
Satt453	245/245	245/245	236/236	258/258	245/245	245/258	258/258	236/236	261/261
Satt168	233/233	233/233	233/233	233/233	233/233	227/233	227/227	227/227	227/227
Satt556	209/209	197/197	161/161	209/209	161/161	161/161	161/161	161/161	161/161
Satt180	258/258	258/258	258/258	258/258	258/258	258/264	258/264	243/243	275/275
Satt646	187/187	197/197	187/187	213/213	187/187	187/197	200/200	197/197	200/200
Satt100	135/135	135/135	138/138	110/110	164/164	164/164	135/135	164/164	135/135
Satt281	168/168	168/168	211/211	211/211	168/168	183/183	211/211	183/183	211/211
Satt267	230/230	230/249	249/249	230/230	249/249	239/249	239/239	249/249	239/239
Satt408	191/191	179/179	191/191	179/179	176/176	179/179	194/194	179/179	191/191
Satt005	151/151	148/158	151/151	138/138	161/161	138/138	161/161	138/138	161/161
Satt271	122/122	122/122	113/113	113/113	116/116	116/122	113/113	122/122	116/116
Satt458	169/169	144/144	169/169	178/178	163/163	160/160	181/181	175/175	160/160
Satt514	220/220	233/233	205/205	208/208	194/194	194/233	205/205	233/233	220/220
Satt268	219/219	215/215	215/215	215/215	250/250	202/250	215/215	238/238	202/202
Satt384	148/148	148/148	148/148	151/151	148/148	151/151	148/148	148/148	148/148
Satt193	230/230	230/230	230/230	233/233	252/252	233/252	236/236	236/236	236/236
Satt334	189/189	189/189	189/189	210/210	203/203	207/207	210/210	203/203	205/205
Satt191	205/205	224/224	224/224	205/205	205/205	187/205	187/187	224/224	187/187
Satt288	246/246	249/249	246/246	249/249	249/249	243/243	195/236	219/219	246/246
Satt142	154/154	151/151	151/151	151/151	151/151	151/151	148/148	151/151	154/154
Satt442	257/257	257/257	245/245	248/248	248/248	248/260	254/254	260/260	251/251
Satt239	194/194	194/194	194/194	191/191	191/191	191/191	188/188	188/188	173/173
Satt330	118/118	145/145	118/118	145/145	145/145	147/147	145/145	145/145	147/147
Satt380	125/125	125/125	125/125	125/125	125/125	125/125	135/135	135/135	127/127
Satt431	231/231	231/231	231/231	231/231	225/225	199/225	222/222	231/231	199/199
Satt242	195/198	192/192	195/198	189/189	201/201	195/195	192/192	192/192	192/192
Satt588	167/167	164/164	164/164	164/164	167/167	164/164	140/140	164/164	164/164
Satt373	248/248	245/245	248/248	245/245	276/276	276/276	213/213	248/248	222/222
Satt308	170/170	151/151	170/170	148/148	135/170	135/170	155/155	173/173	132/132
Satt567	106/106	106/106	106/106	109/109	106/106	106/106	106/106	106/106	106/106
Satt551	230/230	237/237	230/230	224/224	230/230	224/224	224/224	237/237	224/224
Satt022	206/216	200/200	216/216	216/216	206/206	206/216	216/216	206/206	213/213
Sat_084	143/143	143/143	143/143	143/143	141/141	141/141	141/141	143/143	141/141
Satt345	213/213	213/213	213/213	198/198	226/226	213/226	198/198	248/248	248/248
Satt487	198/198	198/198	204/204	198/198	195/195	195/201	192/192	201/201	201/201

（续）

引物名称	品种名称								
	菏豆 21 号	菏豆 22 号	菏豆 23 号	键达 1 号	临豆 10 号	南圣 001	南圣 105	南圣 210	南圣 222
Satt236	226/226	226/226	223/223	226/226	226/226	220/220	223/223	220/220	214/214
Satt300	240/240	240/240	269/269	237/237	240/240	240/240	252/252	240/240	243/243
Satt209	151/151	151/151	151/151	168/168	168/168	168/168	168/168	151/151	168/168
Satt429	267/267	264/264	252/252	270/270	264/264	264/264	267/267	237/237	270/270
Satt197	185/185	173/173	188/188	173/173	173/173	173/173	173/173	179/179	179/179
Satt453	261/261	236/236	261/261	258/258	261/261	261/261	258/258	258/258	258/258
Satt168	227/227	227/227	230/230	227/227	227/227	227/227	227/227	227/227	227/227
Satt556	161/161	161/161	161/161	161/161	161/161	161/161	197/197	164/164	161/161
Satt180	275/275	264/264	275/275	243/243	275/275	264/264	264/264	258/258	264/264
Satt646	194/194	194/194	200/200	197/197	200/200	197/197	197/197	200/200	187/187
Satt100	135/135	135/135	132/132	164/164	135/135	135/135	132/132	135/135	135/135
Satt281	211/211	211/211	183/183	183/183	211/211	186/186	236/236	211/211	211/211
Satt267	249/249	249/249	230/230	249/249	239/239	239/239	239/239	239/239	239/239
Satt408	182/182	194/194	191/191	179/179	191/191	179/179	182/182	194/194	179/179
Satt005	161/161	161/161	138/138	138/138	161/161	164/164	138/138	161/161	138/138
Satt271	116/116	122/122	113/113	122/122	122/122	122/122	122/122	122/122	116/116
Satt458	160/160	160/160	204/204	175/175	160/163	160/160	160/160	154/154	157/157
Satt514	233/233	220/220	208/208	233/233	220/220	233/233	239/239	233/233	249/249
Satt268	202/202	202/202	215/215	238/238	202/202	202/202	250/250	215/215	250/250
Satt384	148/148	148/148	148/148	148/148	148/148	148/148	148/148	148/148	151/151
Satt193	236/236	236/236	258/258	236/236	236/236	236/236	249/249	230/230	233/233
Satt334	210/210	205/205	189/189	189/189	205/205	189/189	189/189	189/203	207/207
Satt191	224/224	205/205	224/224	224/224	187/187	187/187	205/205	218/218	187/187
Satt288	246/246	246/246	195/195	219/219	246/246	195/195	233/233	246/246	246/246
Satt142	148/148	154/154	154/154	151/151	154/154	154/154	154/154	118/118	148/148
Satt442	251/251	251/251	254/254	260/260	260/260	251/251	260/260	254/254	245/245
Satt239	188/188	173/173	191/191	188/188	173/173	173/173	173/173	188/188	191/191
Satt330	147/147	147/147	145/145	145/145	147/147	145/145	147/147	147/147	147/147
Satt380	127/127	132/132	125/125	135/135	132/132	135/135	135/135	135/135	125/125
Satt431	199/199	231/231	199/199	225/225	199/199	231/231	231/231	202/202	231/231
Satt242	192/192	192/192	192/192	192/192	192/192	192/192	192/192	192/192	195/195
Satt588	164/164	164/164	167/167	162/162	164/164	140/140	164/164	140/140	164/164
Satt373	276/276	222/222	213/213	248/248	248/248	276/276	222/222	213/213	274/274
Satt308	173/173	155/155	135/135	155/155	132/132	155/155	126/126	151/151	151/151
Satt567	106/106	103/103	106/106	106/106	106/106	109/109	103/103	103/103	106/106
Satt551	224/224	224/224	224/224	237/237	224/224	224/224	237/237	224/224	224/224
Satt022	206/206	213/213	194/194	206/206	206/206	213/213	216/216	216/216	216/216
Sat_084	141/141	141/141	141/141	143/143	141/141	141/141	141/141	141/141	141/141
Satt345	248/248	198/198	198/198	248/248	229/229	229/229	229/229	248/248	213/213
Satt487	192/192	204/204	201/201	201/201	201/201	201/201	204/204	201/201	204/204

（续）

引物名称	品种名称								
	南圣 270	南圣 439	齐黄 30	山宁 17	圣豆 14	潍科 12	潍科 15	潍豆 8 号	皖丰 1148
Satt236	226/226	226/226	226/226	231/231	236/236	236/236	223/236	226/226	223/223
Satt300	252/252	243/243	237/237	237/237	240/240	264/264	237/264	237/237	252/252
Satt209	168/168	168/168	151/151	151/151	168/168	151/151	151/168	151/151	168/168
Satt429	270/270	270/270	267/267	267/267	270/270	273/273	270/273	264/264	267/267
Satt197	173/173	179/179	173/173	173/173	173/173	143/143	143/185	173/173	179/179
Satt453	236/236	258/258	245/245	261/261	258/258	258/258	258/261	245/245	236/236
Satt168	227/227	211/211	211/211	227/227	227/227	227/227	227/233	211/211	227/227
Satt556	161/161	164/164	161/161	161/161	161/161	161/161	161/161	161/161	197/197
Satt180	243/243	258/258	258/258	275/275	264/264	264/264	258/264	212/212	267/267
Satt646	197/197	197/197	200/200	197/197	197/197	194/194	194/194	200/200	200/200
Satt100	164/164	110/110	132/132	138/138	138/138	138/138	138/144	132/132	135/135
Satt281	183/183	168/168	183/183	183/183	183/183	183/229	183/229	186/186	186/186
Satt267	239/239	230/230	230/230	230/230	239/239	239/239	230/239	239/239	249/249
Satt408	179/179	179/179	179/179	179/179	179/179	194/194	185/194	182/182	179/179
Satt005	138/138	161/161	161/161	158/158	164/164	167/167	158/167	167/167	138/138
Satt271	122/122	122/122	122/122	116/116	122/122	113/113	113/113	122/122	122/122
Satt458	175/175	154/154	138/138	160/160	160/160	144/186	144/186	178/178	175/181
Satt514	233/233	205/205	197/197	233/233	208/208	205/205	205/245	197/197	233/233
Satt268	238/238	250/250	250/250	250/250	202/202	202/202	202/215	215/215	202/202
Satt384	148/148	148/148	148/148	148/148	148/148	148/148	151/151	148/148	148/148
Satt193	236/236	236/236	236/236	226/236	249/249	236/239	236/246	230/230	249/249
Satt334	212/212	210/210	203/203	203/203	189/189	210/210	210/215	205/205	189/189
Satt191	224/224	224/224	205/205	187/187	224/224	205/205	205/205	205/205	187/187
Satt288	219/219	233/233	233/233	195/195	195/195	195/195	195/236	246/246	233/233
Satt142	151/151	151/151	148/148	151/151	151/151	154/154	154/154	148/148	151/151
Satt442	260/260	254/254	248/248	251/251	260/260	248/248	248/248	248/248	260/260
Satt239	188/188	191/191	185/185	188/188	185/185	188/188	185/188	185/185	173/173
Satt330	145/145	145/145	147/147	147/147	147/147	145/145	145/145	145/145	145/145
Satt380	135/135	132/132	127/127	125/125	135/135	135/135	135/135	127/127	135/135
Satt431	231/231	202/202	225/225	231/231	231/231	222/222	202/222	225/225	231/231
Satt242	192/192	195/195	195/195	192/192	192/192	192/192	192/198	195/195	195/195
Satt588	164/164	140/140	164/164	140/140	148/148	170/170	148/170	167/167	164/164
Satt373	248/248	213/213	213/213	248/248	276/276	213/213	213/222	213/213	248/248
Satt308	173/173	173/173	173/173	132/132	155/155	155/155	132/155	170/170	151/151
Satt567	106/106	103/103	106/106	106/106	109/109	106/106	109/109	106/106	106/106
Satt551	237/237	224/224	237/237	224/224	224/224	230/230	224/230	237/237	237/237
Satt022	206/206	216/216	203/203	206/206	206/206	216/216	206/216	206/206	194/194
Sat_084	143/143	141/141	151/151	141/141	141/141	141/141	141/141	141/141	141/141
Satt345	248/248	198/198	198/198	248/248	198/198	198/198	198/198	213/213	229/229
Satt487	201/201	198/198	198/198	198/198	201/201	201/201	198/201	198/198	201/201

（续）

引物名称	品种名称								
	交大 02-89	贡秋豆 4 号	华严 0926	华严 0955	华严 286 号	华严 2 号	华严 3 号	华严 94 号	衢鲜 3 号
Satt236	220/220	223/223	226/226	226/226	217/217	223/223	220/220	223/223	236/236
Satt300	243/243	237/237	261/261	261/261	237/237	261/261	240/240	237/237	237/237
Satt209	168/168	168/168	168/168	168/168	168/168	171/171	171/171	168/168	171/171
Satt429	248/248	270/270	270/270	270/273	267/267	273/273	264/264	250/250	264/264
Satt197	188/188	185/185	188/188	188/188	134/134	188/188	143/143	173/173	179/179
Satt453	261/261	261/261	258/258	258/258	258/258	258/258	258/258	261/261	258/258
Satt168	230/230	233/233	236/236	236/236	227/227	227/236	227/227	200/200	227/227
Satt556	164/164	161/161	212/212	212/212	161/161	212/212	161/161	161/161	161/161
Satt180	212/212	258/258	267/267	267/267	267/267	267/267	264/264	264/264	264/264
Satt646	200/200	194/194	232/232	232/232	200/200	187/232	200/200	194/194	197/197
Satt100	144/144	144/144	132/132	132/132	135/135	132/141	135/135	148/148	141/141
Satt281	191/224	215/215	168/168	168/168	183/183	236/236	168/211	233/233	229/229
Satt267	230/230	230/230	239/239	239/239	230/230	239/239	239/239	239/239	239/239
Satt408	191/191	185/185	179/179	179/179	194/194	179/179	179/179	194/194	194/194
Satt005	161/161	158/158	161/161	161/161	164/164	161/161	164/164	158/158	164/164
Satt271	113/113	113/113	113/113	113/113	113/113	113/113	113/113	113/113	113/113
Satt458	190/190	154/154	144/144	144/144	169/169	154/154	186/202	175/175	181/181
Satt514	242/242	245/245	245/245	245/245	220/220	233/245	233/233	181/181	205/205
Satt268	215/215	215/215	238/238	238/238	202/202	238/238	202/202	205/205	202/202
Satt384	120/120	120/120	148/148	148/154	151/151	154/154	148/148	120/120	148/148
Satt193	239/239	246/246	230/230	230/230	255/255	230/230	236/236	249/249	236/236
Satt334	207/207	215/215	210/210	210/210	207/207	210/210	189/189	183/183	198/198
Satt191	218/218	205/205	205/205	205/205	209/209	202/202	187/187	205/205	187/187
Satt288	243/243	236/236	195/195	195/195	233/233	195/195	246/246	236/236	249/249
Satt142	151/151	148/148	154/154	154/154	151/151	154/154	154/154	118/118	154/154
Satt442	235/235	251/251	248/248	248/248	245/245	248/248	254/254	248/248	251/251
Satt239	188/188	185/185	191/191	191/191	185/185	191/191	173/173	176/176	176/176
Satt330	105/105	145/145	151/151	151/151	147/147	151/151	147/147	145/145	147/147
Satt380	127/127	135/135	132/132	132/132	127/127	132/132	135/135	135/135	127/127
Satt431	222/222	202/202	199/199	199/199	199/199	199/231	199/199	211/211	222/222
Satt242	189/189	192/198	195/195	195/195	184/184	192/192	192/192	189/189	192/192
Satt588	167/167	148/148	140/140	140/140	140/140	140/140	140/140	167/167	162/162
Satt373	219/219	222/222	222/222	222/222	272/272	222/222	210/210	238/238	222/222
Satt308	148/148	132/132	151/151	151/151	135/135	151/151	155/155	132/132	132/132
Satt567	109/109	109/109	109/109	109/109	106/106	106/106	109/109	106/106	109/109
Satt551	230/230	224/224	237/237	237/237	224/224	237/237	224/224	224/224	224/224
Satt022	206/206	206/206	194/194	194/194	206/206	194/216	203/203	194/194	216/216
Sat_084	141/141	141/141	154/154	154/154	141/141	143/143	141/141	141/141	141/141
Satt345	245/245	198/198	245/245	245/245	229/229	248/248	248/248	236/236	198/198
Satt487	198/198	198/198	195/195	195/195	198/198	198/198	192/192	192/192	192/204

（续）

引物名称	品种名称		
	浙鲜豆8号	滋身源1号	滋身源2号
Satt236	223/223	217/217	217/217
Satt300	243/243	237/237	237/237
Satt209	168/168	168/168	168/168
Satt429	267/267	264/264	264/264
Satt197	188/188	134/134	134/134
Satt453	236/236	236/236	258/258
Satt168	227/227	227/227	227/227
Satt556	161/161	161/161	161/161
Satt180	212/212	212/212	258/258
Satt646	200/200	200/200	200/200
Satt100	144/144	144/144	144/144
Satt281	224/224	224/224	224/224
Satt267	230/230	239/239	239/239
Satt408	191/191	191/191	191/191
Satt005	135/135	123/123	161/161
Satt271	113/113	113/113	113/113
Satt458	181/181	178/178	178/178
Satt514	194/194	237/237	237/237
Satt268	238/238	215/215	215/215
Satt384	148/148	148/148	148/148
Satt193	239/239	255/255	242/242
Satt334	189/189	198/198	198/198
Satt191	202/202	205/205	205/205
Satt288	261/261	233/233	233/233
Satt142	151/151	151/151	118/118
Satt442	245/245	245/245	233/233
Satt239	188/188	188/188	188/188
Satt330	105/105	105/105	105/105
Satt380	127/127	127/127	127/127
Satt431	225/225	228/228	202/202
Satt242	186/186	186/192	186/192
Satt588	167/167	167/167	167/167
Satt373	276/276	222/222	276/276
Satt308	148/148	148/148	148/148
Satt567	106/106	106/106	106/106
Satt551	224/224	224/224	224/224
Satt022	197/197	216/216	216/216
Sat_084	141/141	141/141	141/141
Satt345	213/213	245/245	245/245
Satt487	201/201	201/201	201/201

4 Panel组合信息

Panel组合信息见表4。

表4　Panel组合信息

Panel	荧光类型	引物名称（等位变异范围，bp）	Panel	荧光类型	引物名称（等位变异范围，bp）
1	TAMARA	Satt453（236～282）	6	TAMARA	Satt197（134～200）
	HEX	Satt100（108～167）		HEX	Sat_084（132～160）
	ROX	Satt005（123～174）		ROX	Satt267（230～249）
	6-FAM	Satt288（195～261）		6-FAM	Satt345（192～251）
2	TAMARA	Satt300（234～269）	7	TAMARA	Satt431（190～231）
	HEX	Satt239（155～194）		HEX	Satt330（105～151）
	ROX	Satt281（168～236）		ROX	Satt209（151～171）
	6-FAM	Satt567（103～109）		6-FAM	Satt551（224～237）
3	TAMARA	Satt236（211～236）	8	TAMARA	Satt334（183～215）
	HEX	Satt380（125～135）		HEX	Satt442（229～260）
	ROX	Satt514（181～249）		ROX	Satt458（138～217）
	6-FAM	Satt487（192～204）		6-FAM	Satt180（212～275）
4	TAMARA	Satt168（200～236）	9	TAMARA	Satt308（126～173）
	HEX	Satt588（130～170）		HEX	Satt193（223～258）
	ROX	Satt429（237～273）		ROX	Satt384（120～154）
	6-FAM	Satt242（174～201）		6-FAM	Satt022（194～216）
5	TAMARA	Satt556（161～212）	10	TAMARA	Satt646（187～232）
	HEX	Satt191（187～224）		HEX	Satt408（176～194）
	ROX	Satt271（113～194）		ROX	Satt268（202～253）
	6-FAM	Satt373（210～282）		ROX	Satt142（118～157）

注：部分引物变异范围取自556份大豆品种的结果。

5 实验主要仪器设备及方法

（1）样品 DNA 提取使用天根生化科技有限公司植物 DNA 提取试剂盒提取。

（2）使用 Bio－Rad 公司 S1000 型号 PCR 仪进行 PCR 扩增。

（3）等位变异结果为 ABI3130XL 测序仪扩增后获得。

将 6－FAM 和 HEX 荧光标记的 PCR 产物用超纯水稀释 30 倍，TAMRA 和 ROX 荧光标记的 PCR 产物稀释 10 倍。分别取等体积的上述 4 种稀释后的 PCR 产物混合，从混合液中吸取 1 μL 加入 DNA 分析仪专用深孔板孔中。在板中各孔分别加入 0.1 μL LIZ500 分子量内标和 8.9 μL 去离子甲酰胺。除待测样品外，还应同时包括参照品种的扩增产物。将样品在 PCR 仪上 95℃变性 5 min，迅速取出置于碎冰上，冷却 10 min。瞬时离心 10s 后上测序仪电泳。

注：PCR 扩增产物稀释倍数可根据扩增结果进行相应调整。

索　引

图书在版编目（CIP）数据

中国大豆品种 SSR 指纹图谱．一 / 李冬梅，唐浩，孙连发著．—北京 ：中国农业出版社，2018.1
ISBN 978－7－109－23466－6

Ⅰ.①中… Ⅱ.①李… ②唐… ③孙… Ⅲ.①大豆－品种鉴定－图谱 Ⅳ.①S565.103.7－64

中国版本图书馆 CIP 数据核字（2017）第 262140 号

中国农业出版社出版
（北京市朝阳区麦子店街 18 号楼）
（邮政编码 100125）
责任编辑　杨晓改

中国农业出版社印刷厂印刷　　新华书店北京发行所发行
2018 年 1 月第 1 版　　2018 年 1 月北京第 1 次印刷

开本：880mm×1230mm　1/16　　印张：13
字数：450 千字
定价：80.00 元